电子元器件一本通

张振文 主 编
刘春辛 解东艳 孙海洋 副主编

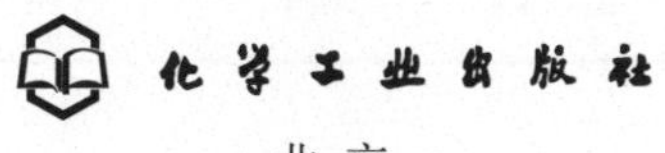

·北京·

全书采用彩色图解结合视频讲解的形式，详细介绍了各类电子元器件检测、维修与应用技巧，通过家用电器、电动机、变频器、蓄电池等检修实例，透彻讲解了电子元器件在各类型电气设备中的应用与故障检修方法。本书内容图文并茂，视频教学注重技能的提升，便于读者轻松掌握并解决工作中的实际问题。

● 扫码看视频：视频讲解各类电子元器件（控制器件）在家用电器等电路板从原理到检测、维修的全过程，读者用手机扫描书中二维码即可通过视频学习，掌握各项技能，如同老师亲临现场指导。

● 内容覆盖面广：全面介绍集成电路、家电器件、智能传感器、LED等显示器件、电动机、工控器件中电子元器件的作用、工作电路与检测技能。

● 择优选取万用表：机械万用表和数字万用表在测量各种电子元器件时各有优缺点，所以本书在讲解测量方法时择优选取不同的万用表，尽可能地使电子元器件参数均可以测出，保证测量结果的准确性。

本书可供电工、电子技术人员和初学者学习，也可供相关专业师生阅读。

图书在版编目（CIP）数据

电子元器件一本通/张振文主编．—北京：化学工业出版社，2020.4（2023.9重印）

ISBN 978-7-122-36120-2

Ⅰ.①电…　Ⅱ.①张…　Ⅲ.①电子元器件-基本知识　Ⅳ.①TN6

中国版本图书馆CIP数据核字（2020）第021919号

责任编辑：刘丽宏　　文字编辑：陈　喆
责任校对：李雨晴　　装帧设计：刘丽华

出版发行：化学工业出版社（北京市东城区青年湖南街13号　邮政编码100011）
印　　装：涿州市般润文化传播有限公司
710mm×1000mm　1/16　印张19¾　字数440千字　2023年9月北京第1版第3次印刷

购书咨询：010-64518888　　售后服务：010-64518899
网　　址：http://www.cip.com.cn
凡购买本书，如有缺损质量问题，本社销售中心负责调换。

定　　价：79.80元

电子元器件是组成电路、构成电子产品的最基本单位。掌握电子元器件识别、检测及应用的技能是成为一名合格的电子电工技术人员的关键因素。为此，本书充分考虑电工电子从业人员的实际工作需要，以提高电工电子从业者的工作技能为目的，在介绍各类典型元器件的功能、特点、识别、应用及检测方法的基础上，配合视频与彩图，详细展示了各类型电子元器件在电子产品及各种控制电路中的检测与维修技巧。

全书具有以下特点：

- **各类电子元器件识别、检测、维修、应用、代换全覆盖：**包括电阻器、电容器、电感器、变压器、二极管、三极管、场效应管、晶闸管、继电器、开关、耳机、扬声器、蜂鸣器、石英晶振、集成电路、稳压器件、光电耦合器、传感器、控制器件等。
- **全程彩色图解，配套二维码高清视频教学：**清晰讲解电动机、集成电路、家电设备、智能传感器、LED 显示器件、蓄电池、工控器件中电子元器件的作用、工作电路与检修过程，帮助读者正确、快速处理检测、维修中遇到的问题。

本书由张振文主编，由刘春辛、解东艳、孙海洋副主编，参加本书编写的还有康继东、王运琦、刘艳、阴放、藏艳阁、崔占军、郑环宇、肖慧娟、徐艳蕊、汪淦、郝军、周玉翠、张伯虎。河北省固安县宇达电子销售有限公司马秀平经理对本书出版提供了大量支持。在此成书之际一并表示衷心感谢！

由于时间仓促和水平有限，书中不足之处难免，恳请广大读者批评指正（欢迎关注下方二维码咨询交流）。

编　者

目录

第一章 电子元器件与电路识图基础

第二章 常用检测仪表与工具的使用

第三章 普通电阻器的检测与应用

视频页码 1, 6, 7, 10, 12, 15, 24, 25, 38, 42

第四章 特殊与专用电阻器的检测与应用

第五章 电容器的检测与应用

第六章 电感器的检测与应用

视频页码 55, 60, 62, 74, 86, 92, 98, 99

第七章 变压器的检测与应用

第八章 二极管的检测与应用

第九章 三极管的检测与应用

第十章 场效应管的检测与应用

第十一章 绝缘栅双极型晶体管及其功率模块的检测与应用

视频页码 122, 137, 145, 148, 150, 151, 156, 158, 162, 169

第十二章 晶闸管的检测与应用

第十三章 开关元件与继电器的检测与应用

第十四章 电声器件的检测与应用

第十五章 石英晶振和滤波器的检测与应用

第十六章 集成电路与稳压器的检测与应用

第十七章 光电耦合器与显示器件的检测及应用

视频页码 173, 177, 187, 188, 208, 211, 216, 222, 228, 232

第十八章 传感器的检测与应用

第十九章　家用电器中元器件的检测

第二十章　电动机、变频器及小型蓄电池的检修

视频页码　254, 259, 260, 262, 270, 275, 276, 282, 289, 291, 304, 305

附录

二维码视频讲解目录

第一章 电子元器件与电路识图基础

第一节 认识常用电子元器件及其作用

电子电路很奇妙，通过电子元器件的不同组合可以形成各种功能的电路，而且功能相同电路又可以有多种组合。要想学好电子元器件，就要先认识各种电子元器件，在各种家用电器、工业电器等电子设备电路板中有通用元件（如电阻器、电容器）和专用元件，本节介绍不同行业中电路板上常用电子元器件。

一、家用电器中电路板上常用电子元器件

不同家用电器上常用电子元器件如图 1-1 ～图 1-5 所示。

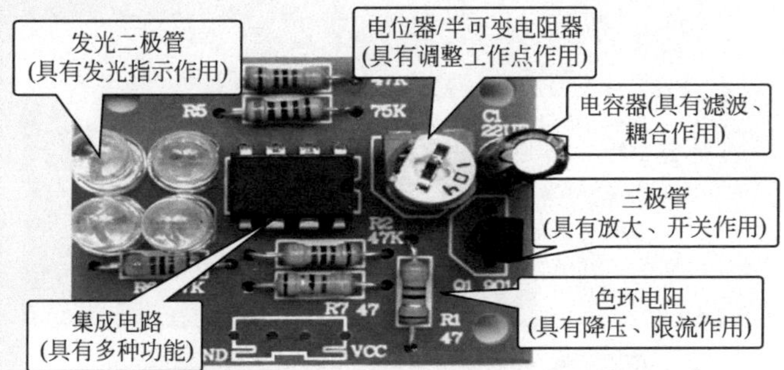

图 1-1 小电子产品电路板上常用电子元器件

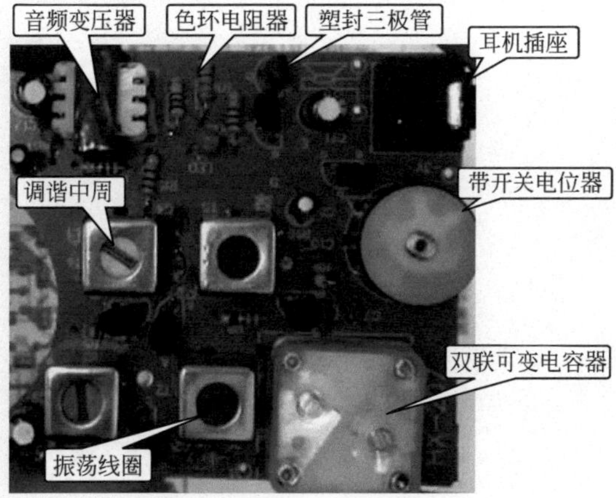

图 1-2 收音机电路板上常用电子元器件

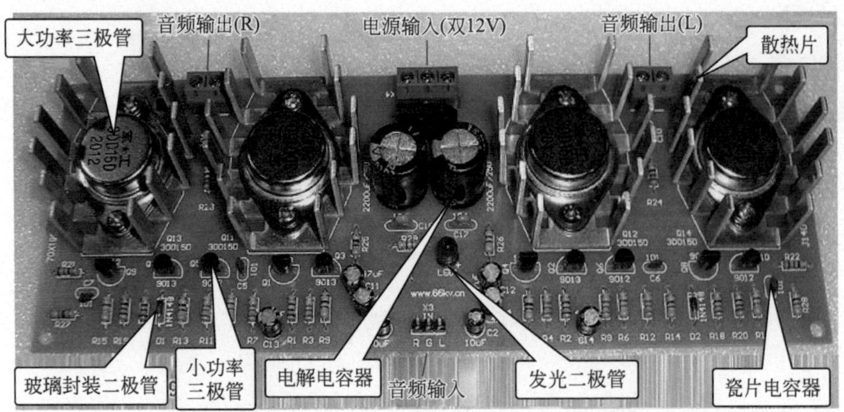

图 1-3 OTL 功放电路板上常用电子元器件

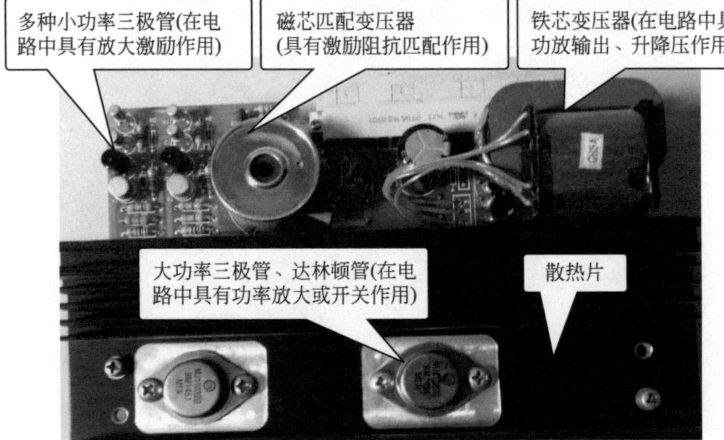

图 1-4 推挽功放电路板上常用电子元器件

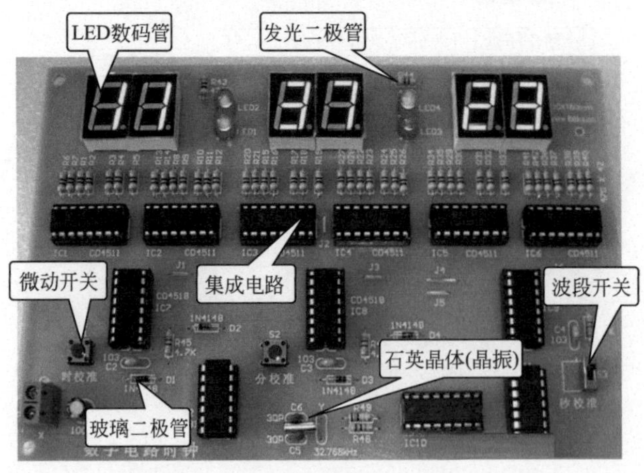

图 1-5 电子时钟电路板上常用电子元器件

二、工业电器中电路板上常用电子元器件

工业电路板上常用电子元器件如图 1-6 ～图 1-9 所示。

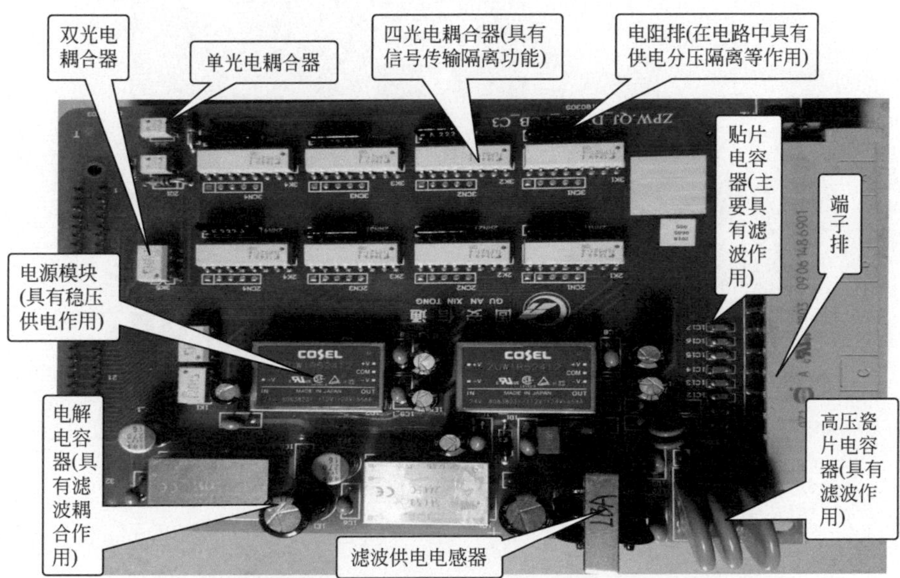

图 1-6　工业电路板上常用电子元器件（一）

图 1-7　工业电路板上常用电子元器件（二）

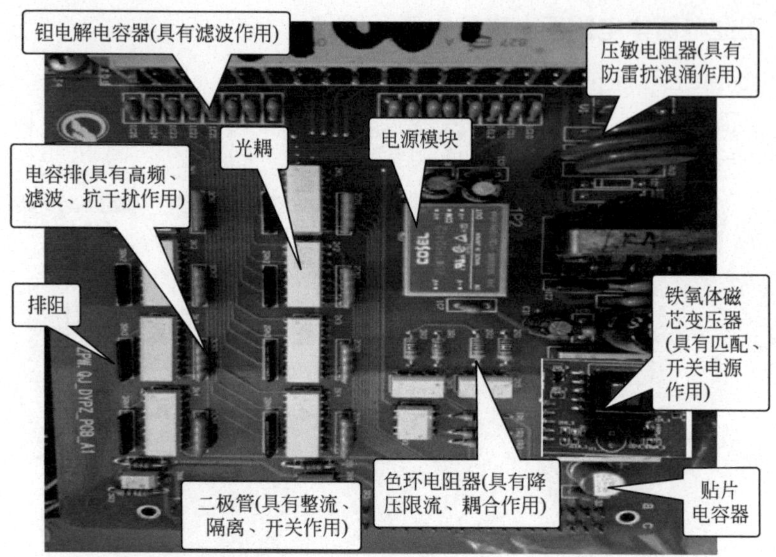

图 1-8 工业电路板上常用电子元器件（三）

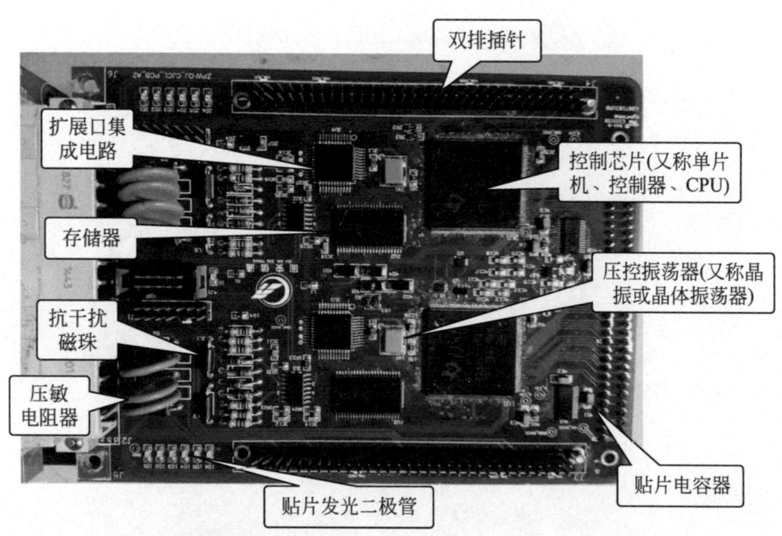

图 1-9 工业电路板上常用电子元器件（四）

三、计算机主板上常用电子元器件

计算机主板上常用电子元器件如图 1-10 和图 1-11 所示。

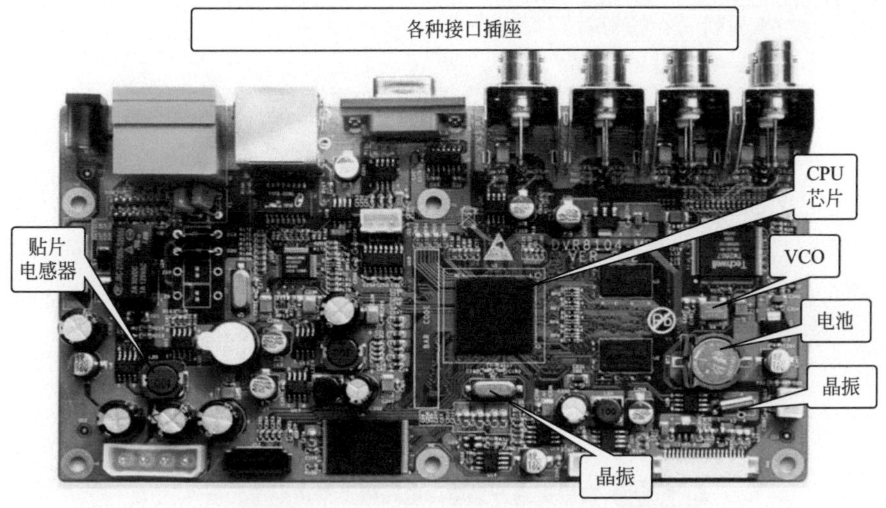

图 1-10　工控计算机主板上常用电子元器件

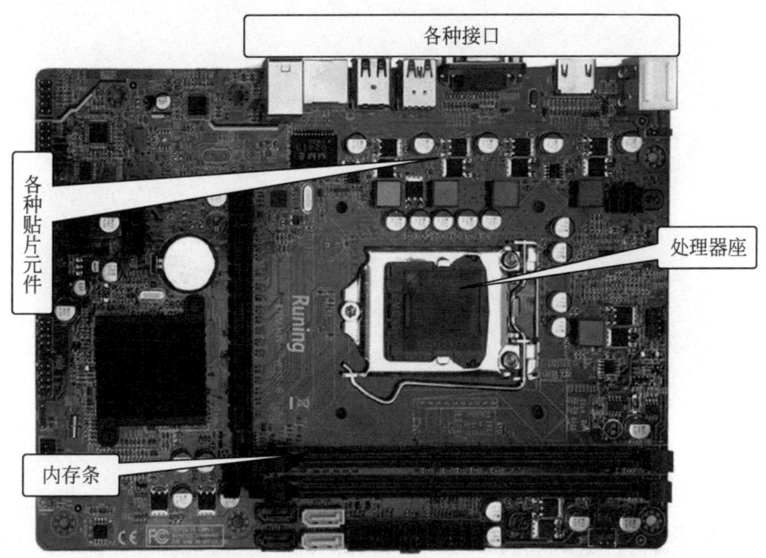

图 1-11　家用计算机主板上常用电子元器件

四、开关电源主板上常用电子元器件

开关电源电路板上常用电子元器件如图 1-12 和图 1-13 所示。

图 1-12 自励振荡开关电源电路板上常用电子元器件

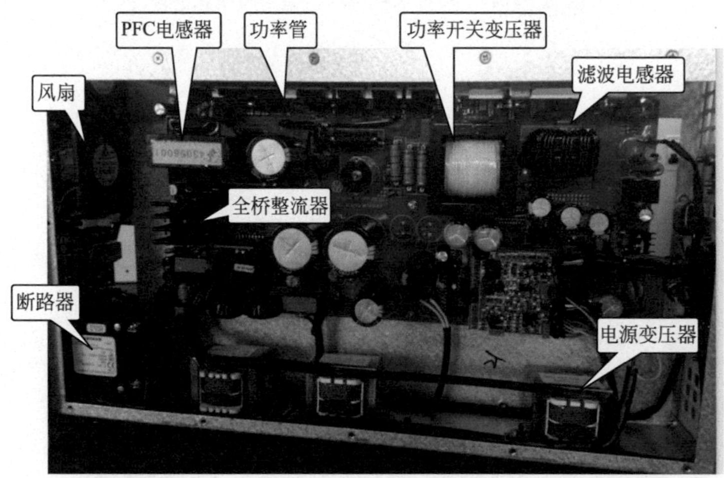

图 1-13 工控大功率开关电源电路板上常用电子元器件

第二节 电路识图基础

电路识图基本知识与识图技巧可扫二维码详细学习。

电路识图基本知识与识图技巧

电路常用计算

第三节 电气图常用图形符号与文字符号

电气图常用图形符号与文字符号可扫二维码学习。

电气图常用图形符号与文字符号

第四节 电路及电路板常用检测方法

一、电压测量法

电压表是测量电压的常用仪器，如图 1-14 所示。常用电压表——伏特表（符号：V），在灵敏电流计里面有一个永磁体，在电流计的两个接线柱之间串联一个由导线构成的线圈，线圈放置在永磁体的磁场中，并通过传动装置与电压表的指针相连。大部分电压表分为两个量程：0～3V 和 0～15V。电压表有三个接线柱：一个负接线柱和两个正接线柱（电压表的正极与电路的正极连接，负极与电路的负极连接）。电压表是一个相当大的电阻器，理想地认为是断路。

（1）电压表的接线 采用一只转换开关和一只电压表测量三相电压的方式，测量三个线电压的电路如图 1-15 所示。其工作原理是：当扳动转换开关 SA，使其触点 1-2、7-8 分别接通时，电压表测量的是 AB 两相之间的电压 U_{AB}；当扳动 SA 使其触点 5-6、11-12 分别接通时，测量的是 U_{BC}；当扳动 SA 使其触点 3-4、9-10 分别接通时，测量的是 U_{AC}。

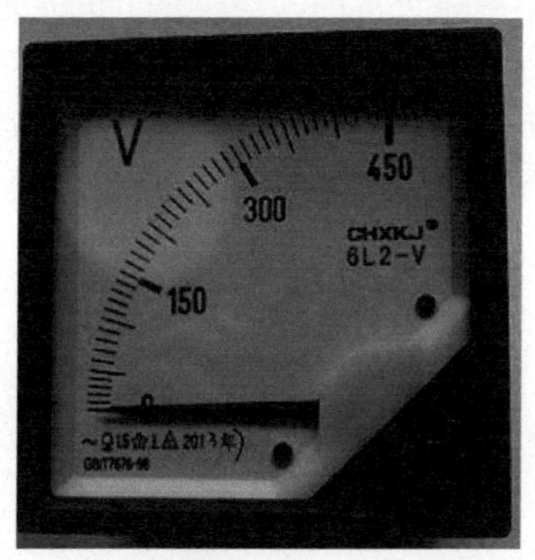

图 1-14 电压表

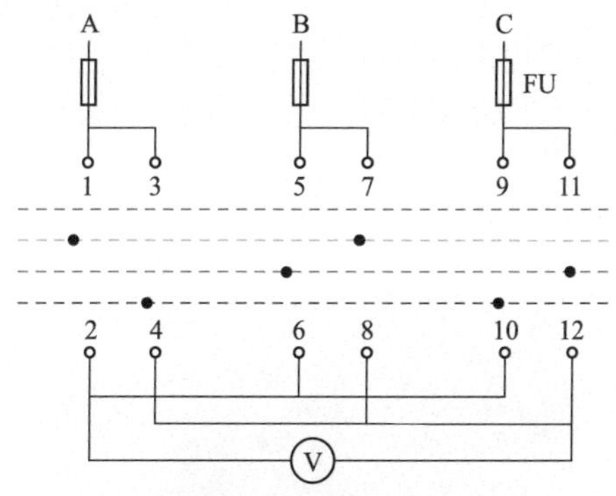

图 1-15 电压测量电路

（2）电压表的选择和使用注意事项 电压表的测量机构基本相同，但在测量电路中的连接有所不同。因此，在选择和使用电压表时应注意以下几点。

① 类型的选择。当被测量是直流时，应选直流表，即磁电系测量机构的仪表。当被测量是交流时，应注意其波形与频率。若为正弦波，只需测出有效值即可换算为

其他值（如最大值、平均值等），采用任意一种交流表即可；若为非正弦波，则应区分需测量的是什么值，有效值可选用磁系或铁磁电动系测量机构的仪表，平均值则选用整流系测量机构的仪表。电动系测量机构的仪表常用于交流电压的精密测量。

② 准确度的选择。仪表的准确度越高，价格越贵，维修也较困难。而且，若其他条件配合不当，再高准确度等级的仪表，也未必能得到准确的测量结果。因此，在选用准确度较低的仪表可满足测量要求的情况下，就不要选用高准确度的仪表。通常0.1级和0.2级仪表作为标准表选用，0.5级和1.0级仪表作为实验室测量选用，1.5级以下的仪表一般作为工程测量选用。

③ 量程的选择。要充分发挥仪表准确度的作用，还必须根据被测量的大小合理选用仪表量限。如选择不当，其测量误差将会很大。一般使仪表对被测量的指示大于仪表最大量程的1/2～2/3以上，而不能超过其最大量程。

④ 内阻的选择。选择仪表时，还应根据被测阻抗的大小来选择仪表的内阻，否则会带来较大的测量误差。因为内阻的大小反映仪表本身功率的消耗，所以测量电压时应选用内阻尽可能大的电压表。

⑤ 正确接线。测量电压时，电压表应与被测电路并联。测量直流电压时，必须注意仪表的极性，应使仪表的极性与被测量的极性一致。

⑥ 高电压的测量。测量高电压时，必须采用电压互感器。电压表的量程应与电压互感器二次侧的额定值相符，一般电压为100V。

⑦ 量程的扩大。当电路中的被测量超过仪表的量程时，可采用外附分压器，但应注意其准确度等级应与仪表的准确度等级相符。

⑧ 使用环境的要求。注意仪表的使用环境应符合要求，应远离外磁场。

二、电流测量法

电流表（图1-16）又称安培表，是测量电路中电流大小的常用仪器。电流表主要采用磁电系电表的测量机构。

(1) 电流测量电路　电流测量电路如图1-17所示。图中TA为电流互感器，每相一个，其一次绕组串接在主电路中，二次绕组各接一只电流表。三只电流互感器二次绕组接成星形，其公共点必须可靠接地。

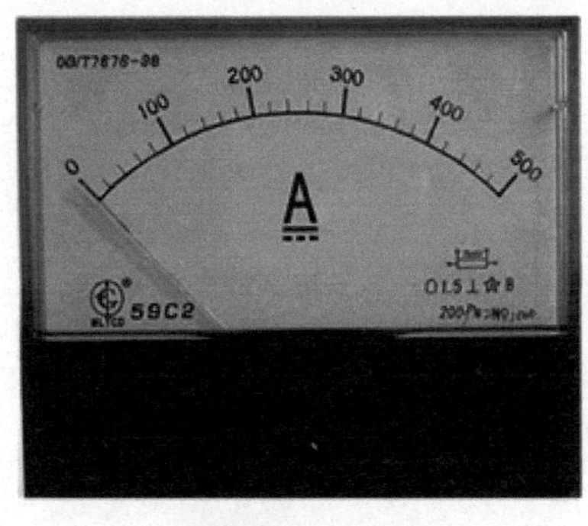

图1-16 电流表

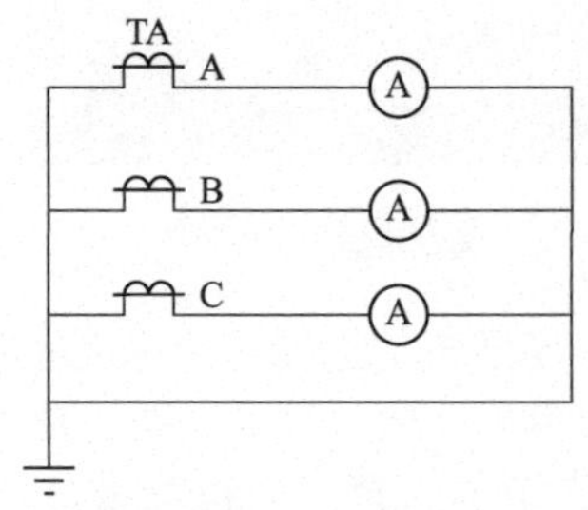

图1-17 电流测量电路

（2）电流表的选择和使用注意事项 电流表的测量机构基本相同，但在测量电路中的连接有所不同。因此，在选择和使用电流表时应注意以下几点。

① 类型的选择。当被测量是直流时，应选直流表，即磁电系测量机构的仪表。当被测量是交流时，应注意其波形与频率。若为正弦波，只需测出有效值即可换算为其他值（如最大值、平均值等），采用任意一种交流表即可；若为非正弦波，则应区分需测量的是什么值，有效值可选用磁系或铁磁电动系测量机构的仪表，平均值则选用整流系测量机构的仪表。电动系测量机构的仪表常用于交流电流的精密测量。

② 准确度的选择。仪表的准确度越高，价格越贵，维修也较困难。而且，若其他条件配合不当，再高准确度等级的仪表，也未必能得到准确的测量结果。因此，在选用准确度较低的仪表可满足测量要求的情况下，就不要选用高准确度的仪表。通常0.1级和0.2级仪表作为标准表选用，0.5级和1.0级仪表作为实验室测量选用，1.5级以下的仪表一般作为工程测量选用。

③ 量程的选择。要充分发挥仪表准确度的作用，还必须根据被测量的大小合理选用仪表量限。如选择不当，其测量误差将会很大。一般使仪表对被测量的指示大于仪表最大量程的1/2～2/3以上，而不能超过其最大量程。

④ 内阻的选择。选择仪表时，还应根据被测阻抗的大小来选择仪表的内阻，否则会带来较大的测量误差。因为内阻的大小反映仪表本身功率的消耗，所以测量电流时应选用内阻尽可能小的电流表。

⑤ 正确接线。测量电流时，电流表应与被测电路串联。测量直流电流时，必须注意仪表的极性，应使仪表的极性与被测量的极性一致。

⑥ 大电流的测量。测量大电流时，必须采用电流互感器。电流表的量程应与互感器二次侧的额定值相符，一般电流为5A。

⑦ 量程的扩大。当电路中的被测量超过仪表的量程时，可采用外附分流器，但应注意其准确度等级应与仪表的准确度等级相符。

⑧ 使用环境的要求。注意仪表的使用环境要符合要求，应远离外磁场。

第二章 常用检测仪表与工具的使用

第一节 指针万用表的使用

一、认识指针万用表

常用 MF47 型指针万用表的外形如图 2-1 所示。指针万用表由表头、测量选择开关、机械调零旋钮、欧姆调零旋钮、表笔插孔、三极管插孔等部分构成。

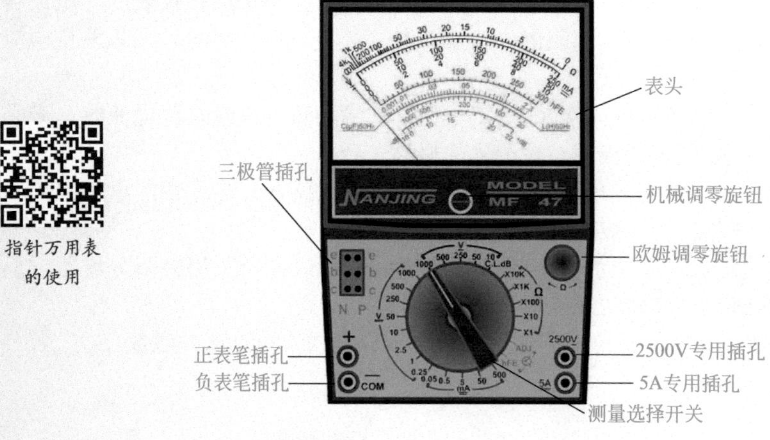

图 2-1 常用 MF47 型指针万用表的外形

万用表面板上部为微安表头。表头的下边中间有一个机械调零器，用以校准指针的机械零位（图 2-1）。指针下面的标度盘上共有 6 条刻度线，从上往下依次是电阻刻度线、电压/电流刻度线、三极管β值刻度线、电容刻度线、电感刻度线、电平刻度线。标度盘上还装有反光镜，用以消除视差。万用表面板下部中间是测量选择开关，只需转动一下旋钮即可选择各量程挡位，使用方便。测量选择开关指示盘与表头标度盘相对应，按交流红色、三极管绿色、其余黑色的规律印制成 3 种颜色，使用中不易搞错。

MF47 型万用表共有 4 个表笔插孔。面板左下角有正、负表笔插孔，一般习惯上将红表笔插入正表笔插孔，黑表笔插入负表笔插孔。面板右下角有 2500V 和 5A 专用插孔。当测量 2500V 交、直流电压时，红表笔应插入 2500V 插孔；当测量 5A 直流电流时，红表笔应插入 5A 插孔，如图 2-2 所示。

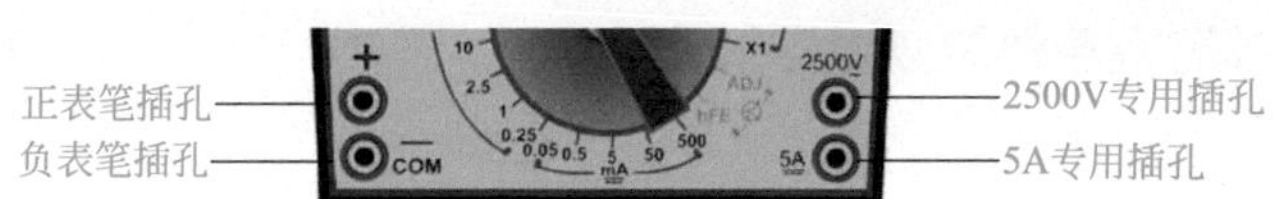

图 2-2　表笔插孔

面板下部右上角是欧姆调零旋钮，用于校准电阻挡“0Ω”的指示。

面板下部左上角是三极管插孔。插孔左边标注为“N”，检测 NPN 型三极管时插入此孔；插孔右边标注为“P”，检测 PNP 型三极管时插入此孔，如图 2-3 所示。

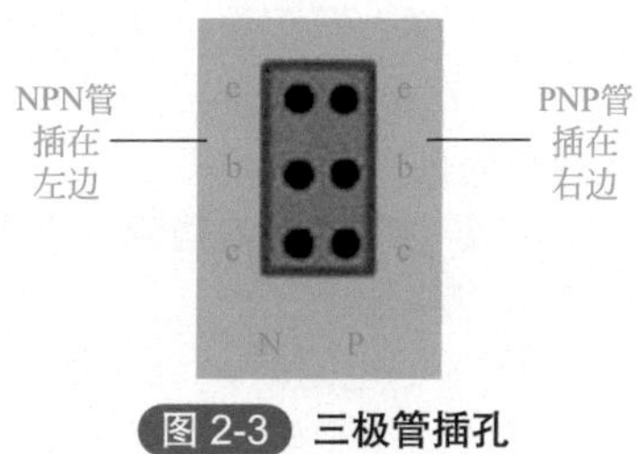

图 2-3　三极管插孔

二、指针万用表使用前的准备工作

使用万用表前，首先应进行装电池、插表笔、调零等准备工作，然后根据测量对象选择挡位和量程。测量中还应注意防止读数误差。

（1）装入电池与连接表笔　由于电阻挡必须使用直流电源，因此使用前应给万用表装上电池。一般万用表的电池盒设计在表背面，打开电池盒盖后可见两个电池舱。左边是低压电池舱，装入一只 15V 的 2 号电池；右边是高压电池舱，装入一只 15V 的层叠电池。接下来将表笔（测试棒）插入万用表插孔中，一般习惯上将红表笔插入“+”插孔，黑表笔插入“–”插孔。这时，万用表就可以正常使用了。

（2）机械调零　万用表在测量前注意水平放置时，表头指针是否处于交直流挡标尺的零刻度线上，否则读数会有较大的误差。若不在零位，应通过机械调零的方法（即使用小螺丝刀调整表头下方机械调零旋钮，如图 2-4 所示）使指针回到零位。

（3）选择挡位和量程　万用表的挡位和量程如图 2-5 所示。使用万用表进行测量时，首先应根据测量对象选择相应的挡位，然后根据测量对象的估计值选择合适的量程。例如，测量 220V 市电，可选择交流电压“250V”挡。如果无法估计测量对象的大小，则应先选择该挡位的最大量程，然后逐步减小，直到能够准确读数为止。

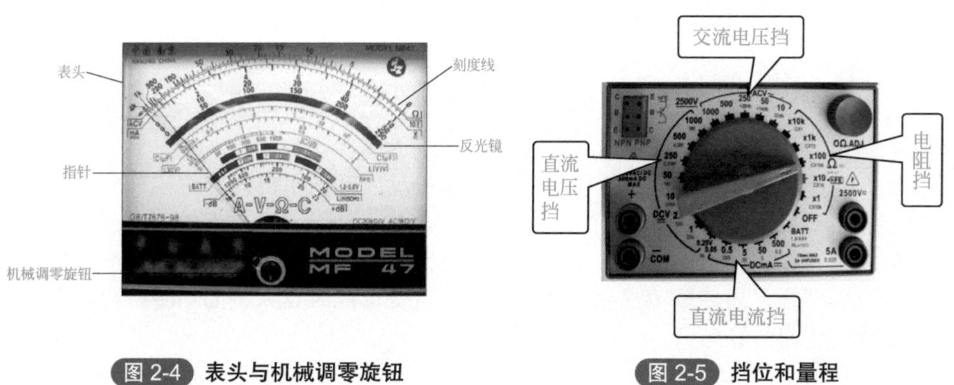

图 2-4　表头与机械调零旋钮

图 2-5　挡位和量程

三、指针万用表各挡位测量详解

指针万用表的各挡位正确测量详解可扫二维码学习。

指针万用表各挡位测量详解

四、指针万用表的使用注意事项及常见故障检修与选用

（1）指针万用表的使用注意事项

① 在测量电阻时，人的两只手不要同时和表笔一起搭在电阻器的两端，以避免人体电阻的并入。

② 若使用 R×1 挡测量电阻，应尽量缩短万用表使用时间，以减少万用表内电池的电能消耗。

③ 测量电阻时，每次换挡后都要调零，若不能调零则必须更换新电池。切勿用力旋转欧姆调零旋钮，以免损坏。此外，不要双手同时接触两个表笔的金属部分，测量高阻值电阻器时更要注意。

④ 在电路中测量某电阻器的阻值时，应切断电源，并将电阻器的一端断开。更不能用万用表测电源内阻。若电路中有电容器，应先对其放电。也不能测量额定电流很小的电阻器（如灵敏电流计的内阻等）。

⑤ 测量直流电流或直流电压时，红表笔应接入电路中高电位一端（或电流总是从红表笔流入万用表）。

⑥ 测量电流时，万用表必须与待测对象串联；测量电压时，万用表必须与待测对象并联。

⑦ 测量电流或电压时，手不要接触表笔金属部分，以免触电。

⑧ 绝对不允许用电流挡或电阻挡测量电压。

⑨ 试测时应用跃接法，即在表笔接触测试点的同时，注视指针偏转情况，并随时准备在出现意外（指针超过满刻度、指针反偏等）时，迅速将表笔脱离测试点。

⑩ 测量完毕，务必将测量选择开关拨离电阻挡，应拨到最大交流电压挡，以免他人误用，造成仪表损坏；也可避免由于将量程拨至电阻挡，而把表笔碰在一起致使表内电池长时间放电。

（2）指针万用表的常见故障检测 以 MF47 型万用表为例，介绍万用表常见故障。

① 磁电式表头故障。

a. 摆动表头，指针摆幅很大且没有阻尼作用。此故障原因为可动线圈断路、游丝脱焊。

b. 指示不稳定。此故障原因为表头接线端松动或动圈引出线、游丝、分流电阻等脱焊或接触不良。

c. 零点变化大，通电检查误差大。此故障原因可能为轴承与轴承配合不妥当、轴尖磨损比较严重，致使摩擦误差增加；游丝严重变形；游丝太脏而粘圈；游丝弹性疲劳；磁间隙中有异物等。

② 直流电流挡故障。

a. 测量时，指针无偏转。此故障原因多为表头回路断路，使电流等于零；表头分流电阻短路，从而使绝大部分电流流不过表头；接线端脱焊，从而使表头中无电流流过。

b. 部分量程不通或误差大。此故障原因为分流电阻断路、短路或变值（常见为R×1挡）。

c. 测量误差大。此故障原因为分流电阻变值（阻值变大，导致正误差超差；阻值变小，导致负误差）。

d. 指示无规律，量程难以控制。此故障原因多为测量选择开关位置窜动（调整位置，安装正确后即可解决）。

③ 直流电压挡故障。

a. 指针不偏转，示值始终为零。此故障原因为分压附加电阻断线或表笔断线。

b. 误差大。此故障原因为附加电阻的阻值增大引起示值的正误差，阻值减小引起示值的负误差。

c. 正误差超差并随着电压量程变大而严重。此故障原因为表内电路元件受潮而漏电，电路元件或其他元件漏电，印制电路板受污、受潮、击穿、电击炭化等引起漏电。修理时，刮去烧焦的纤维板，清除粉尘，用酒精清洗电路后烘干处理。严重时，应用小刀割铜箔与铜箔之间电路板，从而使绝缘良好。

d. 不通电时指针有偏转，小量程时更为明显。此故障原因为由于受潮和污染严重，使电压测量电路与内置电池形成漏电回路。处理方法同上。

④ 交流电压、电流挡故障。

a. 置于交流挡时指针不偏转、示值为零或很小。此故障原因多为整流元件短路或断路，或引脚脱焊。检查整流元件，如有损坏应更换，若有虚焊应重焊。

b. 置于交流挡时示值减少一半。此故障是由整流电路故障引起的，即全波整流电路局部失效而变成半波整流电路使输出电压降低。更换整流元件，故障即可排除。

c. 置于交流电压挡时指示值超差。此故障是由串联电阻阻值变化超过元件允许误差而引起的。当串联电阻阻值降低、绝缘电阻降低、测量选择开关漏电时，将导致指示值偏高。相反，当串联电阻阻值变大时，将使指示值偏低而超差。应采用更换元件、烘干和修复测量选择开关的方法排除故障。

d. 置于交流电流挡时指示值超差。此故障原因为分流电阻阻值变化或电流互感器发生匝间短路。更换元器件或修复元器件排除故障。

e. 置于交流挡时指针抖动。此故障原因为表头的轴尖配合太松，修理时指针安装不紧，转动部分质量改变等，由于其固有频率刚好与外加交流电频率相同，从而引起共振。尤其是当电路中的旁路电容器变质失效而无滤波作用时更为明显。排除故障的办法是修复表头或更换旁路电容器。

⑤ 电阻挡故障。

a. 电阻常见故障是各挡位电阻损坏（原因多为使用不当，用电阻挡误测电压造成）。使用前，用手捏两表笔，一般情况下指针应摆动，如摆动则说明对应挡电阻烧坏，应予以更换。

b. 在R×1挡时两表笔短接之后，调节调零电位器不能使指针偏转到零位。此故障多是由于万用表内置电池电压不足，或电极触簧受电池漏液腐蚀生锈，从而造成接触不良。此类故障在仪表长期不更换电池情况下出现最多。如果电池电压正常，且接触良好，调节调零电位器而指针偏转不稳定，无法调到欧姆零位，则多是调零电位器损坏。

c. 在R×1挡可以调零，其他量程挡调不到零，或只是R×10k、R×100k挡调不到零。此故障原因是分流电阻阻值变小，或者高阻量程的内置电池电压不足。更换电阻元件或叠层电池，故障即可排除。

d. 在R×1、R×10、R×100挡测量误差大。在R×100挡调零不顺利，即使调到零，但经几次测量后零位调节又变为不正常。此故障原因为测量选择开关触点上有黑色污垢，使接触电阻增加且不稳定。擦拭测量选择开关触点直至露出银白色为止，保证其接触良好，可排除故障。

e. 表笔短路，表头指示不稳定。此故障原因多是线路中有假焊点、电池接触不良或表笔引线内部断线。修复时应从最容易排除的故障做起，即先保证电池接触良好和表笔正常。如果表头指示仍然不稳定，就需要寻找线路中假焊点加以修复。

f. 在某一量程挡测量电阻时严重失准，而其余各挡正常。此故障往往是由于测量选择开关所指的表箱内对应电阻已经烧毁或断线所致。

g. 指针不偏转，电阻示值总是无穷大。此故障原因大多是表笔断线、测量选择开关接触不良、电池电极与引出簧片之间接触不良、电池日久失效已无电压以及调零电位器断路。找到具体原因之后作针对性的修复，或更换内置电池，故障即可排除。

（3）指针万用表的选用 万用表的型号很多，而不同型号之间功能也存在差异。除基本量程，在选购万用表时，通常要注意以下几方面。

① 选用万用表用于检测无线电等弱电子设备时，一定要注意以下三个方面。

a. 万用表的灵敏度不能低于20kΩ/V，否则在测试直流电压时，万用表对电路的影响太大，而且测试数据也不准确。

b. 万用表外形选择。需要上门修理时，应选用外形稍小的万用表，如50型U201等。如果不上门修理，可选择MF47或MF50型万用表。

c. 频率特性选择（俗称是否抗峰值）：方法是用直流电压挡测高频电路（如彩色电视机的行输出电路电压）看是否显示标称值，如是则频率特性高；如指示值偏高则频率特性差（不抗峰值），则此表不能用于高频电路的检测（最好不要选择此类万用表）。

② 检测电力设备（如电动机、空调器、电冰箱等）时，选用的万用表一定要有交流电流测试挡。

③ 检查表头的阻尼平衡。首先进行机械调零，将万用表在水平、垂直方向来回晃动，指针不应该有明显的摆动；将万用表水平旋转和垂直放置时，指针偏转不应超过一小格；将万用表旋转360°时，指针应该始终在零附近均匀摆动。如果达到了上述要求，就说明表头在平衡和阻尼方面达到了标准。

第二节 数字万用表的使用

一、认识数字万用表

DT9205A型数字万用表是一种操作方便、读数精确、功能齐全、体积小巧、携带方便且使用电池作电源的手持式大屏幕液晶显示万用表。DT9205A为$3\frac{1}{2}$位数字万用表，该表可用来测量直流电压 / 电流、交流电压 / 电流、电阻、电容、逻辑电平测试、二极管测试、三极管测试及电路通断等，可供工程设计、实验室、生产试验、工场事务、野外作业和工业维修等使用。DT9205A 型数字万用表如图 2-6 所示。

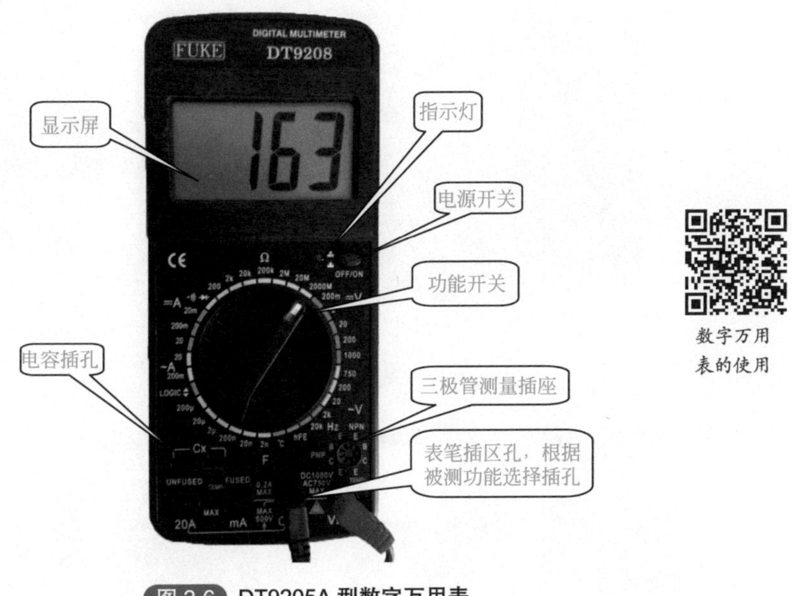

图 2-6　DT9205A 型数字万用表

数字万用表的使用

二、数字万用表使用前的准备工作

① 将 ON/OFF 开关置于 ON 位置，检查 9V 电池电压。如果电池电压不足，“-+”将显示在显示屏上，这时则需更换电池。如果显示屏没有显示“-+”，则按以下步骤操作。

② 测试笔插孔旁边的“⚠”符号，表示输入电压或电流不应超过指示值，这是为了保护内部线路免受损伤。

③ 测试之前，功能开关应置于所需要的量程。

三、数字万用表的各挡位使用详解

（1）测量电阻　电阻测量如图 2-7 所示。

① 测量步骤如下。

a. 将黑表笔插入 COM 插孔，红表笔插入 V/Ω 插孔。

b. 将功能开关置于 Ω 量程，将测试表笔连接到待测电阻器上。

c. 分别用红黑表笔接到电阻器两端金属部分。

d. 读出显示屏上显示的数据。

提示：在路测量电阻时与机械表相同，如图 2-8 和图 2-9 所示。

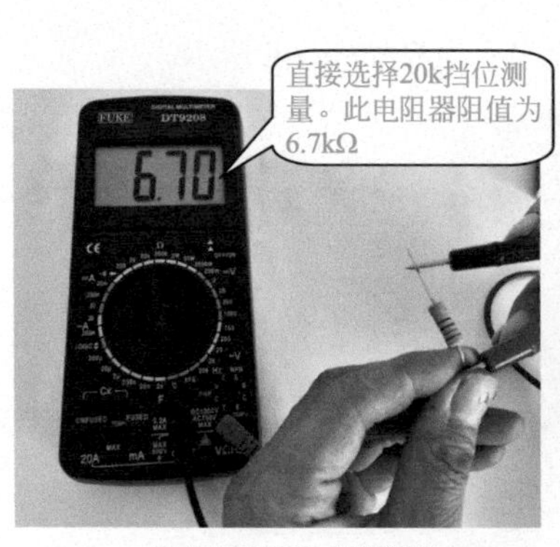
直接选择20k挡位测量。此电阻器阻值为6.7kΩ
6.70

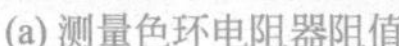

(a) 测量色环电阻器阻值

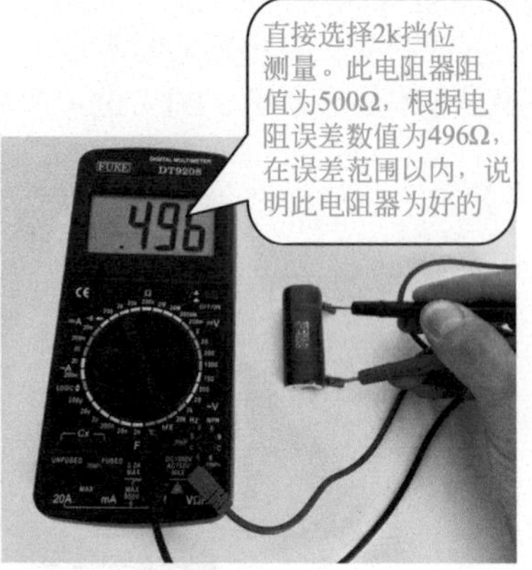
直接选择2k挡位测量。此电阻器阻值为500Ω，根据电阻误差数值为496Ω，在误差范围以内，说明此电阻器为好的
.496

(b) 测量线绕电阻器阻值

图 2-7 测量电阻

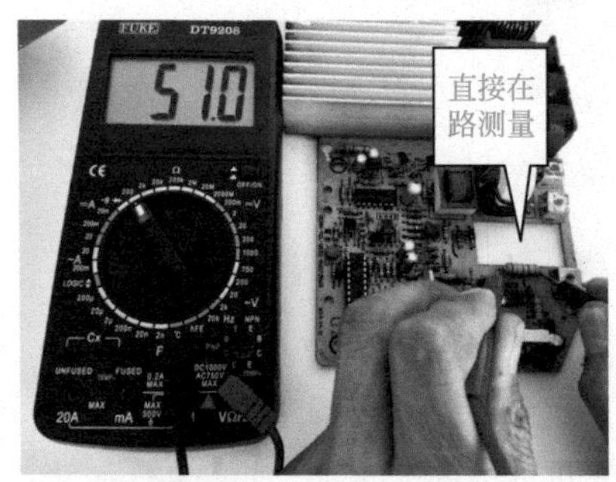
直接在路测量
51.0

图 2-8 直接在路测量

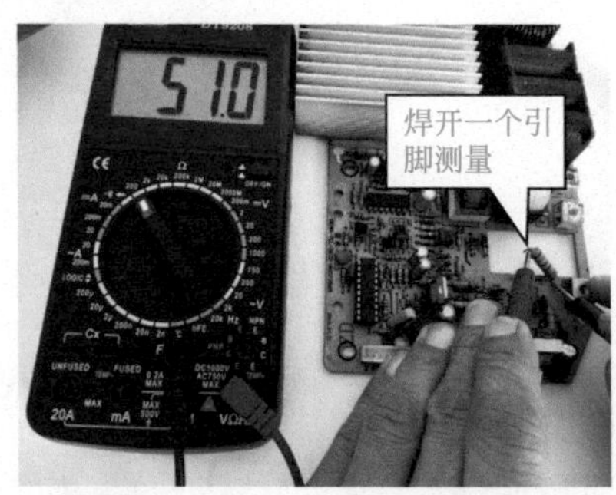
焊开一个引脚测量
51.0

图 2-9 焊开一个引脚测量在路电阻

② 说明如下。

a. 量程选择和转换。量程选小了则显示屏上会显示“1.”，此时应换用较大的量程；反之，量程选大了则显示屏上会显示一个接近于“0”的数值，此时应换用较小的量程。

b. 读数。显示屏上显示的数字再加上下边挡位选择的单位就是待测电阻器阻值。要提醒的是，在“200”挡时单位是“Ω”，在“2～200k”挡时单位是“kΩ”，在“2～2000M”挡时单位是“MΩ”。

c. 如果被测电阻器阻值超出所选择量程的最大值，将显示过量程“1.”，应选择更高的量程。对于大于1MΩ或更高的电阻，要几秒后读数才能稳定，这是正常的。

d. 当没有连接好（如开路情况）时，仪表显示为“1.”。

e. 当检查被测阻抗时，要保证移开被测电路中所有电源，且所有电容器放电。被测电路中如有电源和储能元件，会影响电路阻抗测试正确性。

f. 万用表的200MΩ挡位，短路时显示10，测量一个电阻时应从测量读数中减去10。如测一个电阻时，显示为101.0，应从101.0中减去10，被测元件的实际阻值为100.0（即100MΩ）。

（2）测量直流电压　直流电压测量如图 2-10 所示。

① 测量步骤如下。

a. 将黑表笔插入 COM 插孔，红表笔插入 V/Ω 插孔。

b. 将功能开关置于直流电压挡 V- 量程范围，并将测试表笔连接到待测电源（测开路电压）或负载上（测负载电压降），红表笔所接端的极性将同时显示在显示屏上。

② 说明如下。

a. 如果不知被测电压范围，将功能开关置于最大量程并逐渐下降。

b. 如果显示屏只显示“1.”，表示过量程，功能开关应置于更高量程。

c. “⚠”表示不要测量高于 1000V 的电压，显示更高的电压值是有可能的，但有损坏内部线路的危险。

d. 当测量高电压时，要格外注意避免触电。

e. 若在数值左边出现“–”，则表明表笔极性与实际电极相反，此时红表笔接的是负极（图 2-11）。

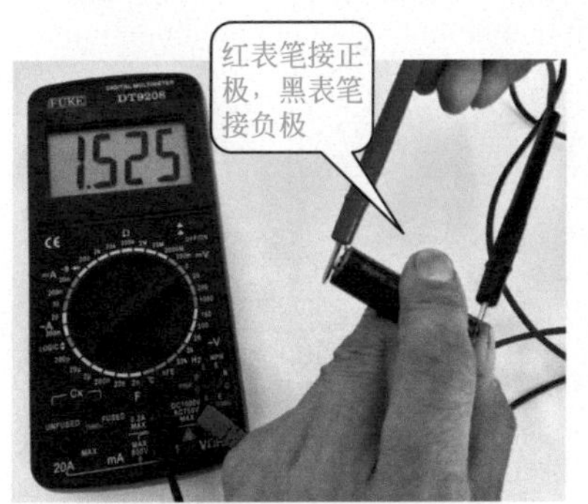

图 2-10　测量直流电压

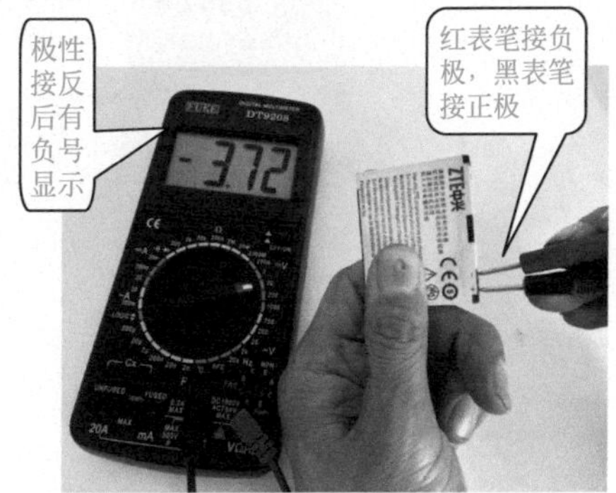

图 2-11　极性接反后有负号显示

（3）测量交流电压　交流电压测量如图 2-12 所示。

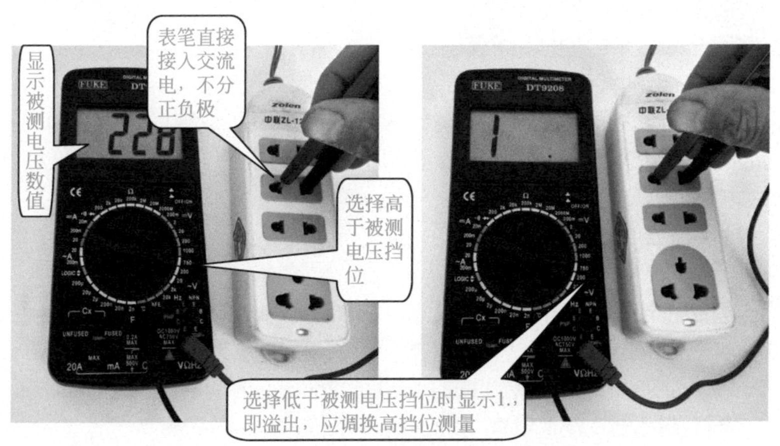

(a) 选择高于被测电压挡位　(b) 选择低于被测电压挡位时显示1.(即溢出)

图 2-12　测量交流电压

测量步骤如下。

a. 表笔插孔与直流电压的测量一样，不过应将功能开关打到交流挡“V-”处所需的量程即可。

b. 交流电压无正负之分，测量方法与前面相同。

提示：

• 无论是测量交流电压还是测量直流电压，都要注意人身安全，不要随便用手触及表笔的金属部分。

• “⚠”表示不要测量高于 700Vrms 的电压，显示更高的电压值是有可能的，但有损坏内部线路的危险。

（4）测量直流电流　直流电流测量如图 2-13 所示。

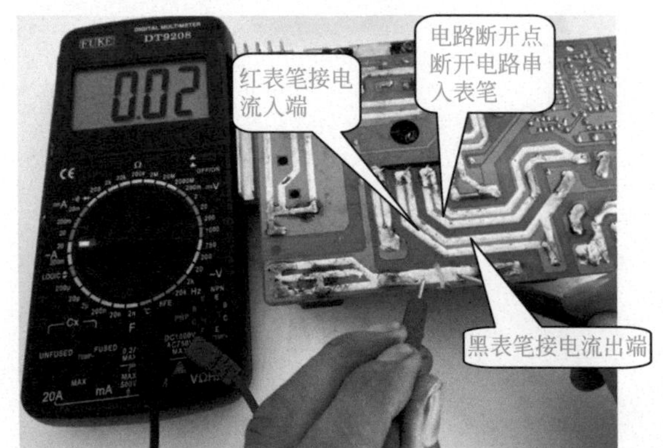

图 2-13　测量直流电流

① 测量步骤如下。

a. 断开电路。

b. 黑表笔插入 COM 插孔，红表笔插入 mA 插孔或者 20A 插孔。

c. 功能开关打至“A-”（直流）挡，并选择合适的量程。

d. 断开被测电路，并将数字万用表串入被测电路中。被测电路中电流从一端流入红表笔，经万用表黑表笔流出，再流入被测电路中。

e. 接通电路。

f. 读出显示屏数值。

② 说明如下。

a. 估计电路中电流的大小。若测量大于 200mA 的电流，则将红表笔插入“10A”插孔，并将功能开关打到直流“10A”挡；若测量小于 200mA 的电流，则将红表笔插入“200mA”插孔，并将功能开关打到直流 200mA 内的合适量程。如果不知被测电流范围，应将功能开关置于最大量程并逐渐下降。

b. 将万用表串入电路中，保持稳定即可读数。若显示为“1.”，那么就要加大量程；如果在数值左边出现“–”，则表明电流从黑表笔流进万用表。

c.“⚠”表示最大输入电流为200mA，过大的电流会烧坏熔丝，应予以更换。20A量程无熔丝保护，测量时不能超过15s。

（5）测量交流电流　测量交流电流方法与测量直流电流相同，不过挡位应该打到交流挡位A~。

> **提示：**电流测量完毕后应将红表笔插入“V/Ω”插孔，若直接测量电压，则会导致万用表烧毁。

（6）测量电容　电容测量如图2-14所示。

① 测量步骤如下。

a. 将电容器两端短接，对电容器进行放电，确保数字万用表的安全。

b. 将功能开关打至电容“F”测量挡，并选择合适的量程。

c. 将电容器插入万用表CX插孔内。

d. 读出显示屏上数值。

② 说明如下。

a. 测量前电容器需要放电，否则容易损坏万用表。

b. 测量完后也要放电，避免埋下安全隐患。

c. 仪器本身已对电容挡设置保护，故在电容测试过程中不用考虑极性电容器充放电等情况。

d. 测量电容时，将电容器插入专用的电容测试座中（不要将表笔插入COM、V/Ω插孔中）。

e. 测量大电容时，稳定读数需要一定时间。

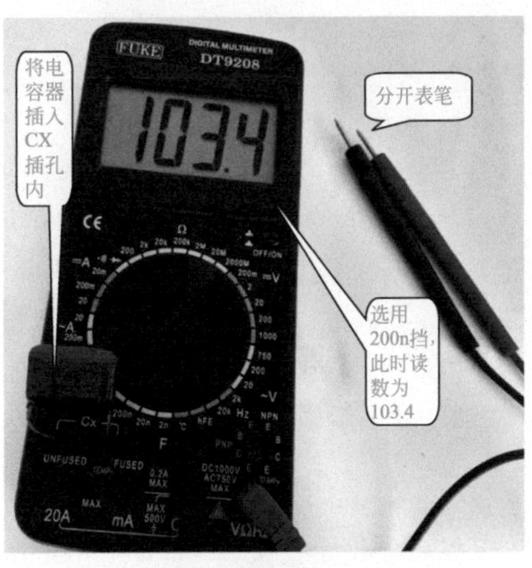

图2-14　测量电容

（7）测量二极管　二极管测量如图2-15所示。

(a) 在路测量二极管正向值

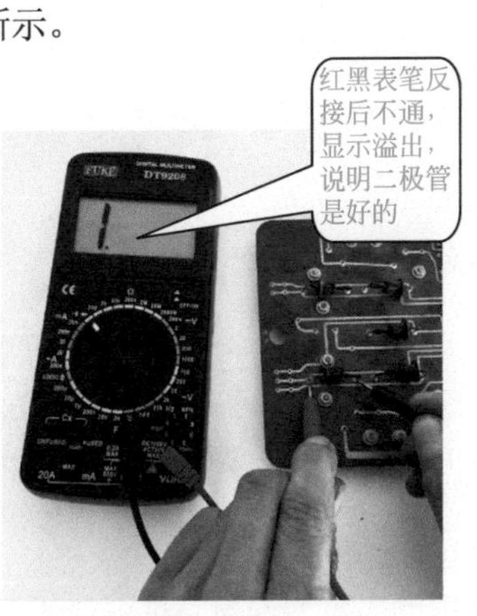

(b) 在路测量二极管反向值

图2-15　测量二极管

① 测量步骤如下。

a. 红表笔插入 V/Ω 插孔，黑表笔插入 COM 插孔。

b. 功能开关打在—▷|—挡。

c. 判断正负极。

d. 红表笔接二极管正极，黑表笔接二极管负极。

e. 读出显示屏上数值。

f. 两表笔换位，若显示屏上显示为“1.”，说明二极管正常，否则说明此管被击穿。

② 二极管好坏判断如下。

a. 将红表笔插入 V/Ω 插孔，黑表笔插入 COM 插孔，并且功能开关打在—▷|—挡进行测试。测试后颠倒表笔再测试一次。

b. 如果两次测量结果一次显示“1.”，另一次显示零点几的数字，那么此二极管就是一个正常的二极管；假如两次显示都相同，那么此二极管已经损坏。显示屏上显示的一个数字即是二极管的正向压降（硅二极管为 0.6V 左右，锗二极管为 0.2V 左右）。根据二极管的特性可以判断此时红表笔接的是二极管的正极，而黑表笔接的是二极管的负极。

（8）测量三极管　三极管测量如图 2-16 所示。

① 测量步骤如下。

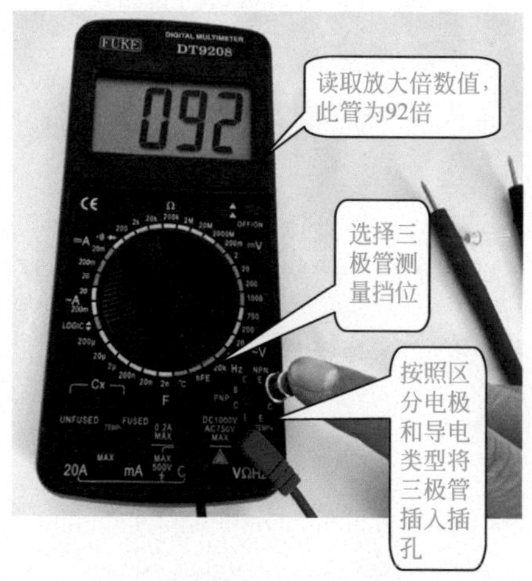
FUKE
DIGITAL MULTIMETER
DT9208
092
读取放大倍数值，此管为92倍
选择三极管测量挡位
按照区分电极和导电类型将三极管插入插孔

图 2-16 测量三极管

a. 红表笔插入 V/Ω 插孔，黑表笔插入 COM 插孔。

b. 功能开关打在—▷|—挡。

c. 找出三极管的基极 B。

d. 判断三极管的类型（PNP 型或者 NPN 型）。

e. 功能开关打在 hFE 挡。

f. 根据类型插入 PNP 或 NPN 插孔测量 β。

g. 读出显示屏中 β 值。

② 三极管引脚判断如下。

a. 判断 B 极。表笔插位同上，其原理同二极管。先假定 A 脚为基极，用黑表笔与该脚相接，红表笔与其他两引脚分别接触；若两次读数均为 0.7V 左右，然后用红表笔接 A 脚，黑笔接触其他两引脚，若均显示“1.”，则 A 脚为基极，否则需要重新测量，且此管为 PNP 型管。

b. 判断 C、E 极。可以利用 hFE 挡来判断：先将挡位打到 hFE 挡，可以看到挡位旁有一排小插孔，分别为 PNP 和 NPN 的测量。前面已经判断出管型，将基极插入对应管型“B”孔，其余两脚分别插入“C”“E”孔，此时可以读取数值（即 β 值）；再固定基极，其余两引脚对调；比较两次读数，读数较大的引脚位置与表面“C”“E”相对应。

（9）电路通断的判断　将表挡位置于蜂鸣挡（多数和二极管挡位共用），并且万用表表笔直接测量被测电路，如电路通则蜂鸣器发出声音，同时指示灯亮；如无声音

且指示灯不亮，说明电路不通，用此方法可查电路短路、断路，如图 2-17 所示。

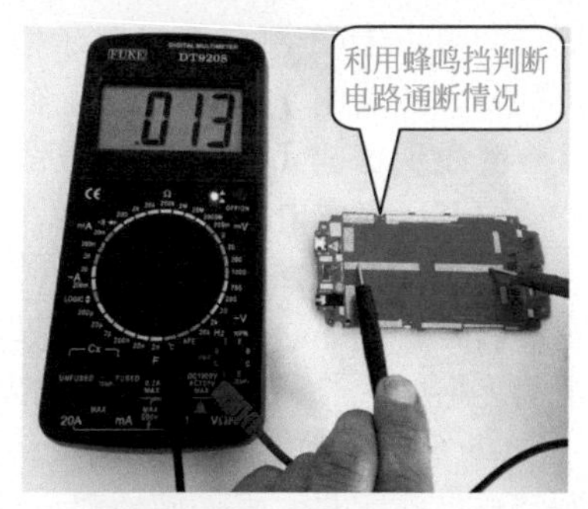
利用蜂鸣挡判断
电路通断情况
DT9208
.013

图 2-17　电路通断的判断

四、数字万用表的使用注意事项及常见故障检修

（1）数字万用表的使用注意事项

① 如果无法预先估计被测电压或电流的大小，则应将功能开关先拨至最高量程测量一次，再根据实际情况逐渐把量程减小到合适位置。测量完毕，应将功能开关拨到最高电压挡，并关闭电源开关。

② 满量程时，仪表仅在最高位显示数字“1.”，其他位均消失，这时应选择更高的量程。

③ 测量电压时，应将数字万用表与被测电路并联；测量电流时，应将数字万用表与被测电路串联。测量直流量时，不必考虑正负极性。

④ 当误用交流电压挡测量直流电压或者误用直流电压挡测量交流电压时，显示屏将显示“000”或低位上的数字出现跳动。

⑤ 测量时，不能将显示屏对着阳光直晒，否则不仅导致显示的数值不清晰，而且影响显示屏的使用寿命，并且万用表也不要在高温环境中存放。

⑥ 禁止在测量高电压（220V 以上）或大电流（0.5A 以上）时切换量程，以防止产生电弧，烧毁开关触点。

⑦ 测量电容时，应将电容器插入专用的电容测试座中，不要插入表笔插孔内；每次切换量程时都需要一定复零时间，待复零结束后再插入待测电容器；测量大电容时，显示屏显示稳定的数值需要一定的时间。

⑧ 显示屏显示“电池符号”“BATT”或“LOWBAT”时，说明电池电压过低，需要更换电池。

⑨ 使用完毕后，对于没有自动关机功能的万用表将电源开关拨至“OFF”（关闭）状态。

（2）数字万用表的常见故障检修

① 仪表无显示。首先检查电池电压是否正常（一般用的是 9V 电池，新的也要测量）。其次检查熔丝是否正常，若不正常则予以更换；检查稳压电路是否正常；若不正常则予以更换；检查限流电阻是否开路，若开路则予以更换。再查：检查电路板上的线路是否有腐蚀或短路、断路现象（特别是主电源电路线），若有则应清洗电路板，并及时做好干燥和焊接工作。如果一切正常，测量集成电路的电源输入脚，测试电压是否正常，若正常则说明该集成电路损坏，必须更换该集成电路；若不正常，则检查其他有没有短路点，若有短路点则要及时处理好；若没有短路点或处理好后还不正常，则说明该集成电路已经内部短路，则必须更换。

② 电阻挡无法测量。首先从外观上检查电路板，在电阻挡回路中有没有连接电阻烧坏，若有则必须立即更换；若没有，则对每一个连接元件进行测量，有坏的及时更换；若外围都正常，则测量集成电路是否损坏，若损坏则必须更换。

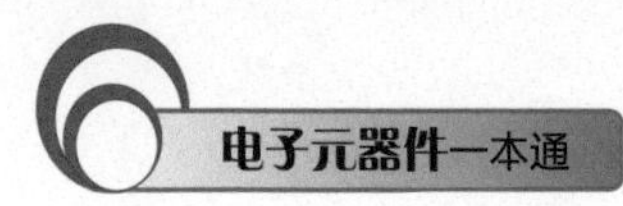

③ 电压挡在测量高压时示值不准，或测量稍长时间示值不准，甚至不稳定。此类故障大多是由于某一个或几个元件工作功率不足引起的。若在停止测量的几秒内，检查时发现这些元件发烫（这是由于功率不足而产生热效应所造成的），同时形成元件的变值（集成电路也是如此），则必须更换该元件（或集成电路）。

④ 电流挡无法测量。此故障多是由于操作不当引起的，检查限流电阻器和分压电阻器是否烧坏，若烧坏则应予以更换；检查到放大器的连线是否损坏，若损坏则应重新连接好；若不正常则更换放大器。

⑤ 示值不稳，有跳字现象。检查整体电路板是否有受潮或漏电现象，若有则必须清洗电路板并做好干燥处理；输入回路中有无接触不良或虚焊现象（包括测试笔），若有则必须重新焊接；检查有无电阻器变质或刚测试后有无元件发生超正常的烫手现象（这种现象是由其功率降低引起的），若有则应更换该元件。

⑥ 示值不准。这种现象主要是由测量通路中电阻器或电容器失效引起的，则更换该电容器或电阻器；检查该通路中的电阻器阻值（包括热反应中的阻值），若阻值变值或热反应变值，则予以更换该电阻器；检查 A/D 转换器的基准电压回路中的电阻器、电容器是否损坏，若损坏则予以更换。

五、认识多种万用表

数字万用表又分为多量程万用表和自动量程万用表，多量程万用表常见的有 DT9205、DT9208 型万用表等，如图 2-18 所示。需要测量时，旋转到相应功能的适当量程即可测量。

自动量程万用表常见型号有 QI857、R86E 等，在测量时只要将挡位控制旋钮旋转到相应的功能位置即可测量，其量程大小可自动选择，如图 2-19 所示。

数字万用表中还有一种高精度多功能台式万用表，主要用于高精度电子电路的测量。

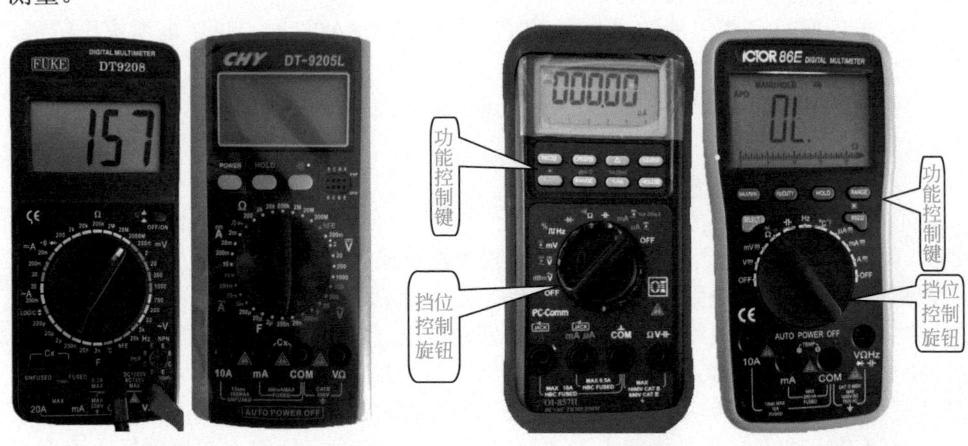

图 2-18 多量程万用表　　图 2-19 自动量程万用表

需要说明的是：由于不同数字万用表的挡位有所不同，尤其是自动量程万用表挡位更少，因此在使用万用表时应仔细阅读使用说明书。本书所选的万用表型号可能和读者

所用的万用表型号不同，但是测量原理是相同的，比如本书所用数字万用表 20k 挡在其他万用表上可能没有，那么读者可以选用万用表上的 10k、1M 挡；对于自动量程万用表，读者可以直接选用电阻挡。同样，电压挡、电流挡也是如此，总之要活学活用。同样指针万用表也有多种型号，使用时注意事项同数字万用表。

第三节　数字电容表的使用

一、认识数字电容表

以常用的 DT-6013 型数字电容表为例说明数字电容表的使用及注意事项。如图 2-20 所示，面板上部为 $3\frac{1}{2}$ 位液晶显示屏，最大显示读数为 1999。面板中部左侧为挡位选择按钮：右侧上部有电源开关，电源开关下面是调零旋钮。面板下部为被测电容器插孔，左负右正。

DT-6013 型数字电容表可以测量 0.1pF ～ 2000μF 的电容量，分为 9 个测量挡位，通过表身左侧的 9 挡按钮开关进行选择。使用时，估计被测电容量的大小并选择适当的挡位，只要按下相应的挡位按钮即可显示出电容量。

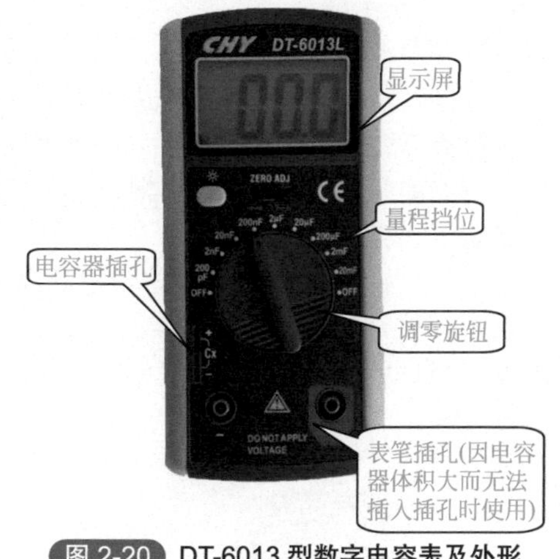

图 2-20　DT-6013 型数字电容表及外形

图 2-21 所示为数字电容表电路原理框图。

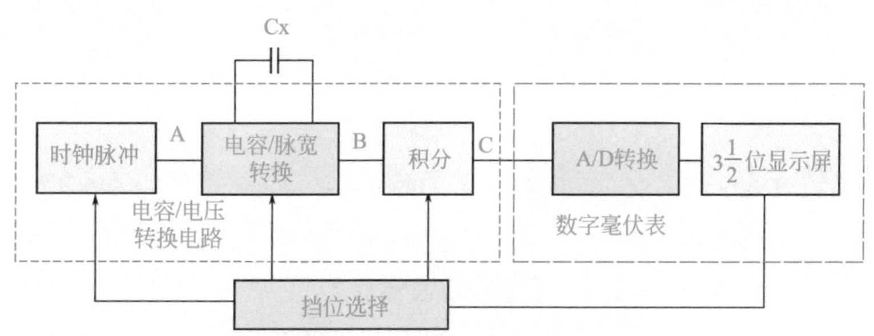

图 2-21　数字电容表电路原理框图

（1）数字电容表的电路构成

① 电容 / 电压转换电路。功能是将被测电容量转换为相应的电压值。它由时钟脉冲、电容 / 脉宽转换、积分电路以及挡位选择等单元组成。

② 毫伏级数字电压表。功能是电压测量并显示。它由双积分 A/D 转换器和 $3\frac{1}{2}$ 位

显示屏组成。

③ 挡位选择电路。功能是改变量程。它由琴键式波段开关和相关电路组成。

（2）数字电容表的测量原理 如图 2-21 所示，插入电容在时钟脉冲一定时，电容量越大，B 点输出脉宽越宽，C 点积分所得电压也越大。从“2μF”挡换为“20μF”挡时，挡位选择电路将改变时钟脉冲和积分电路等的参数，使得 20μF 电容量的积分电压与 2μF 电容量一样，并同时将显示屏的小数点向右移动一位。

二、数字电容表使用详解

数字电容表使用前应先装电池。电池舱在表的背面，打开电池舱盖，将一只 9V 层叠电池扣牢在电池扣上并放入电池舱。打开电源开关（POWER），显示屏应显示“000”。如显示屏显示数字不为“000”，则应左右缓慢旋转调零旋钮（ZERO），直至显示数字为“000”。

测量时，旋至需要的挡位量程，将被测电容器插入测量插孔，电解电容器等有极性电容器应注意区分正负极（左负右正）（图 2-22）。

例如测量 22μF 电解电容器，挡位选择在“200μF”挡，读数为“19.0”，即该电容器的实际容量为 19.0μF。

测量无极性电容器时，被测电容器不分正负插入测量插孔。例如测量 0.15μF 电容器，挡位选择在“2μF”挡，读数为“158”，即该电容器的实际容量为 0.158μF。当显示屏显示为“1.”时，表示显示溢出，说明所选挡位偏小，应换用较大的挡位再进行测量。

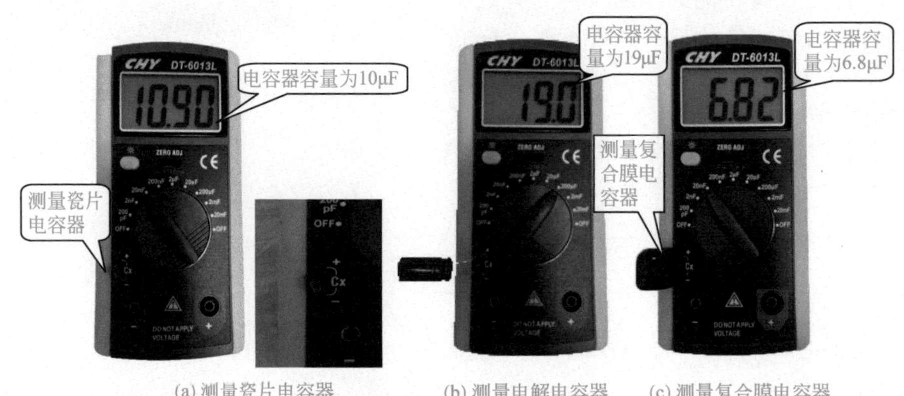

(a) 测量瓷片电容器　(b) 测量电解电容器　(c) 测量复合膜电容器

图 2-22 测量电容

第四节 常用检修工具的使用

常用检修工具的使用方法与注意事项可扫二维码观看视频学习。

常用检修工具的使用

普通电阻器的检测与应用

第一节 认识电阻器

一、电阻器的作用与符号

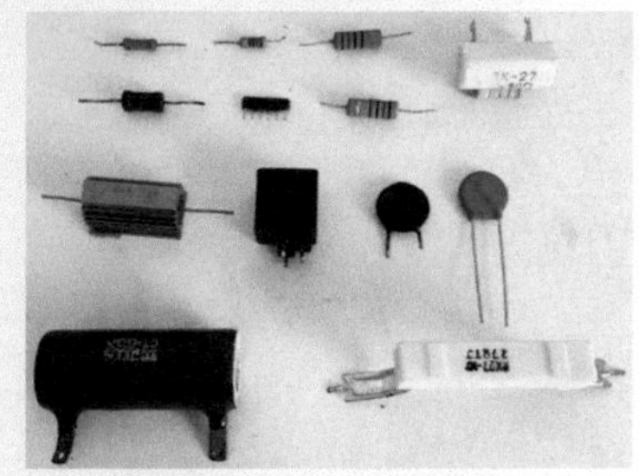

图 3-1 各种电阻器的外形

（1）电阻器的作用　电阻器（简称电阻）是电子设备中应用十分广泛的元件。电阻器利用它自身消耗电能的特性，在电路中起降压、阻流等作用。各种电阻器的外形如图 3-1 所示。

（2）电阻器的图形符号　电阻器在电路中的基本文字符号为“R”，根据电阻器用途不同，还有一些其他文字符号，如 RF、RT、RS、RU 等。电阻器在电路中常用图形符号如图 3-2 所示。

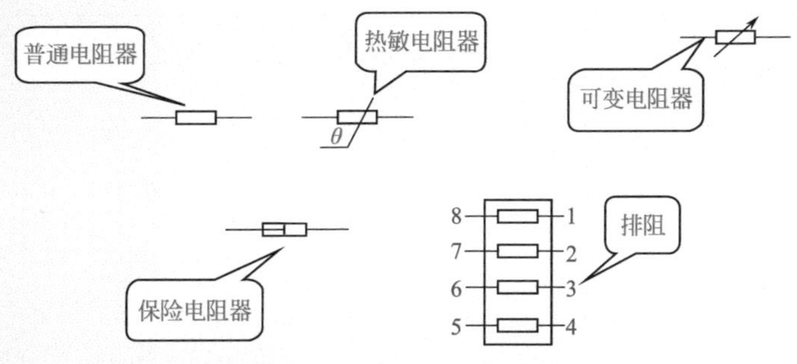

图 3-2 电阻器在电路中常用图形符号

二、电阻器的分类、型号命名及特点与用途

（1）电阻器的分类　电阻器的分类如图 3-3 所示。

（2）电阻器的型号命名　根据国家标准 GB/T 2470—1995《电子设备用固定电阻器、固定电容器型号命名方法》规定，电阻器的型号命名由四部分组成，如图 3-4 所示，各部分命名符号含义对照表如表 3-1 所示。

表 3-1　电阻器命名符号含义对照表

第一部分：主称		第二部分：材料		第三部分：特征			第四部分：序号
符号	意义	符号	意义	符号	电阻器	电位器	
R W	电阻器 电位器	T	炭膜	1	普通	普通	对主称、材料相同，仅性能指标、尺寸大小有区别，但基本不影响互换使用的产品，给同一序号；若性能指标、尺寸大小明显影响互换，则在序号后面用大写字母作为区别代号
		H	合成膜	2	普通	普通	
		S	有机实心	3	超高频	—	
		N	无机实心	4	高阻	—	
		J	金属膜	5	高温	—	
		Y	氧化膜	6	—	—	
		C	沉积膜	7	精密	精密	
		I	玻璃釉膜	8	高压	特殊函数	
		P	硼酸膜	9	特殊	特殊	
		U	硅酸膜	G	高功率	—	
		X	线绕	T	可调	—	
		M	压敏	W	—	微调	
		G	光敏	D	—	多圈	
		R	热敏	B	温度补偿用	—	
				C	温度测量用	—	
				P	旁热式	—	
				W	稳压式	—	
				Z	正温度系数	—	

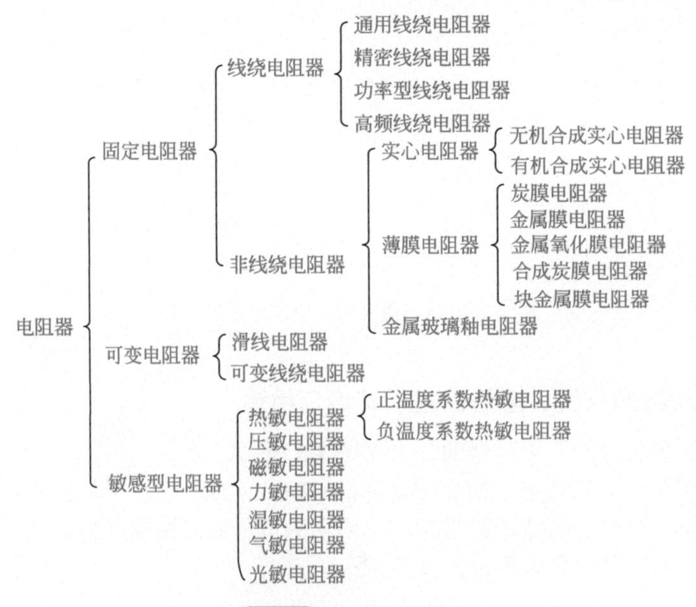

图 3-3　电阻器的分类

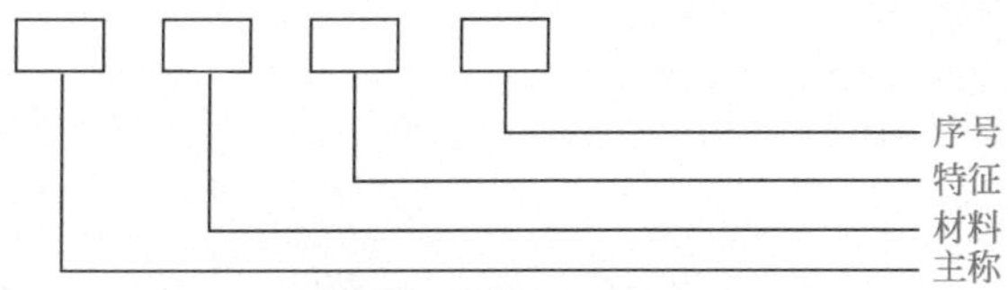

图 3-4 电阻器的型号命名

例如 RX22 表示普通线绕电阻器，RJ756 表示精密金属膜电阻器。常用的 RJ 为金属膜电阻器，RX 为线绕电阻器，RT 为炭膜电阻器。

（3）电阻器的特点及用途 各类电阻器的特点及用途如表 3-2 所示。

表 3-2 各类电阻器的特点及用途

电阻器类型	特点	用途
炭膜电阻器（RT）	特定性较好，呈现不大的负温度系数，受电压和频率影响小，脉冲负载稳定	价格低廉，广泛应用于各种电子产品中
金属膜电阻器（RJ）	温度系数、电压系数、耐热性能和噪声指标都比炭膜电阻器好，体积小（同样额定功率下约为炭膜电阻器的一半），精度高（可达 ±0.5%~±0.05%） 缺点：脉冲负载稳定性差，价格比炭膜电阻器高	可用于要求精度高、温度稳定性好的电路中或电路中要求较为严格的场合，如运放输入端匹配电阻
金属氧化膜电阻器（RY）	比金属膜电阻器有较好的抗氧化性和热稳定性，功率最大可达 50W 缺点：阻值范围小（1Ω~200kΩ）	价格低廉，与炭膜电阻器价格相当，但性能与金属膜电阻器基本相同，有较高的性价比，特别是耐热性好，极限温度可达 240℃，可用于温度较高的场合
线绕电阻器（RX）	噪声小，不存在电流噪声和非线性，温度系数小，稳定性好，精度可达 ±0.01%，耐热性好，工作温度可达 315℃，功率大 缺点：分布参数大，高频特性差	可用于电源电路中作为分压电阻、泄放电阻等低频场合，不能用于 2~3MHz 以上的高频电路中
合成实心电阻器（RS）	机械强度高，有较强的过载能力（包括脉冲负载），可靠性好，价廉 缺点：固有噪声较高，分布电容、分布电感较大，对电压和温度稳定性差	不宜用于要求较高的电路中，但可作为普通电阻器用于一般电路中
合成炭膜电阻器（RH）	阻值范围宽（可达 100Ω ~ 106MΩ），价廉，最高工作电压高（可达 35kV） 缺点：抗湿性差，噪声大，频率特性差，电压稳定性低，主要用来制造高压高阻电阻器	为了克服抗湿性差的缺点，常用玻璃壳封装制成真空兆欧电阻器，主要用于微电流的测试仪器和原子探测器

续表

电阻器类型	特点	用途
玻璃釉电阻器（RI）	耐高温，阻值范围宽，温度系数小，耐湿性好，最高工作电压高（可达15kV），又称厚膜电阻器	可用于环境温度高（−55~+125℃）、温度系数小（$<10^{-4}$/℃）、要求噪声小的电路中
块金属氧化膜电阻器（RJ711）	温度系数小，稳定性好，精度可达±0.001%，分布电容、分布电感小，具有良好的频率特性，时间常数小于1ms	可用于高速脉冲电路和对精度要求十分高的场合，是目前最精密的电阻器之一

三、电阻器的主要参数与标注方法

（1）电阻器的主要参数

① 电阻温度系数。当工作温度发生变化时，电阻器的阻值也将随之相应变化，这对一般电阻器来说是不希望有的。电阻温度系数用来表示电阻器工作温度每变化1℃时，其阻值的相对变化量。该系数越小，电阻器质量越好。电阻温度系数根据制造电阻器的材料不同，有正系数和负系数两种。前者随温度升高阻值增大，后者随温度升高阻值下降。热敏电阻器就是利用阻值随温度变化而变化而制成的一种特殊电阻器。

② 额定功率。额定功率是指在规定的环境温度和湿度下，假定周围空气不流通，在长期连续负载而不损坏或基本不改变性能的情况下，电阻器上允许消耗的最大功率。为保证安全使用，一般选其额定功率比在电路中消耗的功率高1~2倍。额定功率分为19个等级，常用的有0.05W、0.125W、0.25W、0.5W、1W、2W、3W、5W、7W、10W。电阻器额定功率的标注方法如图3-5所示。如电阻器上标注20W270ΩJ，表示该电阻器的额定功率为20W。

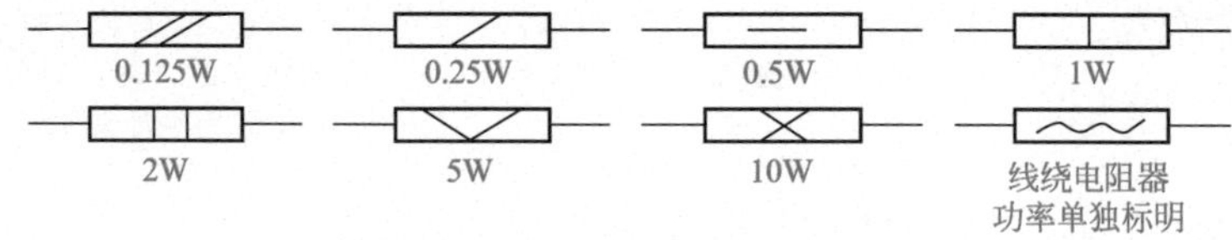

图3-5 电阻器额定功率的标注方法

（2）电阻器的标注方法

电阻器阻值标注方法主要有直标法、色标法、文字符号法、数码表示法。

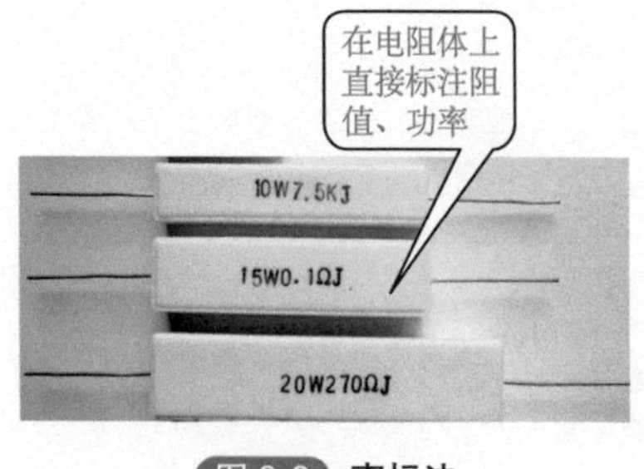

图3-6 直标法

① 直标法（图3-6）。即在电阻体上直接用数字标注出标称阻值和允许偏差。由于电阻器体积大，标注方便，使用方便，一看便知阻值大小；小体积电阻器不采用此方法。

② 色标法。色标法是指用色环或色点（多用色环）表示电阻器的标称阻值、误差。色环有四道环和五道环两种。五环电阻器为精密电阻器，如图3-7所示。

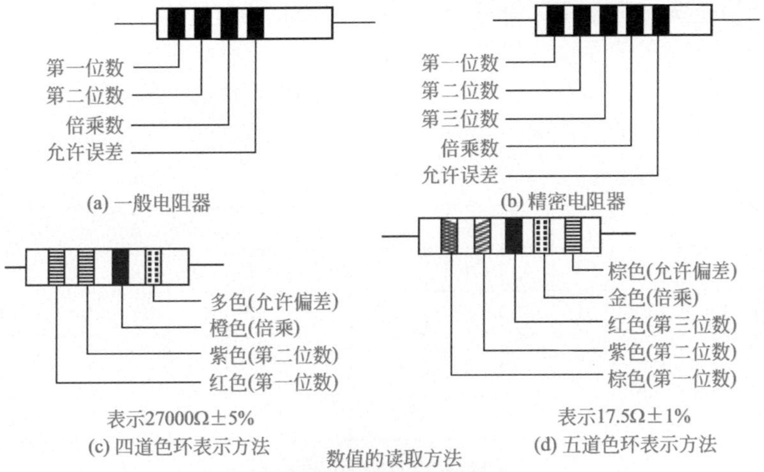

第一位数
第二位数
倍乘数
允许误差

(a) 一般电阻器

第一位数
第二位数
第三位数
倍乘数
允许误差

(b) 精密电阻器

多色(允许偏差)
橙色(倍乘)
紫色(第二位数)
红色(第一位数)

表示27000Ω±5%

(c) 四道色环表示方法

棕色(允许偏差)
金色(倍乘)
红色(第三位数)
紫色(第二位数)
棕色(第一位数)

表示17.5Ω±1%

(d) 五道色环表示方法

数值的读取方法

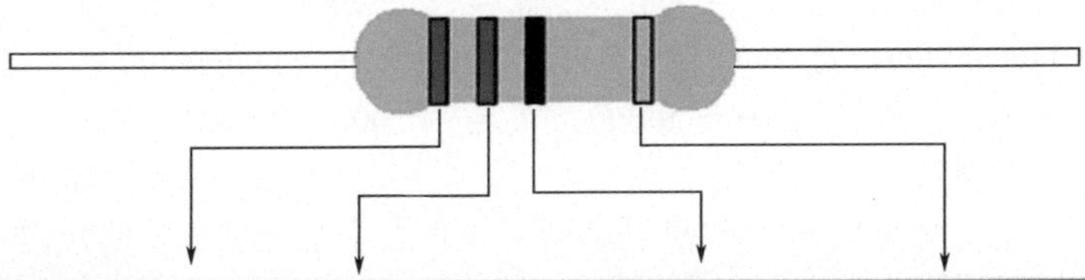

颜色	第一段	第二段	第三段	乘数	误差	
黑色	0	0	0	1		
棕色	1	1	1	10	±1%	F
红色	2	2	2	100	±2%	G
橙色	3	3	3	1k		
黄色	4	4	4	10k		
绿色	5	5	5	100k	±0.5%	D
蓝色	6	6	6	1M	±0.25%	C
紫色	7	7	7	10M	±0.10%	B
灰色	8	8	8		±0.05%	A
白色	9	9	9			
金色				0.1	±5%	J
银色				0.01	±10%	K
无					±20%	M

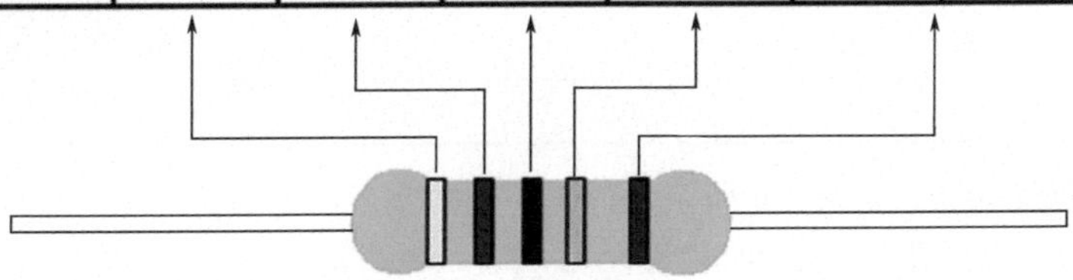

(e) 色环读取示意图

图 3-7 电阻器色标示意图

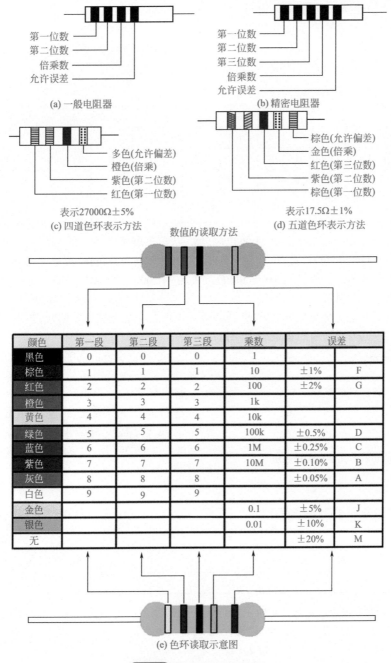

图 3-7（c）所示为四道色环表示方法。在读色环时从电阻器引脚离色环最近的一端读起，依次为第一道、第二道等。图 3-7（d）所示为五道色环表示方法，其图 3-7（e）所示为色环读取示意图。其读法同四道色环电阻器。目前，常见的是四道色环电

阻器。在四道色环电阻器中，第一、二道色环表示标称阻值的有效值，第三道色环表示倍乘，第四道色环表示允许偏差。在五道色环表示方法中，第一、二、三道色环表示标称阻值的有效值，第四道色环表示倍乘，第五道色环表示允许偏差。

电阻器各色环的含义如表 3-3 所示。

表 3-3　电阻器各色环的含义

颜色	棕	红	橙	黄	绿	蓝	紫	灰	白	黑	金	银	无色
数值位	1	2	3	4	5	6	7	8	9	0			
倍率位	10^1	10^2	10^3	10^4	10^5	10^6	10^7	10^8	10^9	10^0	10^{-1}	10^{-2}	
允许偏差（四色环）（五色环）	±1%	±2%			±0.5%	±0.25%	±0.1%				±5%	±10%	±20%

快速记忆窍门：对于四道色环电阻器，以第三道色环为主。如第三道色环为银色，则为 0.1 ～ 0.99Ω，金色为 1 ～ 9.9Ω，黑色为 10 ～ 99Ω，棕色为 100 ～ 990Ω，红色为 1 ～ 9.9kΩ，橙色为 10 ～ 99kΩ，黄色为 100 ～ 990kΩ，绿色为 1 ～ 9.9MΩ。对于五道色环电阻器，则以第四道色环为主，规律与四道色环电阻器相同。但应注意的是，由于五道色环电阻器为精密电阻器，体积太小时无法识别哪端是第一道色环，所以对色环电阻器阻值的识别必须用万用表测出。

③ 文字符号法。文字符号法是将元件的标称值和允许偏差用阿拉伯数字和文字符号组合起来标志在元件上。注意常用电阻器的单位符号 R 作为小数点的位置标志。例如，R56=0.56Ω，1R5=1.5Ω，3k3=3.3kΩ。文字符号标注法如图 3-8 所示，其标注含义如表 3-4 所示。

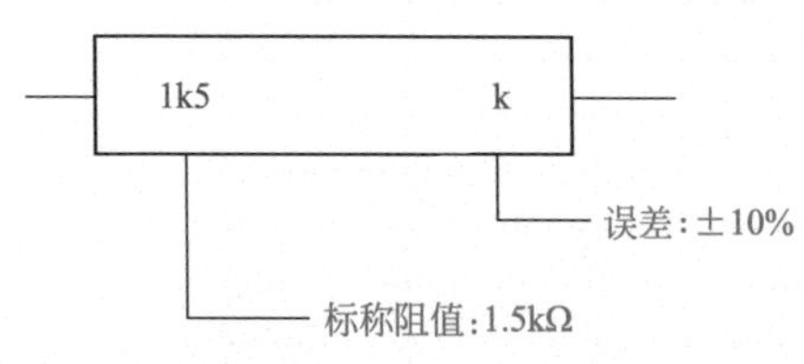

图 3-8　文字符号标注法

表 3-4　文字符号标注含义

单位符号	单位		误差符号	误差范围	误差符号	误差范围
R	欧	Ω	D	±0.5%	J	±5%
k	千欧	kΩ	F	±1%	k	±10%
M	兆欧	MΩ	G	±2%	M	±20%

④ 数码表示法。如图 3-9 所示，即用三位数字表示电阻值（常见于电位器、微调电位器及贴片电阻器）。识别时由左至右，第一位、第二位为有效数字，第三位是有效值的倍乘数或 0 的个数，单位为 Ω。

快速记忆窍门：同色环电阻器，若第三位数为 1 则为几百几千欧，为 2 则为几点几千欧，为 3 则为几十几千欧，为 4 则为几百几十千欧，为 5 则为几点几兆欧……如为一位数或两位数则为实际数值。

⑤ 电阻标称系列及允许偏差。电阻标称系列及允许偏差如表 3-5 所示。

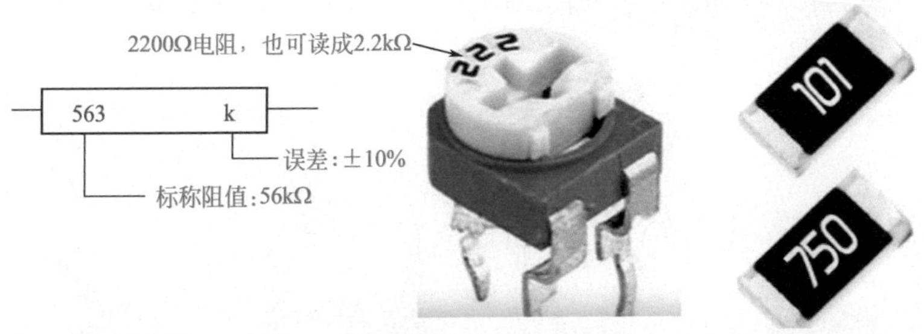
2200Ω电阻，也可读成2.2kΩ
563
k
误差：±10%
标称阻值：56kΩ
222
101
750

图 3-9　数码表示法

表 3-5　电阻标称系列及允许偏差

系列	允许偏差	产品系数
E_{24}	±5%	1.0,1.1,1.2,1.3,1.5,1.6,1.8,2.0,2.2,2.4,2.7,3.0,3.3,3.6,3.9,4.3,4.7,5.1,5.6,6.2,6.8,7.5,8.2,9.1
E_{12}	±10%	1.0,1.2,1.5,1.8,2.2,2.7,3.3,3.9,4.7,5.6,6.8,8.2
E_6	±20%	1.0,1.5,2.2,3.3,4.7,6.8

第二节　固定电阻器的检测与代换

一、用数字万用表检测固定电阻器

（1）实际电阻值的测量

① 将万用表的功能开关旋转到适当量程的电阻挡，如图 3-10 所示。

② 将两表笔（不分正负）分别与电阻器的两端引脚相接即可测出实际阻值，如图 3-11 所示。

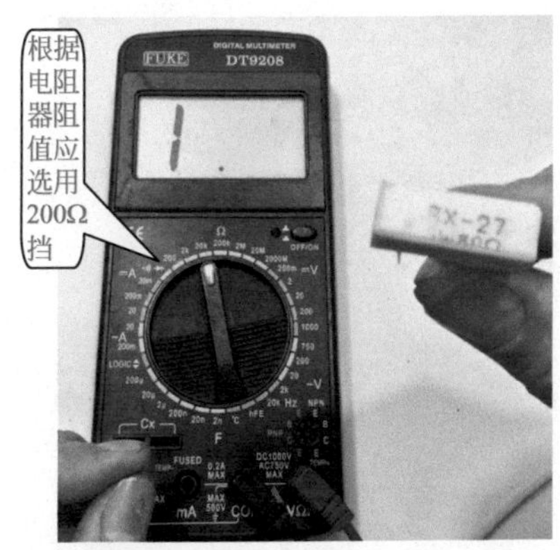
根据电阻器阻值应选用200Ω挡
FUKE
DT9208

图 3-10　功能开关置于适当量程

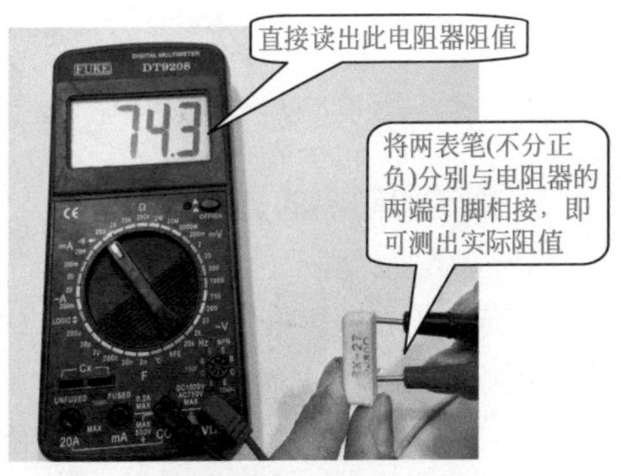
直接读出此电阻器阻值
将两表笔(不分正负)分别与电阻器的两端引脚相接，即可测出实际阻值
74.3
FUKE
DT9208

图 3-11　测出实际阻值

测量时应注意的事项： 测试大阻值电阻器时，手不要触及表笔和电阻器的导电部

分，因为人体具有一定电阻，会对测试产生一定的影响，使读数偏小，如图 3-12、图 3-13 所示。

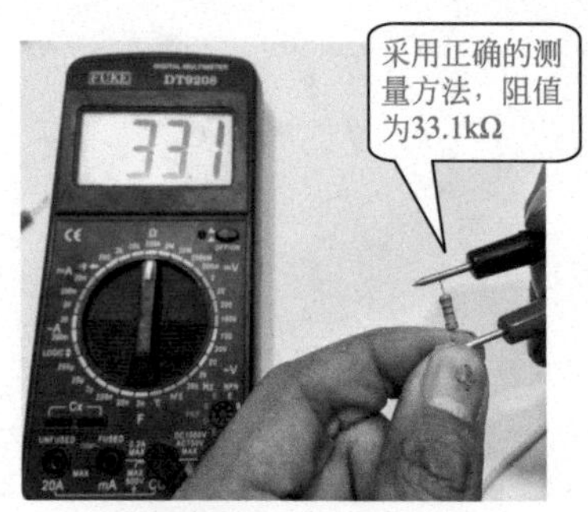
采用正确的测
量方法，阻值
为33.1kΩ
33.1

图 3-12 正确的测量方法

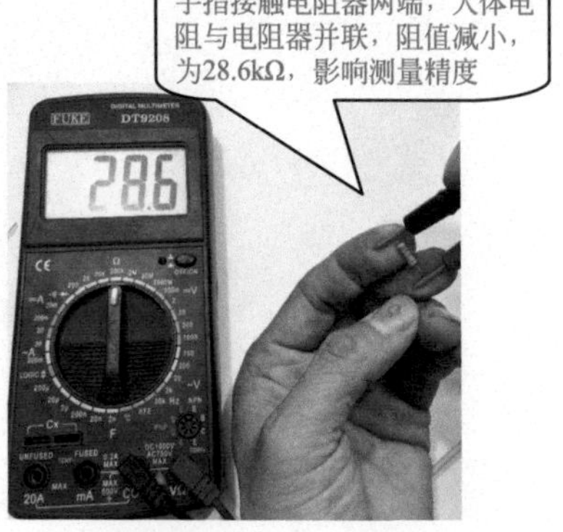
手指接触电阻器两端，人体电
阻与电阻器并联，阻值减小，
为28.6kΩ，影响测量精度
28.6

图 3-13 错误的测量方法

（2）在路测量固定电阻器 普通电阻器在电路中测量时，被检测电阻器必须从电路中焊下来，至少要焊开一个引脚，以免电路中的其他元器件对测试产生影响，致使测量误差增大，如图 3-14、图 3-15 所示。

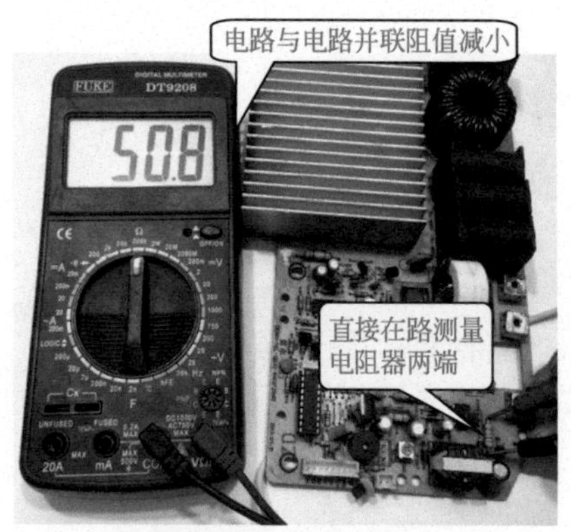
电路与电路并联阻值减小
50.8
直接在路测量
电阻器两端

图 3-14 在电路中测量

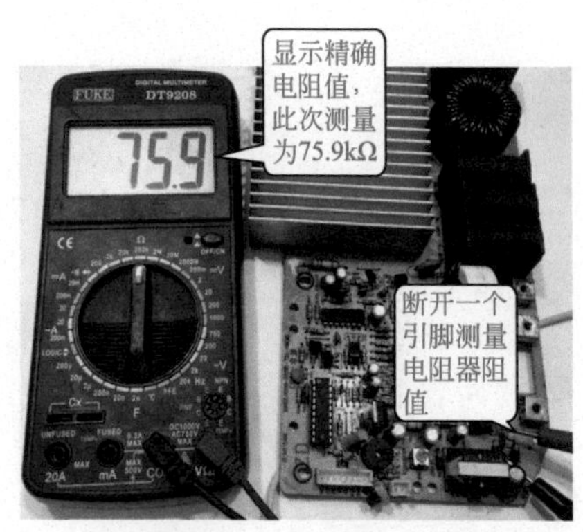
显示精确
电阻值，
此次测量
为75.9kΩ
75.9
断开一个
引脚测量
电阻器阻
值

图 3-15 断开一个引脚测量

（3）测量贴片电阻器 贴片电阻器的测量与前述相同，如图 3-16 所示。

二、固定电阻器的选用

选用固定电阻器时，应注意以下事项。

a. 所用电阻器的额定功率应大于实际电路功率的两倍，可保证电阻器在正常工作时不会烧坏。

b. 优先选用通用型电阻器，如炭膜电阻器、金属膜电阻器、实心电阻器、线绕电阻器等。这类电阻器的阻值范围宽，电阻器规格齐全，品种多，价格便宜。

c. 根据安装位置选用电阻器。由于制作电阻器的材料和工艺不同，因此相同功率的电阻器，其体积并不相同。金属膜电阻器的体积较小，适合安装在元器件比较紧凑

的电路中；在元器件安装位置比较宽松的场合，可选用炭膜电阻器。

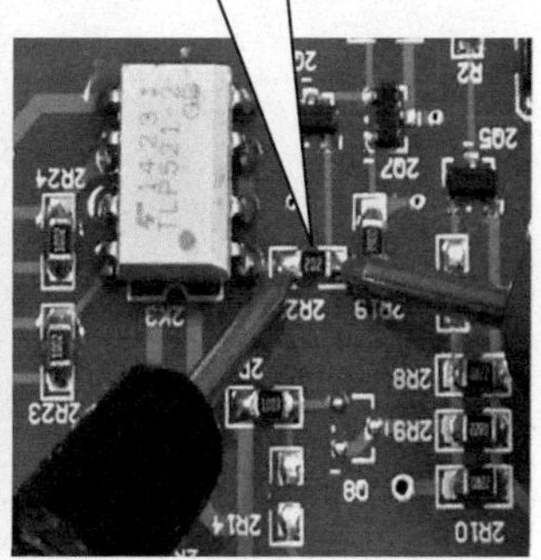

测量贴片电阻器时两表笔直接接触贴片电阻器两端，图中阻值仅供参考

图 3-16　测量贴片电阻器

d. 根据电路对温度稳定性的要求选择电阻器。由于电阻器在电路中的作用不同，所以对它们在稳定性方面的要求也就不同。普通电路中即使阻值有所变化，对电路工作影响并不大；而应用在稳压电路中作电压采样的电阻器，其阻值的变化将引起输出电压的变化。

炭膜电阻器、金属膜电阻器、玻璃釉膜电阻器都具有较好的温度特性，适合用于稳定度较高的场合；在精度高、功率大的场合，可应用线绕电阻器（由于采用特殊的合金线绕制，它的温度系数极小，因此其阻值最为稳定）。

三、固定电阻器的修理与代换

（1）固定电阻器的修理

① 对于炭膜电阻器或金属膜电阻器损坏后一般不予以修理，更换相同规格电阻器即可。

② 对于已断路的大功率、小阻值线绕电阻器或水泥电阻器，可刮去表面绝缘层，露出电阻丝，找到断点。将断点的电阻丝退后一匝绞合拧紧即可。

a. 用电阻丝应急代换。电阻丝可以从旧线绕电位器或线绕电阻器上拆下。用万用表量取一段阻值与原电阻相同的电阻丝，并将其缠绕在原电阻器上，电阻丝两端分别焊在原电阻器的两端后装入电路即可。

b. 当损坏的线绕电阻器阻值较大时，可采用内热式电烙铁芯代换，如阻值不符合电路要求，可采用将电烙铁芯串、并联方法解决。只要阻值相近即可，不会影响电路的正常工作。

③ 电阻器烧焦后看不到色环和阻值，又没有图纸可依，对它的原阻值就心中没数。首先用刀片把电阻器外层烧焦的漆割掉；然后测它一端至烧断点的阻值，以及测另一端至烧断点的阻值，并将这两个阻值加起来；最后根据其烧断点的长度，就能估算出电阻器的阻值。

（2）固定电阻器的代换　在修理中，当某电阻器损坏后，在没有同规格电阻器代换时，可采用串、并联方法进行应急处理。

① 利用电阻串联公式。将小阻值电阻器变成大阻值电阻器，如图 3-17、图 3-18 所示。

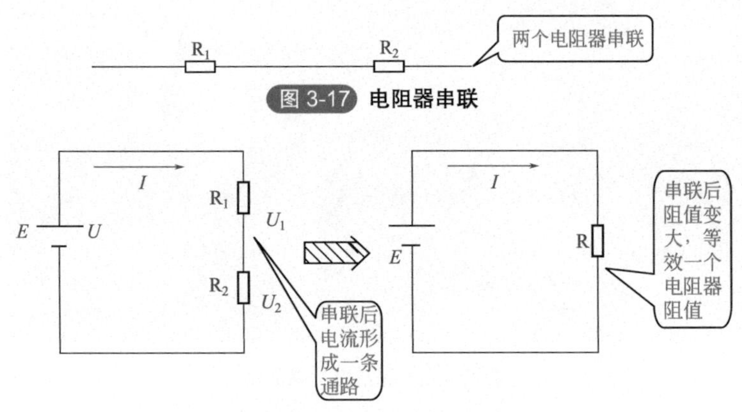

图 3-17 电阻器串联

图 3-18 电阻器串联等效图

电阻串联公式为

$$R_{总}=R_1+R_2+R_3+\cdots$$

② 利用电阻并联公式。将大阻值电阻器变成所需小阻值电阻器，如图 3-19、图 3-20 所示。

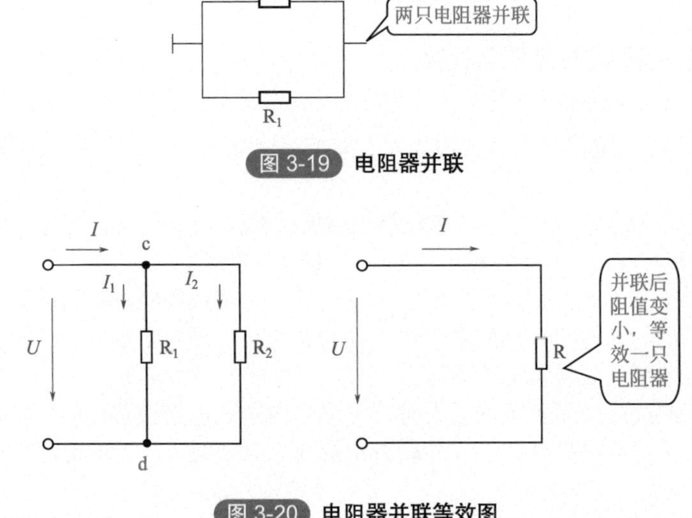

图 3-19 电阻器并联

图 3-20 电阻器并联等效图

提示： 在采用串、并联方法时，除了应计算总电阻是否符合要求外，还必须检查每个电阻器的额定功率值是否比其在电路中所承受的实际功率大一倍以上。

$$1/R_{总} = 1/R_1+1/R_2+\cdots+1/R_n$$

③ 利用电阻器串联和并联相结合。可以将大阻值电阻器变成所需小阻值电阻器。

提示： 不同功率和阻值相差太多的电阻器不要进行串、并联，无实际意义。

第三节　普通电阻器的应用

电阻器应用电路如图 3-21、图 3-22 所示。

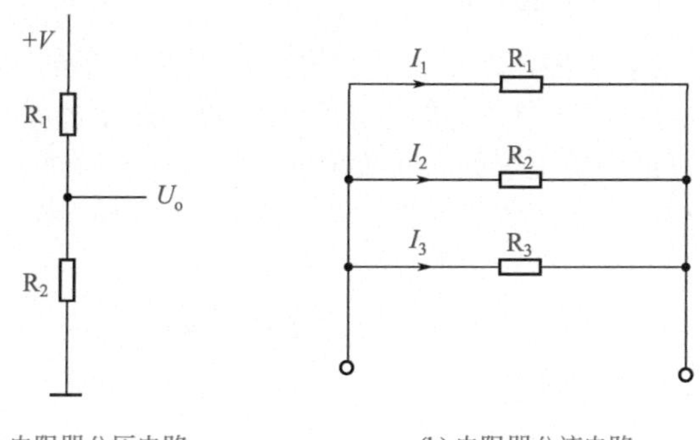

(a) 电阻器分压电路　　(b) 电阻器分流电路

图 3-21　电阻器的分压与分流电路

（1）分压与分流电路　如图 3-21（a）所示电阻分压电路中，$U_o=UR_2=(R_2/R_1+R_2)E_C$，经 R_1、R_2 分压后可得到合适电压输出。如图 3-21（b）所示分流电路中，各电阻器电流值的大小与电阻值成反比，即 $I_1=U/R_1$，$I_2=U/R_2$，$I_3=U/R_3\cdots$

（2）降压限流电路　将电阻器串入电路，可实现降压限流作用。图 3-22 为电热毯电阻器 R 与 VD_1 构成电源指示电路，接通电源后，R 降压限流，得到二极管 VD_1 所需供电电压。

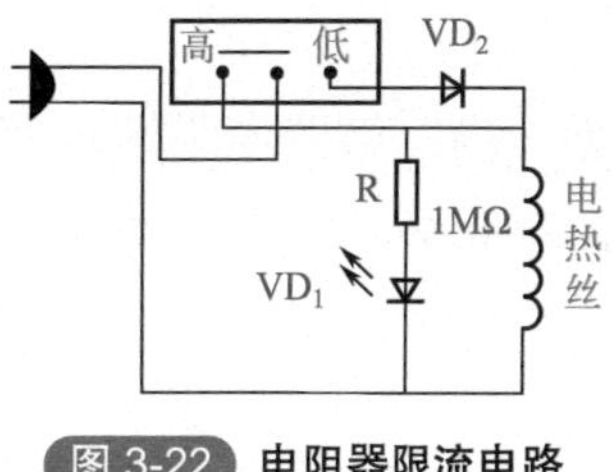

图 3-22　电阻器限流电路

第四节　可变电阻器的检测与应用

一、可变电阻器的外形、结构与图形符号

可变电阻器体积小，无调整手柄，用于机器内部不经常调整的电路中。可调电阻器的外形、结构及图形符号如图 3-23 所示。

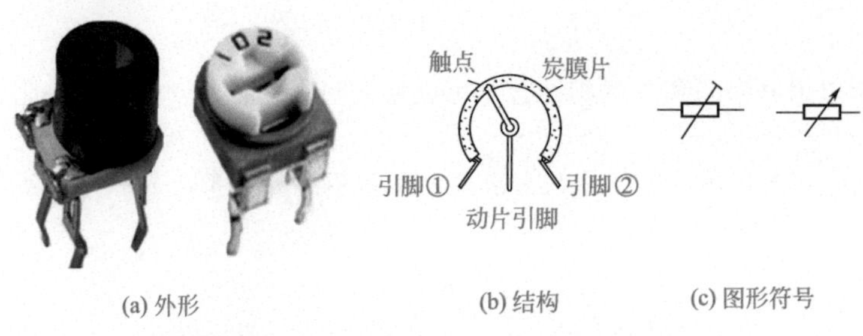

(a) 外形　　(b) 结构　　(c) 图形符号

图 3-23 可调电阻器的外形、结构及图形符号

二、可变电阻器的结构原理

由图 3-23（a）可以看出，两个固定引脚接在炭膜体两端。炭膜体是一个固定电阻体，在两个引脚之间有一个固定的电阻值。动片引脚上的触点可以在炭膜片上滑动，这样动片引脚与两个固定引脚之间的阻值发生改变。当动片触点沿顺时针方向滑动时，动片引脚与引脚①之间阻值增大，与引脚②之间阻值减小；反之，动片触点沿逆时针方向滑动，引脚间阻值反方向变化。在动片触点滑动时，引脚①、②之间的阻值是不变化的，但是如若动片引脚与引脚②或引脚①相连通后，动片触点滑动时引脚①、②之间的阻值便发生改变。

三、可变电阻器的电阻表示方法

可变电阻器的阻值是指固定电阻体的阻值，也就是可变电阻器可以达到的最大电阻值，可变电阻器的最小阻值为零（通过调节动片引脚的旋钮）。阻值直接标在电阻器上。

四、可调电阻器的使用注意事项

可变电阻器使用注意事项有以下几个。

① 可变电阻器的功率较小，只能用于电流、电压均较小的电子电路中。

② 可变电阻器还可以用作电位器，此时三个引脚与各自电路相连，作为一个电压分压器使用。

③ 在大部分情况下作为一个可变电阻器使用，此时可变电阻器的动片与一个固定引脚在电路板已经连通，调节可变电阻器时可改变阻值。调节方法是用小的平口螺丝刀旋转电阻器的缺口旋钮。

④ 可变电阻器的故障发生率较高，主要故障是动片与炭膜之间接触不良。若炭膜磨损，一般不予以修理，而是直接更换同型号可变电阻器（应急修理时主要以清洗处理为主）。

五、可变电阻器的检测与修理

可变电阻器的检测与修理参考电位器的检测与修理内容，此处不再叙述。

第五节　电位器的检测与应用

一、认识电位器

电位器的分类方法很多，种类也相当繁多，广泛应用于电气设备中作调整元件。

（1）电位器的结构　电位器结构与可变电阻器结构基本上是相同的，它主要由引脚、动片触点和电阻体（常见的为炭膜体）构成。电位器工作原理也与可变电阻器相似，动片触点滑动时动片引脚与两个固定引脚之间的电阻发生改变。图 3-24 所示是常用电位器的外形及图形符号。带开关电位器（图形符号中虚线表示此开关受电位器转柄控制）在转轴旋到最小位置后再旋转一下，便将开关断开。在开关接通之后，调节电位器过程中对开关无影响，一直处于接通状态。旋转式电位器有单轴旋转式电位器和双联旋转式电位器。双联旋转式电位器又有同心同轴（调整时两个电位器阻值同时变化）和同心异轴（单独调整）之分。直滑式电位器的特点是操纵柄往返作直线式滑动，滑动时可调节阻值。

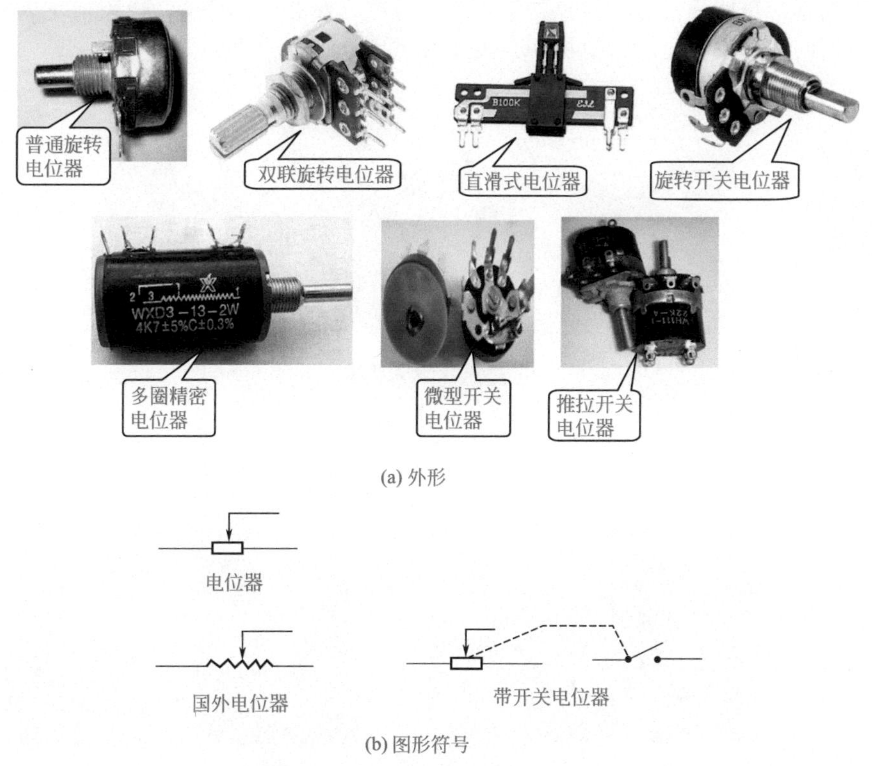

图 3-24　常用电位器的外形及图形符号

（2）电位器的主要参数　电位器的参数很多，主要参数有电阻值、额定功率及动噪声。

① 电阻值。电位器的电阻值也是指电位器两固定引脚之间的电阻值，这与炭膜体阻值有关。电阻值参数采用直标法，标在电位器的外壳上。

② 额定功率。电位器的额定功率与电阻器的额定功率一样，在使用中若运用不当也会烧坏电位器。

③ 动噪声。电位器的噪声主要包括热噪声、电流噪声和动噪声。前两者是指电位器动片触点不动时的电位器噪声，这种噪声与其他元器件中的噪声一样，是炭膜体（电阻体）固有噪声，又称之为静噪声。静噪声相对动噪声而言，其有害影响不大。

动噪声是指电位器动片触点滑动过程中产生的噪声，这一噪声是电位器的主要噪声。动噪声的来源有六七种，但主要原因是动片触点接触电阻大（接触不良）、炭膜体结构不均匀、炭膜体磨损、动片触点与炭膜体的机械摩擦等。

二、电位器的检测

（1）测试开关的好坏 对于带有开关的电位器，检查时可用万用表的电阻挡测开关两触点的通断情况是否正常，如图 3-25、图 3-26 所示。

推拉电位器的轴，使开关“接通”→“断开”变化。若在“接通”的位置，电阻值不为零，说明内部开关触点接触不良；若在“断开”的位置，电阻值不为无穷大，说明内部开关失控，如图 3-27、图 3-28 所示。

电位器的检测

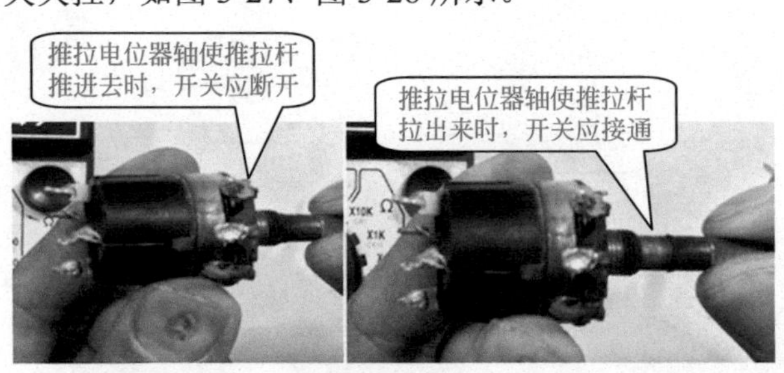
推拉电位器轴使推拉杆推进去时，开关应断开
推拉电位器轴使推拉杆拉出来时，开关应接通

图 3-25 开关状态

选择电阻挡进行测量(一般测量开关选择最低挡)
DT9208

图 3-26 选择挡位

FUKE
DT9208
0.01
测量左开关接通状态，阻值应接近零

图 3-27 测量第一组开关

（2）检测电位器的标称值和中间脚与边脚的旋转电阻值 如图 3-28~ 图 3-31 所示。

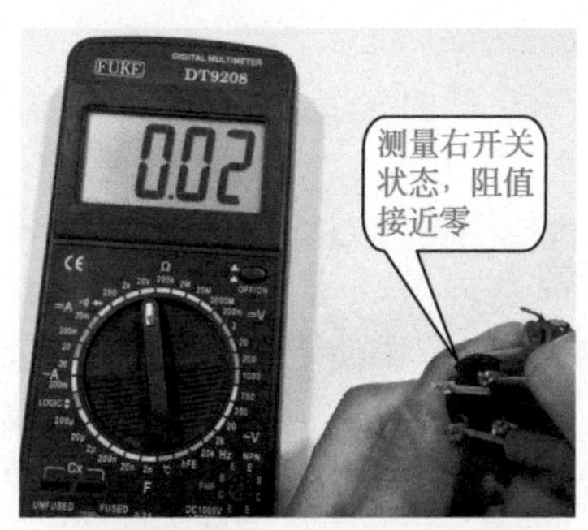
测量右开关
状态，阻值
接近零

图 3-28 测量第二组开关

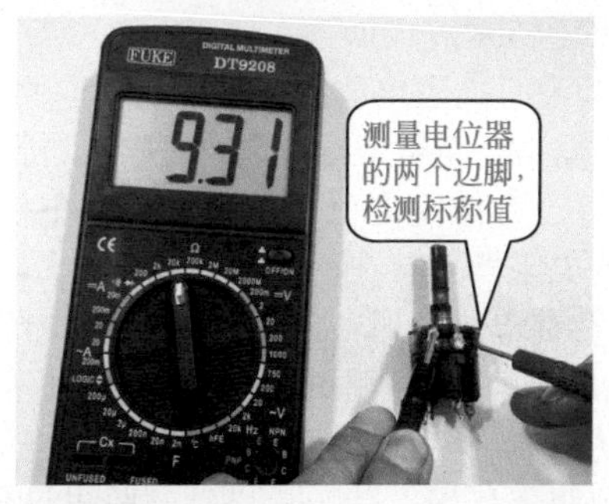
测量电位器
的两个边脚，
检测标称值

图 3-29 测量电位器的两个边脚电阻值

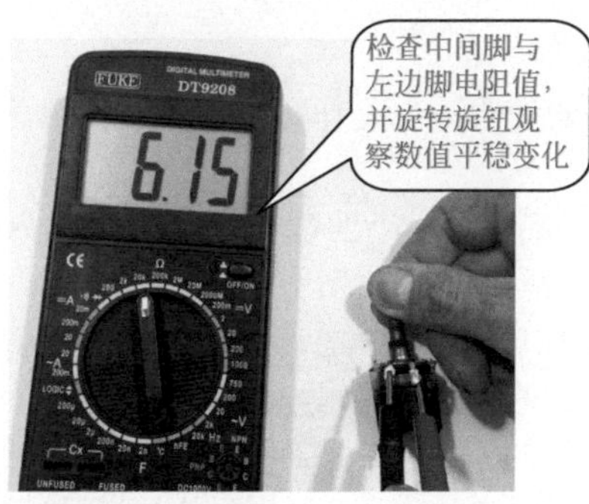
检查中间脚与
左边脚电阻值，
并旋转旋钮观
察数值平稳变化

图 3-30 测量中间脚与左边脚电阻值

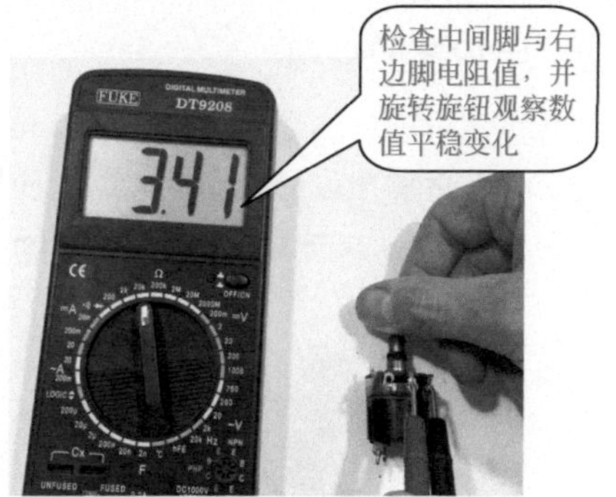
检查中间脚与右
边脚电阻值，并
旋转旋钮观察数
值平稳变化

图 3-31 测量中间脚与右边脚电阻值

三、电位器的修理与代换

（1）电位器的修理

① 转轴不灵活。转轴不灵活主要是轴套中积有大量污垢，润滑油干涸所致。发现这种故障，应拆开电位器，用汽油擦洗轴、轴套以及其他不清洁的地方，然后在轴套中添加润滑黄油，再重新装配好。

② 电位器一端定片与炭膜间断路（多为涂银处开路），另一端定片又未用或与动片焊连在一起，这时交换两定片的焊接位置，仍可正常使用。

③ 开关接触不良。电位器的开关部件在生产中已被固定，不易拆装，一般遇有弹簧不良或开关胶木转换片被挤碎时，只能换一个开关予以解决。另外，电位器经过多次修理后，开关套的固定钩损坏而无法很好地固定，影响开关正常拨动。这时用硬度适当的铜丝或铜片在原位上另焊几个小钩即可修复。

④ 滑片接触不良。主要是由中心滑动触点处积有污垢造成的。可拆下开关部分，取下接头，用汽油或酒精分别擦净炭膜片、中央环形接触片和接头处的接点，然后装上接头，调整接头压力到合适程度为止。若电位器内炭膜磨损接触不良，可将金属刷触点轻轻向里或向外弯曲一些，从而改变金属刷在炭膜上的运动轨迹。修好的电位器可用欧姆表测量，使指针摆动平稳而不跳动即可。

（2）电位器的代换

① 若没有高阻电位器，可用低阻电位器串接电阻器的方法予以解决，即将阻值合适的电阻器与可变电阻器串联，可串入边脚，也可串入中间脚。

② 若没有低阻电位器，可用高阻电位器并接电阻器的方法予以解决，即将一阻值合适的电阻器并接在两边脚之间。

③ 没有电位器时，还可以用可调电阻器作小型电位器使用。选择立式或卧式的可调电阻器时，在可调电阻器上焊上一根转轴，再在转轴上套一段塑料管即可。

④ 线路中一些电位器经调整之后，一般不需要再调整或很少需要调整，可直接用固定电阻器代用。代用前必须试验出最佳的电阻值。若电阻值不符合要求，可用两个或两个以上的电阻器通过串联或并联的方法予以解决。

四、电位器的应用

电位器的应用可分成两大类：一是作分压器使用，二是作可变电阻器使用。前者应用最广泛，后者在设计、调试电路时应用。

（1）电位器的运用原理　电位器有三个引脚，是一个四端元件，它有输入和输出两个回路。图 3-32 所示是电位器分压电路。

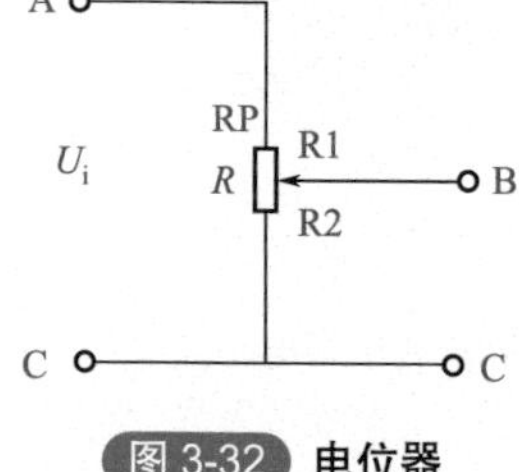

图 3-32 电位器分压电路

信号源电压 U_i 加在电位器 RP 的动片将 RP 分成两部分：电阻 R1 和 R2。设 RP 的全部电阻为 R，动片 B 至 A 端电阻为 R_1，动片 B 至 C 点电阻为 R_2，即 $R=R_1+R_2$。显然，当动片调至 C 点时，$R_1=R$、$R_2=0$；当动片调到 A 点时，$R_1=0$、$R_2=R$；当动片从 C 点往 A 点调节时，R_1 越来越小，R_2 则越来越大，但 $R_1+R_2=R$ 始终不变。图示电路的输入回路为信号源→A 点→RP→C 点，其输出回路为动片 B 点→RP→C 点。

R1、R2 构成分压电路，则 U_i、U_o 之间的关系由下列公式决定：

$$U_o=(R_2/R_1+R_2)\ U_i$$

由上述可知，当动片滑动时，R_2 大小变化，从而 U_o 发生改变。当动片在 C 点（$R_2=0$）时，$U_o=0$；当动片在 A 点（$R_2=R$）时，$U_o=U_i$。

（2）可变电阻器的应用　将电位器作为可变电阻器时，动片与一个固定引脚相连接，即可变成可变电阻器。在图 3-33（a）中，改变 RP 中点位置，可改变三极管基极电压，从而改变电路工作点（I_c）。图 3-33（b）中用作音量电位器，改变 RP 中点，可改变送入后级信号量的大小，从而改变音量。

（3）电位器的使用注意事项　电位器使用注意事项如下。

① 电位器型号命名比较简单。由于普遍采用合成膜电位器，所以在型号上主要看阻值分布特性。在型号中，用 W 表示电位器，H 表示合成膜。

② 在很多场合下，电位器是不能互换使用的，一定要用同类型电位器更换。

③ 在更换电位器时，要注意电位器安装尺寸等。

④ 有的电位器除各引脚外，在电位器金属外壳上还有一个引脚，这一引脚作为接地引脚，接电路板的地线，以消除调节电位器时人体的感应干扰。

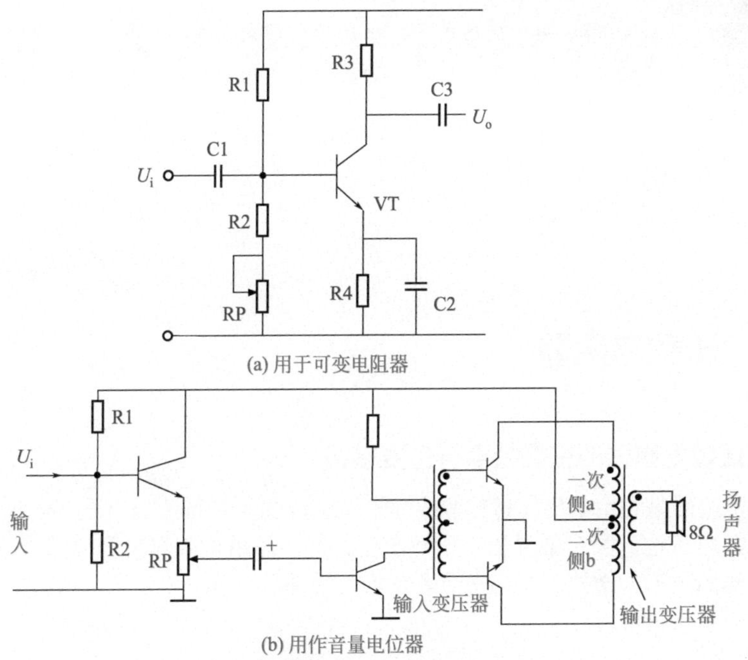

(a) 用于可变电阻器

(b) 用作音量电位器

图 3-33 电位器应用电路

⑤ 电位器的常见故障是转动噪声，几乎所有电位器在使用一段时间后，会不同程度地出现转动噪声。通常，通过清洗电位器的动片触点和炭膜体，能够消除噪声。对于因炭膜体磨损而造成的噪声，应做更换电位器的处理。

特殊与专用电阻器的检测与应用

第一节 压敏电阻器

一、压敏电阻器的性能特点与主要参数

压敏电阻器是利用半导体材料非线性特性制成的一种特殊电阻器。当压敏电阻器两端施加的电压达到某一临界值（压敏电压）时，压敏电阻器的阻值就会急剧变小。压敏电阻器的外形、结构、图形符号和伏安特性曲线如图 4-1 所示。压敏电阻器的主要参数可扫二维码学习。

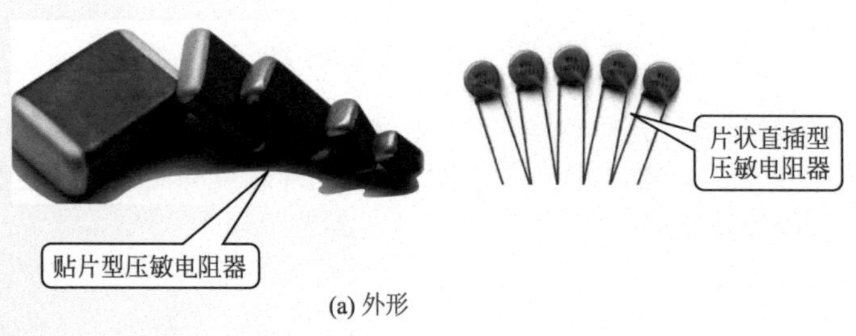

(a) 外形

压敏电阻器的主要参数

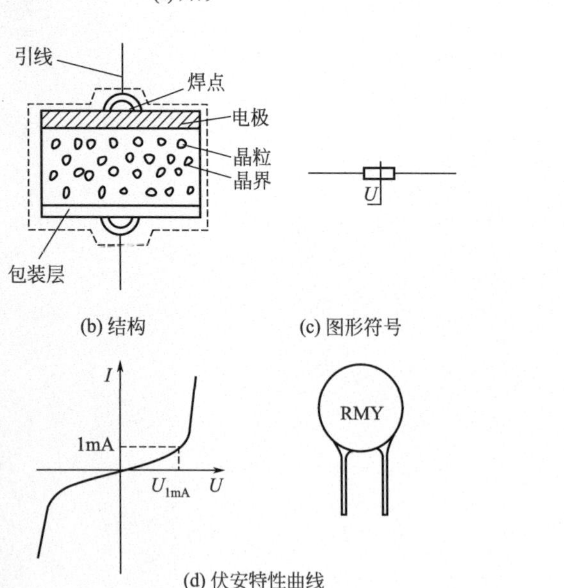

(b) 结构

(c) 图形符号

(d) 伏安特性曲线

图 4-1 压敏电阻器的外形、结构、图形符号及伏安特性曲线

压敏电阻器的主要特性曲线如图 4-1（d）所示。当压敏电阻器两端所加电压在标称额定值内时，电阻值几乎为无穷大，处于高阻状态，其漏电流≤ 50μA；当压敏电阻器两端的电压稍微超过额定电压时，其电阻值急剧下降，立即处于导通状态，反应时间仅在毫微秒级，工作电流急剧增加，从而有效地保护电路。

二、压敏电阻器的检测

（1）好坏检测　应使用数字万用表电阻挡的最高挡位（20k、200k 挡），常温下压敏电阻器的两引脚阻值应为无穷大，使用数字万用表的显示屏将显示溢出符号“1.”。若有阻值，就说明该压敏电阻器的击穿电压低于万用表内部电池的 9V（或 15V）电压（这种压敏电阻器很少见）或者已经击穿损坏，如图 4-2、图 4-3 所示。

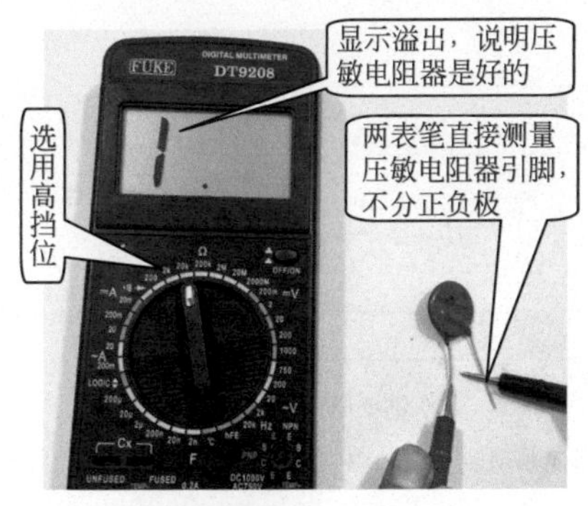

图 4-2　选择高阻挡

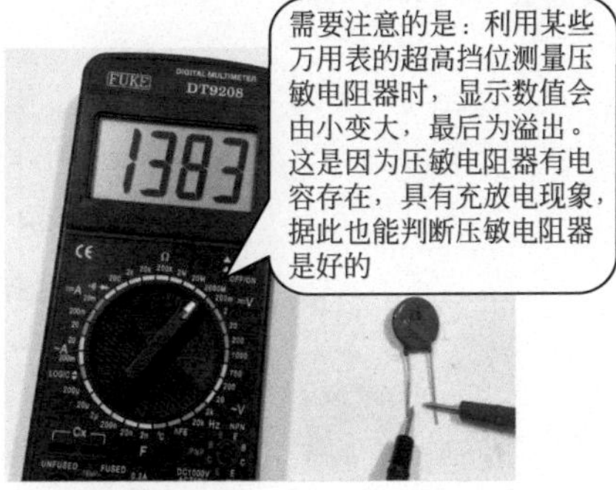

图 4-3　测压敏电阻器电容特性

（2）标称电压检测　检测压敏电阻器标称电压如图 4-4 所示。

如果需要测量压敏电阻器额定电压（击穿电压），可将其接在一个可调电源上，并串入电流表，然后调整可调电源，开始电流表基本不变。当再调高电源 E_C 时，电流表指针摆动，此时用指针万用表测量压敏电阻器两端电压，即为标称电压。图中可调电源可用兆欧表代用。

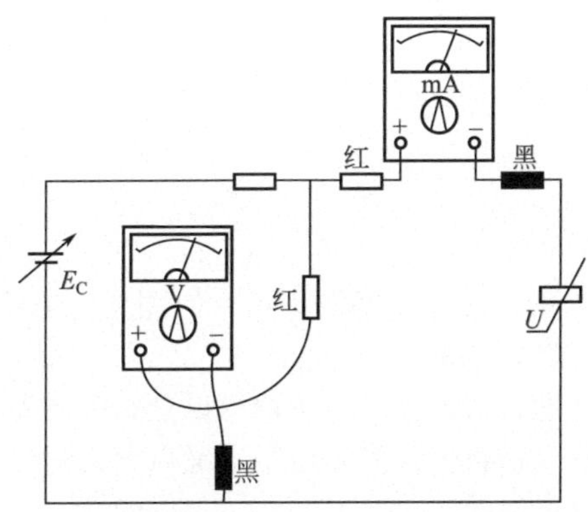

图 4-4　检测压敏电阻器标称电压

三、压敏电阻器的选用要点与应用

① 压敏电阻器的选用要点。压敏电阻器在电路中可进行并联、串联使用。采用并联用法可增加耐浪涌电流的数值，但要求并联的器件标称电压要一致。采用串联用法可提高实际使用的标称电压值，通常串联后的标称电压值为两个标称电压值之和。压敏电阻器选用时，标称电压值选择得越低则保护灵敏度越高，但是标称电压选得太低，流过压敏电阻器的电流也相应较大，会引起压敏电阻器自身损耗增大而发热，容易将压敏电阻器烧毁。在实际应用中，确定标称电压可用工作电路电压 ×1.73 来大概求出压敏电阻器标称电压。

② 压敏电阻器的应用。如图 4-5（a）所示电源保护电路，当由雷电或由机内自感电势等引起的过电压作用到压敏电阻器两端时，压敏电阻器立即导通将过电压泄放，从而起到保护作用。

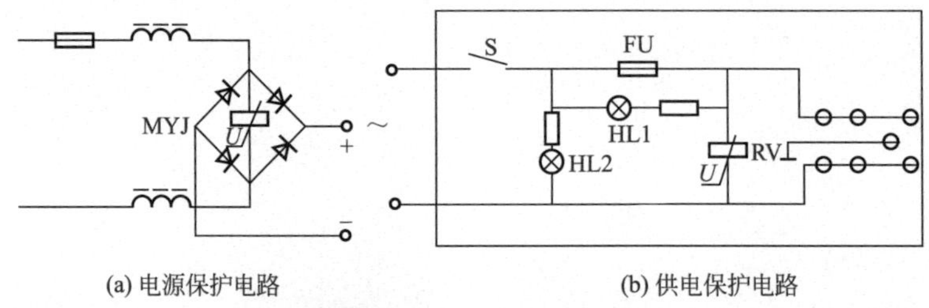

图 4-5 压敏电阻器应用电路

图 4-5（b）所示是一种常见的供电保护电路，压敏电阻器接在市电电压经熔断管后的回路中，其额定工作电压选择在家用电器的安全使用电压范围内（300~400V）。当市电电压超过压敏电阻器标称工作电压时，在毫微秒级的时间内，压敏电阻器的阻值急剧下降，流过压敏电阻器的电流急剧增加，使熔断管瞬间熔断，家用电器因断电而得到保护。同时，并联在熔断管两端的氖灯 HL1 点亮，指示熔断管已熔断。HL2 为电源指示灯，S 闭合后即发光指示。

第二节 光敏电阻器

一、认识光敏电阻器

（1）光敏电阻器的外形、结构与图形符号 如图 4-6 所示，光敏电阻器由玻璃基片、光敏层、电极等部分组成。

根据制作光敏层所用的材料，光敏电阻器可以分为多晶光敏电阻器和单晶光敏电阻器。根据光敏电阻器的光谱特性，光敏电阻器又可分为紫外光敏电阻器、可见光光敏电阻器以及红外光光敏电阻器。

可见光光敏电阻器有硒、硫化镉、硫硒化镉和碲化镉、砷化镓、硅、锗、硫化锌等光敏电阻器。紫外光光敏电阻器对紫外线十分灵敏，可用于探测紫外线，比较常见的有硫化镉光敏电阻器和硒化镉光敏电阻器。红外光光敏电阻器有硫化铅、碲化铅、硒化铅、锑化铟、碲锡铅、锗掺汞、锗掺金等光敏电阻器。紫外光光敏电阻器及红外光光敏电阻器主要应用于工业电器及医疗器械中，可见光光敏电阻器可应用于各种家庭电子设备中。

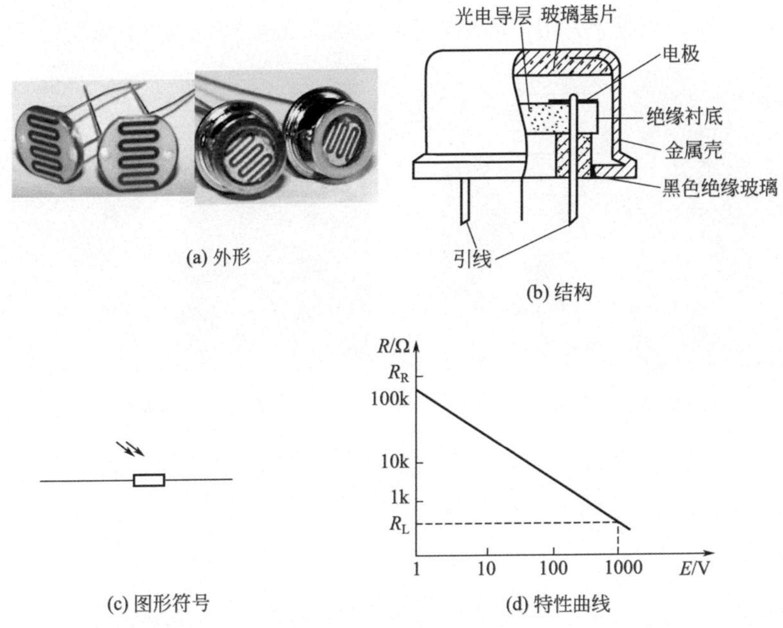

(a) 外形　(b) 结构　(c) 图形符号　(d) 特性曲线

图 4-6　光敏电阻器的外形、结构、图形符号及特性曲线

（2）光敏电阻器的主要参数

① 伏安特性。在光敏电阻器的两端所加电压和流过的电流的关系称为伏安特性，所加的电压越高，光电流越大，且没有饱和现象。在给定的电压下，光电流的数值将随光照的增强而增大。

② 光电流。光敏电阻器在不受光照时的阻值称为“暗电阻”（或称暗阻），此时流过的电流称为“暗电流”；在受光照时的阻值称为“亮电阻”（或称亮阻），此时流过的电流称为“亮电流”。亮电流与暗电流之差就称为“光电流”。暗电阻越大，亮电阻越小，则光电流越大，光敏电阻器的灵敏度就高。实际上光敏电阻器的暗电阻一般是兆欧数量级，亮电阻则在几千欧以下，暗电阻与亮电阻之比一般在 1∶100 左右。

③ 光照特性。光敏电阻器对光线非常敏感。当无光线照射时，光敏电阻器呈高阻状态；当有光线照射时，电阻值迅速减小。图 4-6（d）为光敏电阻器特性曲线，坐标曲线表明了电阻值 R 与照度 E 之间的对应关系。在没有光照时，即 E=0，光敏电阻器的阻值称为暗电阻，用 R_R 表示。一般为 100kΩ 至几十兆欧。在规定照度下，电阻值降至几千欧，甚至几百欧，此值称之为亮电阻，用 R_L 表示。显然，暗电阻 R_R 越大越好，而亮电阻 R_L 则越小越好。

二、光敏电阻器的检测

光敏电阻器的阻值是随入射光的强弱变化而发生变化的，没有正负极性。在无光照时测得的阻值称为暗阻，通常暗阻较大；在有光线照射光敏电阻器时测得的阻值称为亮阻，通常亮阻较小。

① 好坏检测。用数字万用表检测光敏电阻器如图 4-7、图 4-8 所示。

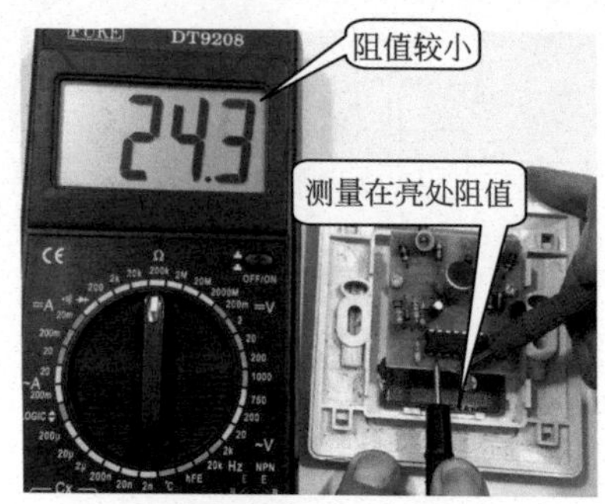

图 4-7 测量在亮处阻值

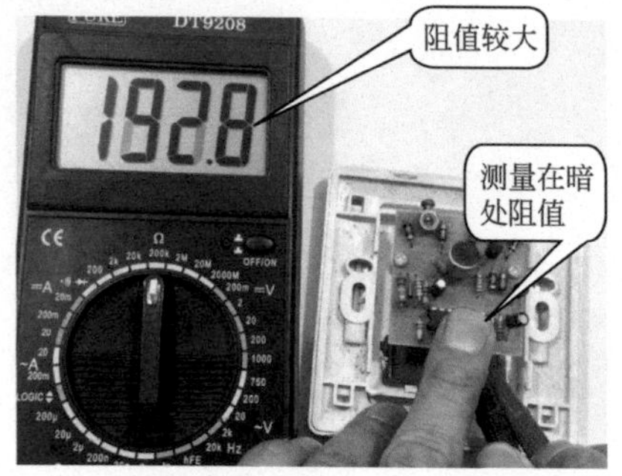

图 4-8 测量在暗处阻值

② 检测灵敏度。将光敏电阻器在亮处和暗处之间不断变化，此时万用表指针应随亮暗变化而左右摆动。如果万用表指针不摆动，说明光敏电阻器的光敏材料已经损坏。

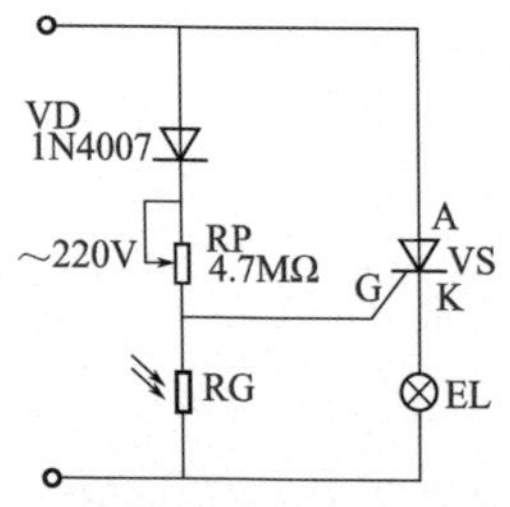

图 4-9 光敏电阻器 - 晶闸管光控开关电路

三、光敏电阻器的应用

图 4-9 是光敏电阻器 - 晶闸管光控开关电路。天黑时自动将灯点亮，天亮时 RG 的亮电阻很小，将 VS 的门极接地而使 EL 失电而熄灭。调节 RP，可使不同型号、规格的 RG 在一定的条件（黑暗程度）下点亮灯。该开关电路可作为如楼道、路灯等公共场所的自动光控开关。

第三节 湿敏电阻器

一、认识湿敏电阻器

（1）湿敏电阻器的分类与图形符号 湿敏电阻器是一种阻值随温度变化而变化的敏感电阻器件，可用作湿度测量及结露传感器。

① 湿敏电阻器的分类。湿敏电阻器的种类较多，按阻值随温度变化特性分为正系数和负系数两种，正系数湿敏电阻器的阻值随湿度增大而增大，负系数湿敏电阻器则相反（常用的为负系数湿敏电阻器）。

② 湿敏电阻器的图形符号。图 4-10（c）所示为湿敏电阻器的图形符号（目前还没有统一的图形符号，有的直接标注水分子或 H_2O，有的图形符号仍用 R 表示）。

（2）湿敏电阻器的结构与主要特性

① 湿敏电阻器结构如图 4-10（b）所示，由基片（绝缘片）、感湿材料和电极构成。当感湿材料接收到水分后，电极之间的阻值发生变化，完成湿度到阻值变化的转换。

② 湿敏电阻器特性：阻值随湿度增加是以指数特性变化的；具有一定响应时间参数，又称为时间常数，是指对湿度发生阶跃时阻值从零增加到稳定量的 63% 所需要的时间，表征了湿敏电阻器对湿度响应的特性；其他参数还有湿度范围、电阻相对湿度变化的稳定性等。

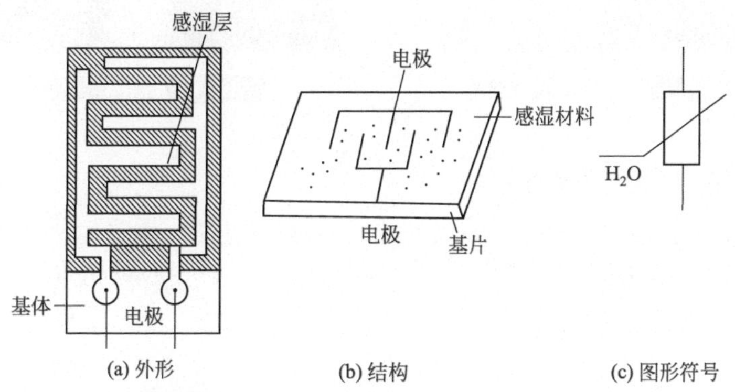

图 4-10 湿敏电阻器的外形、结构及图形符号

二、湿敏电阻器的检测与代换

（1）湿敏电阻器的检测 检测湿敏电阻器时，先在干燥条件下测其标称阻值，应符合规定。如阻值很小或很大或开路说明湿敏电阻器损坏。然后给湿敏电阻器加一定湿度，阻值应有变化，阻值不变说明湿敏电阻器损坏。图 4-11、图 4-12 为指针万用表检测湿敏电阻器，图 4-13、图 4-14 为数字万用表检测湿敏电阻器。

（2）湿敏电阻器的代换 湿敏电阻器一般不能修复，应急代用时可用同阻值的炭膜电阻器去掉漆皮代用（去掉漆皮后受湿度影响，阻值会变化）。

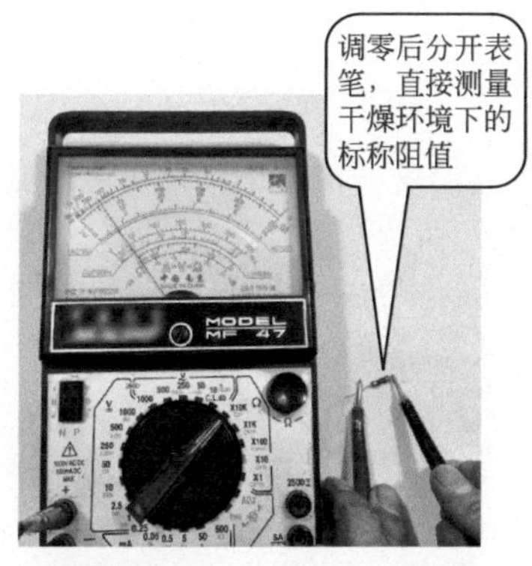

调零后分开表笔，直接测量干燥环境下的标称阻值
MODEL MF 47

图 4-11 干燥环境下的标称阻值

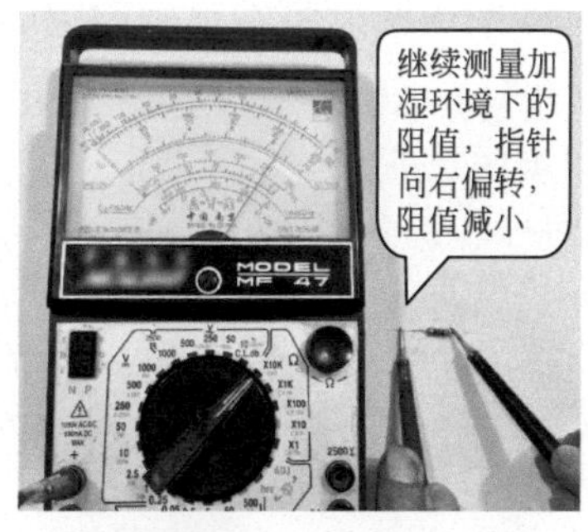

继续测量加湿环境下的阻值，指针向右偏转，阻值减小
MODEL MF 47

图 4-12 加湿环境下的阻值

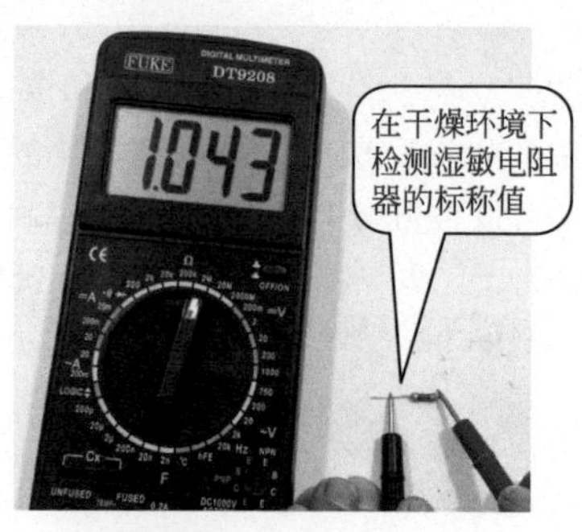

图 4-13 干燥环境下测量

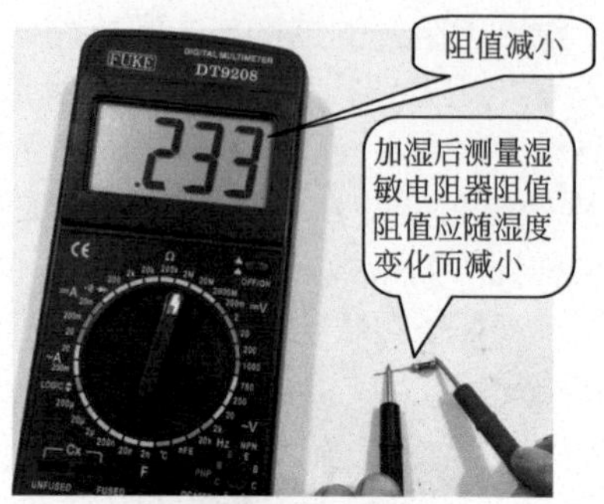

图 4-14 加湿后测量

三、湿敏电阻器的应用

湿敏电阻器的应用电路如图 4-15 所示。在测量湿度时，闭合 SA 并调整 RP 使表头归零，将 XP 插入插座即可测量，即当湿度变化时 μA 表指示湿度值。

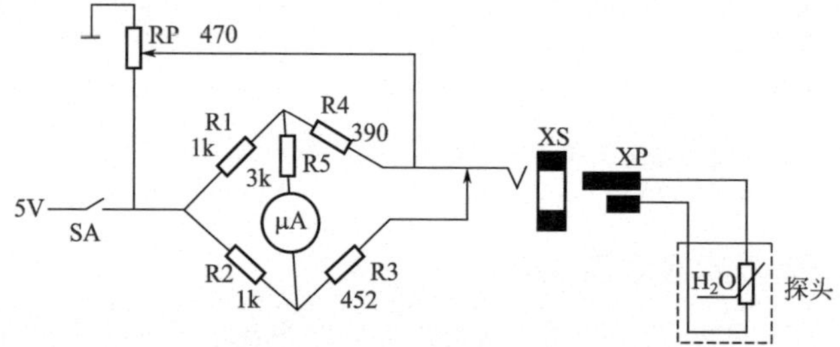

图 4-15 湿敏电阻器的应用电路

第四节 正温度系数热敏电阻器

一、认识正温度系数热敏电阻器

正温度系数热敏电阻器（又称 PTC）的阻值随温度升高而增大，可应用到各种电路中［图 4-16（a）］。

（1）PTC 的分类 PTC 的外形、结构、图形符号及温度与电阻特性曲线如图 4-16 所示。常见的 PTC 元件有圆柱形、圆片形和方柱形三种不同的外形结构，又有两端和三端之分。三端消磁电阻器内部封装有两只热敏电阻器（一只接负载，另一只接地，起分压保护作用，从而降低开路瞬间冲击电流对电路元件产生的不良影响）。

（2）PTC 的主要参数

① 标称电阻值 R_t。标称电阻值也称零功率电阻值，即元件上所标阻值（环境温度在 25℃以下的阻值）。

② 电阻温度系数 α_t。电阻温度系数表示零功率条件下温度每变化 1℃所引起电阻

值的相对变化量，单位是 %/℃。

③ 额定功率。热敏电阻器在规定的技术条件下，长期连续负荷所允许的消耗功率称为额定功率。通常所给出的额定功率值是指 +25℃时的额定功率。

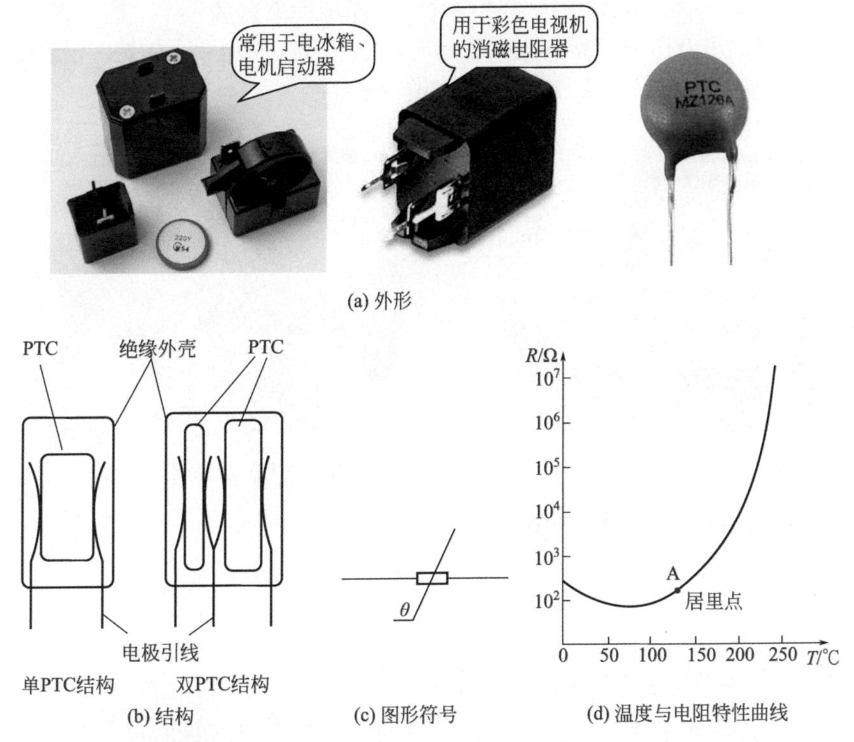

图 4-16　PTC 的外形、结构、图形符号及温度与电阻特性曲线

④ 时间常数。时间常数是指热敏电阻器在无功功率状态下，当环境温度突变时电阻体温度由初值变化到最终温度之差的 63.2% 所需的时间，也称为热惰性。

⑤ 测量功率。测量功率是指在规定的环境温度下，电阻体受测量电源的加热而引起的电阻值变化不超过 0.1% 时所消耗的功率。其用途在于统一测试标准和作为设计测试仪表的依据。

⑥ 耗散系数。耗散系数是指热敏电阻器温度每增加 1℃所耗散的功率。

热敏电阻器常见阻值规格（常温）有 12Ω、15Ω、18Ω、22Ω、27Ω、40Ω 等。不同电路所选用的热敏电阻器也不一样。

二、正温度系数热敏电阻器的检测与代换

（1）用指针万用表检测

① 标称值检测。如图 4-17 所示，用万用表 R×1 挡在常温下（20℃左右）测得 PTC 的阻值与标称阻值相差 ±2Ω 以内即为正常。当测得的阻值大于 50Ω 或小于 8Ω 时，即可判定 PTC 性能不良或已损坏。PTC 上的标称阻值与万用表的读数不一定相等，这是由于标称阻值是用专用仪器在 25℃的条件下测得的，而万用表测量时有一定的

电流通过 PTC 而产生热量，而且环境温度不可能正好是 25℃，所以不可避免地会产生误差。

② 好坏判断。若常温下 PTC 的阻值正常，则应进行加温检测。具体检测方法是：用一热源对 PTC 加热［例如用电烙铁烘烤或放在不同温度的水中（因水便于调温，也便于测温）］，用万用表观察其电阻值是否随温度升高而加大。如是，则表明 PTC 正常，否则说明其性能已变差不能再使用（图 4-18）。

图 4-17 常温下测量 PTC

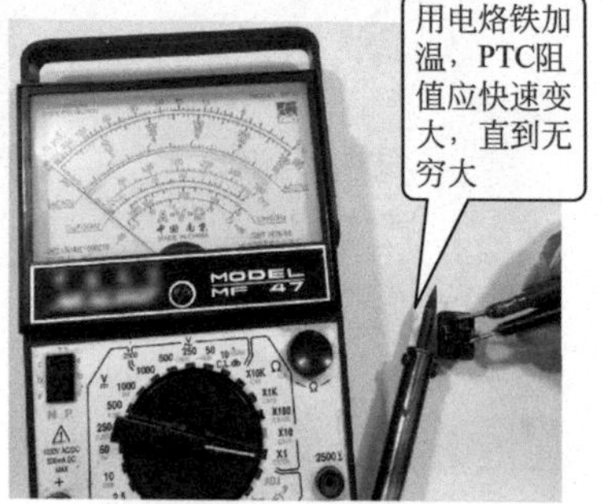

图 4-18 加温测试 PTC

（2）用数字万用表检测 用数字万用表检测 PTC 如图 4-19 ～图 4-21 所示。

（3）正温度系数热敏电阻器的修理与代换

① 正温度系数热敏电阻器的修理。

a. 电阻器碎裂。电阻器如碎为几块，可挑选其中较大的一块，测其阻值为 20 ～ 30Ω 即可用。先把这块电阻器塞入铜触片中央，周围空隙处再塞入一些瓷碗碎片，使电阻器不易移位即可上机使用。如电阻器碎裂成数块，也可先用 502 胶水逐块地对缝黏合，再按上述方法进行处理，即可使用。

b. 触点烧蚀。片状电阻器的两端面有层很薄的镀银导电层，被烧蚀的电阻器两面（或一面）与铜触片触点处因打火而烧黑时，就会造成电阻器接触不良。但这时整个电阻器并没有碎裂，边缘导电涂层仍然完好。对此故障，可另找一片薄铜片，剪成和电阻器一样大小的圆形片，紧紧贴在电阻器两端面嵌入胶木壳中。装好后测量，得到的阻值如与原来标称值相同，即可上机使用。

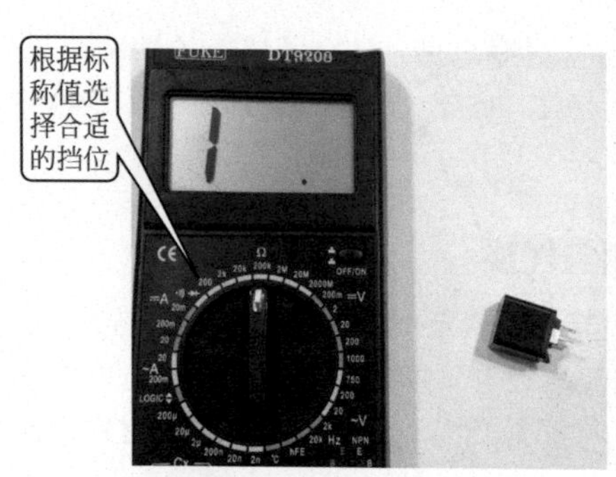

图 4-19 选择合适的挡位

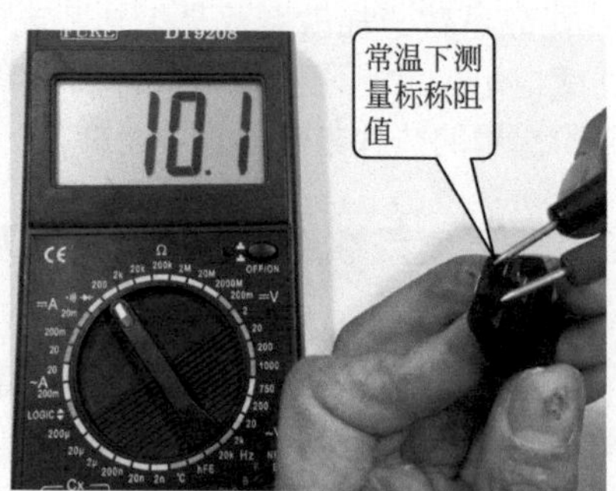

图 4-20 常温下测量标称阻值

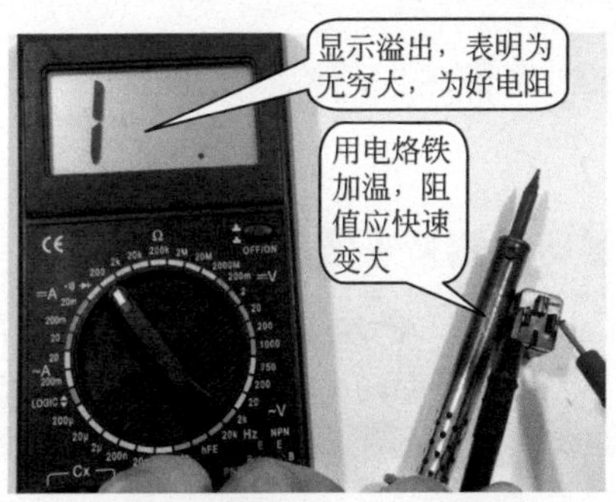

图 4-21　加温测阻值

② 正温度系数热敏电阻器的代换　电阻器损坏后，最好用同型号或同阻值的电阻器来更换；如无同型号配件，也可用阻值相近的其他电阻器来代换。例如 15Ω 的电阻器损坏后，可以用 12Ω 或 18Ω 的电阻器代换，电路仍可正常工作。

三端消磁电阻器损坏后，也可用阻值相近的两端消磁电阻器来代换。代换时，按 PTC 阻值选取一只两端消磁电阻器，拆下损坏的三端消磁电阻器，可将两端消磁电阻器在电路中与负载串联焊接在一起即可。

三、正温度系数热敏电阻器的应用

如图 4-22（a）所示，三端消磁电阻器由两只 PTC 封装组合而成，其中阻值小的 RT1 与消磁线圈串联后接入 220V 交流电源起消磁作用。阻值较大的 RT2 与 220V 交流电源并联起进一步加热 RT1 的作用，以达到减小回路中电流的目的。用三端消磁电阻器代换两端消磁电阻器，可将阻值较小的 RT1 代替原消磁电阻器接入即可。用两端消磁电阻器代换三端消磁电阻器时，可将消磁电阻器直接入 RT1 即可。用两端消磁电阻器代三端消磁电阻器时可直接接在 RT1 位置，RT2 不用。该电路主要用于彩电消磁电路。

图 4-22（b）所示电路用于单相电动机启动。接通电源瞬间电流较大，电流通过 RT 时，RT 发热，使 RT 阻值变大，进而使电流减小。当 RT 阻值达到一定值（近似于开路）时负载只有微弱电流，维持 RT 热量。

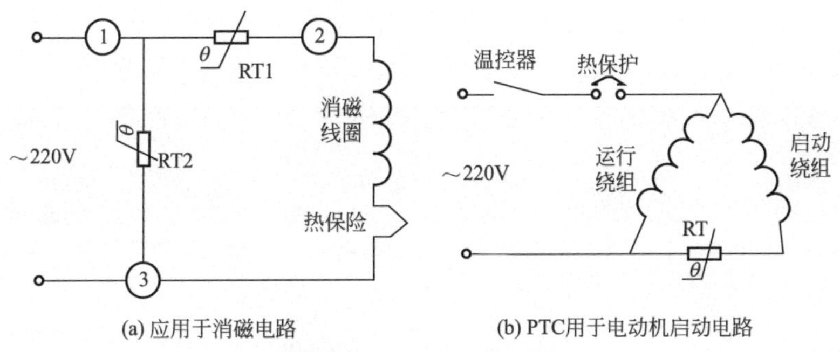

(a) 应用于消磁电路　　(b) PTC用于电动机启动电路

图 4-22　PTC 电阻应用电路

第五节 负温度系数热敏电阻器

一、负温度系数热敏电阻器及主要参数

负温度系数热敏电阻器（NTC）的电阻值随温度升高而降低，具有灵敏度高、体积小、反应速度快、使用方便的特点。NTC 具有多种封装形式，能够很方便地应用到各种电路中。NTC 的外形、结构、图形符号及特性曲线如图 4-23 所示。

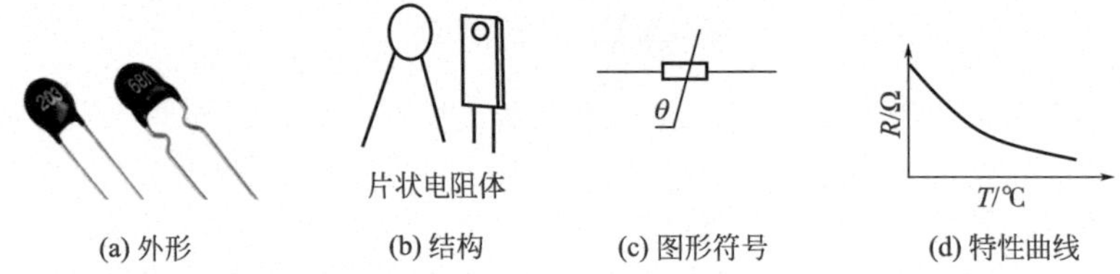

图 4-23 NTC 的外形、结构、图形符号及特性曲线

① 标称电阻值 R_t。标称电阻值也称零功率电阻值，是指在环境温度 25℃下的阻值，即器件上所标阻值。

② 额定功率。热敏电阻器在规定的技术条件下，长期连续负荷所允许的消耗功率称为额定功率。通常所给出的额定功率值是指 +25℃时的额定功率。

③ 时间常数。时间常数是指热敏电阻器在无功功率状态下，当环境温度突变时，电阻体温度由初值变化到最终温度之差的 63.2% 所需的时间，也称热惰性。

④ 耗散系数。耗散系数是指热敏电阻器温度每增加 1℃所耗散的功率。

⑤ 稳压范围。稳压范围是指稳压型 NTC 能起稳压作用的工作电压范围。

⑥ 电阻温度系数 α_t。电阻温度系数表示零功率条件下温度每变化 1℃所引起电阻值的相对变化量，单位是 %/℃。

⑦ 测量功率。测量功率是指在规定的环境温度下，电阻体受测量电源的加热而引起的电阻值变化不超过 0.1% 时所消耗的功率。其用途在于统一测试标准和作为设计测试仪表的依据。

常用 NTC 的主要性能参数如表 4-1 所示。

表 4-1 常用 NTC 的主要性能参数

型号	工作电流范围 /mA	最大允许瞬时过负荷电流 /mA	标称电压 /V	最大允许电压变化 /V	时间常数 /s	稳压范围 /V	标称电流 /mA
MF21-2-2	04~6	62	2	0.4	≤ 35	1.6~3	2
MF22-2-0.5	0.2~2	22	2	0.4	≤ 35	1.6~3	0.5
MF22-2-2	0.4~6	62	2	0.4	≤ 45	1.6~3	2

续表

型号	工作电流范围 /mA	最大允许瞬时过负荷电流 /mA	标称电压/V	最大允许电压变化/V	时间常数/s	稳压范围/V	标称电流/mA
RRW1-2A	2	12	2	0.4	≤10	1.5~2.5	0.6~6
RR827A	0.2~2	6	2	0.4		1.6~3	
RR827B	2~5	10	2	0.4		1.6~3	
RR827C/E	1.5~4	10	2		15	2~2.3	
RR827D	2.5~3.5	6	2	0.4		2~2.5	
RR827E	2.5~3.5	6	2	0.4		2.41~4	
RR831	0.2~3	6	3	0.4		2.8~4	
RR841	0.2~2	6	4	0.6		3~5	
RR860	0.2~2	6	6	1		3.5~7	

二、负温度系数热敏电阻器的检测

测量标称电阻值 R_t 时用指针万用表测量 NTC 的方法与测量普通固定电阻器的方法相同，即首先测出标称值（由于受温度的影响，阻值含有一定差别）。应在环境温度接近 25℃时进行，以保证测试的精度。测试时，不要用手捏住 NTC，以防止人体温度对测试产生影响（图 4-24）。

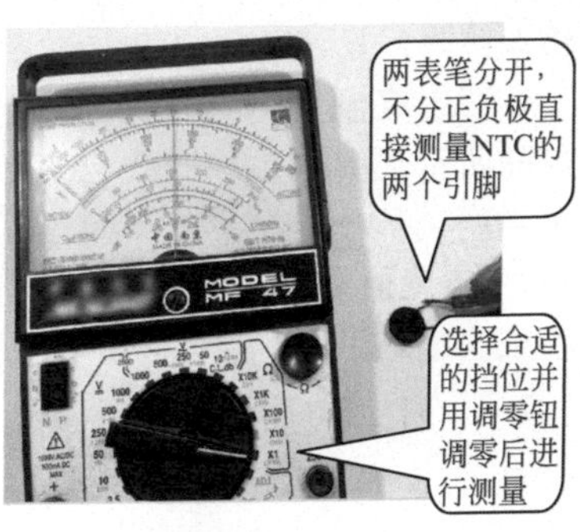
两表笔分开，不分正负极直接测量NTC的两个引脚
选择合适的挡位并用调零钮调零后进行测量
MODEL MF 47

图 4-24 测量 NTC

在室温下测得 R_{t1} 后用电烙铁作热源，靠近 NTC 测出电阻值 R_{t2}，阻值应由大向小变化，变化很大；如阻值不变，则说明 NTC 损坏（图 4-25）。图 4-26 ～图 4-28 所示为改用数字万用表测量 NTC 电阻值。

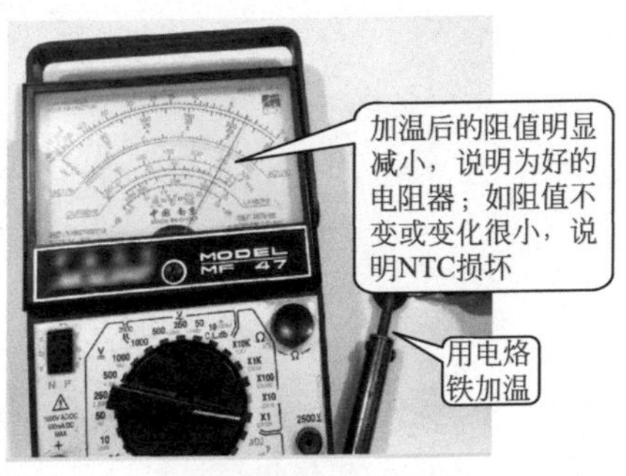
加温后的阻值明显减小，说明为好的电阻器；如阻值不变或变化很小，说明NTC损坏
用电烙铁加温
MODEL MF 47

图 4-25 加温测量

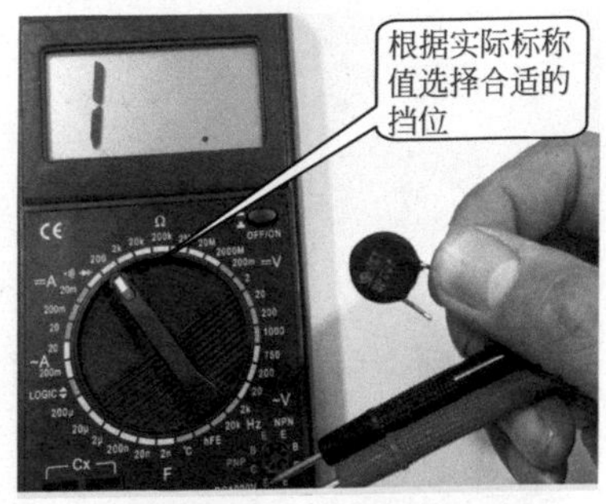
根据实际标称值选择合适的挡位

图 4-26 选择合适的挡位

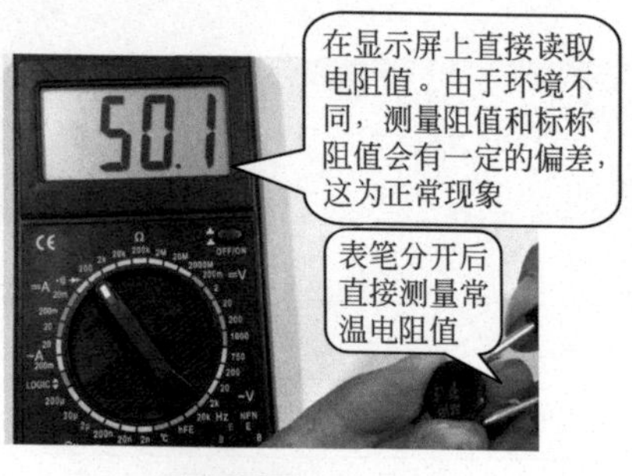
50.1
在显示屏上直接读取电阻值。由于环境不同，测量阻值和标称阻值会有一定的偏差，这为正常现象
表笔分开后直接测量常温电阻值

图 4-27 测常温值

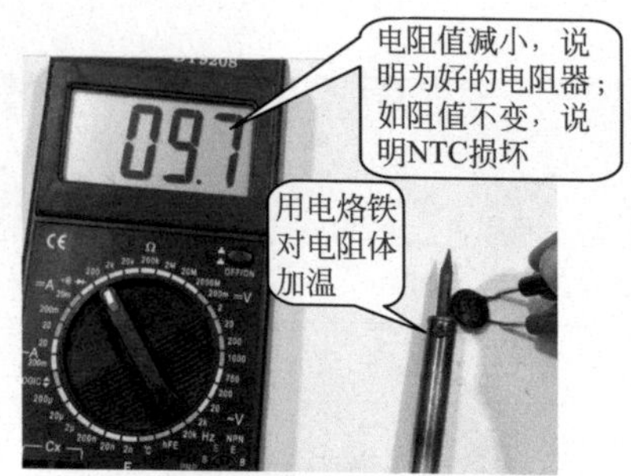
09.7
电阻值减小，说明为好的电阻器；如阻值不变，说明NTC损坏
用电烙铁对电阻体加温

图 4-28 加温测量

三、负温度系数热敏电阻器的应用

负温度系数热敏电阻器的应用非常广泛，如在电路中可稳定三极管的工作状态，还可用于测温电路，如图 4-29 所示。

（1）稳定三极管的静态工作点 在各种三极管电路中，由于受温度的影响，会使三极管的静态工作点发生变化。通常温度增加时，三极管的集电极电流将增加。采用图 4-29 所示电路，利用 NTC 可以稳定三极管的静态工作点。图中 RT（实际应用中，RT 多与固定电阻器并联后再接入电路）作为三极管 VT 的基极下偏置电阻。当环境温度升高时，集电极电流 I_C 将增加，可是 RT 的阻值是随温度升高而降低的，因而基极偏压降低，使基极电流 I_B 减小，I_C 随之降低，实现了温度自动补偿。

（2）在温度测量方面的应用 NTC 用于温度测量的例子很多，其基本电路如图 4-30 所示。图中 R1 ～ R3、RP2 及 RT 构成平衡电桥，RP2 为零点调节电位器，RP1 为灵敏度调节器，PA 为检流计。将 NTC 接入电桥，作为其中的一个桥臂；由于温度变化，RT 阻值发生变化，从而使电桥失去平衡，其失衡程度取决于温度变化的大小。再将失衡状态用指示器进行指示，或作为控制信号送到相应的电路中。

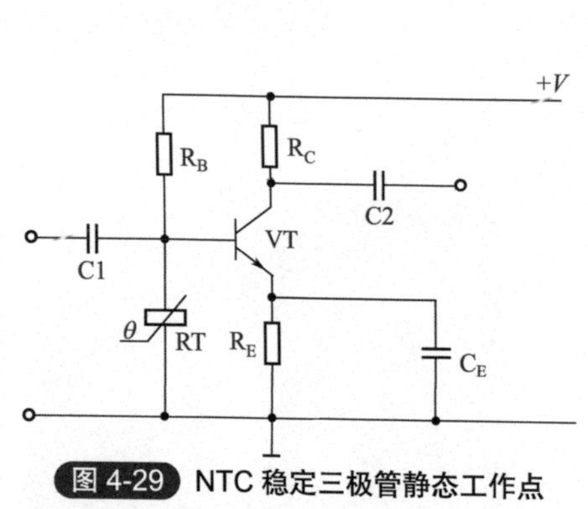
+V
RB
RC
C2
C1
VT
θ
RT
RE
CE

图 4-29 NTC 稳定三极管静态工作点

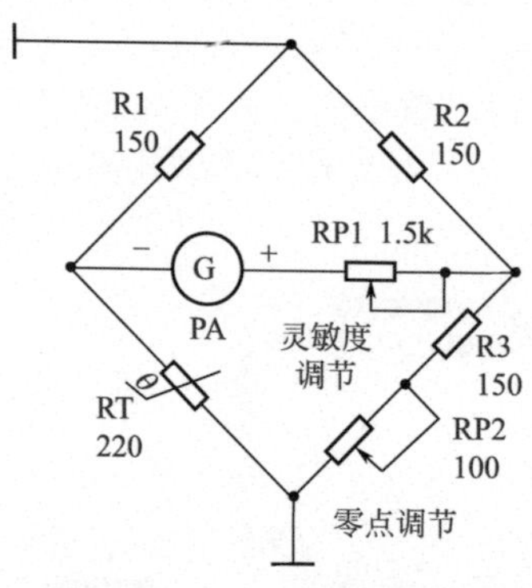
R1
150
R2
150
G
PA
RP1 1.5k
灵敏度调节
R3
150
RT
220
RP2
100
零点调节

图 4-30 NTC 作温度传感元件

提示： 使用中，电路中 NTC 元件多与其他元器件并联使用。

第六节 排阻

一、认识排阻

排阻是将多只电阻器集中封装在一起组合制成的。排阻具有装配方便、安装密度高等优点，目前已大量应用在电视机、显示器、电脑主板、小家电中。在维修中，经常会遇到排阻损坏，由于不清楚其内部连接，导致维修工作无法进行。下面简单介绍排阻的相关知识，供维修人员参考。

排阻通常都有一个公共端，在封装表面用一个小白点表示。排阻的颜色通常为黑色或黄色。常见的排阻的外形及图形符号如图 4-31 所示。

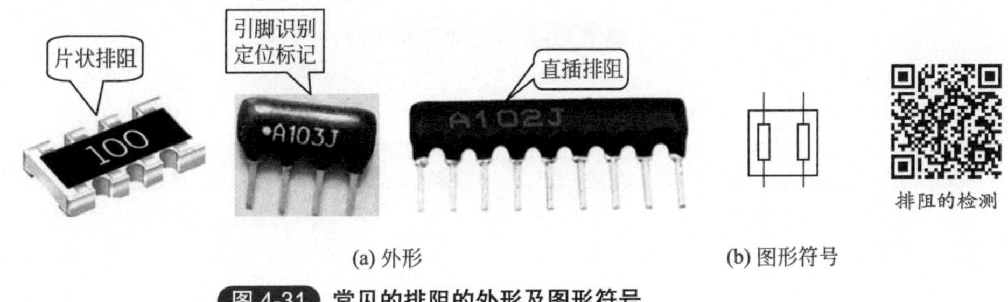

图 4-31 常见的排阻的外形及图形符号

排阻可分为 SIP 排阻及 SMD 排阻。SIP 排阻即为传统的直插式排阻，依照线路设计的不同，一般分为 A、B、C、D、E、F、G、H、I 等类型。

SMD 排阻安装体积小，目前已在多数场合取代 SIP 排阻。常用的 SMD 排阻有 8P4R（8 引脚 4 电阻器）和 10P8R（10 引脚 8 电阻器）两种规格。SMD 排阻电路原理图如图 4-32 所示。

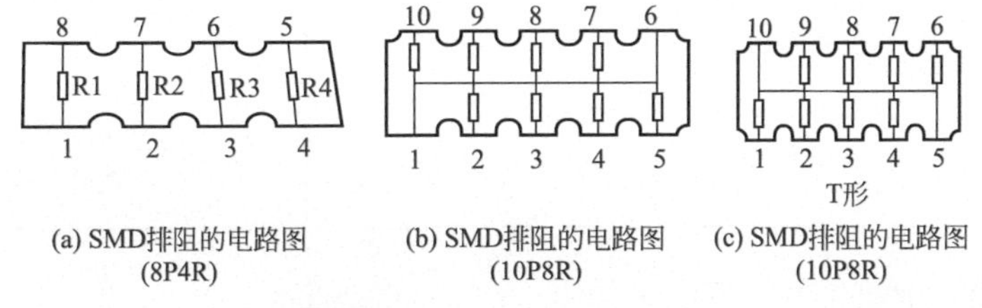

图 4-32 SMD 排阻的电路原理图

选用时要注意，有的排阻内有两种阻值的电阻器，在其表面会标注这两种电阻值，如 220Ω/330Ω，所以 SIP 排阻在应用时有方向性，使用时要小心。通常，SMD 排阻是没有极性的，不过有些类型的 SMD 排阻由于内部电路连接方式不同，在应用时还是需要注意极性的。如 10P8R 型的 SMD 排阻①、⑤、⑥、⑩引脚内部连接不同，有 L 和 T 形之分。L 形的①、⑥脚相通。在使用 SMD 排阻时，最好确认一下该排阻表面是否有①脚的标注。

排阻的阻值与内部电路结构通常可以从型号上识别出来，其型号标示如图 4-33 所示。型号中的第一字母为内部电路结构代码，内部电路结构如表 4-2 所示。

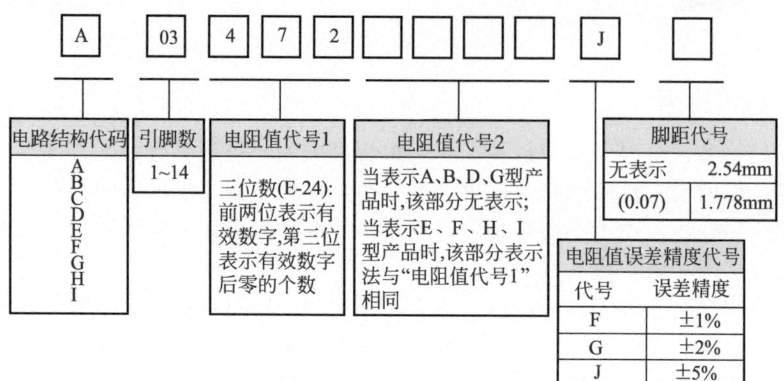

图 4-33 排阻型号标示图

表 4-2 排阻型号中第一个字母代表的内部电路结构

电路结构代码	等效电路	电路结构代码	等效电路
A	R1 R2 … Rn；1 2 3 n+1；$R_1=R_2=\cdots=R_n$	D	R1 R2 … Rn−1 Rn；1 2 n n+1；$R_1=R_2=\cdots=R_n$
B	R1 R2 Rn；1 2 3 4 2n；$R_1=R_2=\cdots=R_n$	E	R1 R2；1 2 3 4 5 n−1 n；$R_1=R_2$或$R_1\neq R_2$
C	R1 R2 Rn；1 2 n n+1；$R_1=R_2=\cdots=R_n$	F	R1 R2；1 2 3 n−1 n；$R_1=R_2$或$R_1\neq R_2$

二、排阻的检测

利用数字万用表测量排阻时，显示屏数值显示为 5.1kΩ，与排阻标称值（阻值标注为 5Ω）在允许误差范围内，说明此排阻为好的。根据标称电阻值选用合适的挡位，如图 4-34 所示。

在测量时，选用合适的挡位后，用一个表笔接共用端，另一个表笔分别测量其余引脚，读出所显示数值应符合标称值，如图 4-35 ～图 4-39 所示。

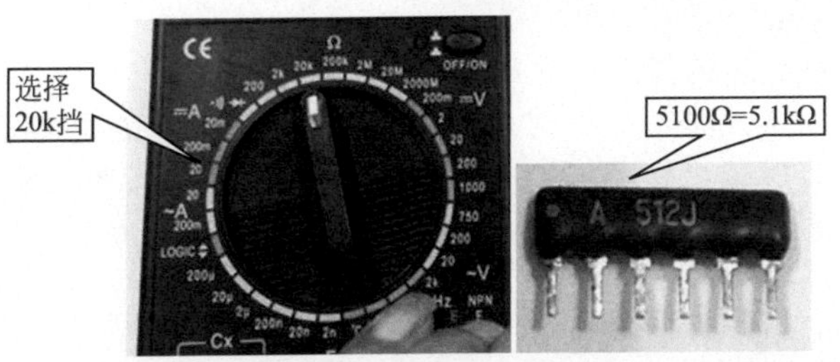

图 4–34　选用合适的挡位

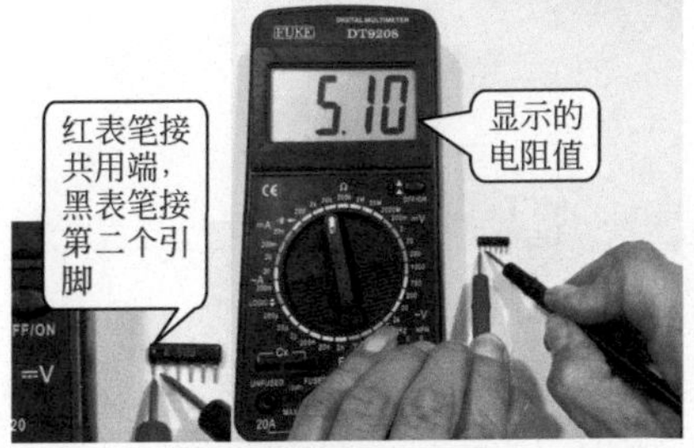

图 4-35　第一次测量

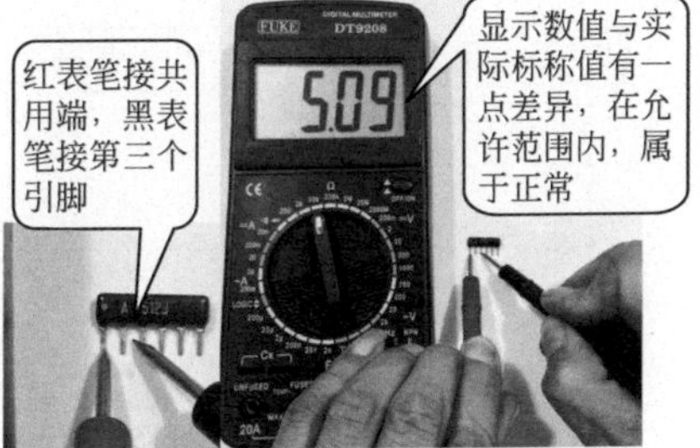

图 4-36　第二次测量

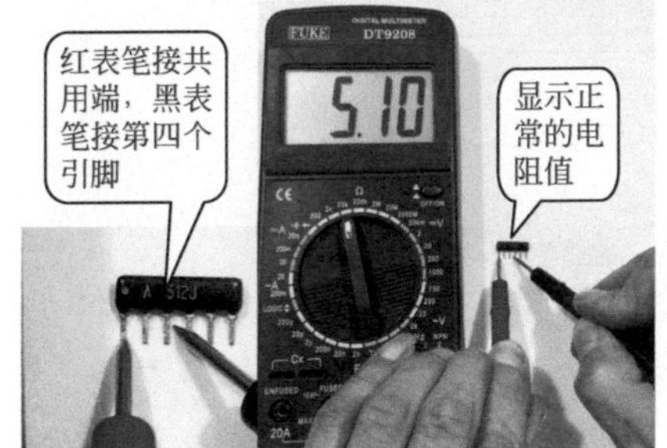

图 4-37　第三次测量

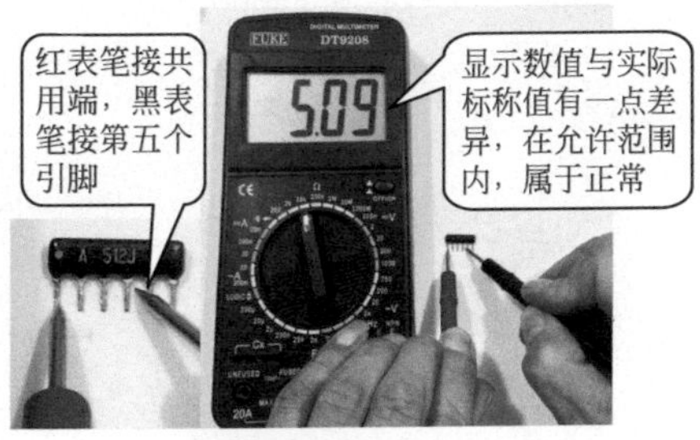

图 4-38　第四次测量

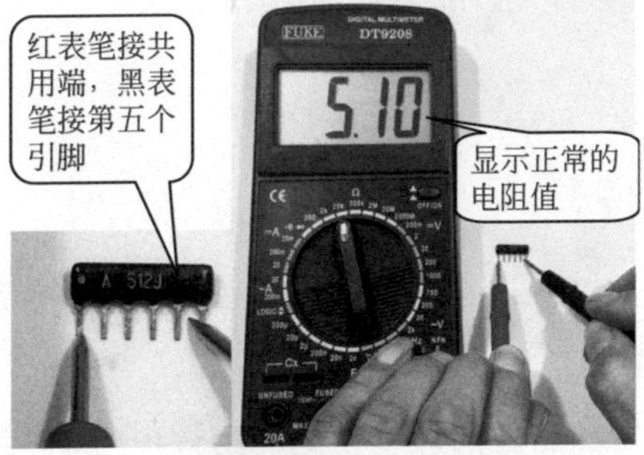

图 4-39　第五次测量

提示：任何一种排阻的测量都要按照内部排列规律进行，并且每只电阻器都要进行测量，不应漏测，否则无法保证排阻是好的。在电路中测量排阻时，原则上各电阻器阻值应相同，但是由于电路中有其他元器件，实际测量中可能出现不同的阻值。因此，在测量时应尽可能将排阻拆下来测量。

三、排阻的应用

排阻在电路中可用于供电、耦合等，如图 4-40 所示。

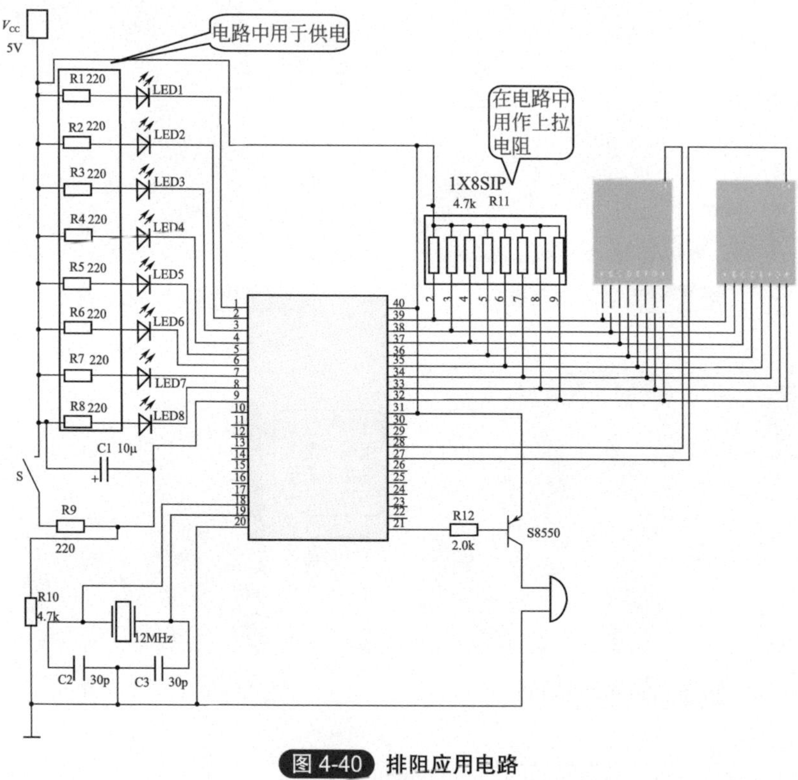

图 4-40 排阻应用电路

第七节 保险电阻器

一、认识保险电阻器

保险电阻器有电阻器和熔丝的双重作用。当过电流使保险电阻器表面温度达到 500 ～ 600℃时，电阻层便剥落而熔断。故保险电阻器可用来保护电路中其他元器件免遭损坏，以提高电路的安全性和经济性。保险电阻器的外形、图形符号如图 4-41

所示。

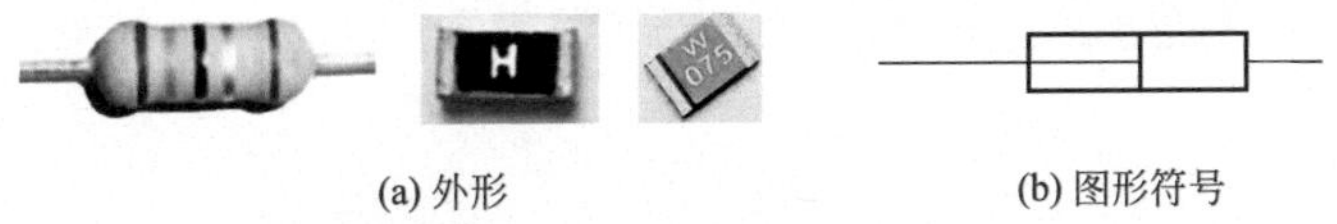

(a) 外形　(b) 图形符号

图 4-41　保险电阻器的外形、图形符号

二、保险电阻器的检测与代换

（1）保险电阻器的检测　测量时用万用表 R×1 或 R×100 挡测量，其测量方法同普通电阻器。如阻值超出范围很大或不通，则说明保险电阻器损坏。

（2）保险电阻器的代换　换用保险电阻器时，要将它悬空 10mm 以上放置，不要紧贴印制板。保险电阻器损坏后如无原型号更换，可根据情况采用下述方法应急代换。

a. 用电阻器和熔丝串联代换。将一只电阻器和一根熔丝（电流值要相符）串联起来代换，电阻器的规格可参考保险电阻器的规格。电流可通过公式 $I=\sqrt{P/R}$ 计算，如原保险电阻器的规格为 51Ω/2W，则电阻器可选用 51Ω/2W 规格，熔丝的额定电流为 0.2A。

b. 用熔丝代换。一些阻值较小的保险电阻器损坏后，可直接用熔丝代换。熔丝的电流容量可由原保险电阻器的数值计算出来（方法同上）。

c. 用电阻器代换。可直接用同功率、同阻值普通电阻器代换。

d. 用电阻器、保险电阻器串联代换。无合适电阻值时用一只阻值相近的普通电阻器和一只小阻值保险电阻器串联即可代换。

e. 热保险电阻器应用原型号代换。

三、保险电阻器的应用

图 4-42（a）为供电保护电路，当电路中有元件损坏时，电流增大，则 R 熔断，起到保护作用。图 4-42（b）为电风扇电路，R 装在电动机外壳上，当电动机温升过高（一般为 139℃）时则 R 熔断保护电动机不被烧坏。

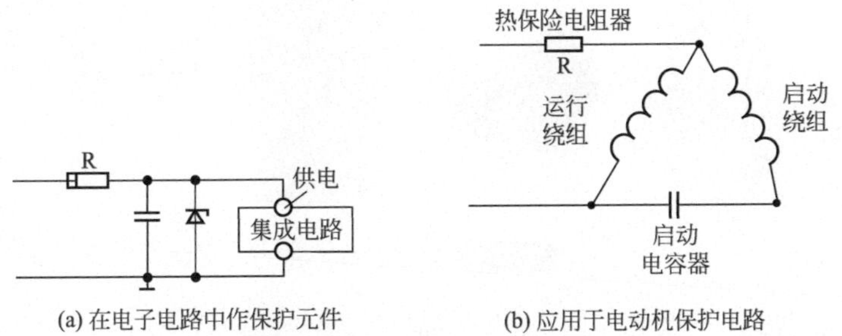

(a) 在电子电路中作保护元件　(b) 应用于电动机保护电路

图 4-42　保险电阻器应用电路

第五章 电容器的检测与应用

第一节 认识电容器

一、电容器的作用、型号命名与类型

（1）电容器的作用　电容器简称电容，是电子电路中必不可少的基本元器件之一。它是由两个相互靠近的导体极板中间夹一层绝缘介质构成的。电容器是一种储存电能的元件，在电子电路中起到耦合、滤波、隔直流和调谐等作用。电容器在电路中用字母“C”表示。电容器的外形和图形符号如图 5-1 和图 5-2 所示。

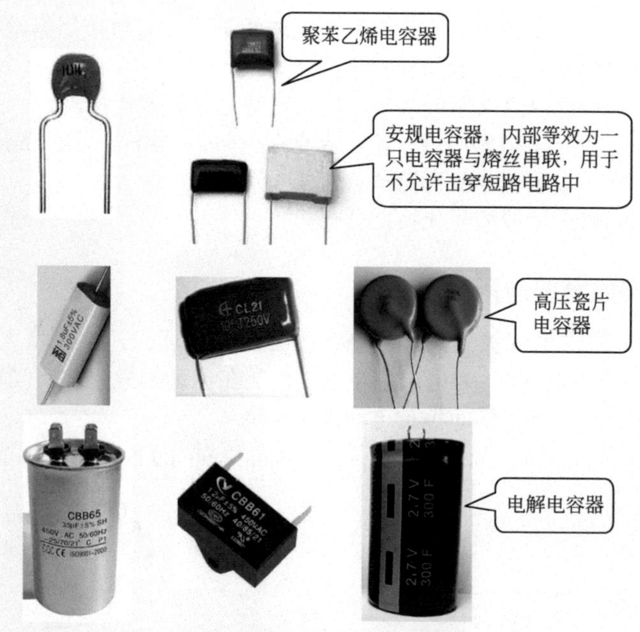

图 5-1　电容器的外形

（2）电容器的型号命名　国产电容器型号命名一般由四个部分构成（不适用于压敏电容器、可变电容器、真空电容器），依次分别代表主称、材料、分类和序号，如图 5-3 所示。

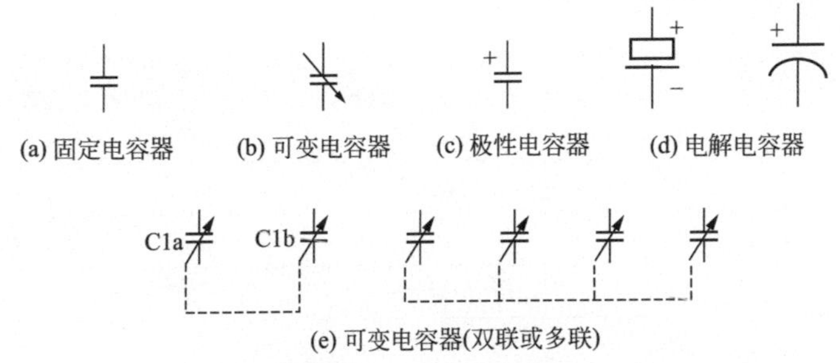

图 5-2　电容器的图形符号

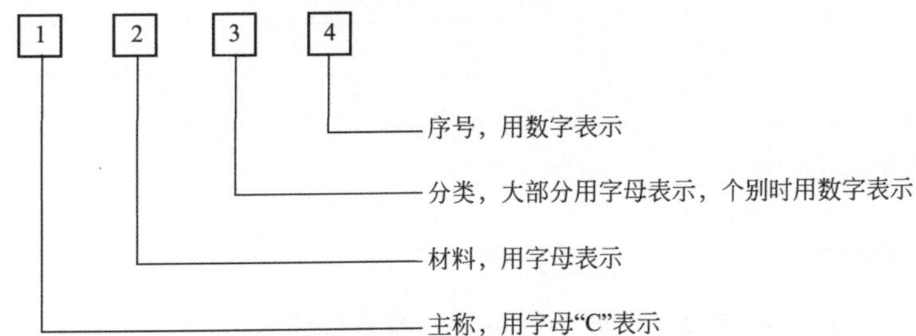

图 5-3　电容器的型号命名

为了方便读者学习，通过表 5-1 和表 5-2 列出了电容器材料符号含义对照表和电容器类型符号含义对照表。

表 5-1　电容器材料符号含义对照表

符号	材　料	符号	材　料
A	钽电解	J	金属化纸介
B	聚苯乙烯等非极性有机薄膜	L	聚酯等极性有机薄膜
C	高频陶瓷	N	铌电解
D	铝电解	O	玻璃膜
E	其他材料电解	Q	漆膜
G	合金电解	T	低频陶瓷
H	纸膜复合	V	云母纸
I	玻璃釉	Y	云母

表 5-2　电容器类型符号含义对照表

符号	类　型
G	高功率型
J	金属化型
Y	高压型
W	微调型

续表

序号	瓷介电容器	云母电容器	有机电容器	电解电容器
1	圆形	非封闭	非封闭	箔式
2	管形	非封闭	非封闭	箔式
3	叠片	封闭	封闭	烧结粉、非固体
4	独石	封闭	封闭	烧结粉、固体
5	穿心		穿心	
6	支柱等			
7				无极性
8	高压	高压	高压	
9			特殊	特殊

电容器的分类与特性可扫二维码学习。

电容器的分类与特性

二、电容器的主要参数与标注方法

（1）电容器的主要参数 电容器的主要参数有标称容量、允许偏差、额定工作电压、温度系数、漏电流、绝缘电阻、损耗角正切值和频率特性。

① 电容器的标称容量。电容器上标注的电容量称为标称容量，即表示某具体电容器容量大小的参数。

标称容量也分许多系列，常用的是 E6、E12 系列，这两个系列的设置与电阻器相同。电容基本单位是法［拉］，用字母“F”表示，此外有毫法（mF）、微法（μF）、纳法（nF）和皮法（pF）。它们之间的换算关系为 $1=10^3$mF$=10^6$μF$=10^9$nF$=10^{12}$pF。

② 电容器的允许偏差。电容器的允许偏差含义与电阻器相同，即表示某具体电容器标称容量与实际容量之间的误差。固定电容器允许偏差常用的是 ±5%、±10% 和 ±20%。通常容量越小，允许偏差越小。

图 5-4 电容器上标有的额定工作电压

③ 电容器的额定工作电压。额定工作电压是指电容器在正常工作状态下，能够持续加在其两端的最大直流电压或交流电压的有效值。通常情况下电容器上都标有其额定工作电压，如图 5-4 所示。

额定工作电压是一个非常重要的参数，通常电容器都是工作在额定电压下。如果工作电压大于额定电压，那么电容器将有被击穿的危险。

常用的固定电容器工作电压有 6.3V、10V、16V、25V、50V、63V、100V、400V、500V、630V、1000V、2500V。

④ 电容器的温度系数。温度系数是指在一定环境温度范围内，单位温度变化对电容器容量变化的影响。温度系数分正温度系数和负温度系数，其中具有正温度系数的电容器随着温度增加则电容量增大，反之具有负温度系数的电容器随着温度增加则

电容量减小。温度系数越低，电容器就越稳定。

提示：在电容器电路中往往有很多电容器进行并联。并联电容器往往有这样的规律：几只电容器有正温度系数，而另外几只电容器有负温度系数。这样做的原因在于：在工作电路中，电容器自身温度会随着工作时间的增加而增加，致使一些温度系数不稳定的电容器的电容量发生改变而影响正常工作，而正负温度系数的电容器混并后则一部分电容器随着工作温度增高而电容量增大，而另一部分电容器随着温度增高而电容量减小，这样总的电容量更容易控制在某一范围内。

⑤ 电容器的漏电流。理论上电容器有通交阻直的作用，但在高温高压等情况下，当给电容器两端加上直流电压后仍有微弱电流流过（这与绝缘介质的材料密切相关），这一微弱的电流被称为漏电流。通常电解电容器的漏电流较大，云母电容器或陶瓷电容器的漏电流就相对较小。漏电流越小，电容器的质量就越好。

⑥ 电容器的绝缘电阻。电容器两极间的阻值即为电容器的绝缘电阻。绝缘电阻等于加在电容器两端的直流电压与漏电流的比值。一般电解电容器的漏电阻相对于其他电容器的绝缘电阻要小。

电容器的绝缘电阻与电容器本身的材料性质密切相关。

⑦ 电容器的损耗角正切值。损耗角正切值又称为损耗因数，用来表示电容器在电场作用下所消耗能量。在某一频率的电压下，电容器有效损耗功率和电容器的无功损耗功率的比值，即为电容器的损耗角正切值。损耗角正切值越大，电容器的损耗越大，损耗较大的电容器不适合在高频电压下工作。

⑧ 电容器的频率特性。电容器的频率特性通常是指电容器的电参数（如电容量、损耗角正切值等）随电场频率而变化的性质。在高频下工作的电容器，由于介电常数在高频时比低频时小，因此电容量将相应减小。与此同时，它的损耗将随频率的升高而增加。此外在高频下工作时，电容器的分布参数（如极片电阻、引线和极片接触电阻、极片的自身电感、引线电感等）都将影响电容器的性能。由于受这些因素的影响，使得电容器的使用频率受到限制。

不同类型的电容器，最高使用频率范围不同。小型云母电容器最高工作频率在250MHz以内，圆片形瓷介电容器最高工作频率为300MHz，圆管形瓷介电容器最高工作频率为200MHz，圆盘形瓷介电容器最高工作频率为3000MHz。

（2）电容器参数的标注方法　电容器的参数标注方法主要有直标法、文字符号法和色标法三种。

① 直标法。直标法在电容器中用得最多，是在电容器表面用数字直接标注出标称电容、耐压（额定电压）等。直标法使电容器各项参数容易识别。

直标法一般用于体积较大的电容器。图5-5所示是采用直标法标注电容器示意图。

② 文字符号法。文字符号法是用特定符号和数字表示电容器的容量、耐压、误差的方法。一般数字表示有效数值，字母表示数值的量级。

常用的字母有m、μ、n、p等。例如，字母m表示毫法（mF），字母μ表示微法

（μF），字母 n 表示纳法（nF），字母 p 表示皮法（pF）。例如，10μ 表示标称容量为 10μF，10p 表示标称容量为 10pF 等。

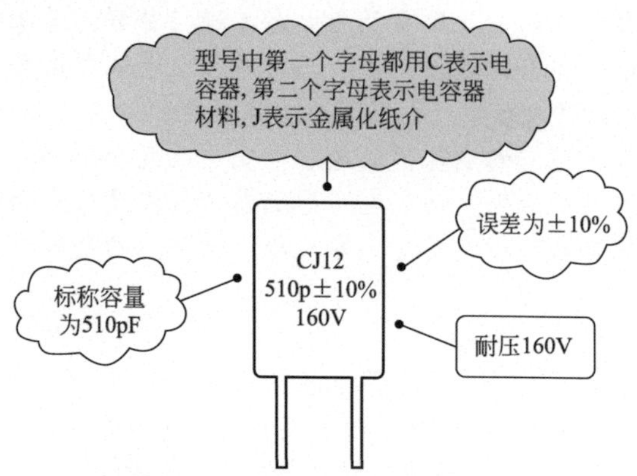
型号中第一个字母都用C表示电容器，第二个字母表示电容器材料，J表示金属化纸介
误差为±10%
CJ12
510p±10%
160V
标称容量为510pF
耐压160V

图 5-5 采用直标法标注电容器示意图

字母有时也表示小数点。例如，p33 表示 0.33pF，2p2 表示 2.2pF，3μ3 表示 3.3μF。

a. 三位数字表示法。该方法是指用三位数字表示电容器的容量。其中，前两位数字为有效值数字，第三位数字为倍乘数（即表示 10 的 *n* 次方），单位为 pF。例如，图 5-6 的三位数是 472，它的具体含义为 47×10^2pF，即标称容量为 4700pF。

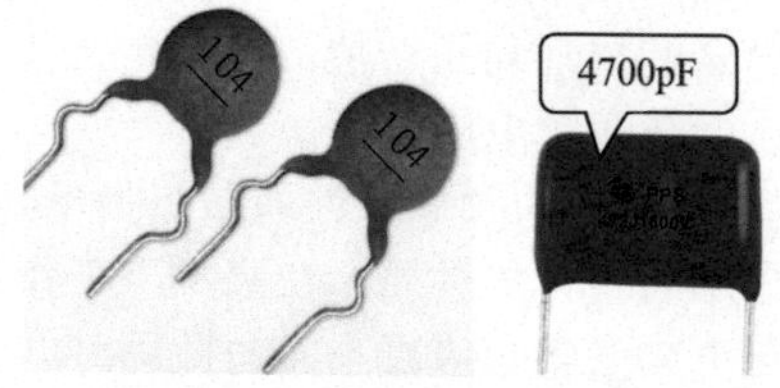
104
104
4700pF

图 5-6 电容器三位数字表示法

在一些体积较小的电容器中普遍采用三位数字表示法，因为电容器体积小，采用直标法标出的参数字太小，容易看不清和被磨掉。

b. 四位数字表示法。该方法是指用四位整数来表示标称电容量，单位仍为 pF。例如 1800 表示 1800pF；或者用四位小数来表示电容量（单位为 μF），例如 1.234 表示 1.234μF。

③ 色标法。采用色标法标注的电容器又称为色码电容器，色码表示的是电容器标称容量。

色码电容器的具体表示方式同三位数字表示法，只是用不同颜色色码表示各位数字。

图 5-7 所示是色码电容器示意图。如图中所示，电容器上有 3 条色带，3 条色带分别表示 3 个色码。色码的读码方向是：从顶部向引脚方向读，对该电容器而言棕、绿、黄依次为第一色码、第二色码、第三条色码。

在色标法中，第一、二条色码表示有效数字，第三条色码表示倍乘中 10 的 n 次方，容量单位为 pF。

表 5-3 所示是色码的具体含义。

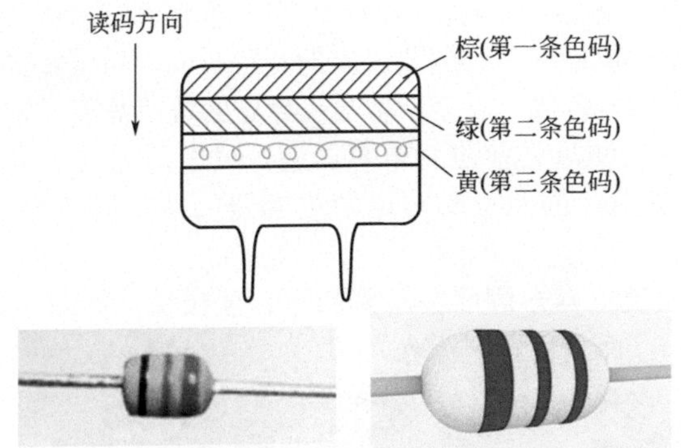

图 5-7　色码电容器示意图

表 5-3　色码的具体含义

色码颜色	黑色	棕色	红色	橙色	黄色	绿色	蓝色	紫色	灰色	白色
表示数字	0	1	2	3	4	5	6	7	8	9

当色码表示两个重复的数字时，可用宽两倍的色码来表示。如图 5-8 所示，该电容器前两位色码颜色相同，所以用宽两倍的红色带表示。该电容器的标称电容量为 22×10^4pF=220000pF=0.22μF。

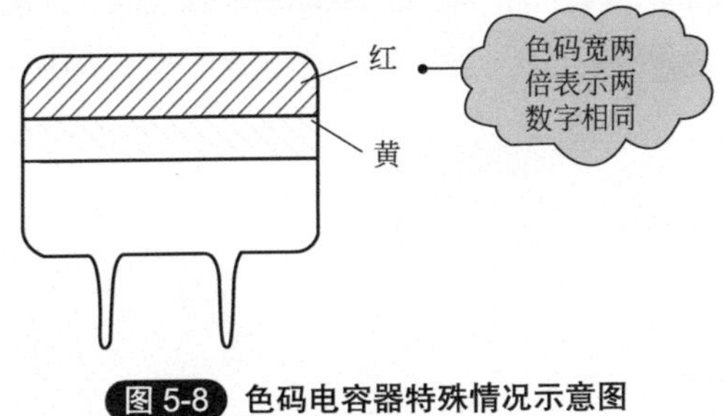

图 5-8　色码电容器特殊情况示意图

第二节　电容器的检测

一、用万用表检测电容器

（1）非在路检测电容器　用数字万用表测量电容器的方法比较简单，首先将功能开关置于电容量程“C（F）”，再将电容器插入电容测试座中，显示屏显示电容器的容量。若数值小于标称值，说明电容器容量减小；若数值大于标称值，说明电容器漏电。

如图 5-9 所示，若待测电解电容器的容量为 1μF，将万用表置于“2μ”电容挡，再将该电容器插入电容测试座中，显示屏显示为“1.01”，说明该电容器容量为 1μF。

测量电容器时，一是注意将电容器插入专用的电容测试座中，而不要插入表笔插孔内；二是注意每次切换量程时都需要一定的复零时间，待复零结束后再插入待测电容器；三是注意测量大电容器时，显示屏显示稳定的数值需要一定的时间。

需要注意的是，在测量之前应对电容器进行放电，尤其是电解电容器。可以采用将一阻值较小的电阻器的两引脚与电解电容器的两引脚相接的方法，如图 5-10 所示。

通过引脚的长短及电容器侧面标志判断电容器极性，如图 5-11 所示。电容器的正极引脚通常比较长，而负极侧则标有“–”。

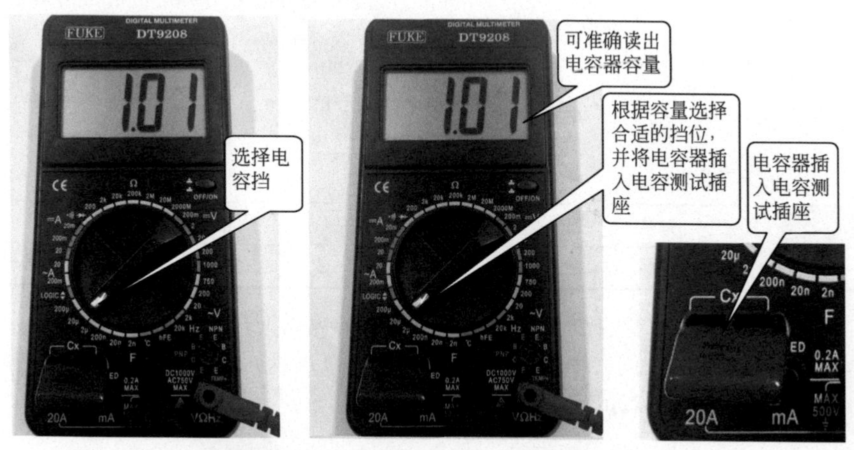

图 5-9 用数字万用表电容挡测量电容器示意图

图 5-10 用电阻器对电解电容器进行放电

图 5-11 电解电容器的标志及引脚长度

（2）在路检测电容器 由于电路中有许多电子元器件并联，因此在路测量不能直接判断电容器容量，一般不为零即可。要想准确判断出电容器的好坏，需要从电路中

取下电容器进行判断，如图 5-12 所示、图 5-13 所示。

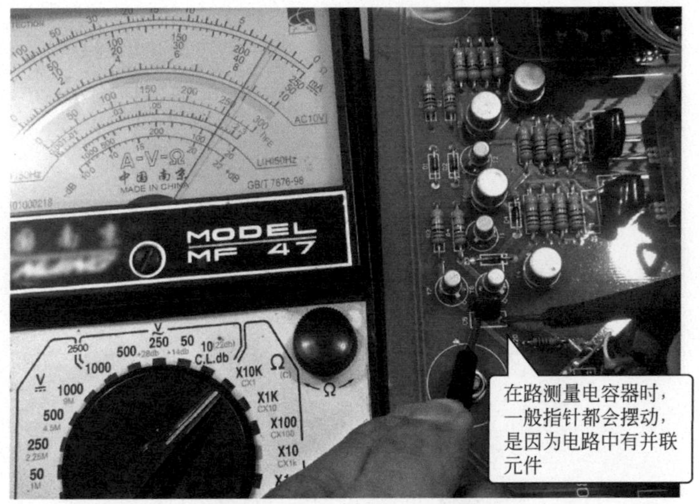
MODEL
MF 47
在路测量电容器时，
一般指针都会摆动，
是因为电路中有并联
元件

图 5-12　直接在路测量电容器

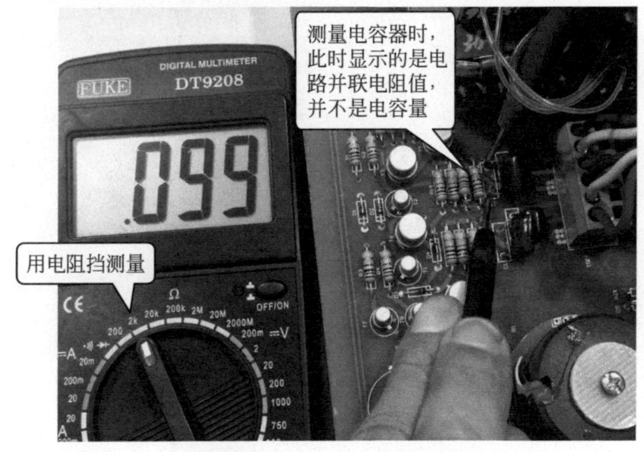
DIGITAL MULTIMETER
FUKE
DT9208
.099
测量电容器时，
此时显示的是电
路并联电阻值，
并不是电容量
用电阻挡测量

图 5-13　在电路中测量电容器

（3）可变电容器的检测　对于可变电容器，首先用手缓缓旋动转轴，转轴转动应十分平滑，不应有时紧时松甚至卡滞的现象。将转轴向各个方向推动时，不应有松动现象。

用一只手缓慢旋动转轴，用另一只手轻触动片组外缘，检查是否有松脱。若转轴与动片之间已经接触不良，电容器就不能再继续使用。选高挡位测量可变电容器如图 5-14 所示。

① 第一步测量漏电。如图 5-15 所示，将一个表笔接中间脚或者中心转轴，另一个表笔分别测量两个边脚，指针不需要摆动，如摆动说明有漏电和断路现象，电容器不能使用。

测量辅助可变电容器是否有短路漏电现象，分别用两个表笔接触两只辅助电容器

的两端，指针不应摆动，否则说明电容器击穿或漏电，如图 5-16 所示。

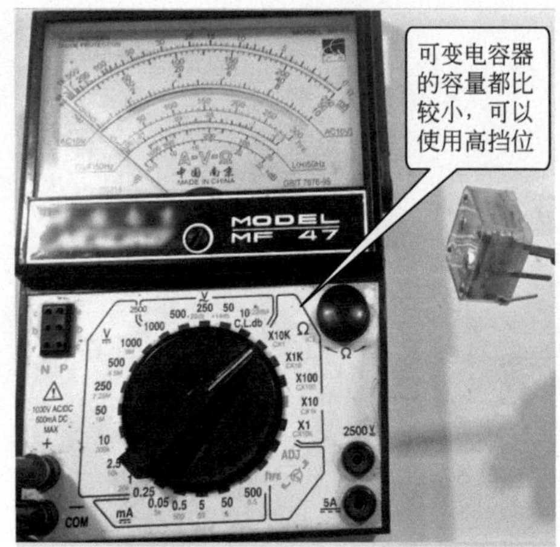
可变电容器
的容量都比
较小，可以
使用高挡位

图 5-14 选高挡位测量可变电阻器

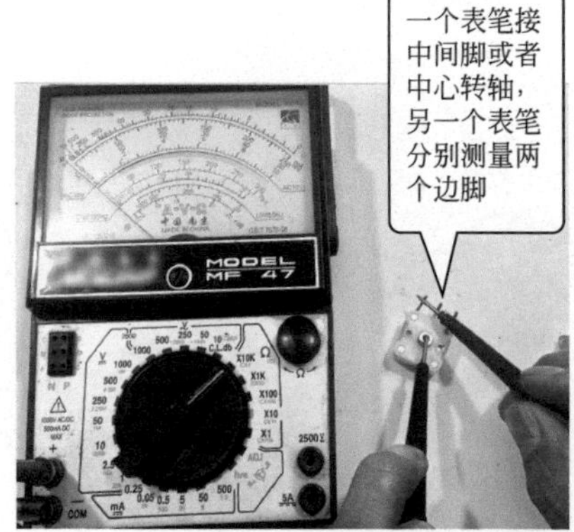
一个表笔接
中间脚或者
中心转轴，
另一个表笔
分别测量两
个边脚

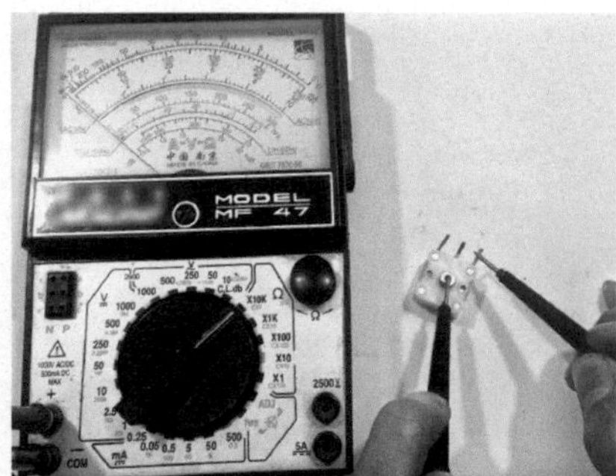

图 5-15 测量中间脚与两边脚

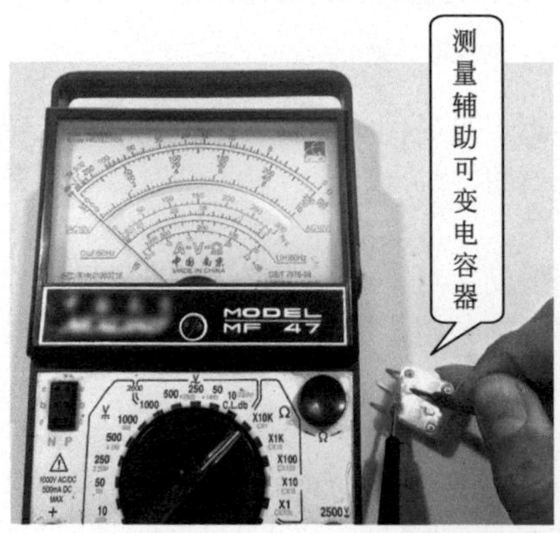
测量辅助可变电容器

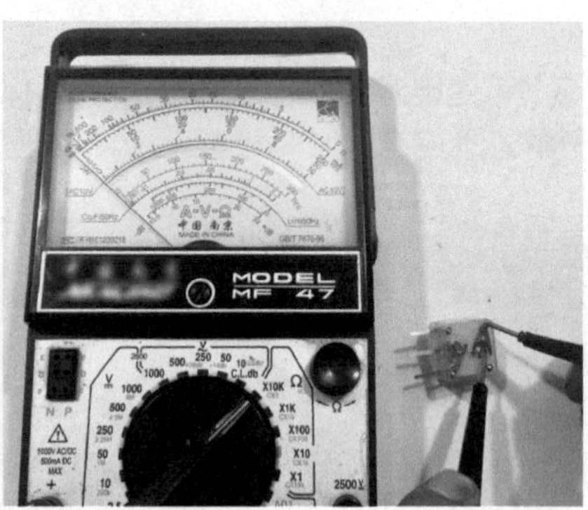

图 5-16 测量辅助电容器

② 第二步检查动片与定片之间旋转后有无漏电现象。将万用表调到 R×10k 挡，其中一只手将两个表笔分别接到可变电容器定片和动片的引出端，另一只手缓缓旋动转轴，万用表指针始终应趋于无穷大。若在旋动转轴的过程中，指针出现指向零的情况，说明动片和定片之间存在短路点；如果转轴旋转到某一位置时，万用表读数不是无穷大而是出现一定阻值，说明可变电容器动片与定片之间已经发生漏电，如图 5-17、图 5-18 所示。

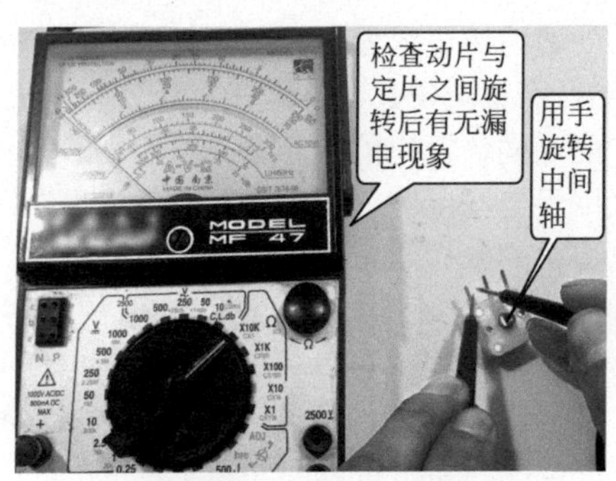

图 5-17 查动静片（一）

图 5-18 查动静片（二）

二、用电容表检测电容器

用电容表测量电容器如图 5-19 和图 5-20 所示。电容器无法插入插孔时，直接用表笔接电容器的引脚就可以测量，使测量电容器和测量电阻器一样简单。

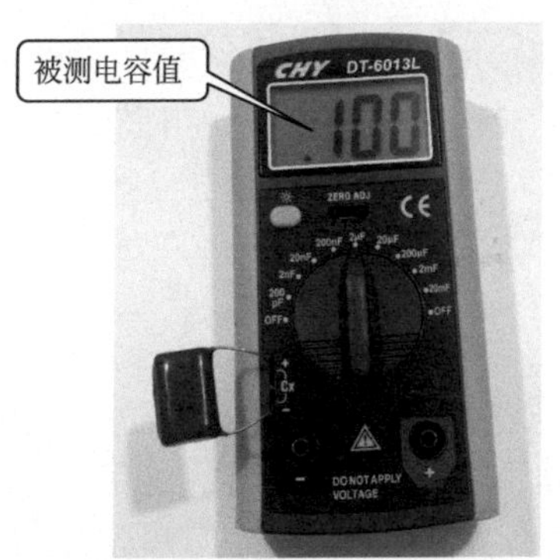

图 5-19 选择合适的挡位、插入电容器并读数

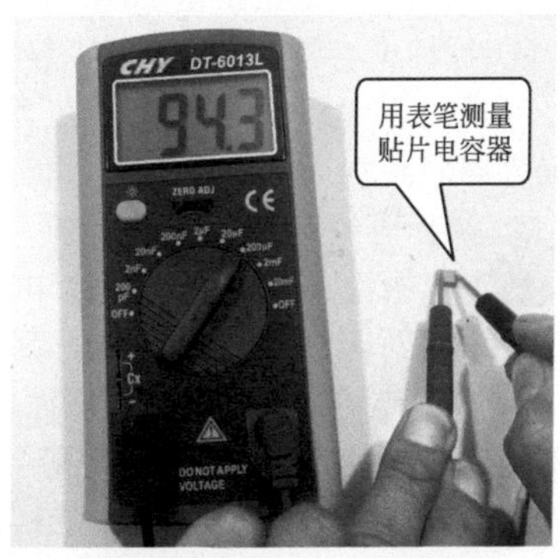

图 5-20 测量贴片电容器

第三节　电容器的代换

一、电容器的代换

电容器损坏形式多种多样，如击穿、漏液、烧焦、引脚折断等。在大多数情况

下，电容器损坏后都不能修复，只有电容器引脚折断可以通过焊接继续使用。电容器配件相当丰富，选配也比较方便，原则上应使用与其类型相同、主要参数相同、外形尺寸相近的电容器来更换。若找不到原配件或同类型电容器，也可用其他类型的电容器进行代换。

（1）无极性电容器的代换 普通电容器在选用与代换时其标称容量、允许偏差、额定工作电压、绝缘电阻、外形尺寸等都要符合应用电路的要求。玻璃釉电容器与云母电容器一般用于高频电路和超高频电路；涤纶电容器一般用于中低频电路；聚苯乙烯电容器一般用于音响电路和高压脉冲电路；聚丙烯电容器一般用于直流电路、高频脉冲电路；Ⅱ类瓷介电容器常用于中低频电路，而Ⅲ类瓷介电容器只能用于低频电路。

（2）电解电容器的代换 电解电容器中的非固体钽电解电容器一般用于通信设备及高精密电子设备电路；铝电解电容器一般用于电源电路、中频电路、低频电路；无极性电解电容器一般用于音箱分频电路、电视机的帧校正电路、电动机启动电路。对于一般电解电容器，可以用耐压值较高的电容器代换容量相同但耐压值低的电容器。用于信号耦合、旁路的铝电解电容器损坏后，可用与其主要参数相同但性能更优的钽电解电容器代换。电源滤波电容器和退耦电容器损坏后，可以用较其容量略大、耐压值与其相同（或高于原电容器耐压值）的同类型电容器更换。

二、电容器注意事项

（1）无极性电容器的代换注意事项 无极性电容器代换时的注意事项如下。

① 起定时作用的电容器要尽量用原值代替。

② 不能用有极性电容器代替无极性电容器。

③ 代用电容器在耐压和温度系数方面不能低于原电容器。

④ 各种电容器都有各自的特点，在一般情况下只要容量和耐压等符合要求，它们之间就可以进行代换。但是在有些情况下代换效果差，例如用低频电容器代替高频电容器后高频损耗会比较大。但是高频电容器可以代替低频电容器。

⑤ 操作时一般首先取下原损坏电容器，然后接上新电容器。容量比较小的电容器一般不分极性，但是对于极性电容器一定不要接反。

（2）电解电容器的使用注意事项 电解电容器使用时的注意事项如下。

① 电解电容器由于有正负极性，因此在电路中使用时不能颠倒连接。当电源电路中的滤波电容器极性接反时，因电容器的滤波作用大大降低，一方面引起电源输出电压波动，另一方面因反向通电使此时相当于一只电阻器的电解电容器发热。当反向电压超过某值时，电容器的反向漏电电阻将变得很小，这样在通电工作不久，使电容器因过热而炸裂损坏。

② 加在电解电容器两端的电压不能超过其允许工作电压，在设计实际电路时应根据具体情况留有一定的余量。如果交流电源电压为220V，变压器二次侧的整流后电压为22V，此时选择耐压为25V的电解电容器一般可以满足要求。但是，假如交流电源电压波动很大且有可能上升到250V以上，最好选择1.5倍或以上的耐压值。

③ 电解电容器在电路中不应靠近大功率发热元件，以防因受热而使电解液加速干涸。

④ 对于有正负极性信号的滤波，可采取两只电解电容器同极性串联的方法，当作一个无极性电容器使用。

第四节　电容器的应用

一、电容器的串并联及混联应用

（1）电容器的串联使用　一只电容器的一端接另一只电容器的一端称为串联，如图 5-21 所示。串联后电容器的容量为这两只电容器容量相乘再除以它们容量之和，即 $C=C_1C_2/(C_1+C_2)$。

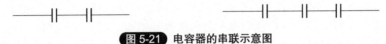

图 5-21　电容器的串联示意图

电容器串联的一些基本特性与电阻器电路相似，但由于电容器的某些特殊功能使得电容器电路具有以下独特的特性。

① 串联后电容器电路基本特性仍未改变，仍具有隔直流通交流的作用。

② 流过各串联电容器的电流相等。

③ 电容器容量越大，其两端电压越小。

④ 电容器越串联，电容量越小（相当于增加了两极板间距，同时 $U=Q/C$）。

电容器串联的意义：由于电容器制作工艺的难易程度不同，所以并不是每种电容量的电容器都直接投入生产。例如常见的电容器有 22nF、33nF、10nF（1F=1000mF，1mF=1000μF，1μF=1000nF，1nF=1000pF），但是很少见 11nF。若要调试一个振荡电路，正好需要 11nF，就可通过两只 22nF 的电容器进行串联得到 11nF。

关于极性电容器的串联：两只有极性电容器的正极或负极接在一起相串联（一般为同耐压、同容量的电容器）时，可作为无极电容器使用。其容量为单只电容器的 1/2，耐压为单只电容器的耐压值。

（2）电容器的并联使用　两只电容器两端并接称为并联，并联后电容器的容量等于这两只电容器容量之和，即 $C=C_1+C_2$。电容器并联时，电容器的耐压值与原电容器相同或高于原电容器。

电容器并联方式与电阻器并联方式是一样的，两只以上电容器采用并接方式与电源连接构成一个并联电路，如图 5-22 所示。

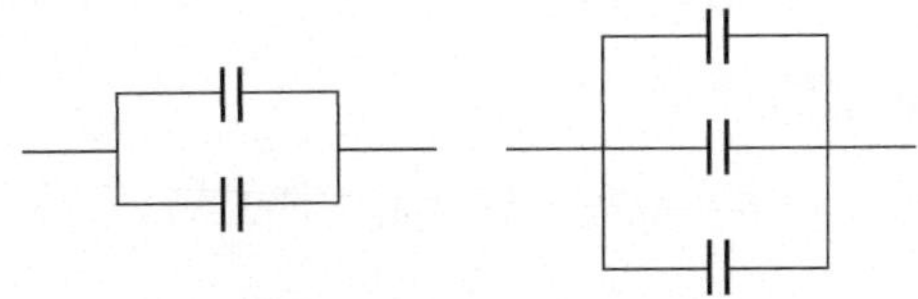

图 5-22　电容器的并联示意图

电容器的并联与电阻器的并联在某方面很相似。同样由于电容器本身的特性，电

容器并联电路具有以下独特的特性。

① 由于电容器的隔直作用，所有参与电容器并联的电路均不能通过直流电流，也就是相当于对直流形同开路。

② 电容器并联电路中各电容器两端的电压相等，这是绝大多数并联电路的公共特性。

③ 随着并联电容器数量的增加，电容量会越来越大。并联电路的电容量等于各电容器电容量之和。

④ 在并联电路中电容量大的电容器往往起关键作用。因为电容量大的电容器容抗小，当一只电容器的容抗远大于另一只电容器时，相当于开路。

⑤ 并联分流，主线路上的电流等于各电路电流之和。

电容器并联的意义：并联电容器又称移相电容器，主要用于补偿电力网系统感性负荷的无功功率，以提高功率因数、改善电压质量和降低线路损耗。也有稳定工作电路的作用，电容器并联后总容量等于它们的容量相加，但是效果比使用一只电容器好。电容器内部通常是金属一圈一圈缠绕的，电容量越大则金属圈越多，这样等效电感就越大。而用多只小容量的电容器并联方式获得等效的大电容器，则可以有效地减少电感的分布。

（3）电容器的混联使用 电容器的混联电路是由电容器的串联与并联混联在一起形成的，如图 5-23 所示。

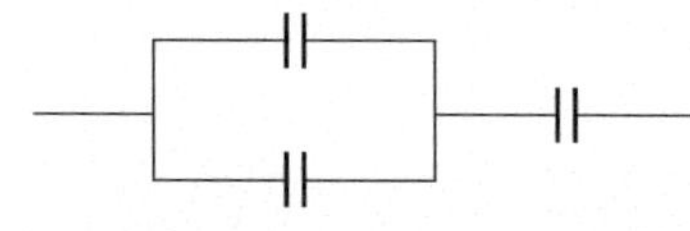

图 5-23 电容器的混联示意图

在分析电容器的混联电路时，可以先把并联电路中各电容器等效成一只电容器，然后用等效电容器与另一电容器进行串联分析。

二、电容器的谐振电路

图 5-24（a）所示为并联谐振电路，并联谐振电路主要用于选频电路；图 5-24（b）所示为串联谐振电路，串联谐振可用于吸收电路，其频率为 f_0，即 $f_0=2\pi\sqrt{1/LC}$ 。

三、电容器的耦合与旁路电路

如图 5-24（c）所示，电容器 C1、C3、C5 利用隔直通交特性，可将前后级直流隔断，将前级交流信号传递到后级（注：电解电容器在耦合应用中，是正入负出还是负入正出取决于前后级电位，即哪级电位高则正极接哪级）；C2、C4 为旁路电容器，利用隔直流通交流的特性，可使交流信号 C 直接通过，则 R 对交流无负反馈作用，使其对交流放大量增大。

四、电容器的滤波电路

如图 5-24（d）所示，利用充放电特性或通交隔直特性，滤除交流成分得到直流。

五、可变电容器的调谐电路

图 5-25 中 C1 为双联可变电容器，C1a 为输入联，改变其容量可改变频率，从而达到选台的目的。C1b 为本振联，调整 C1b 可使本振频率与 C1a 输入频率相差一个

固定中级频率。利用此电路可完成选频及变频作用。

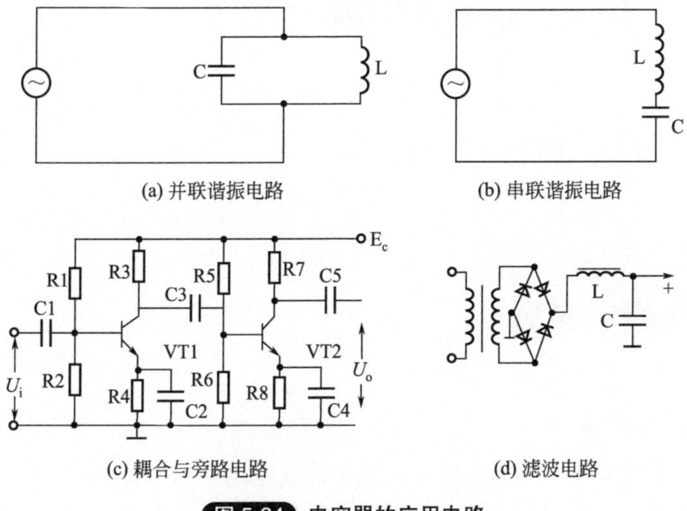

(a) 并联谐振电路　(b) 串联谐振电路

(c) 耦合与旁路电路　(d) 滤波电路

图 5-24　电容器的应用电路

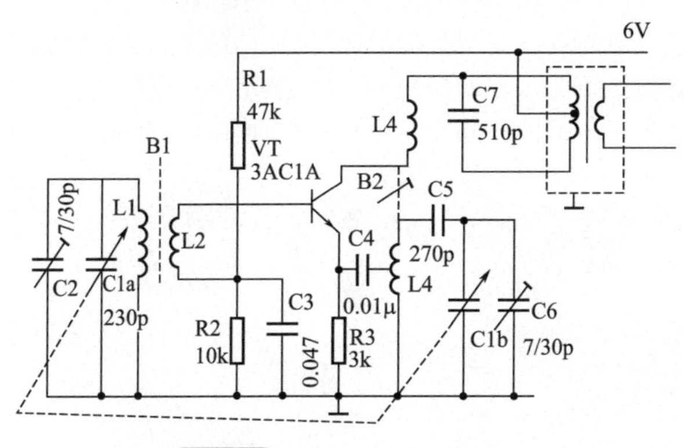

图 5-25　可变电容器应用电路

在图 5-25 中，B1 的 L1、L2 为天线线圈；B2 为本振线圈；B3 为选频中周；C2、C6 为微调电容器，可微调谐振电路的频率。

第六章 电感器的检测与应用

第一节 认识电感器

一、电感器的作用

电感器（简称电感），是一种电抗元件，在电路中用字母“L”表示。电感器是一种能够把电能转化为磁能并储存起来的元器件，其主要功能是阻止电流的变化。当电流从小到大变化时，电感器阻止电流的增大；当电流从大到小变化时，电感器阻止电流减小。它在电路中的主要作用是扼流、滤波、调谐、延时、耦合、补偿等。

电感器的结构类似于变压器，但只有一个绕组。电感器又称扼流器、电抗器或动态电抗器。电路中常见电感器的外形及图形符号如图 6-1 所示。

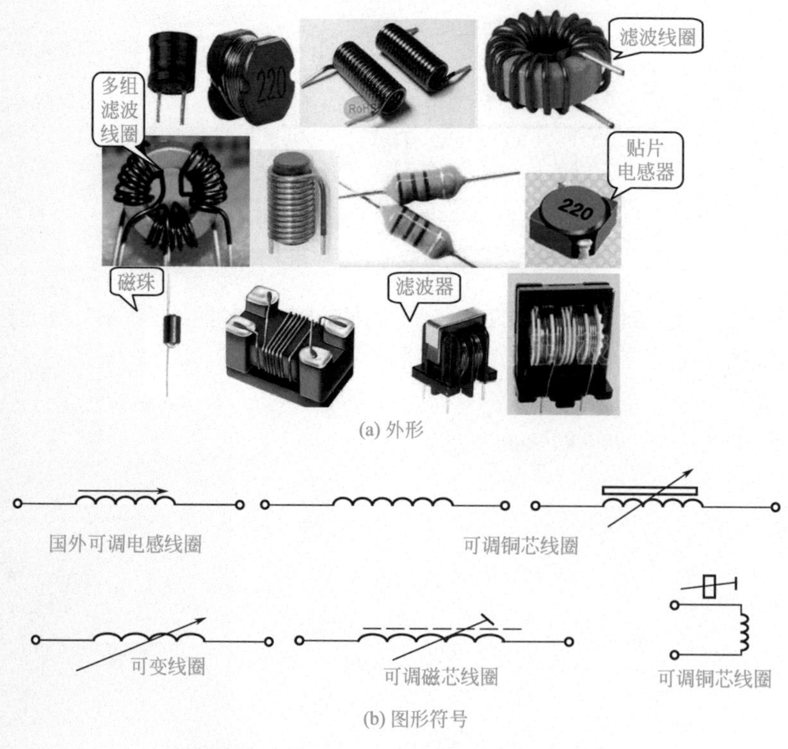

图 6-1 电路中常见电感器的外形及图形符号

二、电感器的型号命名与分类

（1）电感器的型号命名　国产电感器型号命名一般由三个部分构成，依次为主称、电感量和允许偏差，如图 6-2 所示。

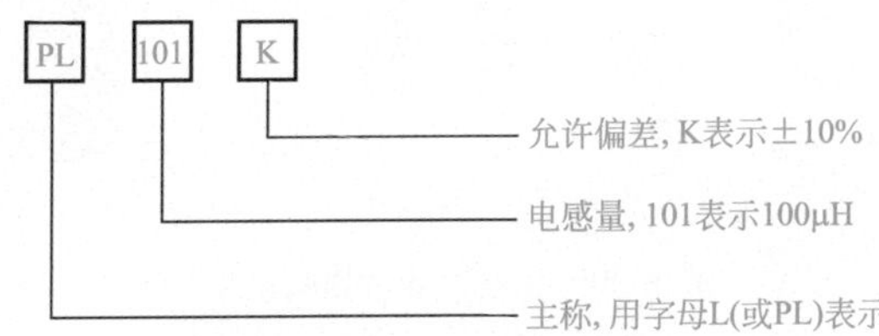

图 6-2 电感器的型号命名

PL101K 表示标称电感量为 100μH、允许偏差为 ±10% 的电感器。

为了方便读者查阅，表 6-1 和表 6-2 分别列出电感器的电感量符号含义对照表和电感器允许偏差范围字母含义对照表。

表 6-1　电感器的电感量符号含义对照表

数字与字母符号	数字符号	含　义
2R2	2.2	2.2μH
100	10	10μH
101	100	100μH
102	1000	1mH
103	10000	10mH

表 6-2　电感器允许偏差范围字母含义对照表

字母	含义
J	±5%
K	±10%
M	±20%

（2）电感器的分类　电感线圈通常由骨架、绕组、屏蔽罩、磁芯等组成。电感器种类繁多，分类方式不一。

按照外形，电感器可分为空心电感器（空心线圈）与实心电感器（实心线圈）。

按照工作性质，电感器可分为高频电感器（各种天线线圈、振荡线圈）和低频电感器（各种扼流圈、滤波线圈等）。

按照封装形式，电感器可分为普通电感器、色环电感器、环氧树脂电感器、贴片电感器等。

按照电感量，电感器可分为固定电感器和可调电感器。

按用途，电感线圈可分为天线线圈、振荡线圈、低频扼流线圈和高频扼流线圈。

按耦合方式，电感线圈可分为自感应线圈和互感应线圈。

按结构，电感线圈可分为单层线圈、多层线圈和蜂房式线圈等，如图 6-3 所示。

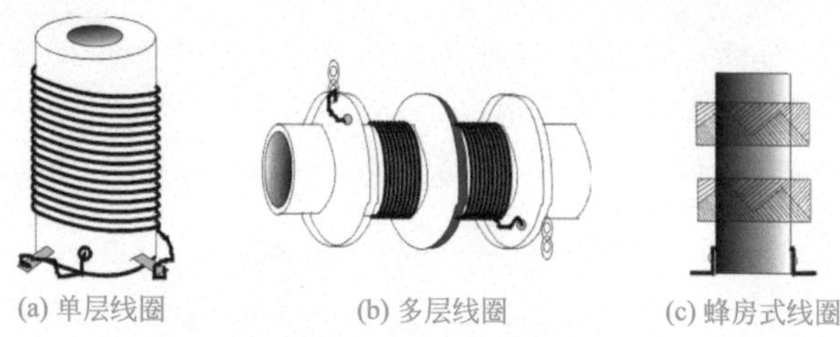

(a) 单层线圈　(b) 多层线圈　(c) 蜂房式线圈

图 6-3 电感线圈按结构分类

① 空心电感器。空心电感器中间没有磁芯（只是一只空心线圈），如图 6-4 所示。通常电感量与线圈的匝数成正比，即线圈匝数越多，电感量越大；线圈匝数越少，电感量越小。在需要微调空心线圈的电感量时，可以通过调整线圈之间的间隙得到所需要的数值。但此处需要注意的是：通常对空心线圈进行调整后要用石蜡加以密封固定，这样不仅可以使电感器的电感量更加稳定，而且可以防止潮损。

(a) 外形　(b) 图形符号

图 6-4 空心电感器的外形及图形符号

空心电感器的电感量小，无记忆，很难达到磁饱和，所以得到了广泛的应用。

提示： 所谓磁饱和就是周围磁场达到一定饱和度后磁力不再增加，也就不能工作在线性区域了。

② 铁氧体电感器。铁氧体不是纯铁，是铁的氧化物。铁氧体主要由四氧化三铁（Fe_3O_4）、三氧化二铁（Fe_2O_3）和其他一些材料构成，是一种磁导体。而铁氧体电感器就是在铁氧体上绕线制成的。这种电感器的优点是电感量大、频率高、体积小、效率高，但存在容易磁饱和的缺点。铁氧体电感器的外形及图形符号如图 6-5 所示。

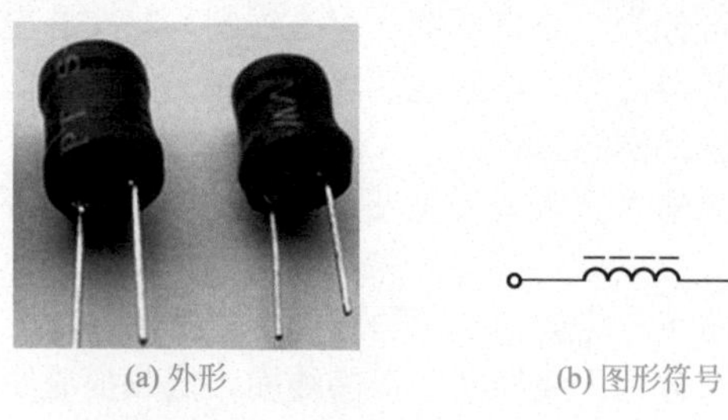

(a) 外形　(b) 图形符号

图 6-5 铁氧体电感器的外形及图形符号

大屏幕彩电、彩显行输出电路所用的行线性校正线圈和枕形失真校正线圈就是铁氧体电感器。同样，黑白电视机、彩电、彩显采用的偏转线圈也是铁氧体电感器。

③ 贴片电感器。贴片电感器又称为功率电感器、大电流电感器，一般是在陶瓷或液晶玻璃基片上沉淀金属导片而制成的。贴片电感器具有小型化、高品质因数、高能量储存和低电阻的特性，图 6-6 所示为电路板中常见的贴片电感器。

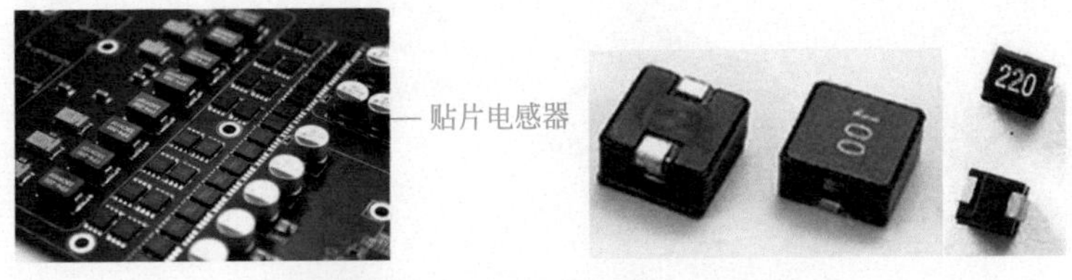

图 6-6　电路板中常见的贴片电感器

④ 磁棒电感器。磁棒电感器的基本结构是在线圈中插入一个磁棒制成的。磁棒可以在线圈内移动，用以调整电感器的大小。通常将线圈制作好后用石蜡固封在磁棒上，以防止磁棒的滑动而影响电感量。磁棒电感器的结构如图 6-7 所示。

图 6-7　磁棒电感器的结构

⑤ 色环电感器。色环电感器的外形和普通电阻器基本相同，它的电感量标注方法与色环电阻器一样，用色环来标记。色环电感器的外形如图 6-8 所示，它的图形符号和空心电感器或铁氧体电感器的图形符号相同。

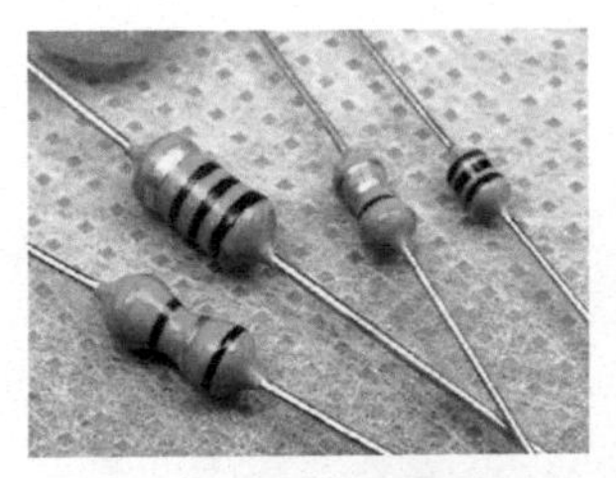

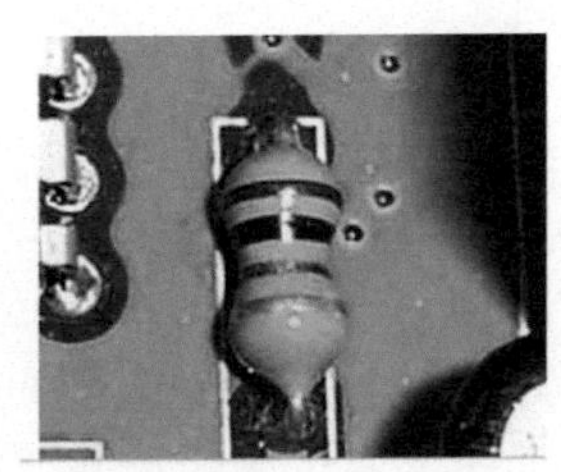

图 6-8　色环电感器的外形

⑥ 互感滤波器。互感滤波器又称电磁干扰电源滤波器，是由电感器、电容器构成的无源双向多端口网络滤波设备。互感滤波器的主要作用是消除外交流电中的高频干扰信号进入开关电源电路，同时防止开关电源的脉冲信号对其他电子设备造成干扰。互感滤波器由 4 组线圈对称绕制而成，如图 6-9 所示。

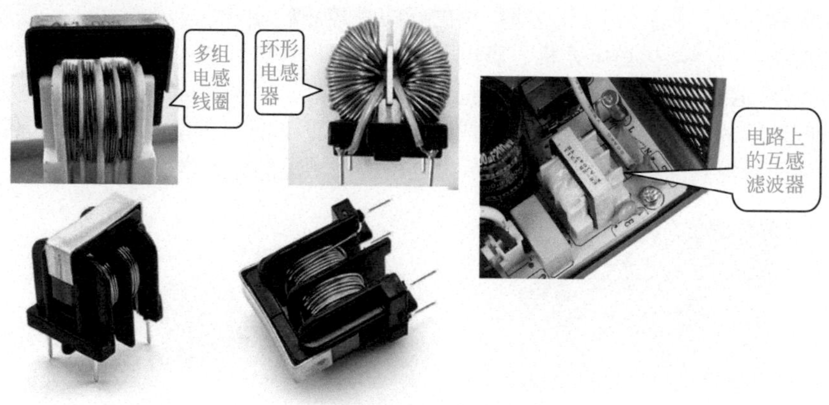

图 6-9 互感滤波器

三、电感器的主要参数与标注方法

(1) 电感器的主要参数

① 电感量。电感量也称自感系数，是表示电感器产生自感应能力的一个物理量。电感器电感量的大小，主要取决于线圈的圈数（匝数）、绕制方式、有无磁芯及磁芯材料等。通常，线圈圈数越多，绕制的线圈越密集，电感量就越大。有磁芯的线圈比无磁芯的线圈电感量大；磁芯磁导率越大的线圈，电感量也越大。

电感量 L 是线圈本身的固有特性，电感量的基本单位是亨利（简称亨），用字母“H”表示。常用的单位还有毫亨（mH）和微亨（μH），它们之间的换算关系是：$1H=10^3mH$，$1mH=10^3\mu H$。

② 允许偏差。允许偏差是指电感器上的标称电感量与实际电感量的允许误差值。

一般用于振荡电路或滤波电路中的电感器精度要求比较高，允许偏差为 ±0.2%~±0.5%；而用于耦合电路或高频阻流电路的电感量精度要求不是太高，允许偏差在 ±10%~15%。

③ 品质因数。品质因数表示电感线圈品质的参数，亦称作 Q 值或优值。线圈在一定频率的交流电压下工作时，其感抗 X_L 和等效损耗电阻之比即为 Q 值。

由表达式 $Q=2\pi L/R$ 可见，线圈的感抗越大，损耗电阻越小，其 Q 值就越高。

提示：损耗电阻在频率 f 较低时可视作基本上以线圈直流电阻为主；当 f 较高时，因线圈骨架及浸渍物的介质损耗、铁芯及屏蔽罩损耗、导线高频集肤效应损耗等影响较明显，R 应包括各种损耗在内的等效损耗电阻，不能仅计直流电阻。

④ 分布电容。分布电容是指线圈的匝与匝之间、线圈与磁芯之间、线圈与地之间以及线圈与金属之间都存在的电容。电感器的分布电容越小，其稳定性越好。分布电容能使等效损耗电阻变大，品质因数变大。减少分布电容常用丝包线或多股漆

包线，有时也用蜂窝式绕线法等。

⑤ 感抗。交流电也可以通过线圈，但是线圈的电感对交流电有阻碍作用，这个阻碍称为感抗。交流电越难以通过线圈，说明电感量越大，电感的阻碍作用就越大；交流电频率高也难以通过线圈，电感的阻碍作用也大。实验证明，感抗和电感成正比，和频率也成正比。如果感抗用 X_L 表示，电感用 L 表示，频率用 f 表示，那么其计算公式为 $X_L=2\pi fL=\omega L$，感抗的单位是 Ω。知道了交流电的频率 f（Hz）和线圈的电感 L（H），就可以用上式把感抗计算出来。人们可利用电流与线圈的这种特殊性质来制成不同大小数值的电感器件，以组成不同功能的电路系统网络。

⑥ 额定电流。额定电流是指电感器在正常工作时所允许通过的最大电流值。若工作电流超过额定电流，电感器会因发热而使性能参数发生改变，甚至还会因过电流而烧毁。

⑦ 直流电阻。直流电阻即电感线圈自身的直流电阻，可用万用表或欧姆表直接测得。

（2）电感器的标注方法

① 直接标注法。电感器一般都采用直标法，就是将标称电感量用数字直接标注在电感器的外壳上，同时还用字母表示电感器的额定电流、允许偏差。采用这种数字与符号直接表示其参数的，就称为小型固定电感器。

电感器的最大电流和字母之间的对应关系如表 6-3 所示。

表 6-3 电感器的最大电流和字母之间的对应关系对照表

字母	A	B	C	D	E
最大工作电流 /mA	50	150	300	700	1600

例如电感器外壳上标有 C、Ⅱ、470μH，表示电感器的电感量为 470μH，最大工作电流为 300mA，允许偏差为 ±10%；电感器外壳上标有 220μH、Ⅱ、D，表示电感器的电感量为 220μH，最大工作电流为 700mA，允许偏差为 ±10%。

再如 LG2-C-2μ2-Ⅰ 表示为高频立式电感器，额定电流为 300mA，电感量为 2.2μH，允许偏差为 ±5%。

② 色标法。在电感器的外壳上，标注方法与电阻器的标注方法一样。第一个色环表示第一位有效数字，第二个色环表示第二位有效数字，第三个色环表示倍乘数，第四个色环表示允许偏差。例如某电感器的色环依次为蓝、绿、红、银，表明此电感器的电感量为 6500μH，允许偏差为 ±10%。

③ 文字符号法。文字符号法是将电感器的标称值和允许偏差值用数字和文字符号按一定规律组合标注在电感体上。采用这种标示方法的通常是一些小功率电感器，其单位通常为 nH 或 pH，用 N 或 R 代表小数点。例如，4N7 表示电感量为 4.7nH，4R7 表示电感量为 4.7μH；47N 表示电感量为 47nH，6R8 表示电感量为 6.8μH。

第二节 电感器的检测

一、普通电感器的检测

将电感器从电路板上焊开一脚，或直接取下，测量线圈两端的阻值，如线圈线径较细或匝数较多，指针应有较明显的摆动，一般在几欧至十几欧之间；如阻值明显偏小，则说明线圈匝间短路。如线圈线径较粗，电阻值小于1Ω，可用数字万用表的电阻挡小值挡位，可以较准确地测量1Ω左右的阻值。应注意的是：被测电感器直流电阻值的大小与绕制电感器线圈所用的漆包线径、绕制圈数有关，只要能测出电阻值，则可认为被测电感器是正常的。

（1）用电阻挡测量时，将万用表置于200Ω低挡位，红黑表笔接触线圈的两端，显示屏应显示电阻值，如无电阻值显示则说明线圈断路，如图6-10所示。

（2）用蜂鸣挡（一般都是二极管挡）测试时，如果线圈是通的，应有蜂鸣声，指示灯亮，否则为断路，如图6-11所示。

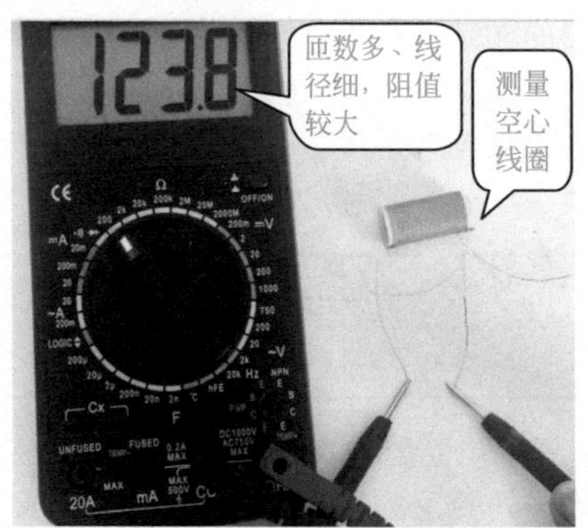

图6-10 测量空心线圈

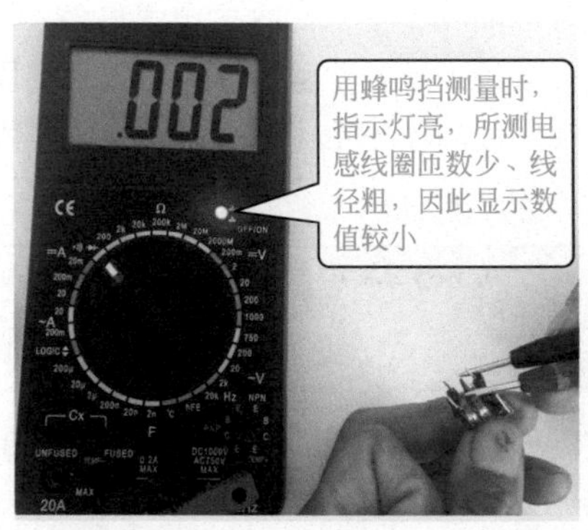

图6-11 数字万用表蜂鸣挡测电感器

二、滤波电感器的检测

滤波电感器一般有两组以上线圈，在检测时直接选用低阻挡测量每个绕组阻值即可，阻值一般都很小，如无阻值则一般为开路，如图6-12、图6-13所示。

三、在路检测电感器

（1）用数字万用表检测普通电感器

① 首先断开电路板电源，接着对待测电感器进行观察，看待测电感器是否发生损坏，有无烧焦、虚焊等情况。如果有，则说明电感器损坏。好的电感器线圈绕线应排列有序，不松散、不变形，不应有松动。图6-14所示为电路板上的普通环形电感器。

② 如果待测电感器没有明显的物理损坏，用小毛刷将待测电感器的引脚、磁环线圈进行清洁。

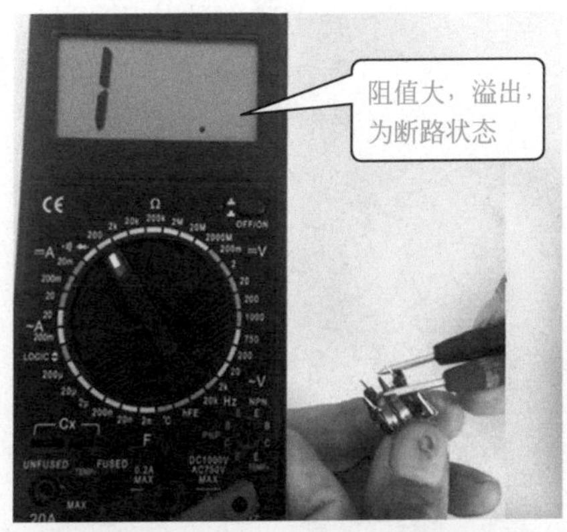
阻值大，溢出，
为断路状态

图 6-12 电阻挡测滤波电感器（一）

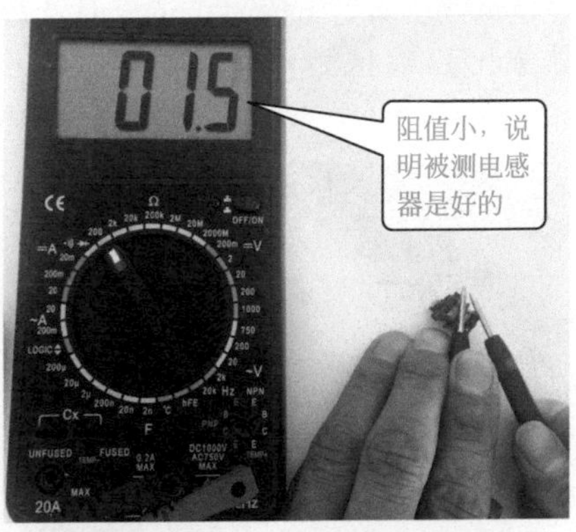
阻值小，说
明被测电感
器是好的

图 6-13 电阻挡测滤波电感器（二）

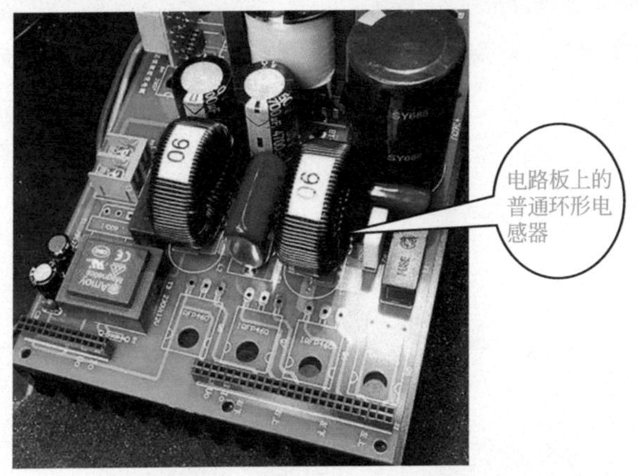
电路板上的
普通环形电
感器

图 6-14 电路板上的普通环形电感器

③ 将数字万用表的挡位调到电阻挡的“200”挡，把两表笔分别与电感器的两引脚相接（图 6-15），此时表盘显示数值应接近于“00.0”；如果表盘数值没有任何变化，说明该电感器内部已经断路；如果表盘数值来回跳跃，说明该电感器内部接触不良。

用电阻
挡测量

图 6-15 电感器两引脚间阻值的测量

经检测两引脚的阻值为 0.6Ω，且读数稳定不跳动，符合电感器的使用要求。

如果用蜂鸣挡测量，只要有蜂鸣声、指示灯亮即表示电感器是好的，如图 6-16、图 6-17 所示。所显示数值仅供参考用，并不是电感电阻值。

图 6-16 蜂鸣挡测电感器

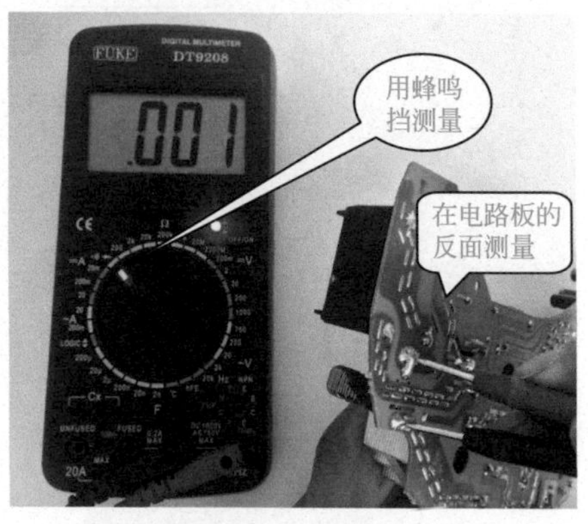

图 6-17 在电路板反面测量

④ 检测电感器绝缘情况，将数字万用表的挡位调到"200M 或 2000M"挡，检测电感器的绝缘情况，线圈引线与线圈骨架之间的阻值应为无穷大（图 6-18），否则说明该电感器绝缘性能差。

图 6-18 电感器绝缘电阻的测量

经检测该电感器绝缘性能良好，因此该电感器功能良好，可以继续使用。

（2）贴片电感器的检测 用数字万用表检测贴片电感器的方法如下。

① 首先断开电路板电源，接着对待测电感器进行观察，看待测贴片电感器是否发生损坏，有无烧焦、虚焊等情况。如果有，则说明电感器发生损坏。图 6-19 所示为电路板上的贴片电感器。

电路板上的贴片电感器

图 6-19 电路板上的贴片电感器

② 如果待测电感器没有明显的物理损坏，用小毛刷将待测电感器的四周进行清洁。

③ 将数字万用表的挡位调到电阻挡的 200 挡，把两表笔分别与待测电感器的两引脚相接，如图 6-20 所示。表盘显示数值应接近于“00.0”，如果表盘数值没有任何变化，说明该电感器内部已经断路；如果表盘数值来回摆动，说明该电感器内部接触不良。

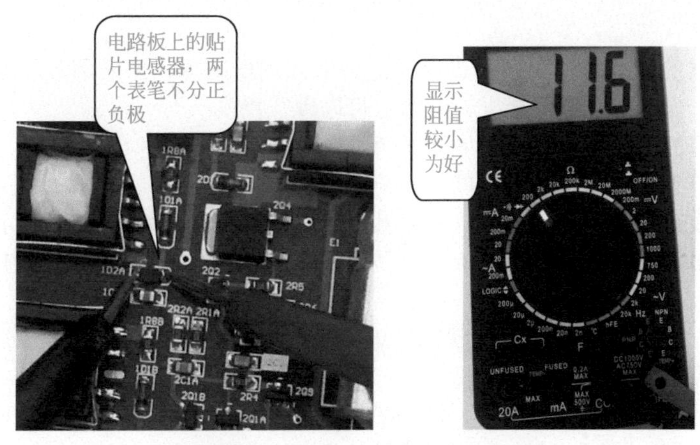
电路板上的贴片电感器，两个表笔不分正负极
显示阻值较小为好
11.6

图 6-20 电感器两引脚间阻值的测量

经检测两引脚间的阻值为 11.6Ω，且读数稳定不跳动，符合电感器的使用要求。

第三节 电感器的串并联、代换与应用

一、电感器的串并联

（1）电感器的串联　一只电感器的一端接另一只电感器的一端称为串联，如图 6-21 所示。串联后电感器的总电感量为各电感器电感量之和，若电感器 L1 和 L2 串联，则串联后的电感量 $L=L_1+L_2$。例如，L1、L2 都是 2.2μH 的电感器，那么串联后的电感量 L 为 4.4μH。

（2）电感器的并联 两只电感器的两端并接称为并联，如图6-22所示。并联后电感器的总电感量为各电感器的电感量倒数之和，若电感器L1和L2并联，则$L=L_1L_2/(L_1+L_2)$。例如，L1、L2都是10μH的电感器，那么并联后的电感量L为5μH。

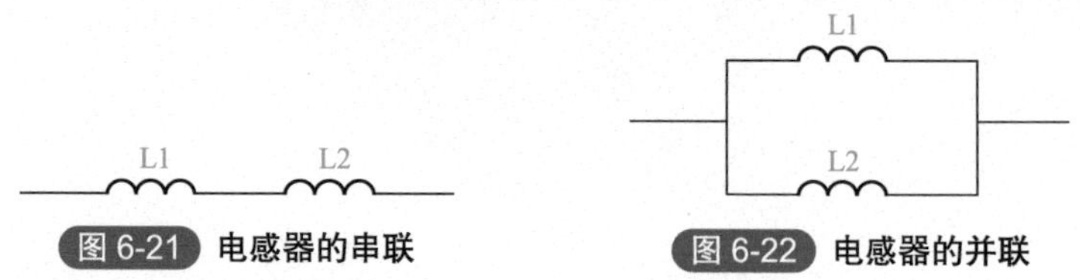

图6-21 电感器的串联

图6-22 电感器的并联

二、电感器的代换与修理

电感器损坏严重时，需要更换新品。更换时最好选用原类型、同型号、同参数的电感器，还应注意电感器的形状必须与电路板相配合。如果实在找不到原型号、同参数的电感器且又急需使用，可用与原参数和型号相近的电感器进行代换，代换电感器额定电流的大小一般不要小于原电感器额定电流的大小，其外形尺寸和阻值范围应与原电感器相近。

在电感器的选配时，主要考虑其性能参数（如电感量、品质因数、额定电流等）及外形尺寸。只要满足这些要求，基本上可以进行代换。

通常小型的固定电感器与色码电感器、固定电感器与色环电感器之间，只要外形尺寸相近且电感量、额定电流相同时，便可以直接代换。

半导体收音机中的振荡线圈，只要其电感量、品质因数及频率范围相同，即使型号不同，也可以相互代换。例如，振荡线圈LTF-1-1可以与LTF-3或LTG-4之间直接代换。

为了不影响其他电路的工作状态，电视机中的行振荡线圈应尽可能选择同型号、同规格的产品。

偏转线圈通常与显像管及行、场扫描电路进行配套使用。但如果其规格、性能参数相近，即使型号不同，也可以相互代换。

电感线圈故障主要是短路、开路。如果找到故障点，短路可将短路点拨开，开路时用电烙铁焊接即可。

三、电感器的应用

① 电感线圈用于振荡电路，如图6-23（a）所示。接通电源后，三极管导通形成各级电流，电感线圈中产生感生电动势，并形成正反馈，形成振荡。其中L和C构成选频电路，可输出需要的固定电路信号。

② 电感线圈用于滤波电路，如图6-23（b）所示。L与C1、C2组成π形LC滤波器。由于L具有通直流阻交流的功能，因此整流输出的脉动直流电U_i中的直流成分可以通过L，而交流成分绝大部分不能通过L，被C1、C2旁路到地，输出端U_o便是直流电。用作滤波时，L的电感量越大、C的电容量越大，滤波效果越好（此电路多用于高频电路中）。

③ 电感线圈用于耦合电路，如图 6-23（c）所示。L1、L2 即为耦合元件，利用线圈的磁耦合原理，可将前级信号耦合给后级。

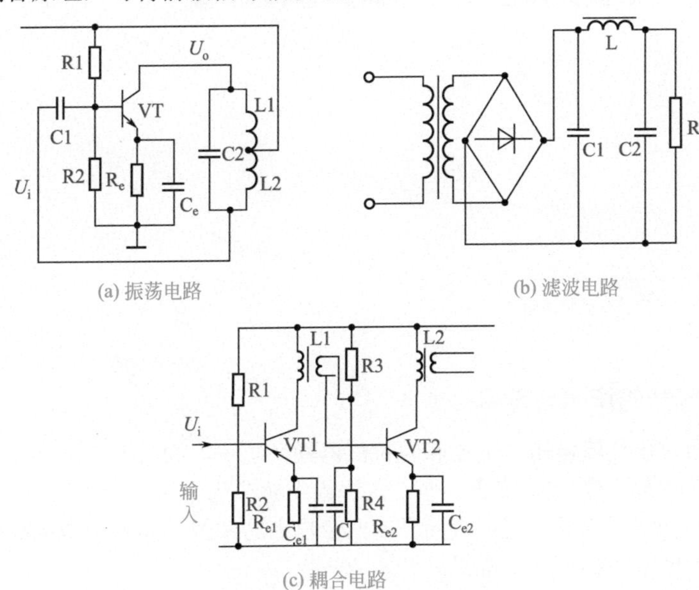

(a) 振荡电路

(b) 滤波电路

(c) 耦合电路

图 6-23　电感线圈应用电路

第七章 变压器的检测与应用

第一节 认识变压器

一、变压器的作用与符号

变压器是转换交流电压、电流和阻抗的器件，当一次绕组中通有交流电流时，铁芯（或磁芯）中便产生交流磁通，使二次绕组中感应出电压（或电流）。变压器由铁芯（或磁芯）和绕组组成，绕组有两个或两个以上的线圈，其中接电源的绕组称为一次绕组，其余的绕组称为二次绕组。

变压器利用电磁感应原理，从一个电路向另一个电路传递电能或传输信号。输送的电能多少由用电器的功率决定。

变压器在电路图中用字母“T”表示，变压器的外形及图形符号如图 7-1 所示。

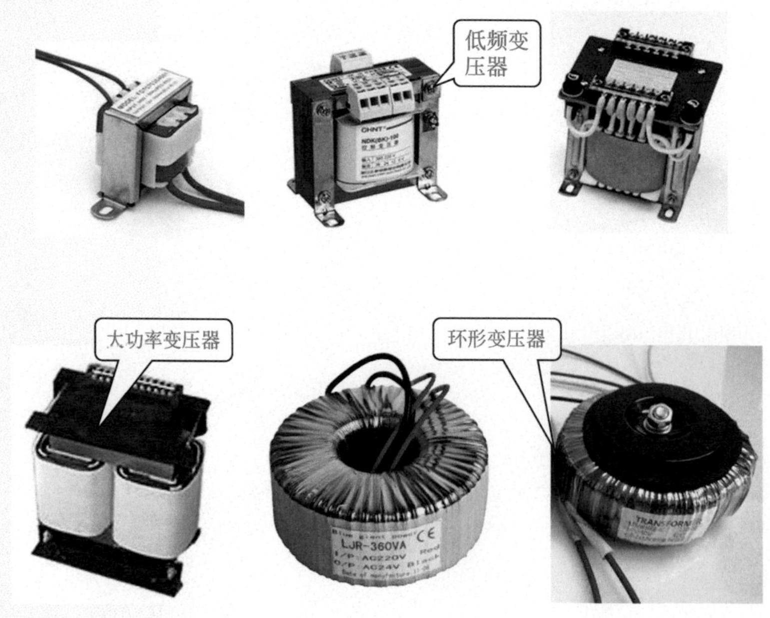

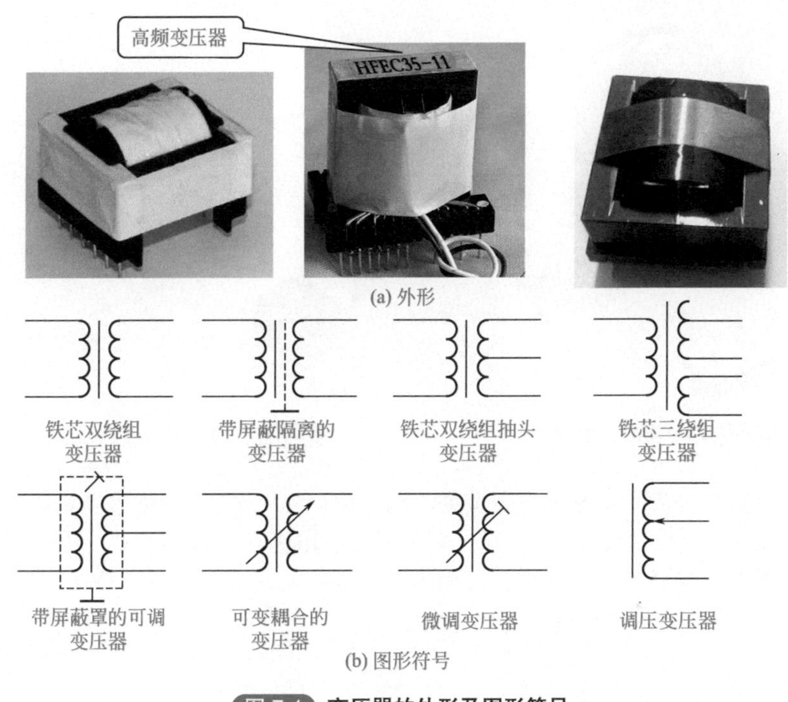

图 7-1　变压器的外形及图形符号

二、变压器的分类

变压器种类很多，分类方式也不一样。变压器一般可以按冷却方式、绕组数、防潮方式、铁芯或线圈结构、电源相数或用途进行划分。

按冷却方式划分，变压器可以分为油浸（自冷）变压器、干式（自冷）变压器和氟化物（蒸发冷却）变压器；按绕组数划分，变压器可以分为双绕组变压器、三绕组变压器、多绕组变压器以及自耦变压器等；按防潮方式划分，变压器可以分为开放式变压器、密封式变压器和灌封式变压器等；按铁芯或线圈结构划分，变压器可以分为壳压变压器、心式变压器、环形变压器、金属箔变压器；按电源相数划分，变压器可以分为单相变压器、三相变压器、多相变压器；按用途划分，变压器可以分为电源变压器、调压变压器、高频变压器、中频变压器、音频变压器和脉冲变压器。

（1）电源变压器　电源变压器的主要功能是功率传送、电压转换和绝缘隔离。电源变压器作为一种主要的软磁电磁元件，在电源技术和电力电子技术中应用广泛。电源变压器的种类很多，但基本结构大体一致，主要由铁芯、线圈、线框、固定零件和屏蔽层构成。图 7-2 所示为电源变压器的外形。

（2）音频变压器　音频变压器又称低频变压器，是一种工作在音频范围内的变压器，常用于信号的耦合以及阻抗的匹配。在一些纯供放电路中，对音频变压器的品质要求比较高。音频变压器主要分为输入变压器和输出变压器，通常它们分别用在功率放大器输出级的输入端和输出端。图 7-3 所示为音频变压器的外形。

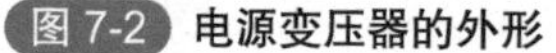

图 7-2 电源变压器的外形

图 7-3 音频变压器的外形

（3）中频变压器　中频变压器又被称为“中周”，是超外差式收音机中特有的一种器件。整个结构都装在金属屏蔽罩中，下有引出脚，上有调节孔。中频变压器不仅具有普通变压器转换电压、电流及阻抗的特性，还具有谐振某一特定频率的特性。图 7-4 所示为中频变压器的外形。

（4）高频变压器　高频变压器（又称为开关变压器）通常是指工作于射频范围的变压器，主要应用于开关电源中。在通常情况下，高频变压器体积很小。高频变压器虽然磁芯小，最大磁通量也不大，但是其工作在高频状态下，磁通量改变迅速，所以能够在磁芯小、线圈匝数少的情况下，产生足够电动势。图 7-5 所示为高频变压器的外形。

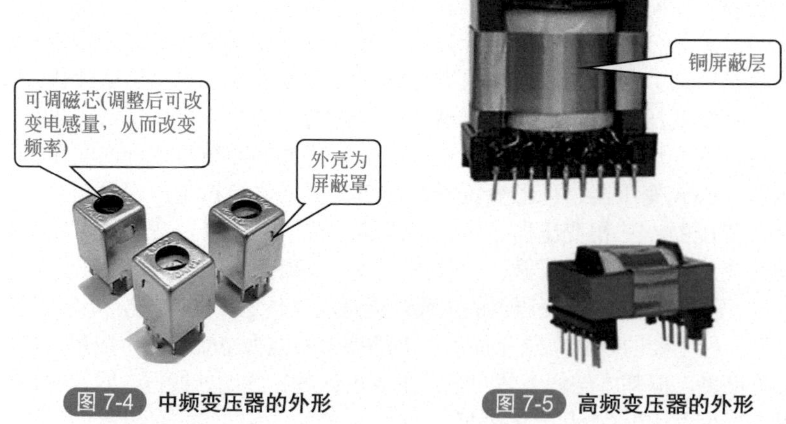

图 7-4 中频变压器的外形

图 7-5 高频变压器的外形

三、变压器的型号命名

（1）低频变压器的型号命名　低频变压器的型号命名由下列三部分组成。

第一部分：主称，用字母表示。

第二部分：功率，用数字表示，单位是 W。

第三部分：序号，用数字表示，用来区别不同的产品。

表 7-1 列出了低频变压器型号主称代号含义。

表 7-1　低频变压器型号主称代号含义

主称代号	含　义	主称代号	含　义
DB	电源变压器	HB	灯丝变压器
CB	音频输出变压器	SB 或 ZB	音频（定阻式）输送变压器
RB	音频输入变压器	SB 或 EB	音频（定压式或自耦式）输送变压器
GB	高压变压器		

（2）调幅收音机中频变压器的型号命名　调幅收音机中频变压器型号命名由下列三部分组成。

第一部分：主称，由字母的组合表示名称、用途及特征。

第二部分：外形尺寸，由数字表示。

第三部分：序号，用数字表示，代表级数。例如，1 表示第一级中频变压器，2 表示第二级中频变压器，3 表示第三级中频变压器。

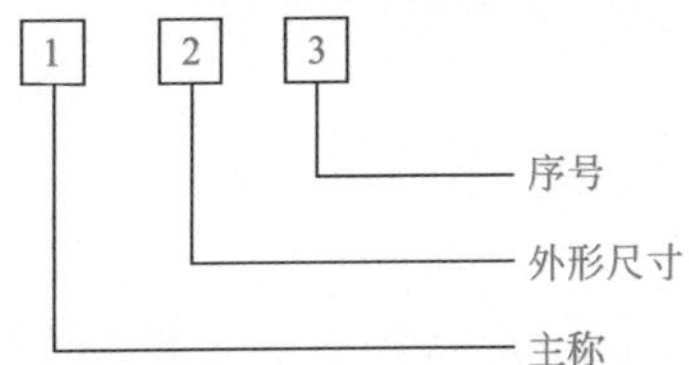

表 7-2 列出了调幅收音机中频变压器主称代号及外形尺寸数字代号的含义。

表 7-2　调幅收音机中频变压器主称代号及外形尺寸数字代号的含义

主　称		尺　寸	
字母	名称、特征、用途	数字	外形尺寸 /mm×mm×mm
T	中频变压器	1	7×7×12
L	线圈或振荡线圈	2	10×10×14
T	磁性瓷芯式	3	12×12×14
F	调幅收音机用	4	20×25×36
S	短波段		

例如，TTF-2-2 表示调幅式收音机用的磁芯式中频变压器，其外形尺寸为 10mm×10mm×14mm。

（3）电视机中频变压器的型号命名　电视机中频变压器的型号命名由下列四部分组成。

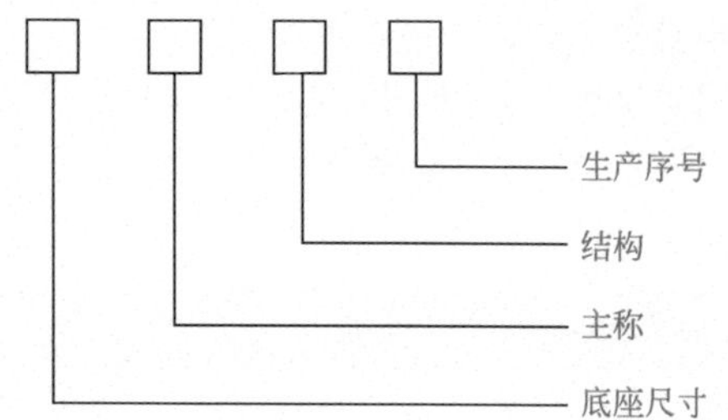

第一部分：用数字表示底座尺寸，如 10 表示 10×10（mm）。

第二部分：主称，用字母表示名称及用途，如表 7-3 所示。

第三部分：用数字表示结构，2 为调磁帽式，3 为调螺杆式。

第四部分：用数字表示生产序号。

表 7-3 列出了电视机中频变压器主称代号含义。

表 7-3　电视机中频变压器主称代号含义

主称字母	含　义	主称字母	含　义
T	中频变压器	V	图像回路
L	线圈	S	伴音回路

例如，10TS2221 表示为磁帽调节式伴音中频变压器，底座尺寸为 10mm×10mm，产品区别序号为 221。

四、变压器的主要参数

（1）电压比　变压器两组绕组圈数分别为 N_1 和 N_2，N1 为一次侧，N2 为二次侧。在一次绕组上加一交流电压，在二次绕组两端就会产生感应电动势。当 $N_2>N_1$ 时，其感应电动势高于一次电压，这种变压器称为升压变压器：当 $N_2<N_1$ 时，其感应电动势低于一次电压，这种变压器称为降压变压器。一、二次电压和线圈圈数间具有下列关系：

$$n=U_1/U_2=N_1/N_2$$

式中，n 称为电压比（圈数比）。当 $n>1$ 时，$N_1>N_2$，$U_1>U_2$，该变压器为降压变压器；反之，则为升压变压器。

另有电流比 $I_1/I_2=N_2/N_1$，电功率 $P_1=P_2$。

> **提示：**上面公式只在理想变压器只有一个二次绕组时成立。当有两个二次绕组时，$P_1=P_2+P_3$，$U_1/N_1=U_2/N_2=U_3/N_3$，电流则必须利用电功率的关系式求出，有多个二次绕组时依此类推。

（2）额定功率　额定功率是指变压器长期安全稳定工作所允许负载的最大功率，二次绕组的额定电压与额定电流的乘积称为变压器的容量，即为变压器的额定功率，一般用 P 表示。变压器的额定功率为一定值，由变压器的铁芯长度、导线的横截面积这两个因素决定。铁芯越长，导线的横截面积越大，变压器的功率就越大。

（3）工作频率　变压器铁芯损耗与频率关系很大，故应根据使用频率来设计和使

用，这种频率称为工作频率。

（4）绝缘电阻　绝缘电阻表示变压器各绕组之间、各绕组与铁芯之间的绝缘性能。绝缘电阻的阻值与绝缘材料性能、温度高低和温湿程度有关。变压器的绝缘电阻越大，性能越稳定。绝缘电阻计算公式为

绝缘电阻 = 施加电压 / 漏电流

（5）电压调整率　电源变压器的电压调整率是表示变压器负载电压与空载电压差别的参数。电压调整率越小，表明变压器线圈的内阻越小，电压稳定性越好。电压调整率计算公式为

电压调整率 =（空载电压 – 负载电压）/ 空载电压

（6）效率　在额定功率时，变压器的输出功率和输入功率的比值，称为变压器的效率，即

$$\eta=P_2\div P_1\times 100\%$$

式中，η 为变压器的效率；P_1 为输入功率，P_2 为输出功率。当变压器的输出功率 P_2 等于输入功率 P_1 时，效率 η 等于 100%，变压器将不产生任何损耗。但实际上这种变压器是没有的。变压器传输电能时总要产生损耗，这种损耗主要有铜损和铁损。

变压器的铜损是指变压器绕组内阻所引起的损耗。当绕组通过电流而发热时，一部分电能就转变为热能而损耗。由于绕组一般都由带绝缘的铜线缠绕而成，因此称为铜损。

变压器的铁损包括两个方面：一是磁滞损耗，当交流电流通过变压器时，通过变压器硅钢片的磁力线的方向和大小随之变化，使得硅钢片内部分子相互摩擦放出热能，从而损耗了一部分电能，这便是磁滞损耗。另一个是涡流损耗，当变压器工作时，铁芯中有磁力线穿过，在与磁力线垂直的平面上就会产生感应电流，由于此电流自成闭合回路形成环流，且呈旋涡状，故称为涡流。涡流的存在使铁芯发热，消耗能量，这种损耗称为涡流损耗。

变压器的效率与变压器的功率等级有密切关系。通常功率越大，损耗与输出功率就越小，效率也就越高；反之，功率越小，效率也就越低。

（7）温升　温升主要是指绕组的温度，即当变压器通电工作后，其温度上升到稳定值时比周围环境温度升高的数值。

（8）空载电流　变压器二次侧开路时，一次侧仍有一定的电流，这部分电流称为空载电流。空载电流由磁化电流（产生磁通）和铁损电流（由铁芯损耗引起）组成。

（9）频率响应　频率响应用来衡量变压器传输不同频率信号的能力。

在高频段和低频段，由于二次绕组的电感、漏电等造成变压器传输信号的能力下降，使频率响应变差。

变压器一般都采用直接标注法，将额定电压、额定功率、额定频率等用字母和数字直接标注在变压器上，下面通过例子加以说明。

① 某音频输出变压器的二次绕组引脚处标有 10Ω 的字样，说明该变压器的二次绕组负载阻抗为 10Ω，只能接阻抗为 10Ω 的负载。

② 某电源变压器的外壳上标有 DB-60-4。其中 DB 表示电源变压器，60 表示额定功率为 60V · A，4 表示产品的序号。

③ 有的电源变压器的外壳上还标有各绕组的结构，然后在各绕组符号上标出电压数值，说明各绕组的输出电压。

第二节 变压器的检测

数字万用表检测变压器

指针万用表检测变压器

一、绝缘性能的检测

将万用表置于 20M 挡，分别测量一次绕组与各二次绕组、铁芯、静电屏幕间电阻的阻值，阻值都应为无穷大；若阻值过小，说明有漏电现象，导致变压器的绝缘性能变差（图 7-6 和图 7-7）。

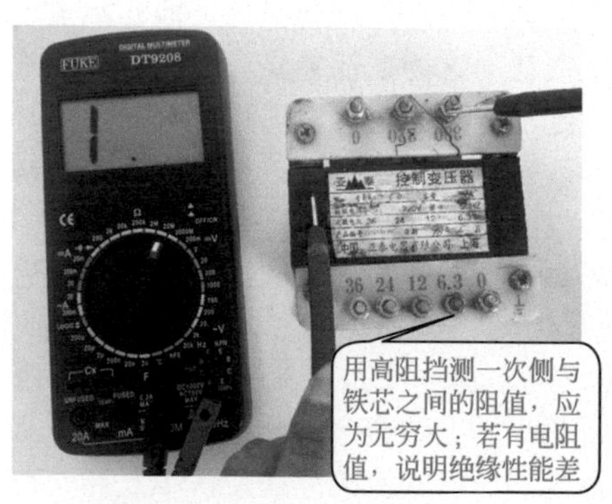

FUKE
DT9208
用高阻挡测一次侧与铁芯之间的阻值，应为无穷大；若有电阻值，说明绝缘性能差

图 7-6 绝缘性能的检测（一）

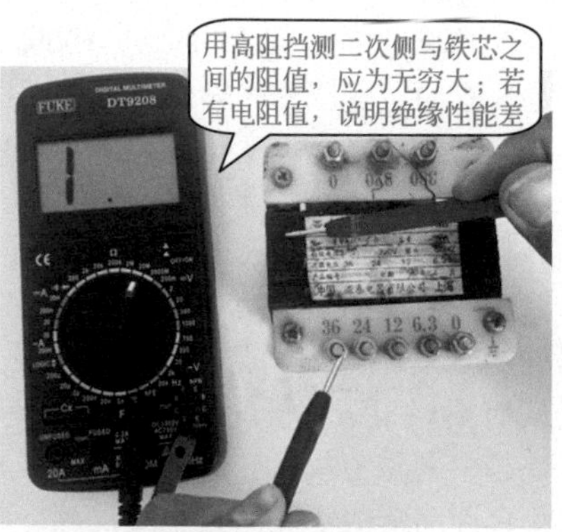

用高阻挡测二次侧与铁芯之间的阻值，应为无穷大；若有电阻值，说明绝缘性能差
FUKE
DT9208

图 7-7 绝缘性能的检测（二）

二、一、二次绕组好坏的判别

工频变压器一次绕组和二次绕组的引脚一般都是从变压器两侧引出的，并且一次绕组上多标有“220V”字样，二次绕组则标有额定输出电压值（如 6V、9V、12V、15V、24V 等），通过这些标记就可以识别出绕组的功能。但有的变压器没有标记或标记不清晰，则需要通过万用表的检测来判断变压器的一、二次绕组。因为工频变压器多为降压变压器，所以它的一次绕组输入电压高、电流小，所以漆包线的匝数多且线径细，使得它的直流电阻较大。而二次绕组虽输出电压低，但电流大，所以二次绕组漆包线的线径较粗且匝数少，使得它的阻值较小。这样通过测量各个绕组的阻值就能够识别出不同的绕组。典型变压器测量如图 7-8 ～图 7-10 所示，若输出电压值和功率值相同的变压器，阻值差别较大，则说明变压器损坏。不过，该方法通常用于判断一、二次绕组以及它们是否开路，而怀疑绕组短路时多采用外观检查法、温度法和电压检测法进行判断。

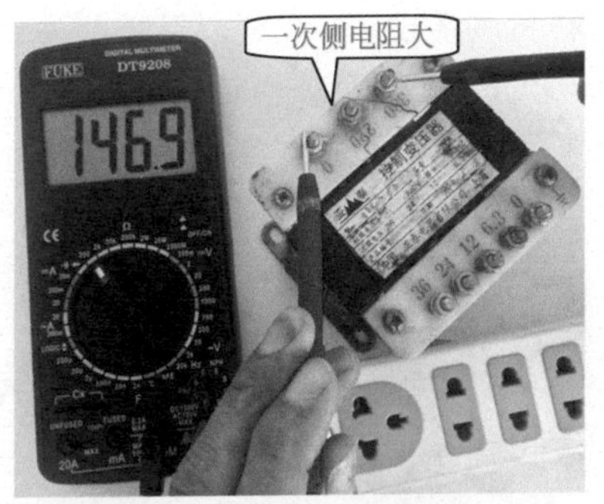

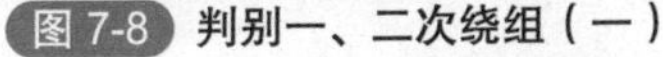
图 7-8　判别一、二次绕组（一）

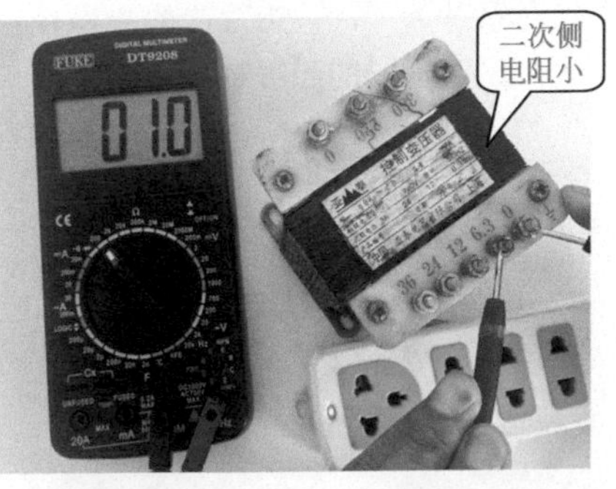

图 7-9　判别一、二次绕组（二）

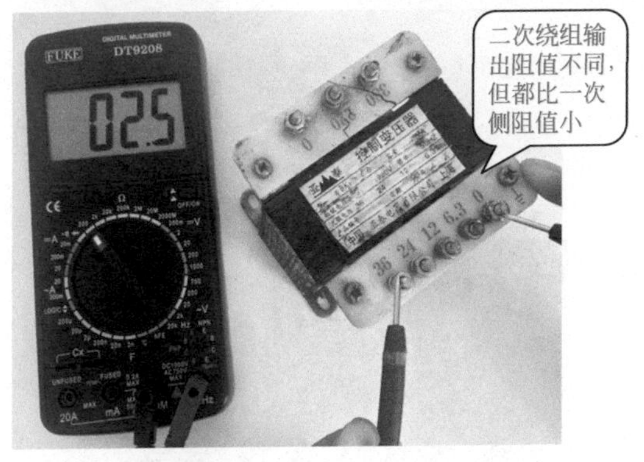

图 7-10　判别一、二次绕组（三）

提示： 许多低频工频变压器的一次绕组与接线端子之间安装了温度熔断器，一旦市电电压升高或负载过电流引起变压器过热，温度熔断器会过熔断，产生一次绕组开路的故障。此时小心地拆开一次绕组，就可以发现温度熔断器，将其更换后就可修复变压器，应急修理时也可用导线短接。

绕组短路会导致市电输入回路的熔断器过电流熔断或产生变压器一次绕组烧断、绕组烧焦等异常现象。

三、空载电压的检测

为工频变压器的一次绕组提供 220V 市电电压，用万用表交流电压挡就可以测出变压器二次绕组输出的空载电压值，如图 7-11 ～图 7-13 所示。

空载电压与标称值的允许误差范围一般为：高压绕组不超出 ±10%，低压绕组不超出 ±5%，带中心抽头的两组对称绕组的电压差应不超出 ±2%。

四、温升的检测

接好变压器的所有二次绕组，为一次绕组输入 220V 市电电压，一般小功率工频变压器允许温升为 40 ～ 50℃（如果所用绝缘材料质量较好，允许温升还要高一些）。若通电不久，变压器的温度就快速升高，则说明绕组或负载短路。

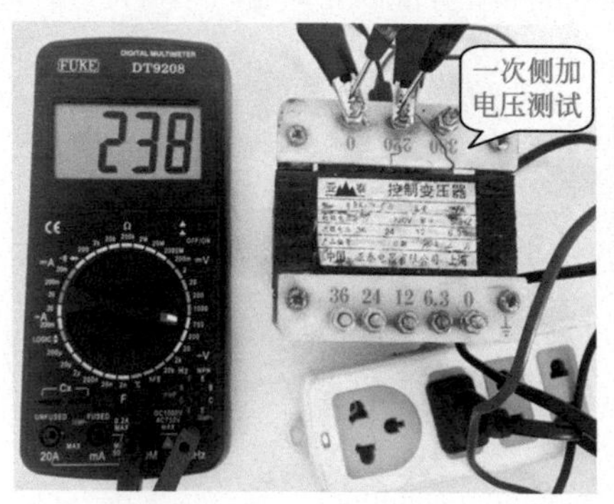

图 7-11 空载电压的检测（一）

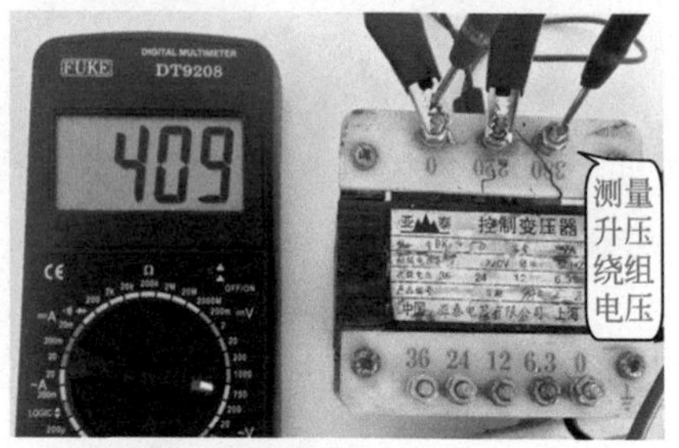

图 7-12 空载电压的检测（二）

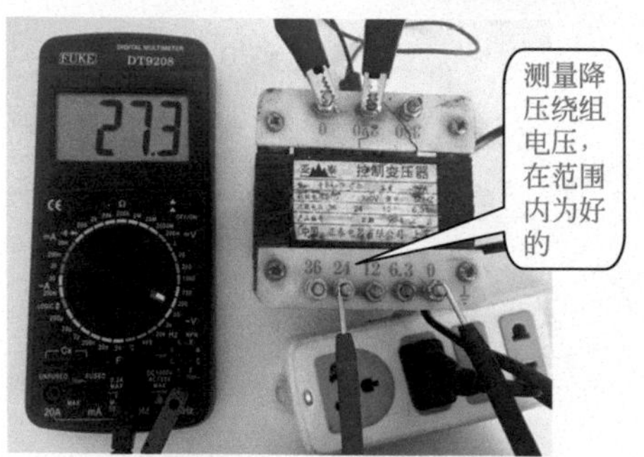

图 7-13 空载电压的检测（三）

五、空载电流的检测

断开变压器的所有二次绕组，将万用表置于交流“500mA”电流挡，并将表笔串入一次绕组回路中，再为一次绕组输入 220V 市电电压，万用表所测出的数值就是空载电流值。该空载电流应低于变压器满载电流的 10% ～ 20%；如果超出太多，说明变压器有短路性故障。

六、同名端的判别

在使用电源变压器时，有时为了得到所需的二次电压，可将两个或多个二次绕组串联起来使用。采用串联法使用电源变压器时，进行串联的各绕组的同名端必须正确连接，不能搞错，否则变压器将烧毁或者不能正常工作。判别同名端方法如下：在变压器任意一组绕组上连接一个 1.5V 的干电池，然后将其余各绕组线圈抽头分别接在直流毫伏表或直流毫安表的正负端。无多只表时，可用万用表依次测量各绕组。接通 1.5V 电源的瞬间，指针会很快摆动一下，如果指针向正方向偏转，则接电池正极的线头与万用表正接线柱的线头为同名端；如果指针反向偏转，则接电池正极的线头与接万用表负接线柱的线头为同名端，如图 7-14、图 7-15 所示。

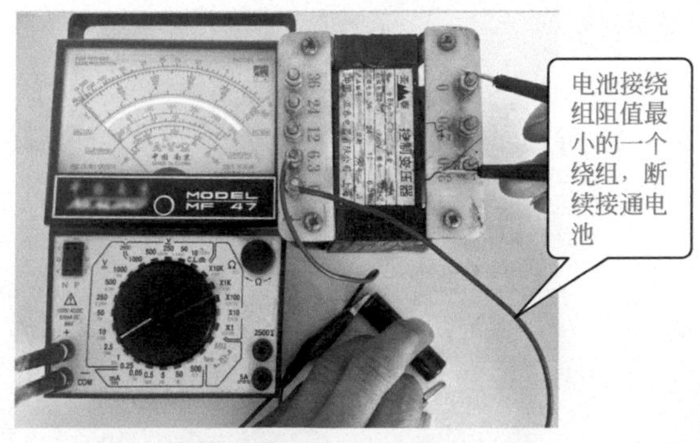

图 7-14　同名端的判别（一）

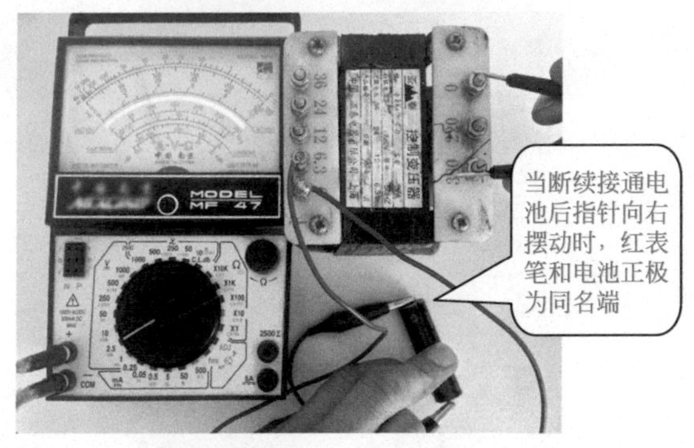

当断续接通电池后指针向右摆动时，红表笔和电池正极为同名端
电池接绕组阻值最小的一个绕组，断续接通电池
MODEL MF 47

图 7-15　同名端的判别（二）

另外，在测试时还应注意以下两点。

① 若电池接在变压器的升压绕组（即匝数较多的绕组），万用表应选用小的量程，使指针摆动幅度较大，以利于观察；若变压器的降压绕组（即匝数较少的绕组）接电池，万用表应选用较大量程，以免损坏万用表。

② 接通电源的瞬间，指针会向某一个方向偏转，但断开电源时，由于自感作用，指针将向相反方向倒转。如果接通和断开电源的间隔时间太短，很可能只看到断开时指针的偏转方向，而把测量结果搞错。所以接通电源几秒后再断开电源，也可以多测几次，以保证测量结果的准确。

数字万用表一般无法判别变压器同名端，但可以应用直接通电法判别，即将变压器一次侧接入电路，测出二次侧各绕组电压，将任意两绕组的任意端接在一起，用万用表测另两端电压，如等于两绕组电压之和，则接在一起的为异名端；如低于两绕组电压之和（若两绕组电压相等，则可能为 0V），则接在一起的两端或两表笔端为同名端。其他依此类推（测量中应注意，不能将同一绕组两端接在一起，否则会短路，烧坏变压器）。

提示：测量中不能将同一绕组两端接在一起，否则会短路，烧坏变压器。

七、在路检测变压器

变压器在电路中可以测其线圈导通状态，一般阻值较小，若阻值较大多为变压器开路，如图 7-16、图 7-17 所示。

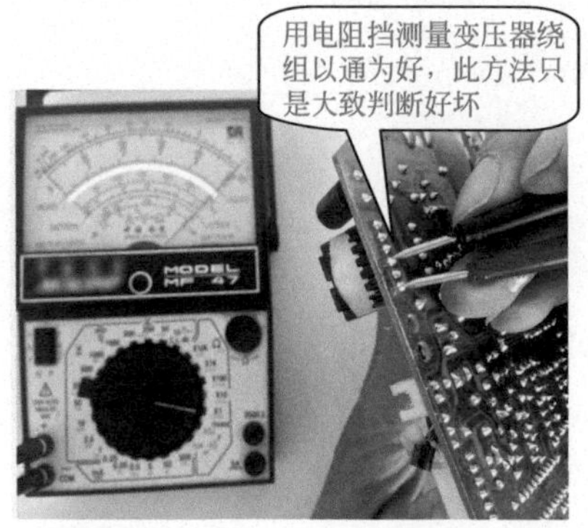

用电阻挡测量变压器绕组以通为好，此方法只是大致判断好坏
测量阻抗变压器，以通为好
MODEL MF 47

图 7-16 在路中的变压器检测（一）

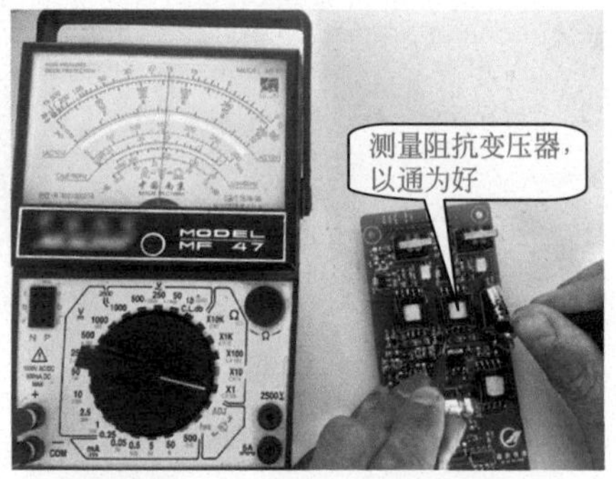

图 7-17 在路中的变压器检测（二）

利用数字万用表测量变压器如图 7-18、图 7-19 所示。

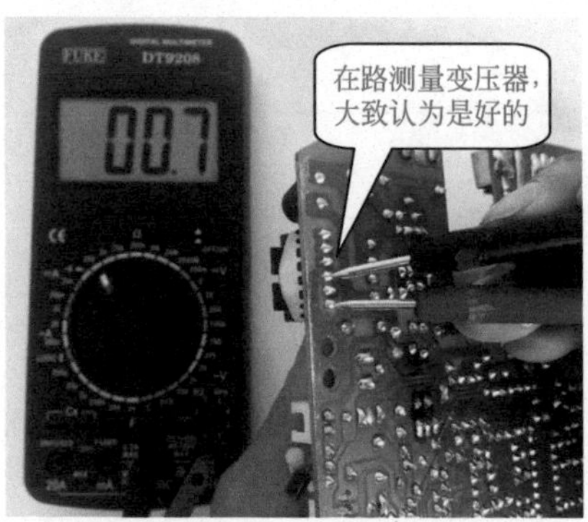

在路测量变压器，大致认为是好的

图 7-18 在路检测变压器绕组

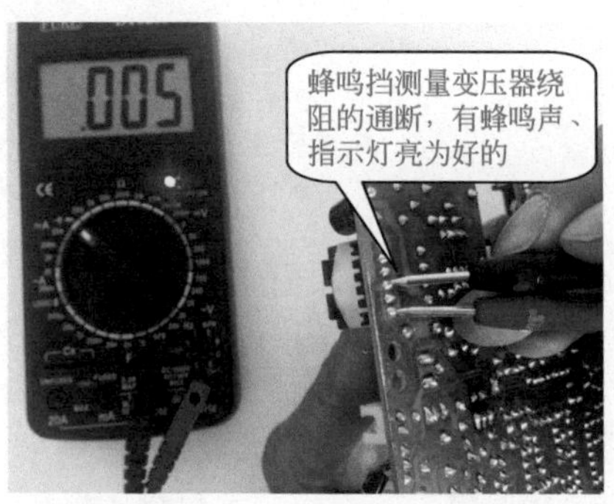

005
蜂鸣挡测量变压器绕阻的通断，有蜂鸣声、指示灯亮为好的

图 7-19 蜂鸣挡检测变压器的通断

第三节 变压器的选配与代换及修理

一、电源类低频变压器的选配与代换

在对电源变压器进行代换时，只要其铁芯材料、输出功率和输出电压相同通常是能够直接进行代换的。选择使用电源变压器时，应与负载电路相匹配，电源变压器应留有功率余量（输出功率应大于负载电路的最大余量），输出电压应与负载电路供电部分交流输入电压相同。常见电源电路可选择使用 E 形铁芯电源变压器。对于高保真音频功率放大器电源电路，最好使用 C 形变压器或环形变压器。

二、中频变压器的选配与代换

在对中频变压器进行选择使用时，最好选择使用同型号参数、同规格的中频变压器，否则很难正常工作。

通常中频变压器有固有的谐振频率，调幅收音机中频变压器及调频收音机中频变压器、电视机中频变压器之间不能互换运用，电视机中伴音中频变压器及图像中频变压器之间也不能互换运用。

在选择时，还应对其绕组进行检验，看是否有断线或短路、绕组及屏蔽罩间相碰现象。

收音机中某中频变压器损坏后，若无同型号参数中频变压器，也可以选用其他型号参数成套中频变压器（多数为三只）代换该机整套中频变压器。代换安装时，中频变压器顺序不能装错，也不能随意调换。

三、变压器的修理

变压器常见的故障为：一次绕组烧断（开路）或短路；静电屏蔽层与一次绕组或二次绕组间短路；二次绕组匝间短路；一、二次绕组对地短路。

当变压器绕组损坏后可直接用同型号代用，代用时应注意功率和输入、输出电压，另外有些专用变压器还应注意阻抗。

如无同型号可采用下述方法修理。

（1）绕制　当变压器绕组损坏后，也可以拆开自己绕制绕组。绕制变压器绕组方法为：首先给变压器加热并拆出铁芯，然后拆出绕组（尽可能保留原骨架）。记住一、二次绕组的匝数及线径，找到相同规格的漆包线，用绕线机绕制，并按原接线方式接线，再插入硅钢片加热，浸上绝缘漆，烘干即可。

绕组快速估算法：由于小型变压器一次绕组匝数较多，计数困难，可采用天平称重法估算匝数。即拆绕组时，先拆除二次绕组，将骨架与一次绕组在天平上称出质量（如为80g），再拆除二次绕组（也可拆除二次绕组后，直接称出一、二次绕组质量）。当重新绕制时，用天平称重到80g时，即为原绕组匝数（经此法绕制绕组的变压器，一般不会影响其性能）。

（2）绕组短路的修理　绕组与静电隔离层或铁芯短路时，可将电源变压器与地隔离，电视机即可恢复正常工作。

① 电源变压器的绕组与静电隔离层短路，只要将静电隔离层与地的接头断开即可。

② 电源变压器的绕组与铁芯短路，可用一块绝缘板将变压器与地隔离开。

用上述应急方法可不必重绕变压器。但由于静电隔离层不起作用，有时会出现杂波干扰的现象。此时可在电源变压器的一次侧或二次侧并联一个0.47μF/600V的固定电容器，或在电源电路上增设RC或LC滤波网络。

（3）其他处理方法　有些电源变压器一次绕组一端串有一只片状保险电阻器，该电阻器极易烧断开路，从而造成电源变压器一次开路不能工作，通常可取一根导线将其两端短接焊牢即可。

第四节 变压器的应用

图 7-20 所示为开关变压器应用电路，220V 交流电压经 VD1 整流、C1 滤波后输出约 280V 的直流电压，一路经 T 的一次绕组加到开关管 VT 的集电极；另一路经启动电阻 R2 给 VT 的基极提供偏流，使 VT 迅速导通，在 T 的一次绕组产生感应电压，经 T 耦合到正反馈绕组，并把感应电压反馈到 VT 的基极，使 VT 处于饱和导通状态。

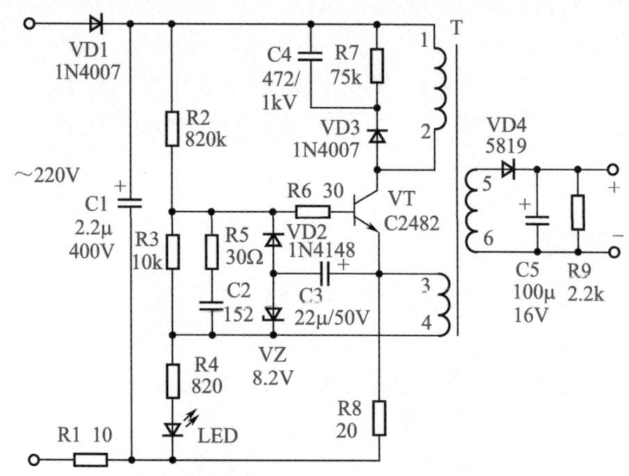

图 7-20 开关变压器应用电路

当 VT 饱和时，由于集电极电流保持不变，T 的一次绕组上的电压消失，VT 退出饱和，集电极电流减小，反馈绕组产生反向电压，使 VT 反偏截止。如此反复饱和、截止形成自激振荡。LED 用来指示工作状态。

接在 T 一次绕组上的 VD3、R7、C4 为浪涌电压吸收回路，可避免 VT 被高压击穿。

T 的二次侧产生高频脉冲电压经 VD4 整流、C5 滤波（R9 为负载电阻）后输出直流电压为电池充电。

变压器在其他控制电路中的应用可扫二维码学习。

变压器的应用

二极管的检测与应用

第一节 认识普通二极管

一、二极管的分类

二极管的种类很多，具体分类如图 8-1 所示。

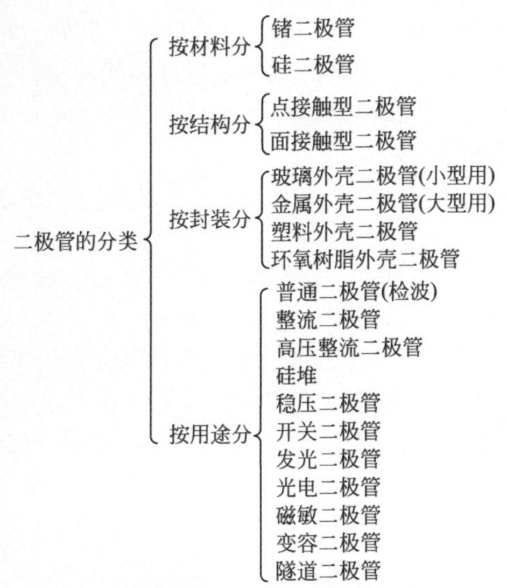

图 8-1 二极管的分类

二、二极管的外形、结构、特性与主要参数

（1）二极管的外形、结构与特性

① 二极管的外形及结构。二极管的文字符号为“VD”，常用二极管的外形、结构及图形符号如图 8-2（a）、（b）所示。

② 二极管的特性。二极管具有单向导电特性，只允许电流从正极流向负极，而不允许电流从负极流向正极，如图 8-2（c）所示。

锗二极管和硅二极管在正向导通时具有不同的正向管压降。由图 8-2（d）、（e）可知，当硅、锗二极管所加正向电压大于正向管压降时，二极管导通。锗二极管的正向管压降约为 0.3V。

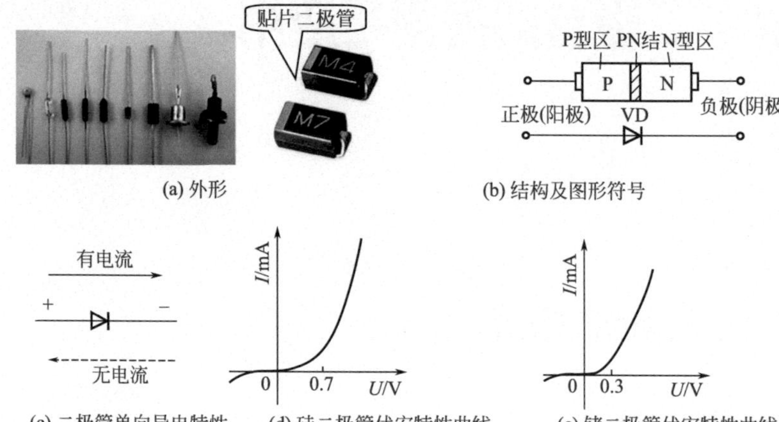

(a) 外形　(b) 结构及图形符号

(c) 二极管单向导电特性　(d) 硅二极管伏安特性曲线　(e) 锗二极管伏安特性曲线

图 8-2 二极管的外形、结构、图形符号、导电特性及伏安特性曲线

硅二极管正向电压大于 0.7V 时，硅二极管导通。另外，在相同的温度下，硅二极管的反向漏电流比锗二极管小得多。从伏安特性曲线可见，二极管的电压与电流为非线性关系，因此二极管是非线性半导体器件。

（2）二极管的主要参数

① 最大整流电流 I_{FM}：指允许正向通过 PN 结的最大平均电流。使用中实际工作电流应小于 I_{FM}，否则将损坏二极管。

② 最大反向电压 U_{RM}：指加在二极管两端而不致引起 PN 结击穿的最大反向电压。使用中应选用 U_{RM} 大于实际工作电压 2 倍以上的二极管。

③ 反向电流 I_{CO}：指加在二极管上规定的反向电压作用下，通过二极管的电流。硅管反向电流为 1μA 或更小，锗管反向电流为几百微安。使用中反向电流越小越好。

④ 最高工作频率 f_M：指保证二极管良好工作特性的最高频率。最高工作频率至少应 2 倍于电路实际工作频率。

第二节　普通二极管的检测

一、二极管极性的识别

（1）直观判断法　二极管极性可以封装进行识别，如图 8-3 所示。

有的将电路符号印在二极管上标示出极性；有的在二极管负极一端印上一道色环作为负极标记；有的二极管两端形状不同，平头为正极、圆头为负极。

（2）万用表判断法　可用万用表进行二极管的引脚识别和检测。

万用表置于 R×1k 挡，两表笔分别接到二极管的两端，如果测得的电阻值较小，则为二极管的正向电阻。这时与黑表笔（即表内电池正极）相连的是二极管正极，与红表笔（即表内电池负极）相连的是二极管负极（图 8-4 和图 8-5）。

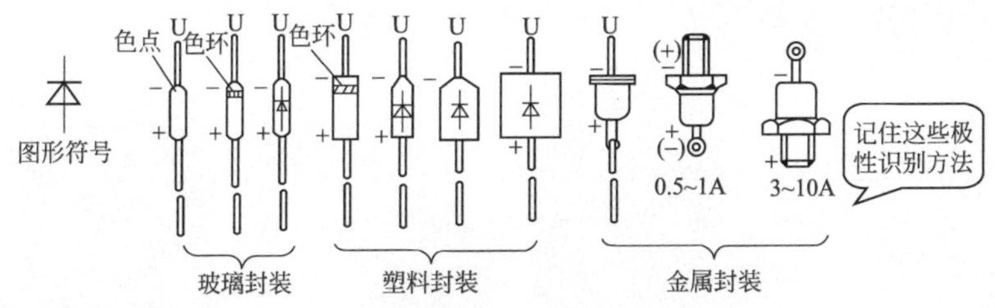

图 8-3 从封装识别极性

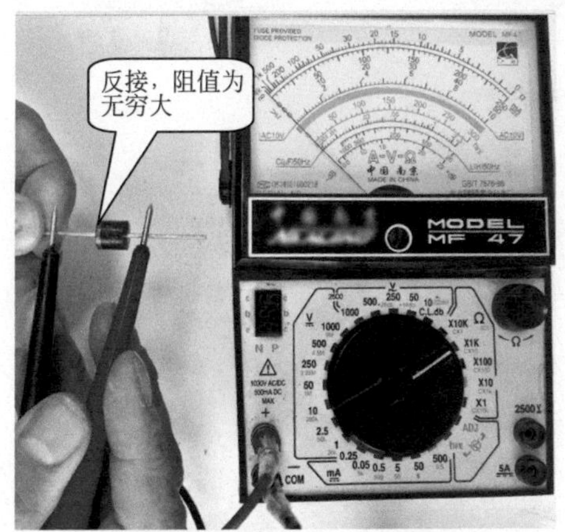

图 8-4 测量二极管反向电阻

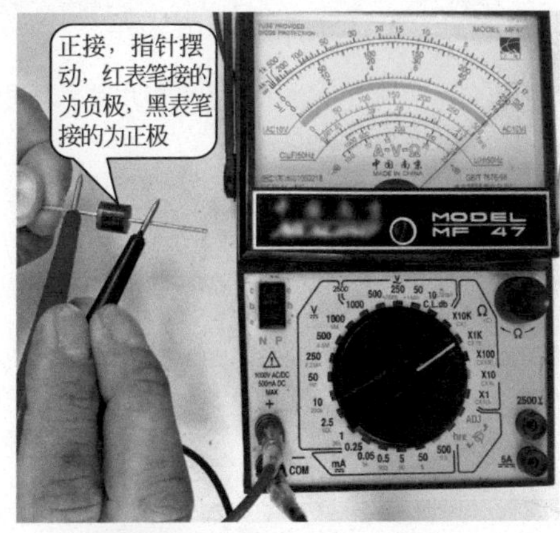

图 8-5 测量二极管的正向电阻

测得的电阻值很大，则为二极管的反向电阻，这时与黑表笔相接的是二极管负极，与红表笔相接的是二极管正极。二极管的正、反向电阻应相差很大，且反向电阻接近于无穷大。如果某二极管正、反向电阻均为无穷大，说明该二极管内部断路损坏；如果正、反向电阻均为 0，说明该二极管已被击穿短路；如果正、反向电阻相差不大，说明该二极管质量太差，不宜使用。

采用数字万用表测量二极管时，先应采用二极管挡，将红表笔接二极管的正极，黑表笔接二极管的负极，所测的数值为二极管的正向导通压降值；调换表笔后就可以测量二极管的反向导通压降，一般为无穷大。采用数字万用表检测二极管也有非在路检测和在路检测两种方法，但无论采用哪种检测方法，都应将万用表置于二极管挡。

非在路检测普通二极管时，将数字万用表置于二极管挡，红表笔接二极管的正极，黑表笔接二极管的负极，此时屏幕显示的是导通压降值“.834”，如图 8-6 所示；调换表笔后，导通压降值为无穷大（大部数字万用表显示“1.”，少部分显示“OL”），若测试时数值相差较大，则说明被测二极管损坏。

二、硅二极管与锗二极管的判别

由于锗二极管和硅二极管的正向管压降不同，因此可以用测量二极管正向电阻的方法来区分。用数字万用表的二极管挡测量时，可直接显示正向导通电压值。

0.2 ～ 0.3V 时为锗二极管，0.6 ～ 0.8V 时为硅二极管，如图 8-7、图 8-8 所示。

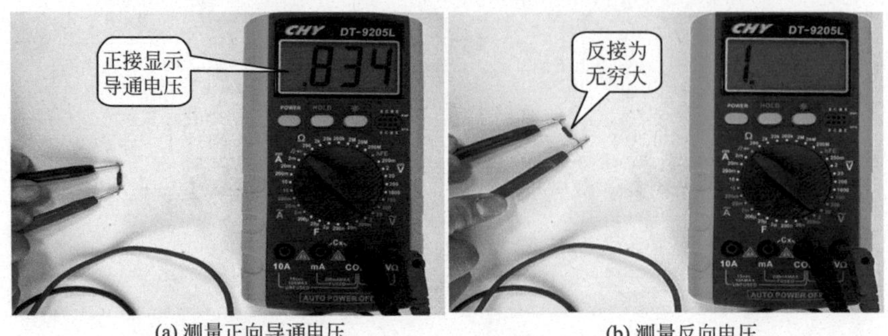

(a) 测量正向导通电压　　(b) 测量反向电压

图 8-6 用数字万用表检测普通二极管示意图

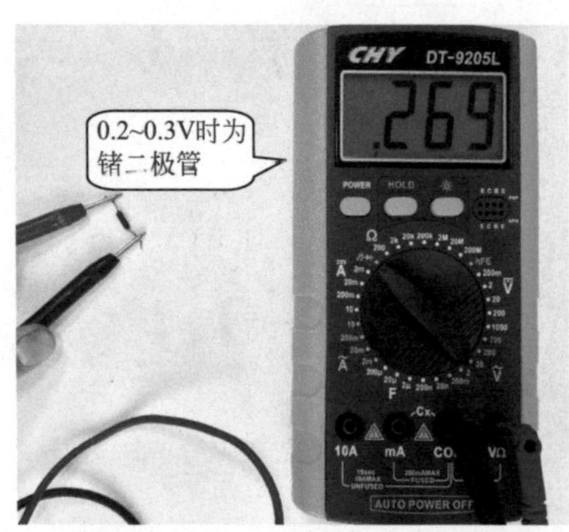

图 8-7 判别锗二极管正向导通电压

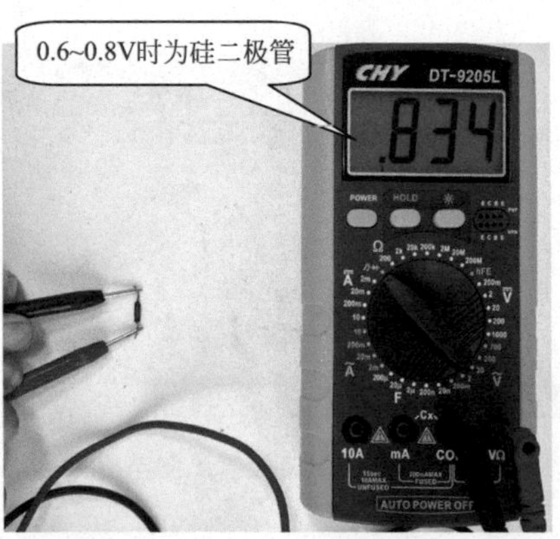

图 8-8 判别硅二极管正向导通电压

三、二极管反向电压的检测

一般低压电路中二极管无法测电压，如需测量可用一高压电源按图 8-9 所示电路连接。调 E_C 值，当电流表 A 指针摆动时，电压表 V 指示的即为二极管反向电压（实际应用中，一般无需测试此值）。

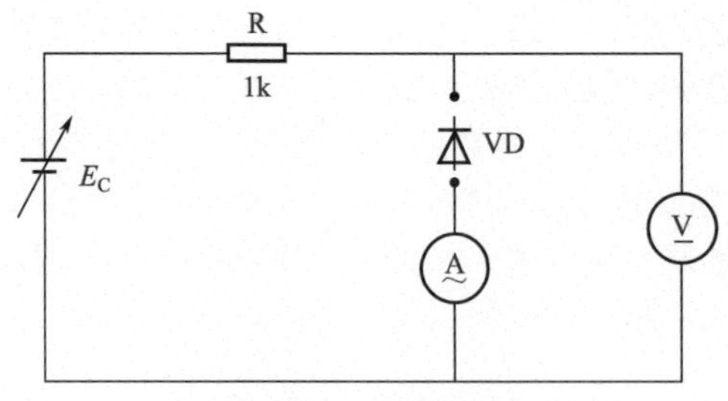

图 8-9 反向电压测量

四、在路检测二极管

在电路中测量二极管最好用数字万用表。利用万用表二极管挡，可以直接显示二极管导通电压，如图 8-10、图 8-11 所示。

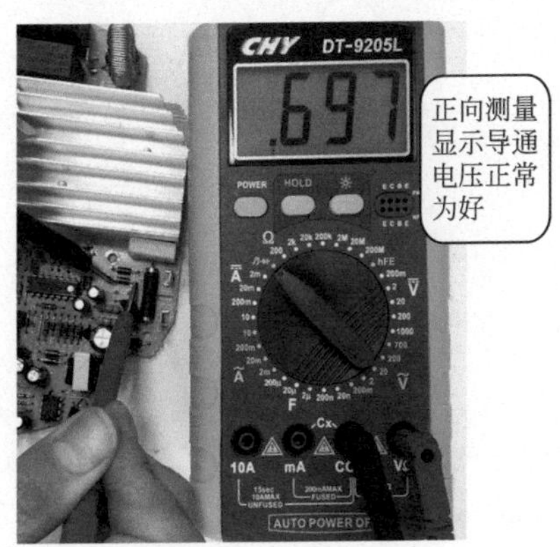

图 8-10　在路测量正向导通电压

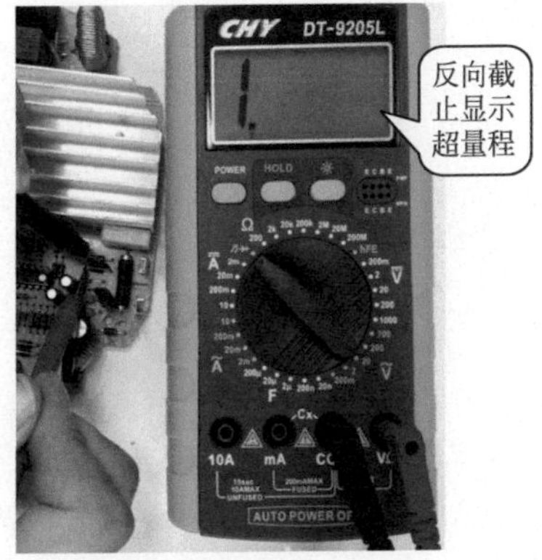

图 8-11　在路测量反向导通电压

第三节　普通二极管的选配、代换与应用

一、二极管的选配与代换

二极管损坏后只能更换。在选配二极管时应注意以下原则。

① 尽可能用同型号二极管更换。

② 无同型号时可以根据二极管所用电路的作用及主要参数要求，选用近似性能的二极管代换。

③ 对于整流管，主要考虑 I_M 和 U_{RM} 两项参数。

④ 不同用途的二极管不宜互代，硅管、锗管之间不宜互代。

二、二极管的应用

（1）用于检波电路　图 8-12 所示为超外差收音机检波电路，第二中放输出的中频调幅波加到二极管 VD 负极，其负半周通过了二极管，而正半周截止，再由 RC 滤波器滤除其中的高频成分，输出的就是调制在载波上的音频信号，这个过程称为检波。

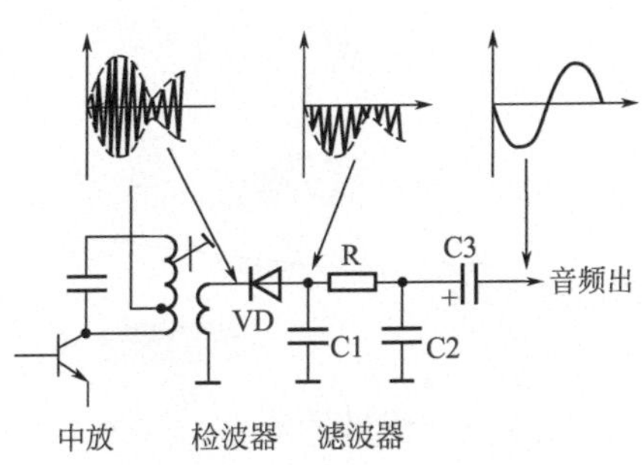

图 8-12　超外差收音机检波电路

检波二极管应选用点接触型二极管。检波二极管结电容小，常用为 2AP 系列。

（2）用于整流电路　它由电源变压器 T、

四只整流二极管（视为理想二极管）和负载 R_L 组成，如图 8-13（a）所示。由于四只二极管接成电桥形式，故将此电路称为桥式整流电路。

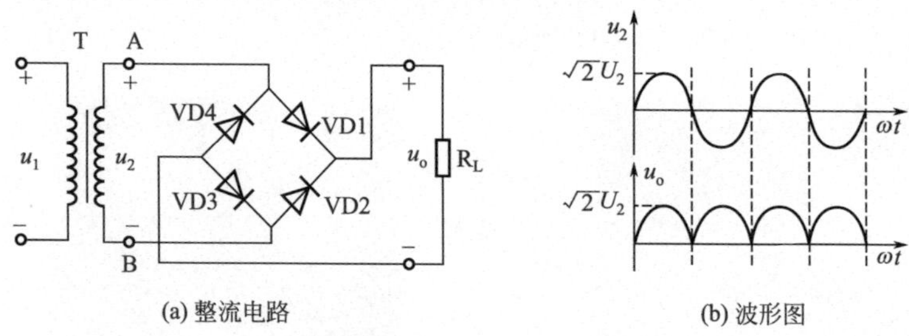

(a) 整流电路　　(b) 波形图

图 8-13　整流电路与波形图

当 u_2 为正半周时，VD1、VD3 导通，VD2、VD4 截止。电流流通的路径为：A → VD1 → R_L（电流方向由上至下）→ VD3 → B → A。

当 u_2 为负半周时，VD2、VD4 导通，VD1、VD3 截止。电流流通的路径为：B → VD2 → R_L（电流方向由上至下）→ VD4 → A → B。

这样，在 u_2 变化的一个周期内，负载 R_L 上得到了一个单方向全波脉动直流电压 u_o，其波形如图 8-13（b）所示。

第四节　二极管整流桥的检测与应用

一、半桥组件的检测与应用

（1）半桥组件的性能特点　半桥组件是将两只整流二极管按规律连接起来并封装在一起的整流器件。半桥组件功能与整流二极管相同，使用起来比较方便，常用型号为 2CQ 系列。图 8-14 所示为几种常见半桥组件的外形及内部结构。

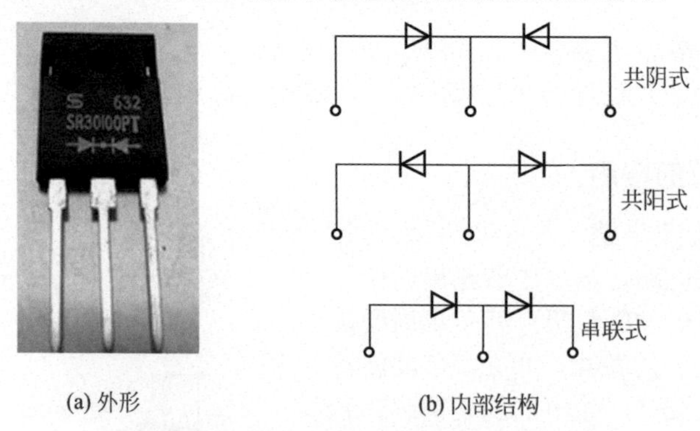

(a) 外形　　(b) 内部结构

图 8-14　常见半桥组件的外形及内部结构

（2）半桥组件的检测　独立式半桥组件测量和普通二极管相同，共阳式组件、共阴式组件及串联式半桥组件的测量方法为：将万用表置于 R×1 或 R×100 挡，红黑

表笔分别任意测量两个引脚之间的正、反向阻值。在测量中如有两个引脚正、反均不通，则为共阴极结构或共阳极结构，不通的两脚为边脚，另一个引脚则为共电极。然后用红表笔接共电极，黑表笔测量两边脚，如阻值较小，则为共阴极结构；如果黑表笔接共电极，红表笔测量两边脚，测得阻值较小，则为共阴极结构。如在测量中各引脚之间均有一次通，并且有一次阻值非常大（约相当于两只管的正向电阻值），说明此时表笔所接的为串联式半桥组件，且黑表笔所接的为正极，红表笔所接的为负极，剩下的一个为中间脚。找到各电极后，再按测量普通二极管方法检测各二极管的正、反向阻值，如不符合单向导电特性则说明半桥组件已损坏。

（3）半桥组件的应用　共阴极、共阳极组合可单独用于全波整流电路，又可两个组合为全桥用于整流电路，如图 8-15（a）所示。串联式半桥组件不可单独应用，需两只同型号组合才能应用于整流电路，如图 8-15（b）所示。

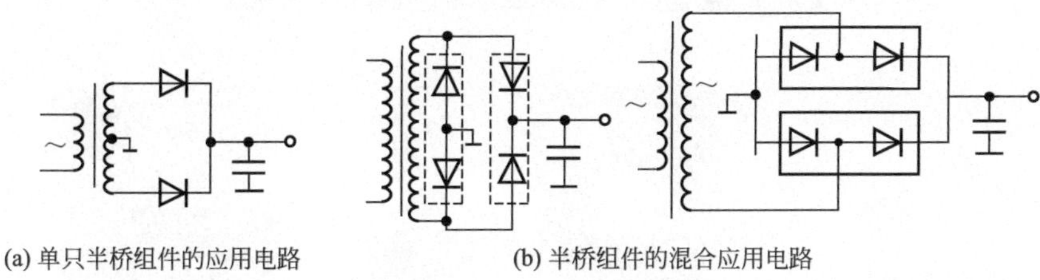

(a) 单只半桥组件的应用电路　　(b) 半桥组件的混合应用电路

图 8-15　半桥组件应用电路

二、全桥组件的检测与应用

（1）全桥组件的结构、特点　全桥组件是四只整流二极管按一定规律连接的组合器件，具有 2 个交流输入端（~）和直流正（+）、负（–）极输出端，有多种外形及多种电压、电流、功率等规格。全桥组件的结构、图形符号及应用电路如图 8-16 所示。全桥组件的文字符号为“UR”。

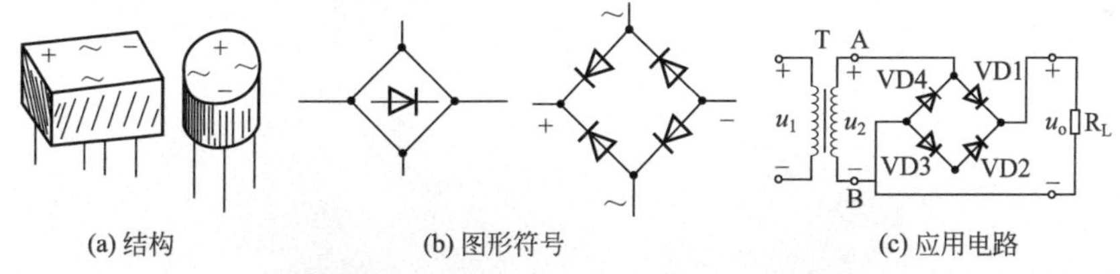

(a) 结构　　(b) 图形符号　　(c) 应用电路

图 8-16　全桥的结构、图形符号及应用电路

（2）全桥组件的检测　只要检测内部四只二极管的正向导通电压即可，反向均为无穷大，如图 8-17 和图 8-18 所示。测量中，某次无导通电压，说明二极管损坏。

若测量直流输出端电压为 1V 以上，显示为两只管串联电压，反向为无穷大，如图 8-19 所示。

三、全桥、半桥组件的修理

经过检测，如果确认全桥、半桥组件中某只二极管的 PN 结烧断损坏，可采用下述方法处理。

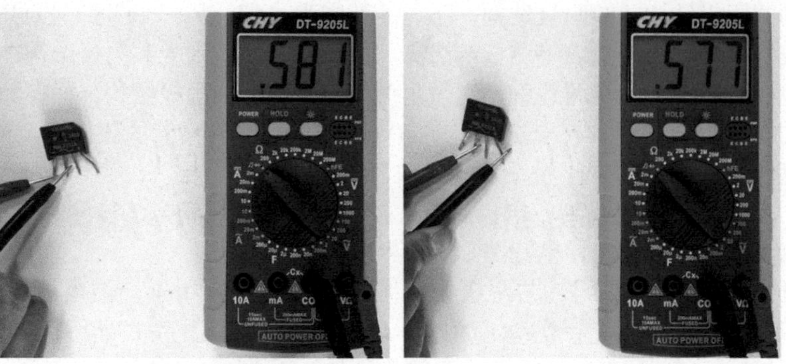

图 8-17 测量交流输入脚 1 与直流输出导通电压

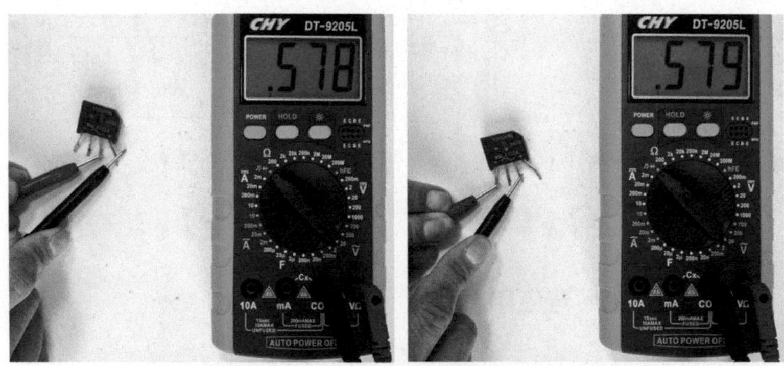

图 8-18 测量交流输入脚 2 与直流输出导通电压

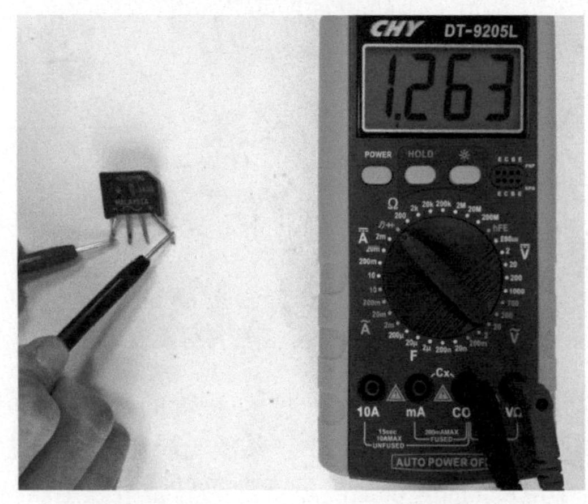

图 8-19 判别直流输出端导通电压

（1）外接二极管法　全桥、半桥组件中的二极管断路损坏，可在全桥、半桥组件的外部脚间跨接一只二极管将其修复。要求所接二极管的耐压、最大整流电流与

全桥组件的耐压、整流电流相一致，且正、反向电阻值尽可能与全桥组件其余几只完好的二极管一样，同时注意极性不能接反，如图 8-20 所示。

（2）电路利用法　如果全桥组件中一组串联组完好，可用于半桥式全波整流电路中。

四、高压硅堆的检测与修理

（1）高压硅堆的结构与作用　高压硅堆（又称超高压整流管）是由若干只硅高频高压二极管管芯串联组成的，如图 8-21 所示。用高频陶瓷封装，反向峰值取决于串联管芯的个数与每个管芯的反向峰值电压；高压硅堆可以用作高压整流，如电视机行输出高压整流电路。

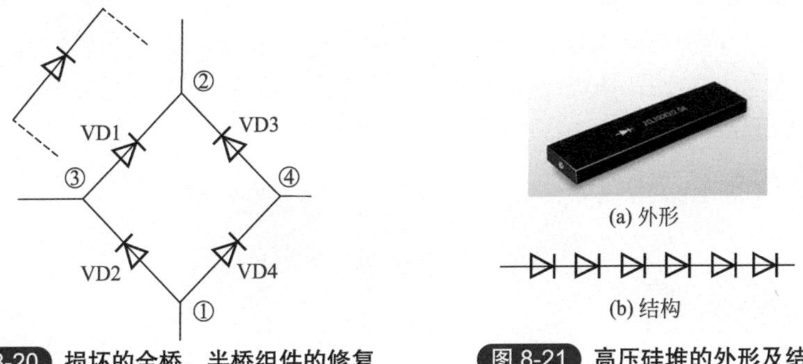

图 8-20　损坏的全桥、半桥组件的修复

图 8-21　高压硅堆的外形及结构

（2）高压硅堆的检测

① 用万用表检测。可采用万用表 R×10 挡检测时（表内电池应为 15V），若测得正向电阻为几百千欧，反向电阻为无穷大，说明高压硅堆正常。若测得的两次阻值（正、反向）均为无穷大，说明高压硅堆开路；若两次阻值均很小，说明高压硅堆击穿（图 8-22）。

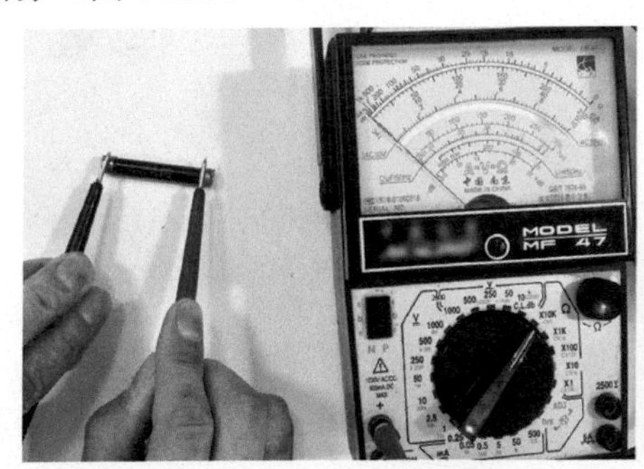

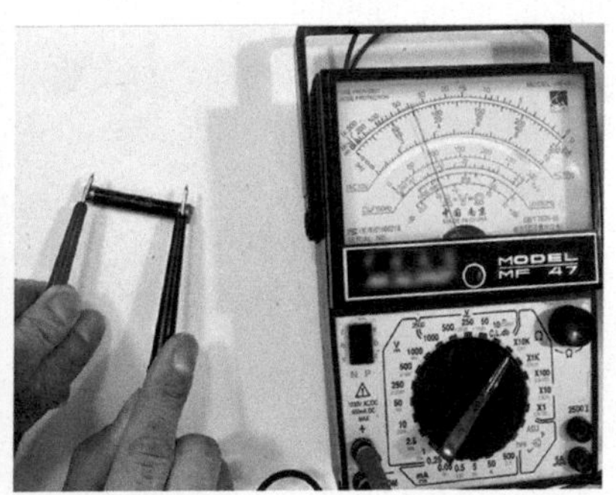

图 8-22　判别高压硅堆的正、反电阻

② 高压硅堆的修理。高压硅堆损坏后，首先用烧热的电烙铁焊开硅柱帽与硅柱内引线之间的焊点，并取下金属帽；然后把另一端的金属帽从瓷筒中退出，硅粒子也随之抽出。用万用表电阻挡检测出未损坏的硅粒子备用。再测量另外一只已坏硅堆中的各管，从中找出一个完好的硅粒子或找出一只高反压二极管。将两个完好的硅粒子

顺向串联焊接好后重新装入瓷筒内。为了防止硅粒子在瓷筒内打火，可将一些凡士林填进瓷筒内。最后按与拆卸时相反的顺序重新将引线与金属帽安装、焊接牢靠，即可上机使用。

③ 高压硅堆的代换。代换高压硅堆时，需要注意的是反向电压。应用同规格或高耐压硅堆代换。

第五节 稳压二极管的检测与应用

一、认识稳压二极管

（1）稳压二极管的外形与图形符号 稳压二极管实质上是一种特殊二极管，利用反向击穿特性实现稳压，所以又称为齐纳二极管。

图 8-23 所示是常用稳压二极管的外形及图形符号。

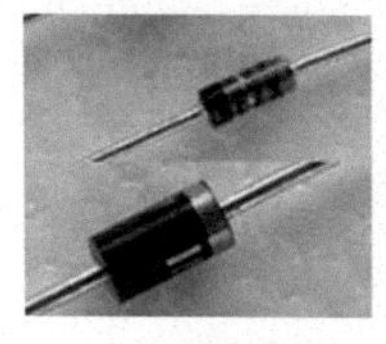

(a) 外形

(b) 图形符号

图 8-23 常用稳压二极管的外形及图形符号

由图 8-24 的伏安特性曲线可知，稳压二极管是利用 PN 结反向击穿后，其端电压在一定范围内基本保持不变的原理实现稳压的。只要使反向电流不超过最大工作电流 I_{ZM}，则稳压二极管不会损坏。

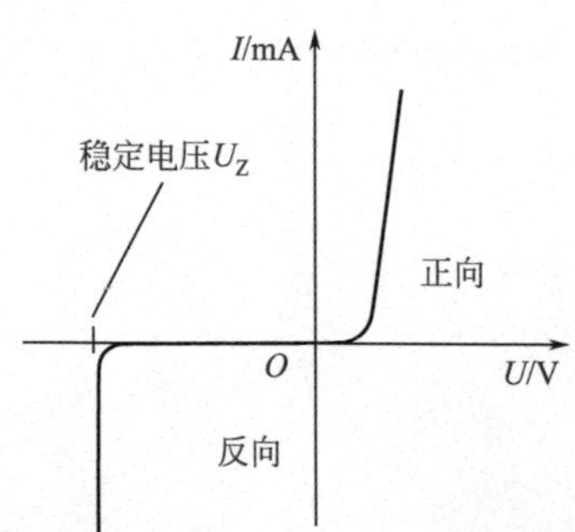

图 8-24 稳压二极管的伏安特性曲线

（2）稳压二极管的主要参数

① 稳定电压 U_Z：指正常工作时，稳压二极管两端保持不变的电压值。不同型号有不同稳压值。

② 稳定电流 I_Z：指稳压范围内的正常工作电流。

③ 最大稳定电流 I_M：指允许长期通过稳压二极管的最大电流。实际工作电流应小于 I_M 值，否则易烧坏稳压二极管。

④ 最大允许耗散功率 P_M：指反向电流通过稳压二极管时，稳压二极管本身消耗功率最大允许值。

二、稳压二极管的检测

（1）好坏判别　通过测量稳压二极管的正、反向电阻，以判别稳压二极管好坏，如图 8-25、图 8-26 所示。

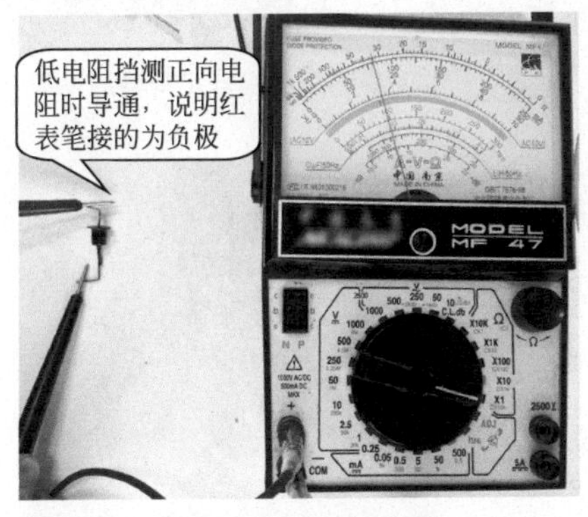

图 8-25　低阻挡判别稳压二极管正向电阻

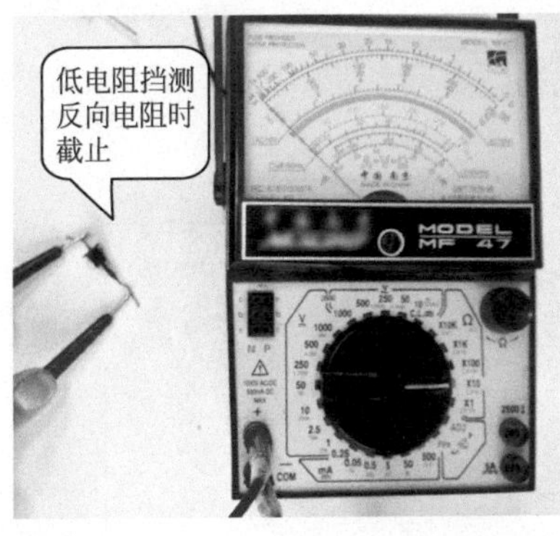

图 8-26　低阻挡判别稳压二极管反向电阻

（2）直接识读稳压值　在一些小型稳压二极管中，一般其表面所标的数字就是稳压值，单位为伏［特］（V）。例如 7V5，表示稳压值为 7.5V。但是多数稳压二极管不能用此法，如型号 2CW55 表示稳压值为 8V 左右，此类稳压二极管参数需要查晶体管参数手册。

（3）用万用表测量稳压值　稳压值在 15V 以下的稳压二极管，可以用万用表 R×10k 挡（内含 15V 高压电池）测量其稳压值。读数时刻度线最左端为 15V，最右端为 0。也可用万用表 50V（某些表可用 10V）挡刻度线来读数，并代入以下公式求出：稳压值为（50–X）/50×15V，式中 X 为 50V 挡刻度线上的读数。该方法可以准确判断 15V 以下稳压二极管的稳压值（图 8-27）。

用数字万用表只能测出稳压二极管的正向导通电压，不能测出稳压值，如图 8-28 所示。

若要测出稳压二极管稳压值，可利用外加电压法进行判别。

如图 8-29 所示，改变 RP 中点位置，开始时 VZ 有变化；当 VZ 无变化时，指示的电压值即为稳压二极管稳压值。由于 R1、R2 串联在交流电路中，不会有电击危险，电源也可以用“MΩ”表代用。

三、稳压二极管的代换与应用

稳压二极管损坏后很难修理，只能代换。可用同型号或稳压值相同的其他型号稳压二极管代换，也可用普通二极管串联正向导通电压方法代用。

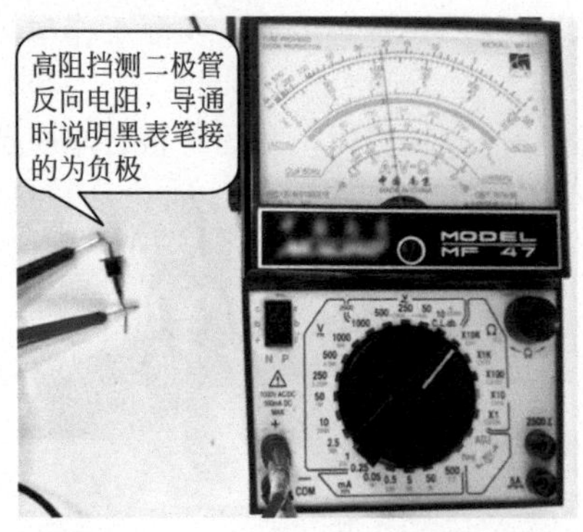

图 8-27 高阻挡判别稳压二极管反向电阻

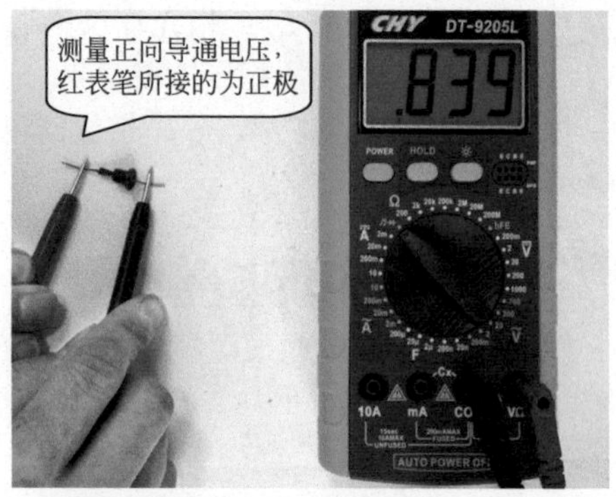

图 8-28 测量稳压二极管正向导通电压

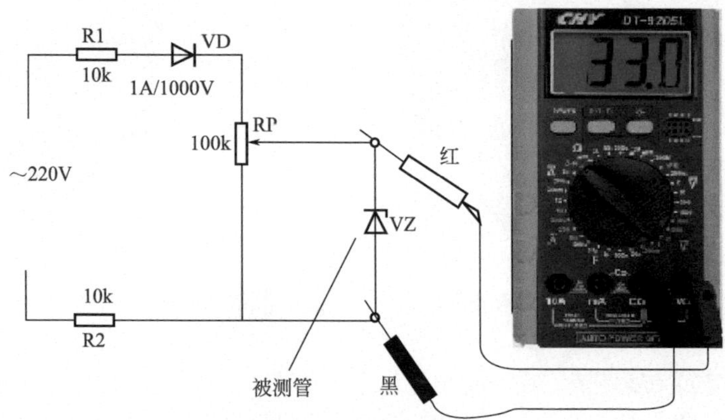

图 8-29 外加电压判断稳压值

稳压二极管的作用是稳压。图 8-30 为稳压电路，当输入电压变化时，由于稳压二极管的存在，流过电阻器 R 的电流大小变化，稳压二极管 VZ 上的电压不变，输出不变，达到稳压的目的。

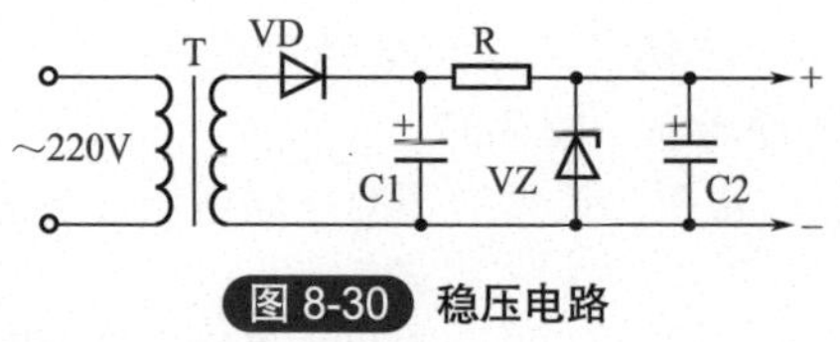

图 8-30 稳压电路

第六节 发光二极管的检测与应用

一、认识发光二极管

常见的发光二极管有塑封 LED、金属外壳 LED、圆形 LED、方形 LED、异形

LED、变色 LED 以及 LED 数码管等，如图 8-31 所示。

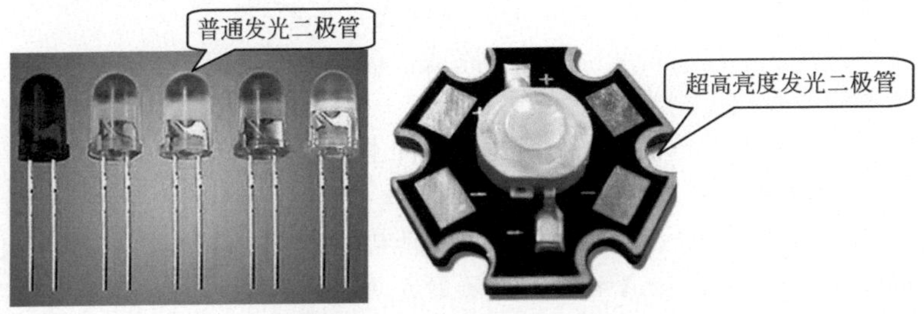

图 8-31　常见的发光二极管的外形

（1）认识普通发光二极管

① 单色发光二极管的结构、性能。单色发光二极管（LED）是一种电致发光的半导体器件，其内部结构及图形符号如图 8-32 所示。它与普通二极管一样具有单向导电特性，即将发光二极管正向接入电路时才导通发光，而反向接入电路时则截止不发光。发光二极管与普通二极管的根本区别是，前者能将电能转换成光能，且管压降比普通二极管要大。

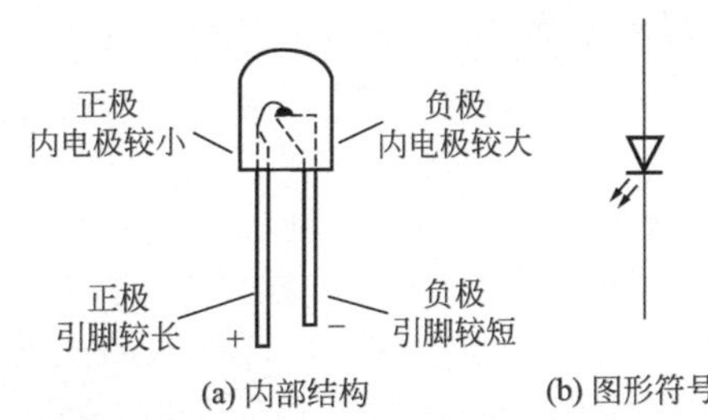

图 8-32　单色发光二极管的内部结构及图形符号

单色发光二极管的材料不同，可产生不同颜色的光。表 8-1 列出了波长与颜色的对应关系。

表 8-1　波长与颜色的对应关系

发光波长 /A	发光颜色	发光波长 /A	发光颜色
3300 ~ 4300	紫	5700 ~ 5900	黄
4300 ~ 4600	蓝	5900 ~ 6500	橙
4600 ~ 4900	青	6500 ~ 7600	红
4900 ~ 5700	绿		

② 单色发光二极管的主要参数与特点。单色发光二极管的主要参数有最大电流 I_{FM} 和最大反向电压 U_{RM}。使用中不得超过该两项数值，否则会使发光二极管损坏。

单色发光二极管的特点如下。

a. 能在低电压下工作，适用于低压小型电路。例如，常用的红色发光二极管的正向工作电压 U_F 的典型值为 2V，绿色发光二极管的正向工作电压 U_F 的典型值为 2.3V。

b. 有较小的电流即可得到高亮度，随电流的增大，则亮度趋于增强。亮度可根据工作电流大小在较大范围内变化，但发光波长几乎不变。

c. 所需驱功显示电路简单，用集成电路或三极管均可直接驱动。

d. 发光响应速度快，约为“10^{-7}s 或 10^{-8}s”。

e. 体积小，可靠性高，功耗低，耐振动和冲击性能好。

③ 使用注意事项。首先应防止过电流使用，为防止电源电压波动引起过电流而损坏发光二极管，使用时应在电路中串接保护电阻 R。发光二极管的工作电流 I_F 决定着发光亮度，一般当 I_F=1mA 时发光。随着 I_F 增加，发光二极管亮度不断增大，发光二极管极限 I_{FM} 一般为 20~30mA，超过此值将导致发光二极管烧毁，所以工作电流 I_F 应选在 5~20mA 范围内较为合适。一般选 10mA 左右，限流电阻值选择为 R=（V_{CC}–U_F）/I_F（其中 U_F 为发光二极管起始电压，一般为 2V；I_F 为工作电流，一般选 10mA）。其次焊接速度要快，焊接温度不能过高。焊接点要远离发光二极管的树脂根部，且勿使发光二极管受力。

（2）认识超高亮度发光二极管 普通发光二极管的发光强度从几毫坎到几十毫坎，超高亮度发光二极管的发光强度从几百毫坎到上千毫坎甚至可达上万毫坎。超高亮度发光二极管可用于内部或外部的照明以及制作户外大型显示屏（车站广场或运动场）、仪器面板指示灯、汽车高置刹车灯（由于亮度大，可视距离远，可增加行车安全性）、交通信号灯及交通标志（如红绿灯、高速公路交通标志等）、广告牌及指示牌、公交车站报站牌等。

新型超高亮度发光二极管常用的型号为 TLC-58 系列，封装尺寸与一般 ϕ5 LED 基本相同，长引脚为阳极，短引脚为阴极。该系列有四种发光颜色，分别为红、黄、纯绿和蓝，其型号依次为 TLCR58、TLCY58、TLCTG58 及 TLCB58。该系列是 ϕ5、无漫射透明树脂封装。关键技术是在 GaAs 上加入 AlInGaP（红色及黄色发光二极管）及在 SiC 上加入 InGaN（纯绿色及蓝色发光二极管）。非常小的发射角 ±4° 提供了超高亮度。另外，它能抗静电放电：材料 AlInGaP 为 2kV，材料 InGaN 为 1kV。

TLCR58 及 TLCY58 的主要极限参数：反向电压 U_R=5V；正向电流 I_F=50mA（T_{amb} ≤ 85℃）；正向浪涌电流 I_{FSM}=1A（t_P ≤ 10μs）；功耗 P_V=135mW（T_{amb} ≤ 85℃）；结温为 125℃；工作温度范围为 –40~+100℃。

TLCTG58 及 TLCB58 的主要极限参数：反向电压 U_R=5V；正向电流 I_F=30mA（T_{amb} ≤ 60℃）；正向浪涌电流 I_{FSM}=0.1A（t_P ≤ 10μs）；功耗 P_V=135mW（T_{amb} ≤ 60℃）；结温为 100℃；工作温度范围为 –40~+100℃。

发光二极管的允许最大功耗 P_V 与环境温度有关，发光二极管的允许正向电流 I_F 也与环境温度有关。例如，红色发光二极管在 T ≤ 85℃时允许的最大功耗为 135mW，而在 100℃时则减小到 80mW；在 T ≤ 85℃时其正向电流可达 50mA，但在 100℃时减为 30mA。

需要注意的是，一般发光二极管的工作电流为 2/3 最大工作电流，即红色、黄色发光二极管的工作电流在 15~35mA 之间，而纯绿色、蓝色发光二极管的工作电流在 15~20mA 之间。

为了安全工作，在发光二极管电路中必须串联限流电阻器 R，限流电阻器阻值

同样可按 $R=(V_{CC}-U_F\times n)/I_F$ 计算。式中，V_{CC} 为电源电压；U_F 为发光二极管的正向电压（对红色、黄色发光二极管，U_F 取 2.1V；对纯绿色、蓝色发光二极管，U_F 取 3.9V）；n 为串联的发光二极管数量；I_F 为发光二极管的正向电流，一般取 10~20mA。

例如，V_{CC}=12V，串联 5 只红色发光二极管，I_F=15mA，限流电阻器阻值 R=（12V− 2.1V×5）/15mA=100Ω，可取 R=100Ω。计算时如有小数应取整数或近似值。

二、发光二极管的检测

（1）判定正、负极及其好坏　发光二极管的管体一般都是用透明塑料制成的。从侧面仔细观察可发现两条引出线在管体内的形状，较短的引出线便是正极，较长的引出线则是负极。

（2）用指针万用表检测　必须使用万用表 R×10k 挡。因为发光二极管的管压降为 2V 左右，高亮度发光二极管的高达 6~7V，而万用表 R×1k 挡及其以下各电阻挡表内电池仅为 1.5V，低于管压降，不管正、反向接入，发光二极管都不可能导通，也就无法检测。

检测时，万用表黑表笔（表内电池正极）接发光二极管正极，红表笔（表内电池负极）接发光二极管负极，测其正向电阻。指针应偏转过半，同时发光二极管中有一发亮光点，对调两表笔后测其反向电阻，应为无穷大，发光二极管不发光。如果正向接入或反向接入，指针都偏转到头或不动，则说明该发光二极管已损坏（图 8-33）。

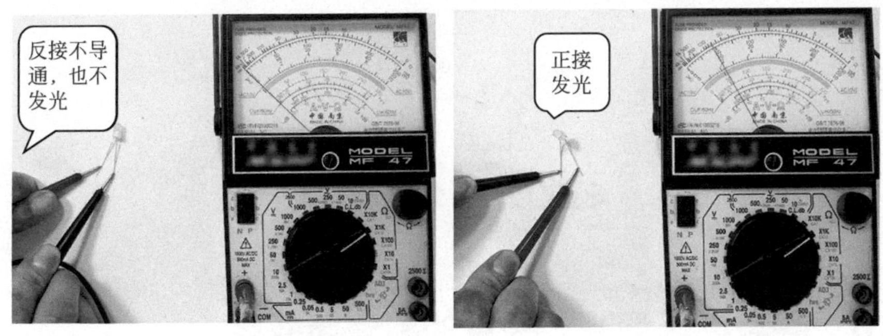

图 8-33　测量发光二极管正反向电阻

（3）用数字万用表检测　检测时，万用表红表笔（表内电池正极）接发光二极管正极，黑表笔（表内电池负极）接发光二极管负极，同时发光二极管中有一发亮光点，对调两表笔后测其反向电阻，应为无穷大，发光二极管不发光。如果正向接入或反向接入都不发光，则说明该发光二极管已损坏，如图 8-34 所示。

三、发光二极管的修复与应用

（1）发光二极管修复　实践证明，有些发光二极管损坏后是可以修复的。具体方法是：用导线通过限流电阻器将待修的无光或光暗的发光二极管接到电源上，左手持尖嘴钳夹住发光二极管正极引脚的中部，右手持烧热的电烙铁在发光二极管正极引脚的根部加热，待引脚根部的塑料开始软化时，右手稍用力把引脚往内压，并注意观察效果：对于不亮的发光二极管，可以看到开始发光。适当控制电烙铁加热时间及对发光二极管引脚所施加力，可以使发光二极管的发光强度恢复到接近同类正品管的水平。如仍不能发光，则说明发光二极管损坏。

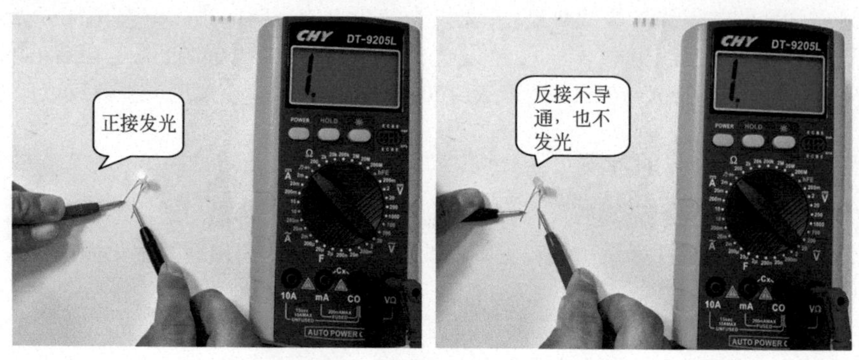

图 8-34 二极管挡检测发光二极管

（2）发光二极管的应用 发光二极管可用于多种电路指示。图 8-35 所示为继电器工作状态指示电路，当系统控制电路输出高电平时，继电器工作，发光二极管不发光；当系统控制电路输出低电平时，继电器不工作，发光二极管发光，指示继电器断开状态。

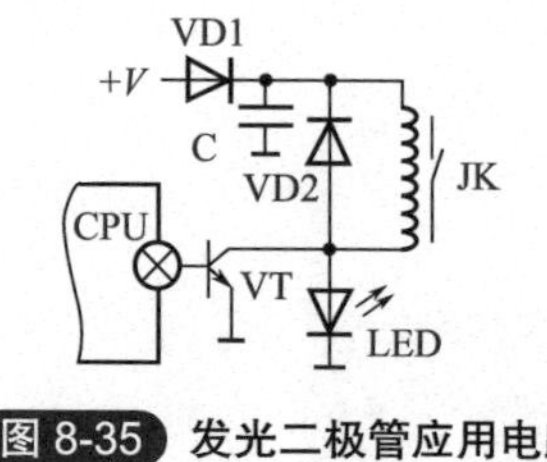

图 8-35 发光二极管应用电路

第七节 瞬态电压抑制二极管的检测与应用

一、认识瞬态电压抑制二极管

瞬态电压抑制二极管（TVS）主要由芯片、引线电极、管体三部分组成，如图 8-36（b）所示。芯片是器件的核心，它是由半导体硅材料扩散而成的，有单极型和双极型两种结构。单极型芯片只有一个 PN 结，广泛应用于各种仪器仪表、家用电器、自动控制系统及防雷装置的过电压保护电路中。

单极型瞬态电压抑制二极管的图形符号及特性曲线如图 8-37（a）所示。双极型有两个 PN 结，其图形符号及特性曲线如图 8-37（b）所示。瞬态电压抑制二极管是利用 PN 结的齐纳击穿特性而工作的，每一个 PN 结都有其自身的反向击穿电压 U_B，在额定电压内电流不导通；而当施加电压高于额定电压时，PN 结则迅速进入击穿状态，有大电流流过 PN 结，电压则被限制在额定电压。双极型芯片从结构上看并不是简单

地由两个背对背的单极型芯片串联而成，而是在同一硅片上的正反两个面上制作两个背对背的 PN 结而成，它可用于双向过电压保护。

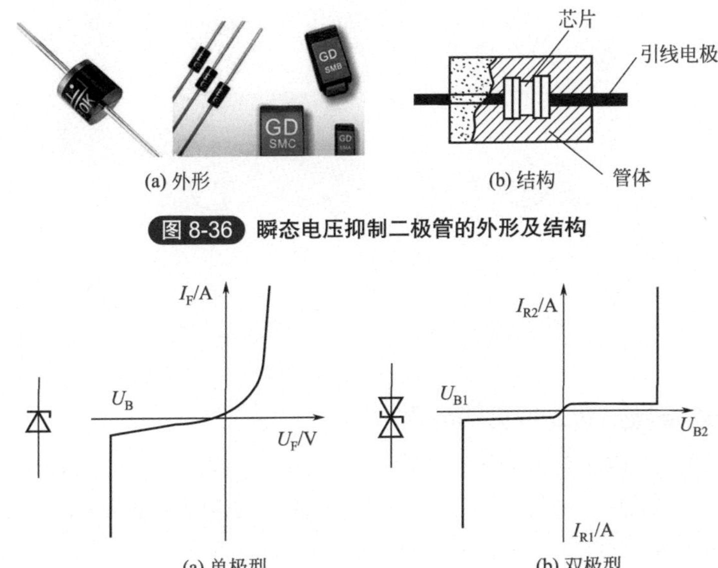

(a) 外形　(b) 结构

图 8-36 瞬态电压抑制二极管的外形及结构

(a) 单极型　(b) 双极型

图 8-37 单极型和双极型瞬态电压抑制二极管的图形符号及特性曲线

二、瞬态电压抑制二极管的检测

（1）数字万用表选用 20M 挡（指针万用表选用 R×10k 挡） 对于单极型 TVS，按照测量普通二极管的方法，可测出其正、反向电阻，一般正向电阻为几千欧左右，反向电阻为无穷大。若测得的正、反向电阻均为零或均为无穷大，则说明单极型 TVS 已经损坏。

对于双极型 TVS，任意调换红黑表笔测量其两引脚间的电阻值均应为无穷大。否则，说明 TVS 性能不良或已经损坏。需要注意的是，用这种方法对于 TVS 内部断极或开路性故障是无法判断的（图 8-38）。

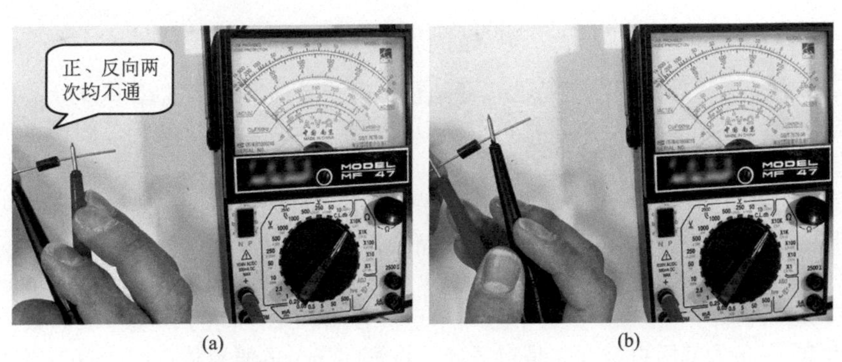

(a)　(b)

图 8-38 测量瞬态电压抑制二极管正、反向电阻

（2）测量反向击穿电压 U_B 和最大反向漏电流 I_R 测试电路如图 8-39 所示。测试的可调电压由兆欧表提供。电压表为直流 500V 电压挡，电流表为直流 mA 电流挡。测试时摇动兆欧表，观察表的读数，V 表指示的即为反向击穿电压 U_B，A 表指示的即为反向漏电流 I_R（A/V 表可用万用表代用）。

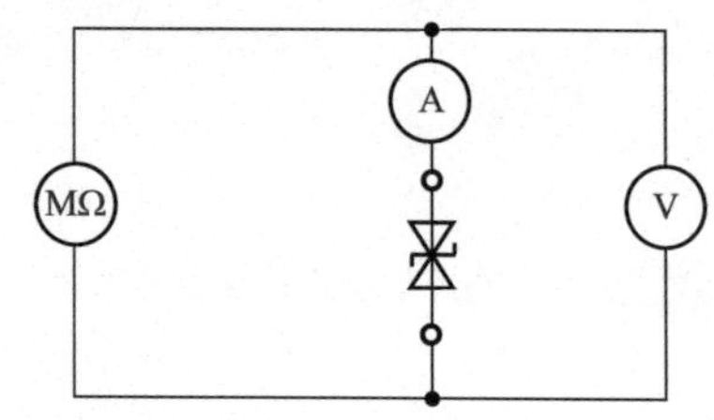

图 8-39 瞬态电压抑制二极管测试电路

三、瞬态电压抑制二极管的应用

图 8-40 所示为彩电整流电路。当市电中有浪涌电压时，TVS 快速击穿，将电压钳位于规定值。如过电压时间较长，则 TVS 击穿，FU 熔断可保护电路。选用时，应注意 TVS 的峰值电压。

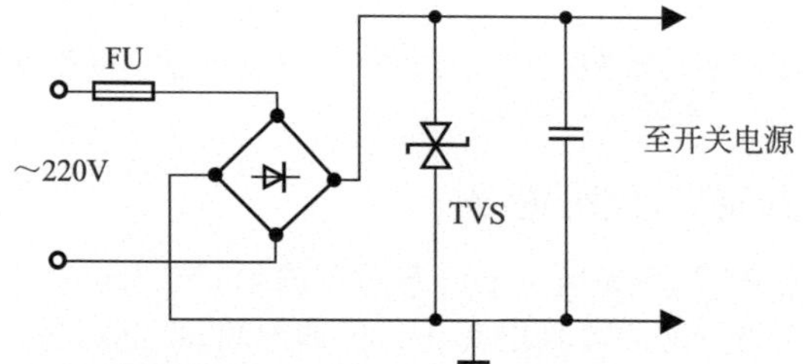

图 8-40 瞬态电压抑制二极管应用电路

第八节 双基极二极管的检测与应用

一、认识双基极二极管

（1）双基极二极管的结构特性 双基极二极管又称单结晶体管（UJT），是一种只有一个 PN 结的三端半导体器件。双基极二极管的外形、内部结构、图形符号及等效电路如图 8-41 所示。

在一块高电阻率的 N 型硅片两端，制作两个欧姆接触电极（接触电阻非常小的纯电阻接触电极），分别称为第一基极 B1 和第二基极 B2。在硅片的另一侧靠近第二基极 B2 处制作一个 PN 结，在 P 型半导体上引出的电极称为发射极 E。为了便于分析双基极二极管的工作特性，通常把两个基极 B1 和 B2 之间的 N 型区域等效为一个纯电阻 R_{BB}，称为基区电阻（它是双基极二极管的一个重要参数，国产双基极二极管的 R_{BB} 在 2~10kΩ 范围内）。R_{BB} 又可看成是 R_{B1} 和 R_{B2} 之和，其中 R_{B1} 为基极 B1 与发

射极 E 之间的电阻，R_{B2} 为基极 B2 与发射极 E 之间的电阻。在正常工作时，R_{B1} 的阻值是随发射极电流 I_E 而变化的，可等效为一只可变电阻器。PN 结相当于一只二极管 VD。

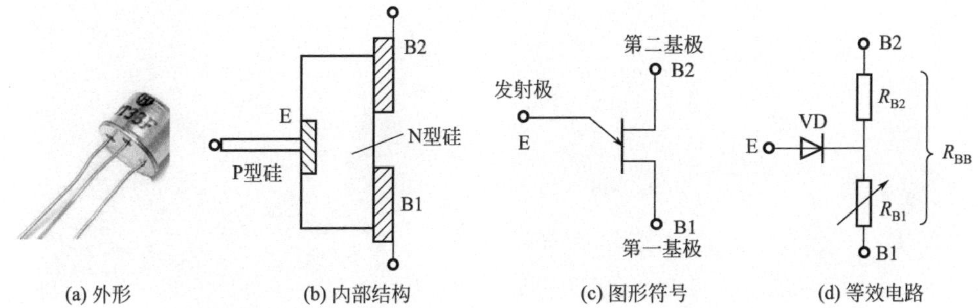

图 8-41　双基极二极管的外形、内部结构、图形符号及等效电路

（2）双基极二极管的主要参数　双基极二极管的最重要两个参数为基极电阻 R_{BB} 和分压比 η。

R_{BB} 是指在发射极开路状态下两个基极之间的电阻，即 $R_{B1}+R_{B2}$，通常 R_{BB} 在 3~10kΩ 之间。

η 是指发射极 E 到基极 B1 之间的电压和基极 B2 到 B1 之间的电压之比，通常 η 在 0.3 ～ 0.85 之间。

二、双基极二极管的检测

常见双基极二极管的电极排列如图 8-42 所示。

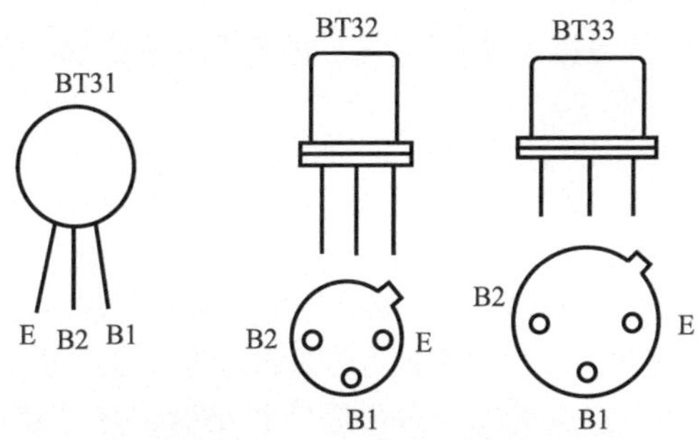

图 8-42　双基极二极管的电极排列

（1）判别基极

① 判别发射极 E：将万用表置于 20k 挡，用两表笔测得任意两个电极间的正、反向电阻值均相等（为 2 ～ 10kΩ）时，这两个电极即为 B1 和 B2，余下的一个电极则为发射极 E，如图 8-43、图 8-44 所示。

② 判别基极 B1 和基极 B2：将万用表置于 20k 挡，将黑表笔接 E 极，用红表笔依次去接触另外两个电极，分别测得两个正向电阻值。由于制作时，第二基极 B2 靠近 PN 结，所以 E 极与 B1 极间的正向电阻值小。两次所测的正向电阻值相差几千欧

到十几千欧。因此，当按上述接法测得的阻值较小时，其红表笔所接的电极即为 B2；测得的阻值较大时，红表笔所接的电极则为 B1，如图 8-45、图 8-46 所示。

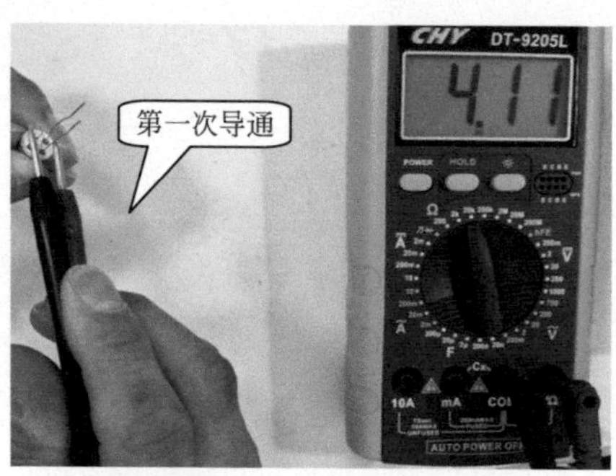

图 8-43 判别发射极 E（一）

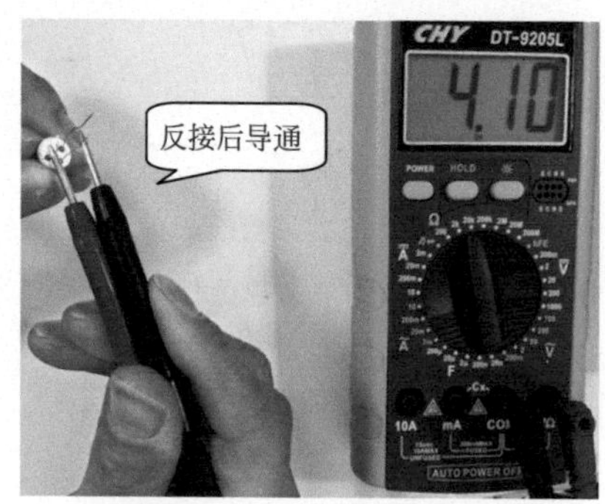

图 8-44 判别发射极 E（二）

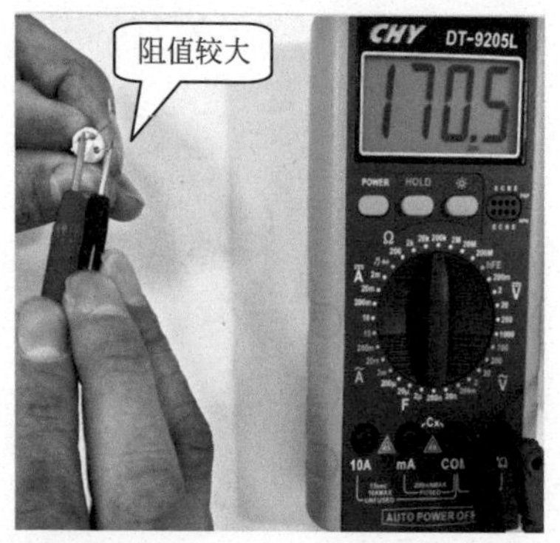

图 8-45 判别基极 B1 和基极 B2（一）

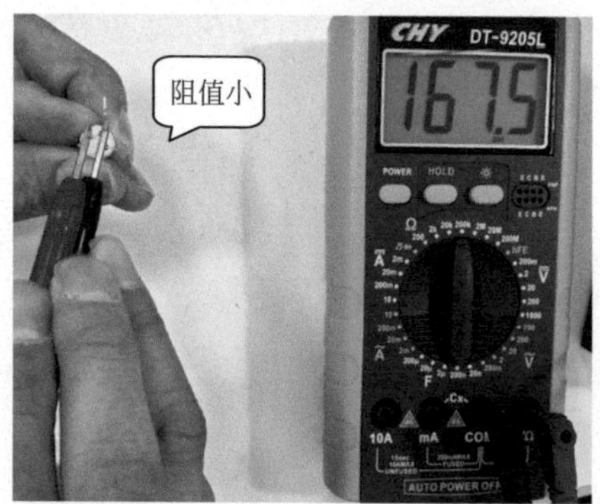

图 8-46 判别基极 B1 和基极 B2（二）

提示：上述判别基极 B1 与 B2 的方法，不是对所有双基极二极管都适合。有个别双基极二极管的 E 与 B1 间的正向电阻值和 E 与 B2 间的正向电阻值相差不大，因此不能准确地判别双基极二极管的两个基极。在实际使用中哪个是 B1，哪个是 B2，并不十分重要。即使 B1、B2 用颠倒了，也不会损坏双基极二极管，只影响输出的脉冲幅度。当发现输出的脉冲较小时，可将原已认定的 B1 和 B2 两电极对调试试，以实际使用效果来判定 B1 和 B2 的正确接法。

（2）好坏的判断 万用表置于 200kΩ 挡。将黑表笔接发射极 E，红表笔接 B1 或 B2 时，所测得的为双基极二极管 PN 结的正向电阻值，正常时阻值应为几千欧至十几千欧，比普通二极管的正向电阻值略大；将红表笔接发射极 E，黑表笔分别接 B1 或 B2，此时测得的为双基极二极管 PN 结的反向电阻值，正常时阻值应为无穷大，如图 8-47、图 8-48 所示。

将红黑表笔分别接 B1 和 B2，测量双基极二极管 B1、B2 间的电阻值应在 2~10kΩ 范围内。阻值过大或过小，则双基极二极管不能使用。

（3）测量负阻特性　在 B1 和 B2 之间外接 10V 直流电源。万用表置于 R×100 或 R×1k 挡，红表笔接 B1，黑表笔接 E，这相当于在 E、B1 之间加有 1.5V 正向电压。正常时，万用表指针应停在无穷大位置不动，表明双基极二极管处于截止状态，因为此时双基极二极管处于峰点 P 以下区段，还远未达到负阻区，I_E 仍为微安级电流。若指针向右偏转，则表明双基极二极管无负阻特性，它相当于一个普通 PN 结的伏安特性，这样的双基极二极管是不宜使用的。

（4）测量分压比 η　根据双基极二极管的内部结构推导出的分压比表达式为

$$\eta=0.5+(R_{EB1}-R_{EB2})/2R_{BB}$$

式中　R_{EB1}——双基极二极管的 E 和 B1 两电极间的正向电阻值，即黑表笔接 E、红表笔接 B1 测得的阻值；

R_{EB2}——双基极二极管的 E 和 B2 两电极间的正向电阻值，即黑表笔接 E、红表笔接 B2 测得的阻值；

R_{BB}——双基极二极管的 B1 与 B2 两电极间的电阻值，即万用表红黑表笔分别任意接 B1 和 B2 测得的阻值。

检测时，用万用表的 R×100 或 R×1k 挡测量出双基极二极管的 R_{EB1}、R_{EB2} 和 R_{BB} 值，代入上式即可计算出分压比 η 值。

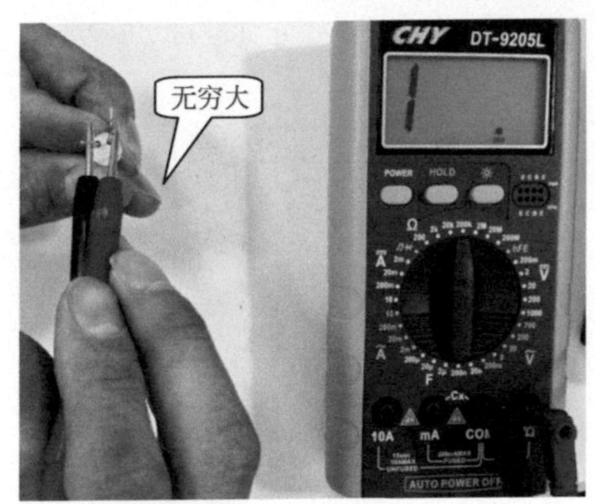

图 8-47　好坏的判断（一）

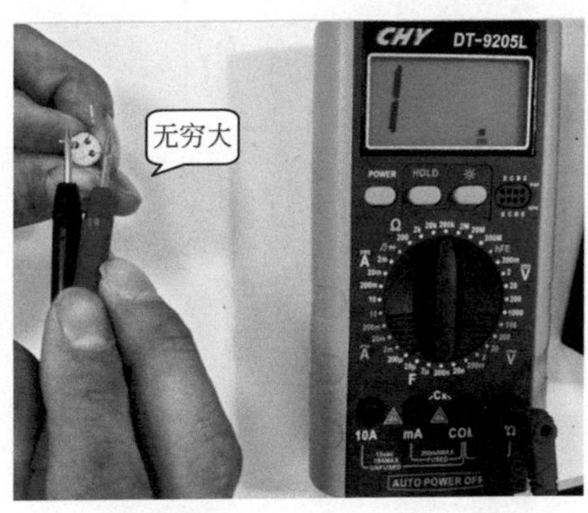

图 8-48　好坏的判断（二）

三、双基极二极管的主要参数、代换与应用

（1）双基极二极管的主要参数　双基极二极管的主要参数如表 8-2 所示。

（2）双基极二极管的代换　双基极二极管损坏后不能修复，可用同型号管代换。

（3）双基极二极管的应用　在图 8-49 所示电路中，双基极二极管 BT33 及外围元件部分构成振荡触发电路（可在各种电路中用作振荡电路）。图 8-49 是利用其产生的触发信号控制晶闸管的导通与截止，完成调光作用。

工作过程：在第一个半周期内，电容器 C 上的充电电压达到 BT33 的峰点电压时，BT33 导通，C 放电，R2 上输出的脉冲电压触发 VS 导通，于是就有电流流过 HL 和 VS。在 VS 正向电压较小时，其自动关断。待下一个周期开始后，C 又充电，重复上述过程。调节 RP 改变电容器 C 充放电速度，从而改变 VS 的导通角，改变负载电压，改变 HL 的亮暗。将 HL 换成电动机，即为调速电路。

表 8-2　双基极二极管的主要参数

型号	分压比 $/\eta$	基极正向电阻 R_{BB}/kΩ	发射极与第一基极反向电流 I_{EB1}/μA	饱和压降 U_{ES}/V	峰点电流 I_P/μA	谷点电流 I_V/mA	谷点电压 U_V/V	调制电流 I_{B2}/mA	总耗散功率 P/mW
BT31A BT31B BT31C BT31D	0.3 ~ 0.55 0.3 ~ 0.55 0.46 ~ 0.75 0.46 ~ 0.75	3 ~ 6 6 ~ 12 3 ~ 6 6 ~ 12	≤ 1	≤ 4	≤ 2	≥ 1.5	≤ 3.5	6 ~ 20	100
BT31A-F 测试条件	U_{BR}=15V	U_{BB}=15V I_E=0	U_{EB1}=60V	I_E=50mA V_{BB}=15V	U_{BB}=15V	U_{BB}=15V	U_{BB}=15V	U_{BB}=15V I_E=50mA	I=10mA
BT32A BT32B BT32C	0.3 ~ 0.55 0.3 ~ 0.55 0.46 ~ 0.75	3 ~ 6 6 ~ 12 3 ~ 6	≤ 1	≤ 4.5	≤ 2	≥ 1.5	≤ 3.5	8 ~ 35	250
BT32A-F 测试条件	U_{BR}=20V	U_{BB}=20 I_E=0V	U_{EB1}=60V	I_E=50mA U_{BB}=20V	U_{BB}=20V	U_{BB}=20V	U_{BB}=20V	U_{BB}=20V I_E=50mA	I_E=20mA
BT33A BT33B BT33C	0.3~0.55 0.3~0.55 0.46~0.75	3 ~ 6 6 ~ 12 3 ~ 6	≤ 1	≤ 5	≤ 2	≥ 1.5	≤ 2	8 ~ 40	400
BT33A-F 测试条件	U_{BR}=20V	U_{BB}=20V I_E=0	U_{EB1}=60V	I_E=50mA U_{BB}=20V	U_{BB}=20V	U_{BB}=20V	U_{BB}=20V	U_{BB}=20V I_E=50mA	I_E=50mA

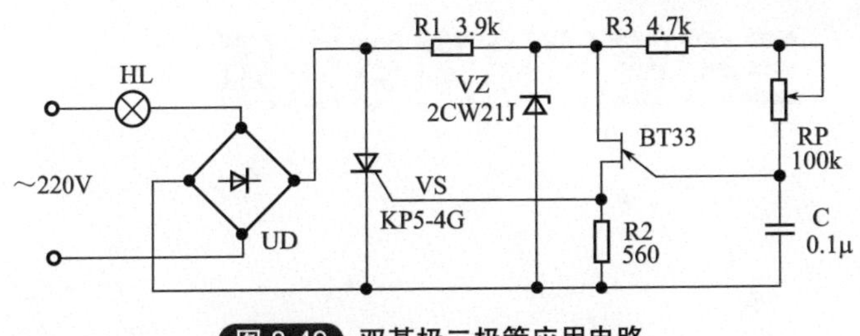

图 8-49　双基极二极管应用电路

三极管的检测与应用

第一节 认识三极管

一、三极管的结构、图形符号与型号命名

三极管又称晶体管。三极管具有三个电极，在电路中三极管主要起电流放大作用，此外三极管还具有振荡或开关等作用。图 9-1 所示为三极管的外形。

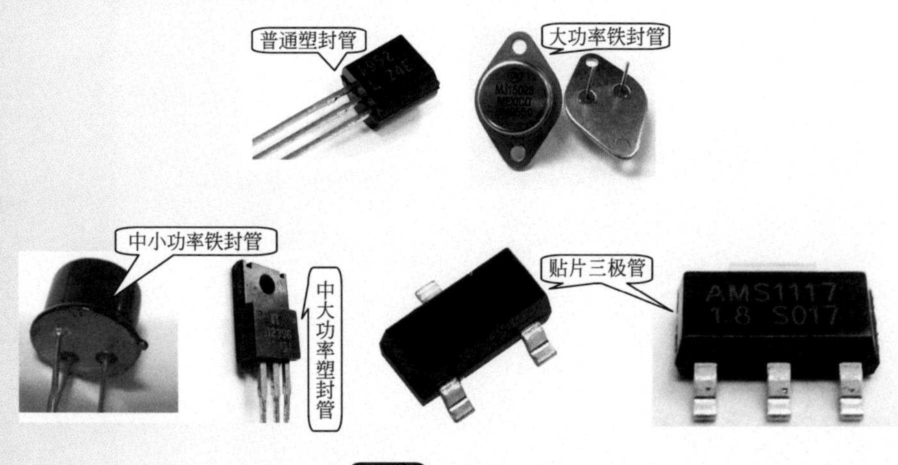

图 9-1 三极管的外形

（1）三极管的基本结构 三极管顾名思义具有三个电极。二极管是由一个 PN 结构成的；而三极管是由两个 PN 结构成的，共用的一个电极称为三极管的基极（用字母 B 表示），其他两个电极称为集电极（用字母 C 表示）和发射极（用字母 E 表示）。

由于不同的组合方式，三极管有 NPN 型三极管和 PNP 型三极管两类。图 9-2 所示为三极管的结构。

（2）三极管的图形符号 三极管是电子电路中最常用的电子元器件之一，一般用字母 VT 表示（在部分图中用 Q、V 或 BG 表示）。三极管的图形符号如图 9-3 所示。

（3）三极管的型号命名 国产三极管型号命名一般由五个部分构成，分别为主称、材料与极性、类别、生产序号和规格号，如图 9-4 所示。

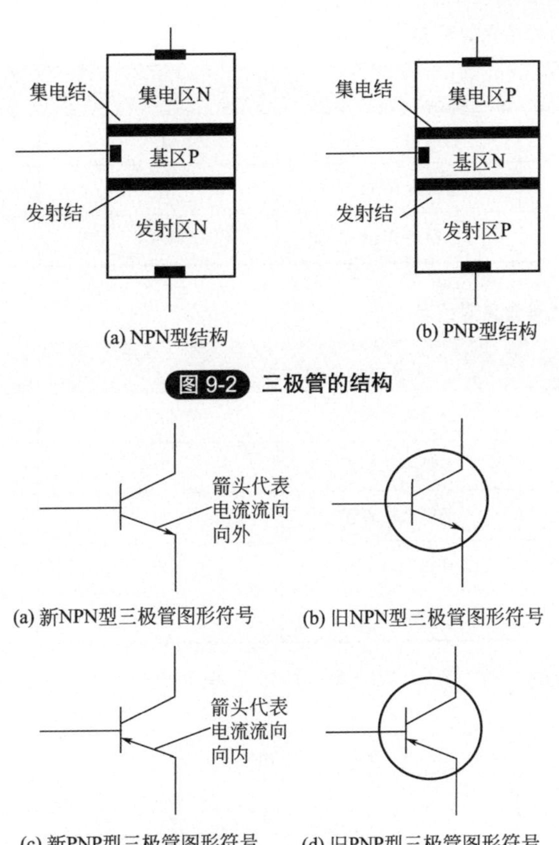

图 9-2 三极管的结构

图 9-3 三极管的图形符号

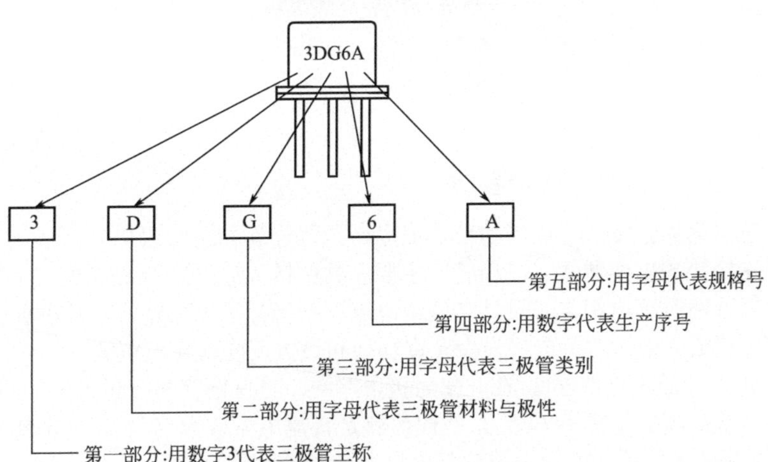

图 9-4 三极管的型号命名

为了方便读者查阅，表 9-1、表 9-2 分别列出了三极管材料符号含义对照表和三极管类别代号含义对照表。

表 9-1　三极管材料符号含义对照表

符号	材料	符号	材料
A	锗材料 PNP 型	D	硅材料 NPN 型
B	锗材料 NPN 型	E	化合物材料
C	硅材料 PNP 型	—	—

表 9-2　三极管类别代号含义对照表

符号	含义	符号	含义
X	低频小功率管	K	开关管
G	高频小功率管	V	微波管
D	低频大功率管	B	雪崩管
A	高频大功率管	J	阶跃恢复管
T	闸流管	U	光敏管

例如某三极管的标号为 3CX701A，其含义是 PNP 型低频小功率硅三极管，如图 9-5 所示。

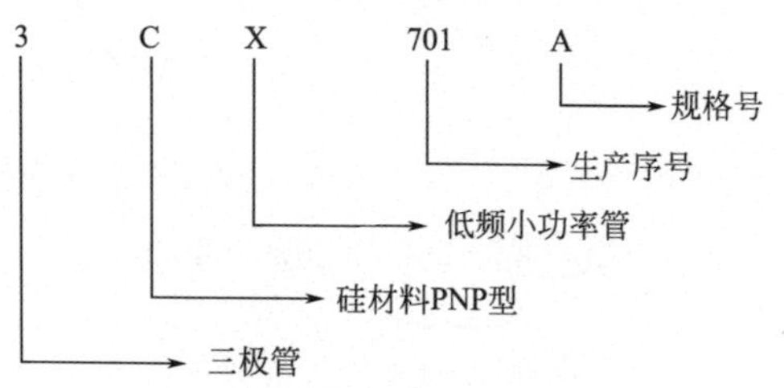

图 9-5　3CX701A 型三极管

二、三极管的分类与主要参数

（1）三极管的分类　三极管的种类很多，具体分类方法如图 9-6 所示。

（2）三极管的主要参数　三极管的主要参数包括直流电流放大倍数、交流放大倍数、发射极开路时集电极 - 基极反向截止电流、基极开路时集电极 - 发射极反向截止电流、集电极最大电流、集电极最大允许功耗和最大反向击穿电压等。

① 直流电流放大倍数 h_{FE}。在共发射极电路中，当三极管基极输入信号不变化时，三极管集电极电流 I_C 与基极电流 I_B 的比值就是直流电流放大倍数 h_{FE}，也就是 $h_{FE}=I_C/I_B$。直流电流放大倍数是衡量三极管直流放大能力最重要的参数之一。

② 交流放大倍数 β。在共发射极电路中，当三极管基极输入交流信号时，三极管变化的集电极电流 ΔI_C 与基极电流 ΔI_B 的比值就是交流放大倍数 β，也就是 $\beta=\Delta I_C/\Delta I_B$。

虽然交流放大倍数 β 与直流电流放大倍数 h_{FE} 的含义不同，但是大部分三极管的

β 与 h_{FE} 值相近，所以在应用时也就不再对它们进行严格区分。

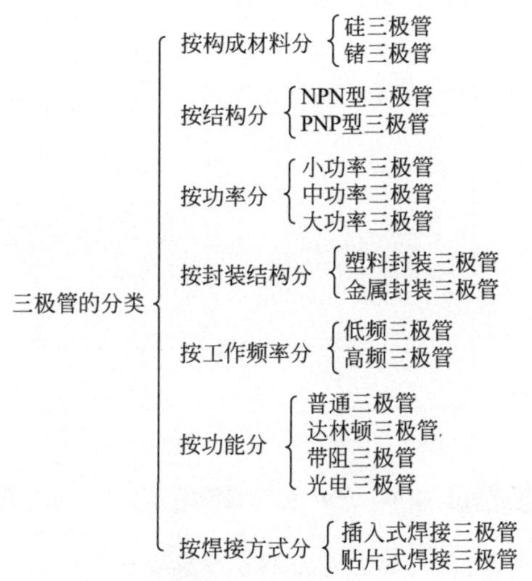

图 9-6　三极管的分类

③ 发射极开路时集电极 - 基极反向截止 I_{CBO}。在发射极开路的情况下，为三极管的集电极输入规定的反向偏置电压时，产生的集电极电流就是集电极 - 基极反向截止电流 I_{CBO}。下标中的“O”表示三极管的发射极开路。

在一定温度范围内，如果集电结处于反向偏置状态，即使再增大反向偏置电压，I_{CBO} 也不再增大，所以 I_{CBO} 也被称为反向饱和电流。一般小功率锗三极管的 I_{CBO} 从几微安到几十微安，而硅三极管的 I_{CBO} 通常为纳安级。NPN 型和 PNP 型三极管的集电极 - 基极反向截止电流 I_{CBO} 的方向不同，如图 9-7 所示。

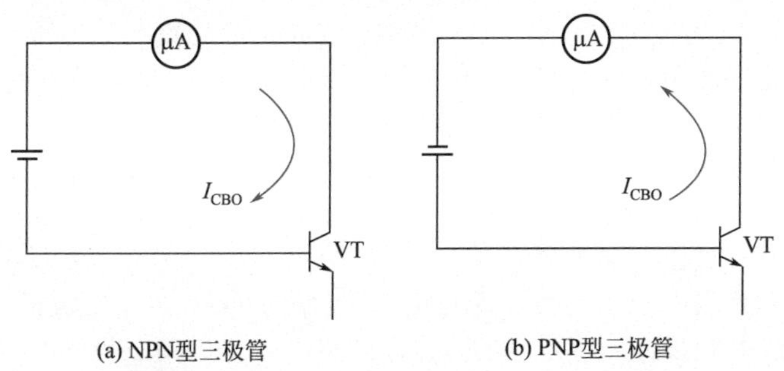

图 9-7　NPN、PNP 型三极管的 I_{CBO} 方向示意图

④ 基极开路时集电极 - 发射极反向截止电流 I_{CEO}。在基极开路的情况下，为三极管的发射极加正向偏置电压、为集电极加反向偏置电压时产生的集电极电流就是集电极 - 发射极反向截止电流 I_{CEO}，俗称穿透电流。下标中的“O”表示三极管的基极开路。

NPN 型和 PNP 型三极管的集电极 - 发射极反向截止电流 I_{CEO} 的方向是不同的，如图 9-8 所示。

提示： I_{CEO} 约是 I_{CBO} 的 h_{FE} 倍，即 $I_{CEO}/I_{CBO}=h_{FE}+1$。I_{CEO}、I_{CBO} 反映了三极管的热稳定性，它们越小，说明三极管的热稳定性越好。在实际应用中，I_{CEO}、I_{CBO} 会随温度的升高而增大，尤其锗三极管更明显。

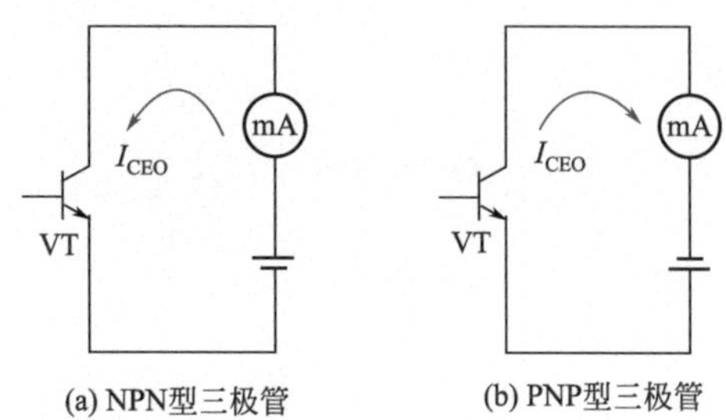

图 9-8 NPN、PNP 型三极管的 I_{CEO} 方向示意图

⑤ 集电极最大电流 I_{CM}。当基极电流增大使集电极电流 I_C 增大到一定值后，会导致三极管的 β 值下降。β 值下降到正常值的 2/3 时的集电极电流就是集电极允许的最大电流 I_{CM}。实际应用中，若三极管的 I_C 超过 I_{CM} 后，三极管就容易过电流损坏。

⑥ 集电极最大允许功耗 P_{CM}。当三极管工作时，集电极电流 I_C 在发射极 - 集电极电阻上产生的压降为 U_{CE}，而 I_C 与 U_{CE} 相乘就是集电极功耗 P_C，也就是 $P_C=I_CU_{CE}$。因为 P_C 将转换为热能使三极管的温度升高，所以当 P_C 值超过规定的功率值后，三极管 PN 结的温度会急剧升高，三极管就容易击穿损坏，这个功率值就是三极管集电极最大允许功耗 P_{CM}。

在实际应用中，大功率三极管通常需要加装散热片进行散热，以降低三极管的工作温度，提高 P_{CM}。

⑦ 最大反向击穿电压 $U_{(BR)}$。当三极管的 PN 结承受较高的电压时，PN 结就会反向击穿，结电阻的阻值急剧减小、结电流急剧增大，使三极管过电流损坏。三极管的击穿电压不仅仅取决于三极管自身的特性，还受外电路工作方式的影响。

三极管的击穿电压包括集电极 - 发射极反向击穿电压 $U_{(BR)CEO}$ 和集电极 - 基极反向击穿电压 $U_{(BR)CBO}$ 两种。

a. 集电极 - 发射极反向击穿电压 $U_{(BR)CEO}$。$U_{(BR)CEO}$ 是指三极管在基极开路时，允许加在集电极和发射极之间的最高电压。下标中的“O”表示三极管的基极开路。

b. 集电极 - 基极反向击穿电压 $U_{(BR)CBO}$。$U_{(BR)CBO}$ 是指三极管在发射极开路时，允许加在集电极和基极之间的最高电压。下标中的“O”表示三极管的发射极开路。

提示： 应用时，三极管的集电极、发射极间电压不能超过 $U_{(BR)CEO}$，同样集电极、基极间电压也不能超过 $U_{(BR)CBO}$，否则会引起三极管损坏。

⑧ 频率参数。当三极管工作在高频状态时，就要考虑其频率参数，三极管的频率参数主要包括截止频率 f_a 与 f_β、特征频率 f_r 以及最高频率 f_m。在这些频率参数里最重要的是特征频率 f_r，下面对其进行简单介绍。

三极管工作频率超过一定值时，β 值开始下降。当 β 下降到 1 时，所对应的频率就是特征频率 f_r。当三极管的频率 $f=f_r$ 时，三极管就完全失去了电流放大功能。

正常时，三极管的特征频率 f_r 等于三极管的频率 f 乘以放大倍数 β，即 $f_r=f\beta$。

三、三极管的工作原理

（1）电流放大原理 电流放大原理如图 9-9 所示。

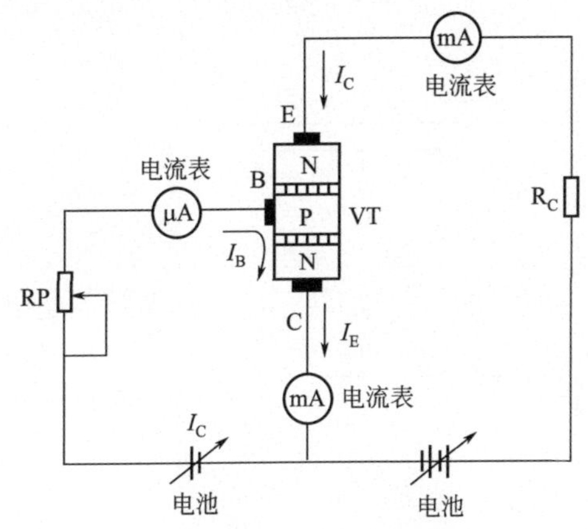

图 9-9 电流放大原理

① 偏置要求。三极管要正常工作应使集电结反偏，电压值为几伏至几百伏，发射结正偏，硅管为 0.6 ～ 0.7V，锗管为 0.2 ～ 0.3V。即 NPN 型管应为 E 电极电压 <B 电极电压（硅管为 0.6 ～ 0.7V，锗管为 0.2 ～ 0.3V）<C 极电压时才能导通，PNP 型管应为 E 极电压 >B 极电压（硅管为 0.6 ～ 0.7V，锗管为 0.2 ～ 0.3V）>C 极电压时才能导通。

② 电流放大原理。如图 9-9 所示电路，RP 使 VT 产生基极电流 I_B，则此时便有集电极电流 I_C，I_C 由电源经 R_C 提供。当改变 RP 阻值大小时，VT 的基极电流便相应改变，从而引起集电极电流的相应变化。I_B 只要有微小的变化，便会引起 I_C 很大变化。如果将 RP 阻值变化看成是输入信号，I_C 的变化规律是由 I_B 控制的，且 $I_C>I_B$，这样 VT 通过 I_C 的变化反映了输入三极管基极电流的信号变化，可见 VT 将信号加以放大了。I_B、I_C 流向发射极，形成发射极电流 I_E。

综上所述，三极管能放大信号是因为三极管具有 I_C 受 I_B 控制的特性，而 I_C 是由电源提供的。所以，三极管是将电源电流按输入信号电流要求转换的器件，三极管将电源的直流电流转换成流过集电极的信号电流。

PNP 型管工作原理与 NPN 型管相同，但电流方向相反，即发射极电流流向基极和集电极。

（2）三极管各极电流、电压之间的关系 由上述放大原理可知，各极电流关系为 $I_E=I_C+I_B$，又由于 I_B 很小可忽略不计，则 $I_E\approx I_C$，各极电压关系为：B 极电压与 E 极电压变化相同，即 $U_B\uparrow$、$U_E\uparrow$；而 B 极电压与 C 极电压变化相反，即 $U_B\uparrow$、$U_C\downarrow$。

（3）三极管三种偏置电路 根据放大原理可知，三极管要想正常工作，就必须加偏置电路，常用偏置电路如表 9-3 所示。

表 9-3　常用偏置电路

电路名称	电路形式	电路特点
固定偏置电路	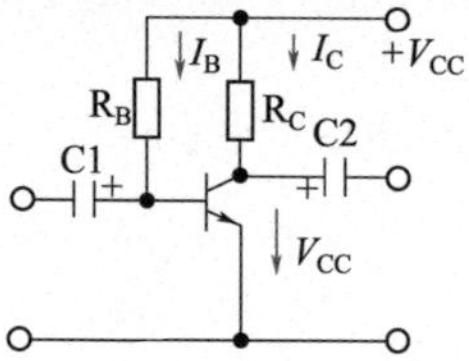	电路结构简单，测试方便，但静态工作点会随三极管参数和环境温度的变化而变化，只适合用于要求不高和环境温度变化不大的场合
分压器式电流负反馈偏置电路	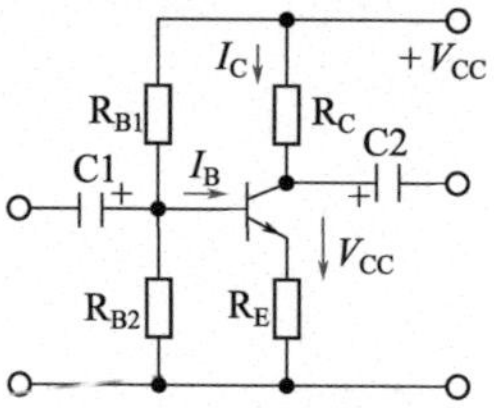	利用 R_{B1} 和 R_{B2} 组成的分压器以固定基极电位。利用 R_E 使发射极电流 I_C 基本不变 静态工作点基本不受更换三极管和环境温度改变的影响，属于工作点稳定的偏置电路
电压负反馈偏置电路	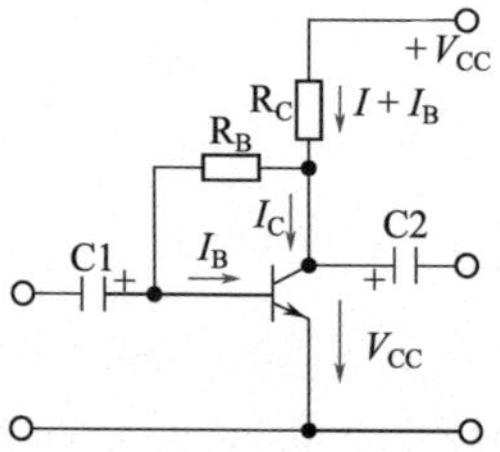	利用 I_B、V_{CC} 来达到稳定静态工作点的目的
自举偏置电路	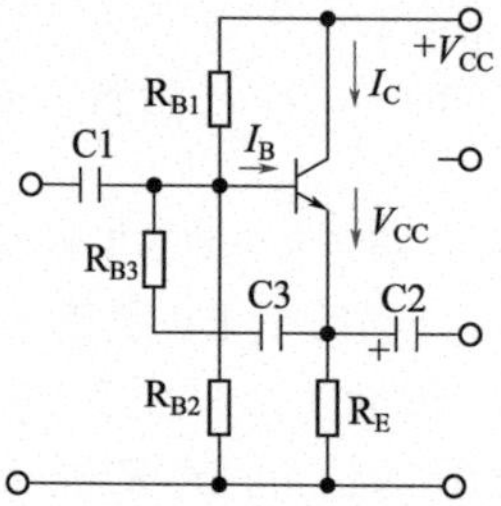	属于射极输出器的偏置形式，故输入电阻变高。并且由于 C3、R3 的作用，使输入电阻更为增高

第二节　通用三极管的检测与应用

一、三极管的引脚识别

三极管的三个引脚分布有一定规律（即封装形式），根据分布规律可以非常方便地进行三个引脚的识别。在修理和检测中，需要了解三极管的各引脚。不同封装的三极管，其引脚分布的规律不同。

① 常见塑料封装三极管如图 9-10 所示。

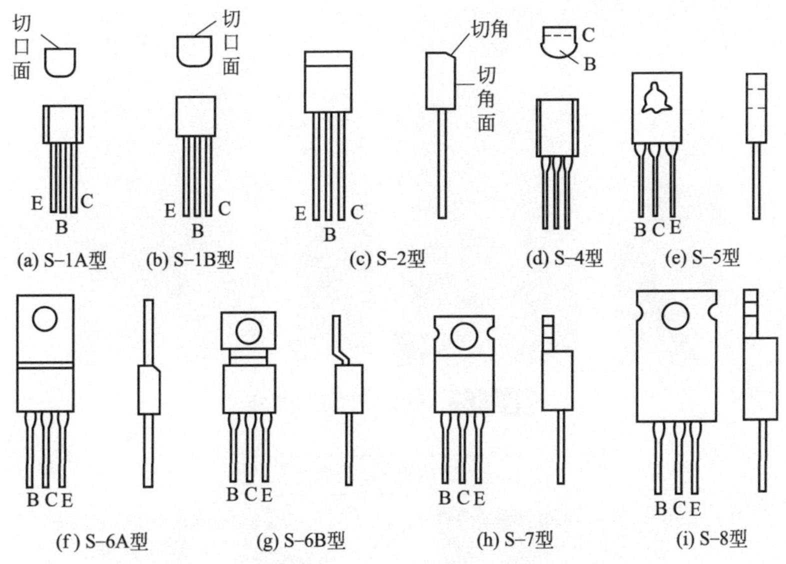

图 9-10　常见塑料封装三极管

② 常见金属封装三极管如图 9-11 所示。

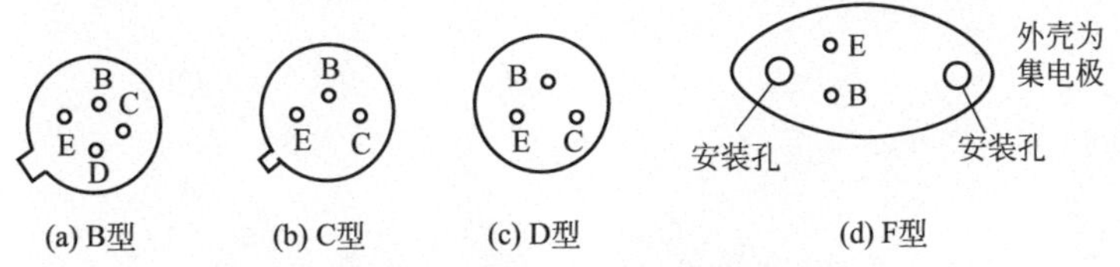

图 9-11　常见金属封装三极管

二、通用三极管的检测

（1）判断基极及管型　首先用红表笔假设三极管的某个引脚为基极，然后将数字万用表置于“二极管”挡，用红表笔接三极管假设的基极，黑表笔分别接另外两个引脚，若显示屏显示的数值都为“0.5 ～ 0.8”，说明假设的脚是基极，并且该管为 NPN 型三极管，如图 9-12 所示。

若红表笔接假定基极引脚、黑表笔接另一个引脚时，显示屏显示的数值为“0.5 ～ 0.7”；而黑表笔接第三个引脚时，数值为无穷大（有的数字型万用表显示“1.”，有的显示“OL”），则黑表笔重新接第一个引脚，用红表笔接第三个引脚试测，直到黑表笔接假定脚、红表笔接另两个引脚都显示 0.5 ～ 0.8 为止，说明假定正确。在测试中所有引脚如只有一次显示，为坏。

假设三极管的某个引脚为基极，然后将数字万用表置于“二极管”挡，用黑表笔接三极管假设的基极，红表笔分别接另外两个引脚，若显示屏显示的数值都为“0.5 ～ 0.8”，说明假设的引脚是基极，并且该管为 PNP 型三极管，如图 9-13 所示。

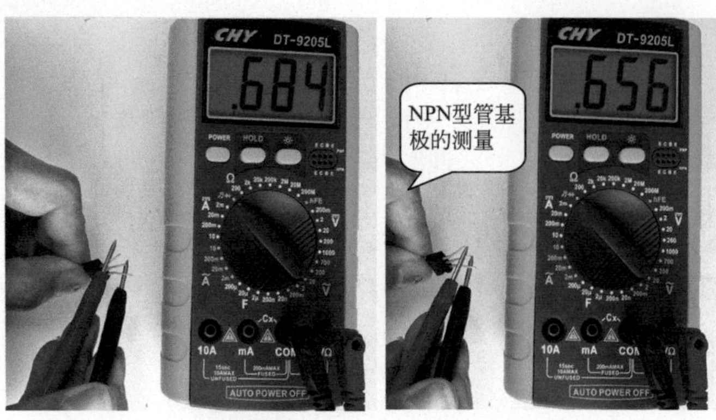

图 9-12 判别 NPN 型管基极

图 9-13 PNP 型管基极的测量

（2）集电极、发射极的判别（放大倍数检测） 实际使用三极管时，还需要判断哪个引脚是集电极、哪个引脚是发射极，用万用表通过测量 PN 结和三极管放大倍数 h_{FE} 就可以判别三极管的集电极、发射极。

① 通过 PN 结阻值判别的方法。如图 9-14 所示，显示屏显示的数值较小时，说明黑表笔接的引脚是集电极；显示屏显示的数值较大时，说明黑表笔接的引脚是发射极。

② 通过万用表 hFE 挡判别的方法。如图 9-15 所示，万用表的面板都有 NPN、PNP 型三极管“b”“c”“e”引脚插孔。所以检测三极管的 h_{FE} 时，首先确认被测三极管是 NPN 型还是 PNP 型，然后将它的基极（B）、集电极（C）、发射极（E）3 个引脚插入面板上相应的“b”“c”“e”插孔内，再将万用表置于“hFE”挡，通过显示屏显示的数据就可以判断出三极管的 C 极、E 极。若数值较小或为 0，可能是假设的 C、E 极反了，再将 C、E 引脚调换后插入，测得数值较大，则

说明插入的引脚就是正确的 C、E 极。

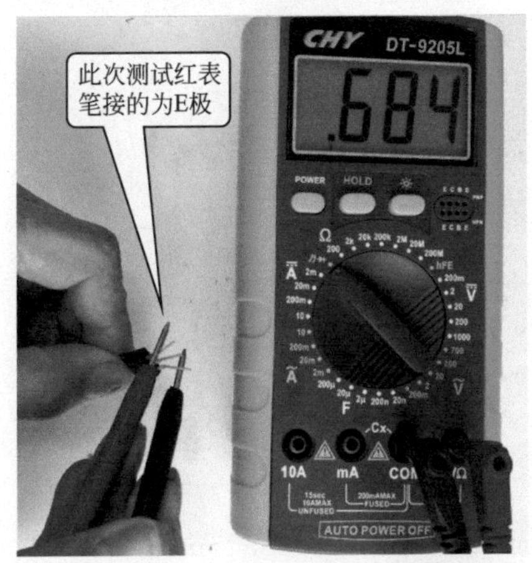

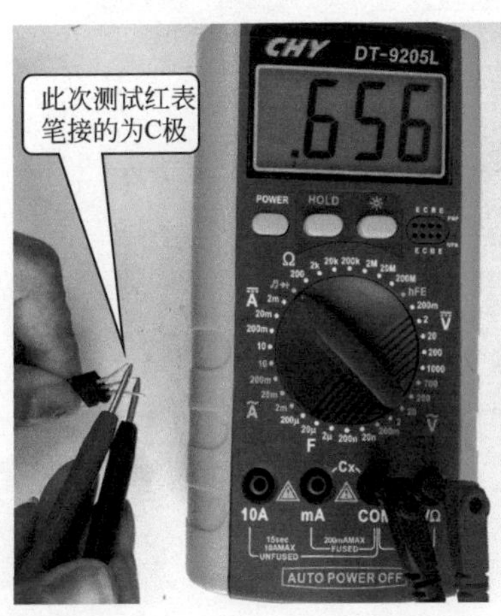

图 9-14 判别 C、E 极

该方法不仅可以识别出三极管的引脚，而且可以确认三极管的放大倍数 h_{FE}，图 9-15 所示。

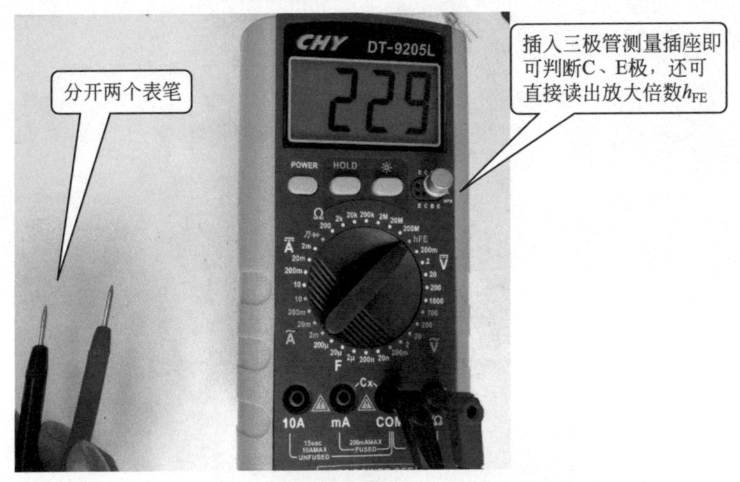

图 9-15 测 h_{FE}

（3）判别硅管和锗管 如图 9-16 所示，找到基极，测量基极与任意一电极，如果显示电压为 0.5 ～ 0.9V，则为锗管；如为 0.1 ～ 0.35V，则为硅管。

（4）好坏检测 用万用表检测三极管的好坏，可采用在路检测和非在路检测的方法进行。在路检测方法如下（图 9-17、图 9-18）。

将数字万用表置于“二极管”挡，在测量 NPN 型三极管时，红表笔接三极管的B极，黑表笔分别接C极和E极，显示屏上显示的正向导通压降值为0.5～0.7。用黑表笔接 B 极，红表笔接 C、E 极时，测它们的反向导通压降值为无穷大（显示“1.”）；而 C、E 极间的正向导压降值为 1 点几，反向导通压降值为无穷大（显

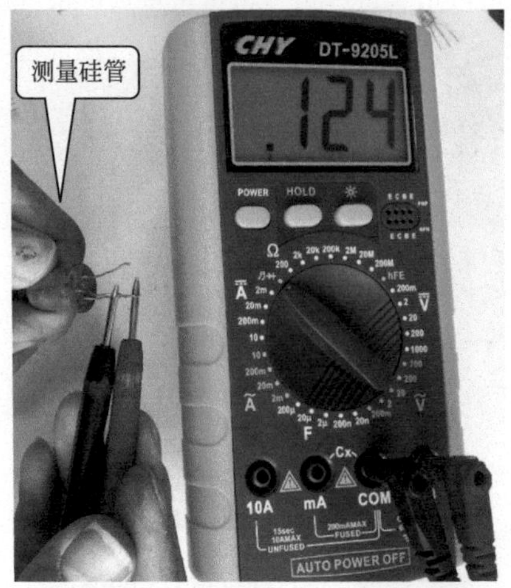

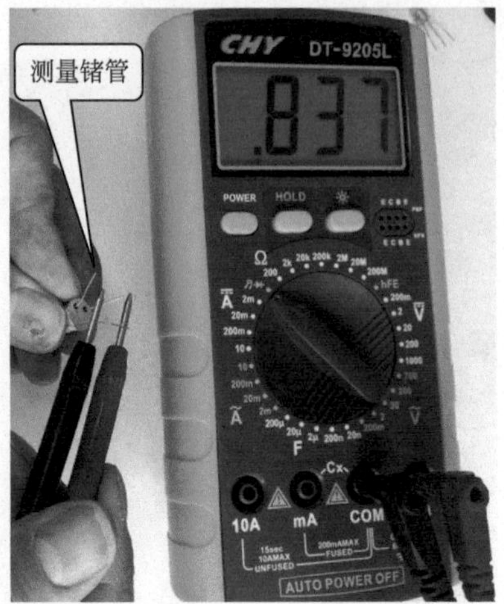

图 9-16 判别硅管和锗管

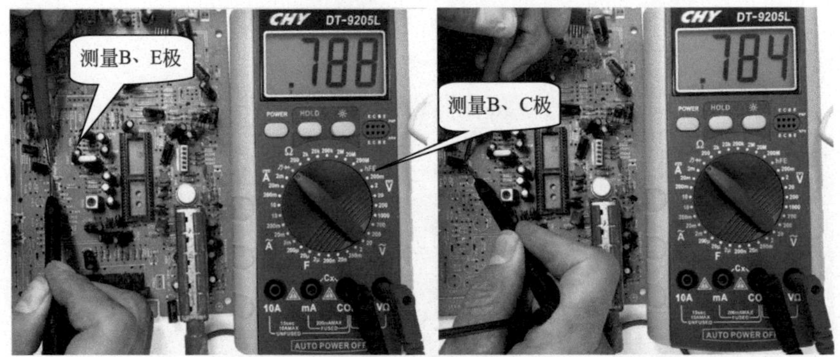

图 9-17 在路测量（一）

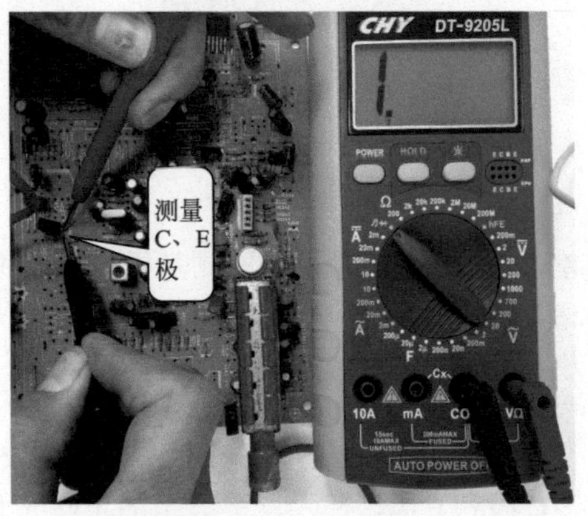

图 9-18 在路测量（二）

示“1.”）。若测得的数值偏差较大，则说明该三极管已坏或电路中有小阻值元件与它并联，需要将该三极管从电路板取下或引脚悬空后再测量，以免误判。PNP型三极管的检测与NPN型三极管正好相反，黑表笔接B极，红表笔分别接C极和E极。

（5）穿透电流估测　利用万用表测量三极管的C、E极间电阻，可估测出该三极管穿透电流I_{CEO}的大小。

① PNP型三极管I_{CEO}的估测。如图9-19所示，将万用表置于R×1k挡，黑表笔接E极、红表笔接C极时所测阻值应为几十千欧到无穷大。如果阻值过小或指针缓慢向左移动，说明该管的穿透电流I_{CEO}较大。

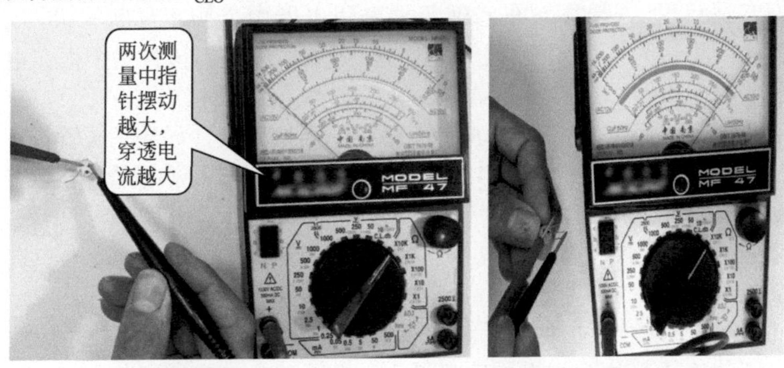

图9-19 估测PNP型三极管穿透电流的示意图

PNP型锗三极管的穿透电流I_{CEO}比PNP型硅三极管大许多，采用R×1k挡测量C、E极间电阻时都会有阻值。

② NPN型三极管I_{CEO}的估测。如图9-20所示，将万用表置于R×1k挡，红表笔接E极、黑表笔接C极时所测阻值应为几百千欧，调换表笔后阻值应为无穷大。如果阻值过小或指针缓慢向左移动，说明该管的穿透电流I_{CEO}较大。

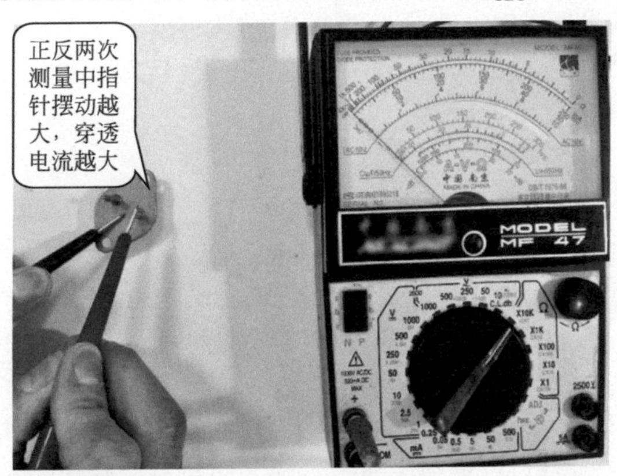

图9-20 估测NPN型三极管穿透电流的示意图

（6）高频管、低频管的判断　根据三极管型号区分高频管、低频管比较方便，而对于型号模糊不清的三极管则需要通过万用表检测进行确认。

将万用表置于R×1k挡，黑表笔接E极、红表笔接B极时阻值应为几百千欧或为无穷大。然后，将万用表置于 R×10k 挡，若指针不变化或变化范围较小，则说明被测三极管是低频管；若指针摆动的范围较大，则说明被测三极管为高频管。

第三节 三极管的代换与应用

一、三极管的代换

① 确定三极管是否损坏。在修理各种家用电器中，初步判断三极管是否损坏，需要断开电源，将认为损坏的三极管从电路板焊下，并记清该管三个极在电路板上的排列。对焊下的三极管作进一步测量，以确认该管是否损坏。

② 搞清三极管损坏的原因，检查是电路板中其他元器件导致三极管损坏，还是三极管本身自然损坏。确认是三极管本身不良而损坏时，就要更换新管。换新管时极性不能接错，否则一是电路板不能正常工作，二是可能损坏新管。

③ 更换三极管时，应选用原型号三极管。如无原型号三极管，也应选用主要参数相近的三极管。

④ 大功率管换用时应加散热片，以保证功率管散热良好。另外还应注意散热片与功率管之间的绝缘垫片。如果原来有引片，换管时未安装或安装不好，可能会烧坏功率管。

⑤ 在三极管代换时应注意以下原则和方法。

a. 极限参数高的三极管代替较低的三极管，中功率管代替小功率管。

b. 性能好的三极管代替性能差的三极管。例如，β 值高的三极管代替 β 值低的三极管（由于三极管 β 值过高时稳定性较差，故 β 值不能选得过高）；I_{CEO} 小的三极管代替 I_{CEO} 大的三极管等。

c. 在其他参数满足要求时，高频管可以代替低频管，一般高频管不能代替开关管。

总之，在使用中可以根据《晶体管手册》查三极管主要参数并在实践中总结一些实际经验，根据具体情况进行代换。

二、三极管的应用

三极管的三种基本应用电路如图 9-21 所示。

图 9-21（a）为共发射极电路，信号经 C 耦合送入 B 极，再经 VT 放大后由 C 极输出。此种电路特点是对电压、电流、增益、放大量均较大；缺点是前后级不易匹配，强信号失真，输入信号与输出信号反向。

图 9-21（b）为共集电极电路，信号经 C1 耦合送入 B 极，再经 VT 放大后由 E 极输出。此种电路特点是对电流放大量大、输入阻抗高、输出阻抗低、电压放大系数小于 1，适合作前后级匹配。

图 9-21（c）为共基极电路，信号经 C1 耦合送入 E 极，再经 VT 放大后由 C 极输出。此种电路特点是带宽宽，对电压、电流、增益、放大量均较大；缺点是要求输入功率较大，前后级不易匹配，适用于高频电路。

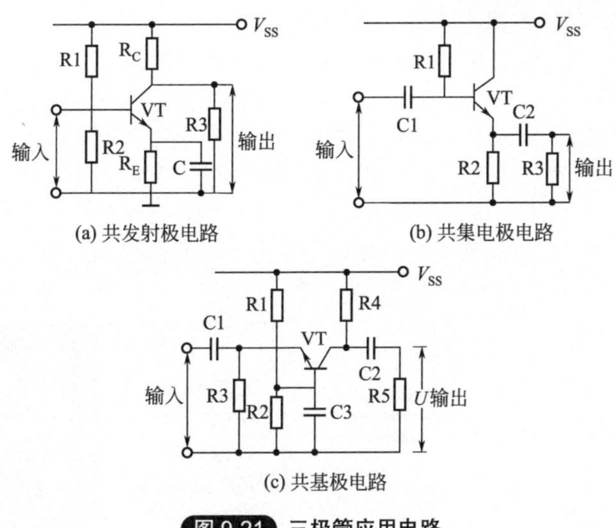

图 9-21 三极管应用电路

第四节　行输出管的检测

一、认识行输出管

行输出管是彩电、彩显内行输出电路采用的一种大功率三极管。常用的行输出管从外形上分为两种：一种是金属封装的行输出管，另一种是塑料封装的行输出管。从内部结构上行输出管分为两种：一种是不带阻尼二极管和分流电阻器的行输出管，另一种是带阻尼二极管和分流电阻器的行输出管。其中，不带阻尼二极管和分流电阻器的行输出管的检测和普通三极管的检测相同，而带阻尼二极管和分流电阻器的行输出管的检测与普通三极管的检测有较大区别。带阻尼二极管和分流电阻器的行输出管的外形及图形符号如图 9-22 所示。

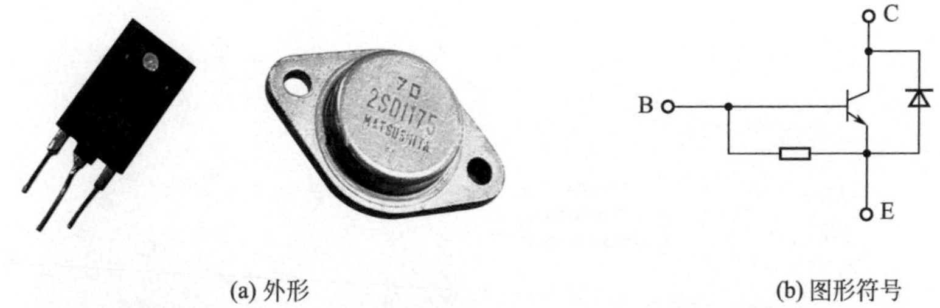

(a) 外形　　(b) 图形符号

图 9-22 带阻尼二极管和分流电阻器行输出管的外形及图形符号

二、带阻尼二极管的行输出管的检测

（1）非在路检测　采用数字万用表非在路检测带阻尼二极管的行输出管时，应使用 200 电阻挡和二极管挡进行测量，测量步骤如图 9-23 所示。

用 200 电阻挡测量 B、E 极间的正、反向电阻的阻值，显示为“45.5”。随后，将万用表置于二极管挡，红表笔接 B 极、黑表笔接 C 极测 B、C 极的正向导通压降时，显示屏显示的数字为“0.568”；黑表笔接 B 极、红表笔接 C 极测 B、C 极的反向导通压降时，显示的数字为“1.”，说明导通压降为无穷大。用红表笔接 E 极、黑表笔接 C 极测 C、E 极的正向导通压降时，显示屏显示的数字为“0.598”；黑表笔接 E 极、红表笔接 C 极所测的 C、E 极的反向导通压降为无穷大，若数值偏差较大，则说明被测行输出管损坏。

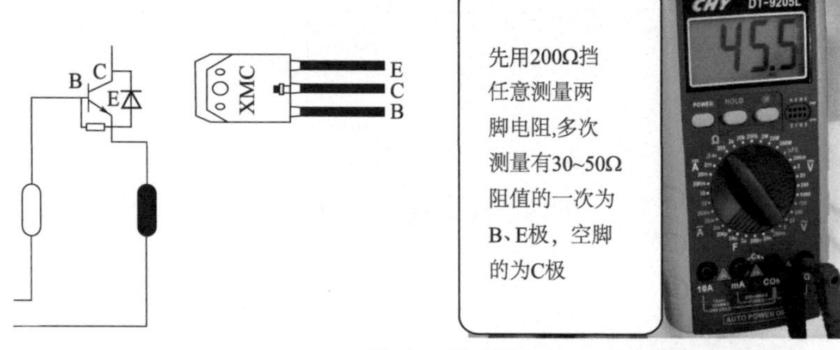

(a) B、E极正、反向电阻

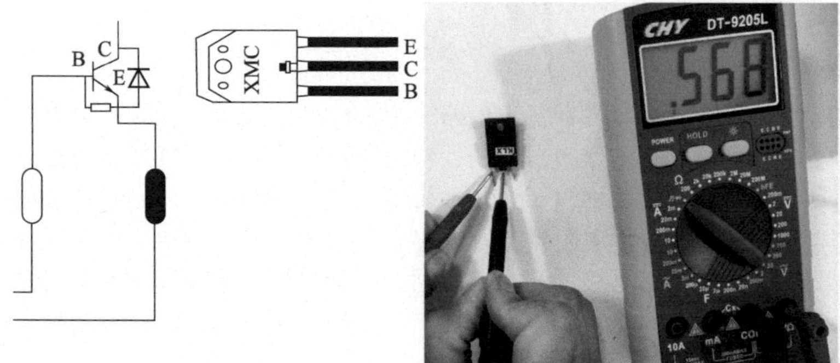

(b) B、C极正向电压

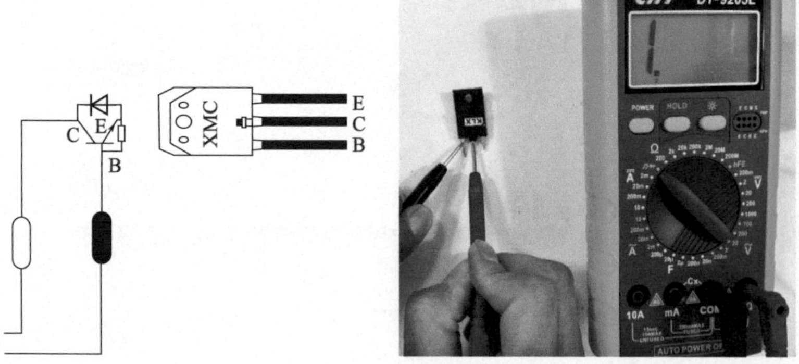

(c) B、C极反向电压

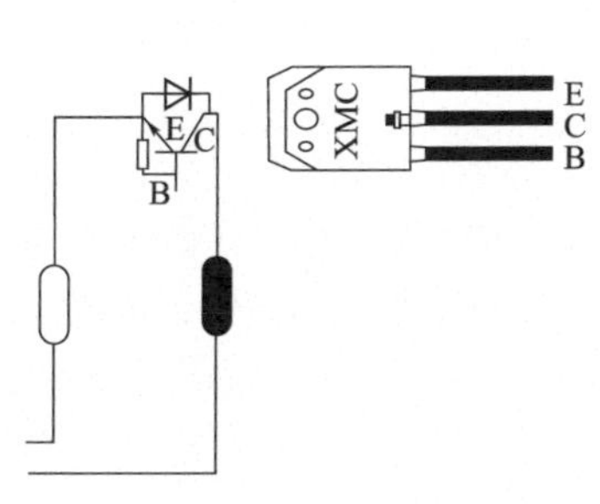

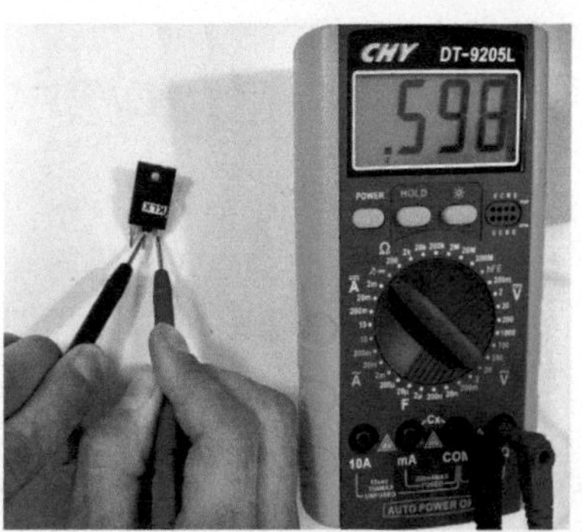

(d) C、E极正向电压

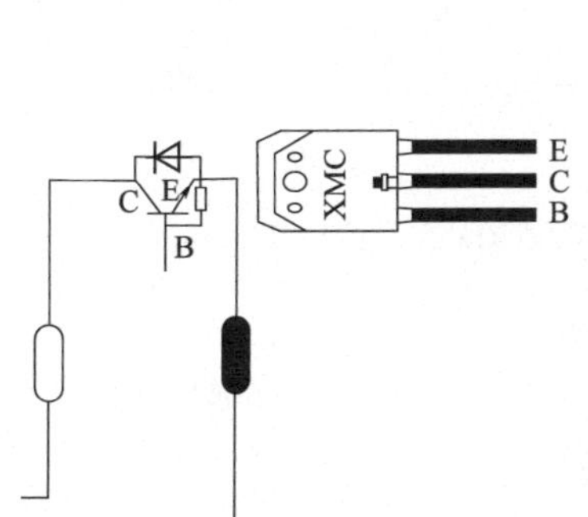

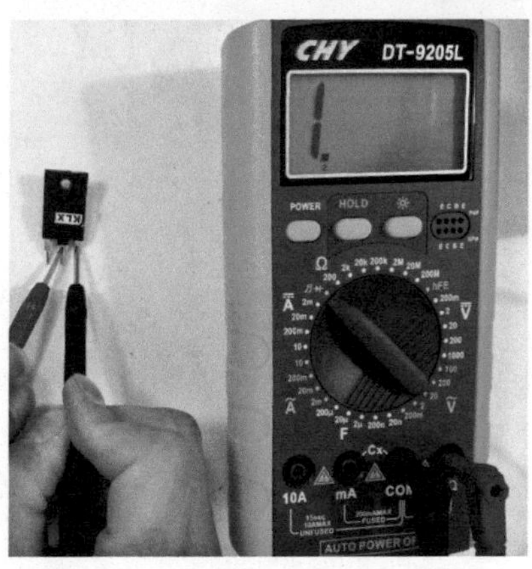

(e) C、E极反向电压

图 9-23 用数字万用表非在路检测带阻尼二极管的行输出管的示意图

(2)在路检测　采用数字万用表在路检测带阻尼二极管的行输出管的方法和非在路检测的方法相同，但 B、E 极的阻值应是 0，这是由于行输出管的 B、E 极与行激励变压器的二次绕组并联所致。

第五节　达林顿管的检测

指针万用表检测达林顿管

数字万用表检测达林顿管

一、认识达林顿三极管

(1)达林顿管的结构　达林顿管是一种复合三极管，多由两只三极管构成。其中，第一只三极管的 E 极直接接在第二只三极管的 B 极上，最后引出 B、C、E 三个引脚。由于达林顿管的放大倍数是级联三极管放大倍数的乘积，所以可达到几百、几千甚至更高，如 2SB1020 的放大倍数为 6000，2SB1316 的放大倍数达到 15000。

(2)达林顿管的分类　按功率分类，达林顿管可分为小功率达林顿管、中功率达林顿管和大功率达林顿管三种；按封装结构分类，达林顿管可分为塑料封装达林顿管和金属封装达林顿管两种；按结构分类，达林顿管可分为NPN型达林顿管和PNP型达林顿管两种。

（3）达林顿管的特点

① 小功率达林顿管的特点。通常将功率不足1W的达林顿管称为小功率达林顿管。它是仅由两只三极管构成，并且无电阻器、二极管等构成的保护电路。常见的小功率达林顿管的外形及图形符号如图9-24所示。

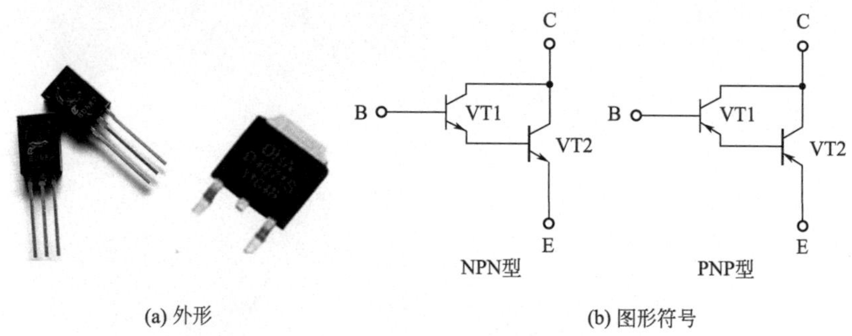

(a) 外形　　(b) 图形符号

图9-24 常见的小功率达林顿管的外形及图形符号

② 大功率达林顿管的特点。因为大功率达林顿管的电流较大，所以其内部的大功率管的温度较高，导致前级三极管的B极漏电流增大，被逐级放大后就会导致达林顿管整体的热稳定性能下降。因此，当环境温度较高且漏电流较大时，不仅容易导致大功率达林顿管误导通，而且容易导致大功率达林顿管损坏。为了避免这种危害，大功率达林顿管的内部设置了保护电路。常见的大功率达林顿管的外形及图形符号如图9-25所示。

如图9-25（b）所示，前级三极管VT1和大功率管VT2的B、E极上还并联了泄放电阻R1、R2。R1和R2的作用是为漏电流提供泄放回路。因为VT1的B极漏电流较小，所以R1阻值可以选择为几千欧；VT2的漏电流较小，所以R2阻值可以选择几十欧。另外，大功率达林顿管的C、E极间安装了一只续流二极管。当线圈等感性负载停止工作后，该线圈的电感特性会使续流二极管产生峰值高的反向电动势。该电动势通过续流二极管VD泄放到供电电源，从而避免了达林顿管内大功率管被过高的反向电压击穿，实现了过电压保护功能。

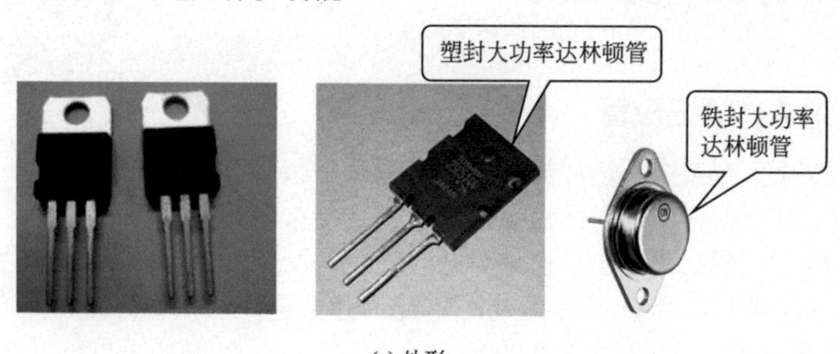

(a) 外形

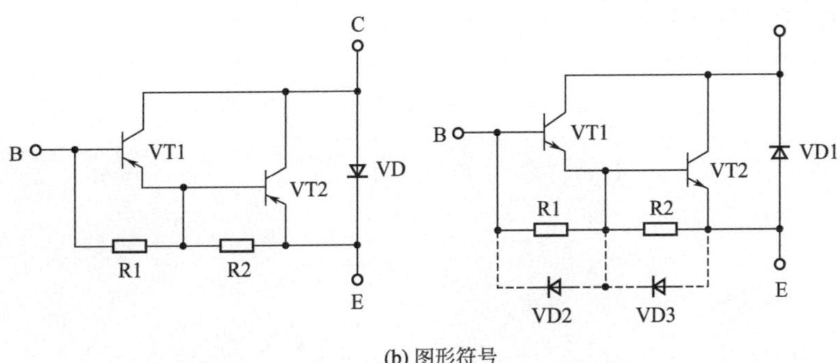

(b) 图形符号

图 9-25 常见的大功率达林顿管的外形及图形符号

二、大功率达林顿管的检测

（1）引脚和管型的判别　判断达林顿管电极与管型基本与判断普通三极管相同。判断时可采用数字万用表的二极管挡，也可以采用指针万用表的电阻挡。

如图 9-26（b）所示，大功率达林顿管的 B、C 极间仅有一个 PN 结，所以 B、C 极间应为单向导电特性；而 B、E 极上有两个 PN 结，所以正向导通电阻大，通过该特点就可以很快确认电极。

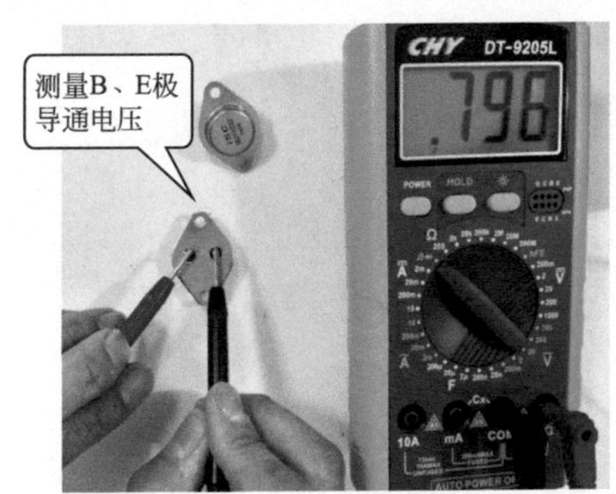

(a) B、E极间正向电阻测量

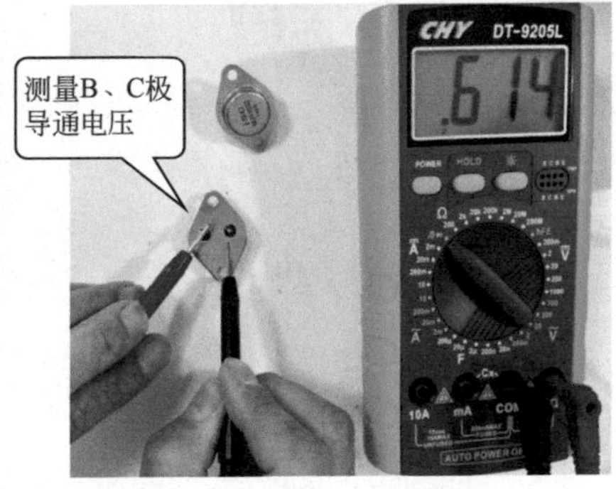

(b) B、C极间正向电阻测量

图 9-26 判别基极

首先假设 MJ33012 的一个引脚为 B 极，然后将数字万用表置“二极管”挡，用红表笔接假设的 B 极，再用黑表笔接另外两个引脚。若显示屏显示的数值分别为“0.7”“0.6”时，说明假设的引脚就是 B 极，并且数值小时黑表笔所接的引脚为 C 极，数值大时黑表笔所接的引脚为 E 极，同时还可以确认该管为 NPN 型达林顿管。在测量过程中，若黑表笔接一个引脚、红表笔接另两个引脚时，显示屏显示的数值符合前面的数值，则说明黑表笔接的是 B 极，并且被测量的达林顿管是 PNP 型。

（2）测量 C、E 极　首先将数字万用表置于“二极管”挡，用红表笔接 E 极、黑表笔接C极时，显示屏显示的C、E极正向导通压降值为0.557；调换表笔后，测C、E 极的反向导通压降值为无穷大，如图 9-27 所示。

另外，黑表笔接B极、红表接E极时，显示屏显示的数值为“1.”，说明B、E极反向导通压值为无穷大；黑表笔接E极、红表笔接C极时，显示屏显示的数值为“1.”，说明C、E极的反向导通压降也为无穷大，如图9-28所示。

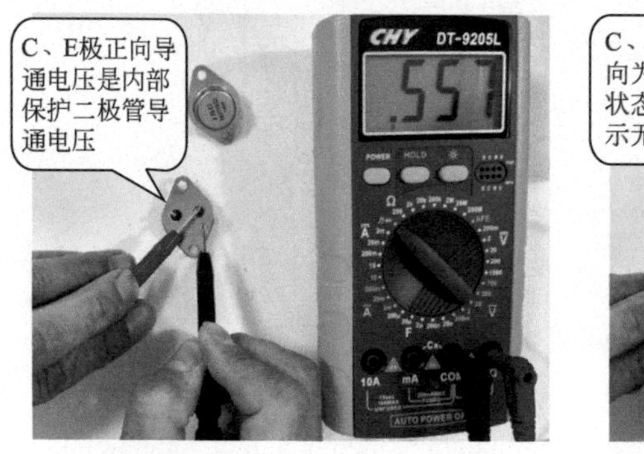

图9-27 测量C、E极（一）

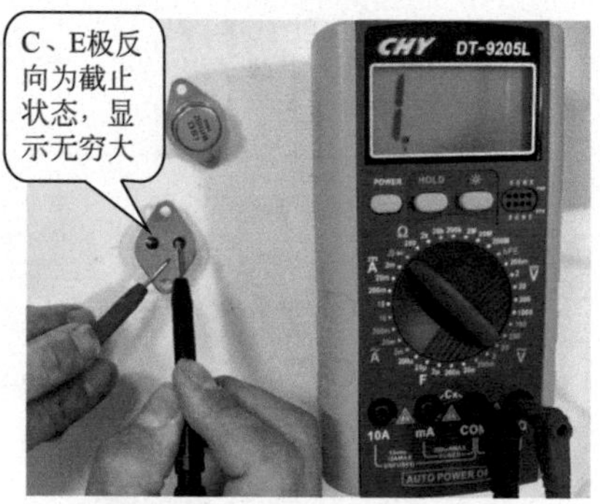

图9-28 测量C、E极（二）

第六节 带阻三极管的检测

一、认识带阻三极管

带阻三极管在外观上与普通的小功率三极管几乎相同，但其内部构成不同，它是由1只三极管和1～2只电阻器构成的。在家电设备中，带阻三极管多由2只电阻器和1只三极管构成。图9-29（a）所示为带阻三极管的内部结构。带阻三极管在电路中多用字母QR表示。图9-29（b）所示为几种常见的带阻三极管的图形符号。

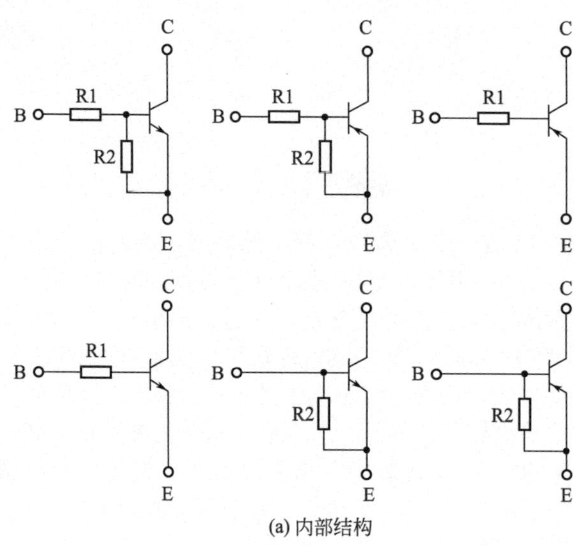

(a) 内部结构

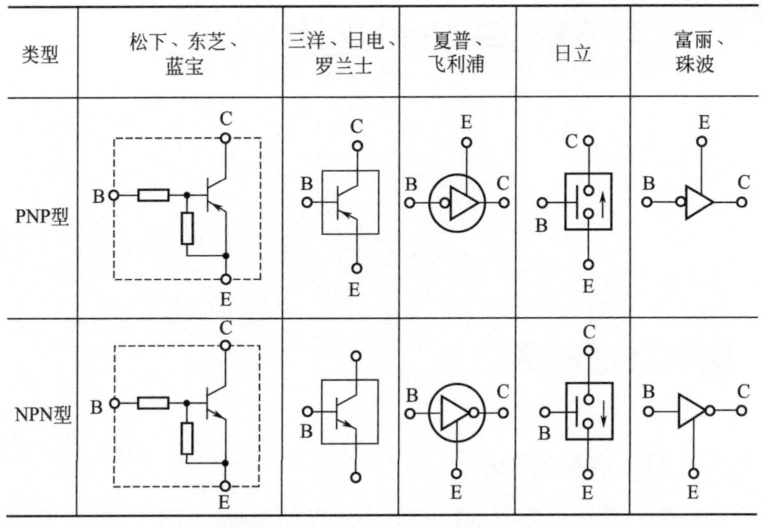

类型
松下、东芝、蓝宝
三洋、日电、罗兰士
夏普、飞利浦
日立
富丽、珠波
PNP型
NPN型
B
C
E

(b) 几种常见的带阻三极管的图形符号

图 9-29　带阻三极管的内部结构及图形符号

带阻三极管通常被用作开关，当三极管饱和导通时 I_C 很大，C、E 极压降较小；当三极管截止时，C、E 极压降较大，约等于供电电压 U_{CC}。管中内置的 B 极电阻 R_B 越小，当三极管截止时 C、E 极压降就越低。但 R_B 不能太小，否则会影响开关速度，甚至导致三极管损坏。

二、带阻三极管的检测

带阻三极管的检测方法与普通三极管基本相同，不过在测量 B、C 极的正向电阻时需要加上 R1 的阻值；而测量 B、E 极的正向电阻时需要加上 R2 的阻值，不过因为 R2 并联在 B、E 极两端，所以实际测量的 B、E 极阻值要小于 B、C 极阻值。另外，B、C 极的反向阻值为无穷大，但 B、E 极的反向阻值为 R2 的阻值，所以阻值不再是无穷大。

第十章 场效应管的检测与应用

第一节 认识场效应管

一、场效应管的结构与符号

场效应管全称场效应晶体管（Field Effect Transistor，FET）。场效应管是一种外形与三极管相似的半导体器件，但与三极管的控制特性截然不同。三极管是电流控制型器件，通过控制基极电流达到控制集电极电流或发射极电流的目的，即需要信号源提供一定的电流才能工作，所以它的输入阻抗较低；而场效应管则是电压控制型器件，它的输出电流取决于输入电压的大小，基本上不需要信号源提供电流，所以它的输入阻抗较高。此外，场效应管具有噪声小、功耗低、动态范围大、易于集成、没有二次击穿现象、安全工作区域宽等优点，特别适用于大规模集成电路，在高频电路、中频电路、低频电路、直流电路、开关电路及阻抗变换电路中应用广泛。

场效应管按结构可分为两大类，一类是结型场效应管，另一类是绝缘栅型场效应管，而且每种结构又有N沟道和P沟道两种导电沟道。

场效应管一般都有3个极，即栅极G、漏极D和源极S，为方便理解可以把它们分别对应于三极管的基极B、集电极C和发射极E。场效应管的源极S和漏极D结构是对称的，在使用中可以互换。

N沟道型场效应管对应NPN型三极管，P沟道型场效应管对应PNP型三极管。场效应管的外形如图10-1所示，其图形符号如图10-2所示。

(a) 插入焊接式场效应管　　(b) 贴面焊接式场效应管

图10-1 场效应管的外形

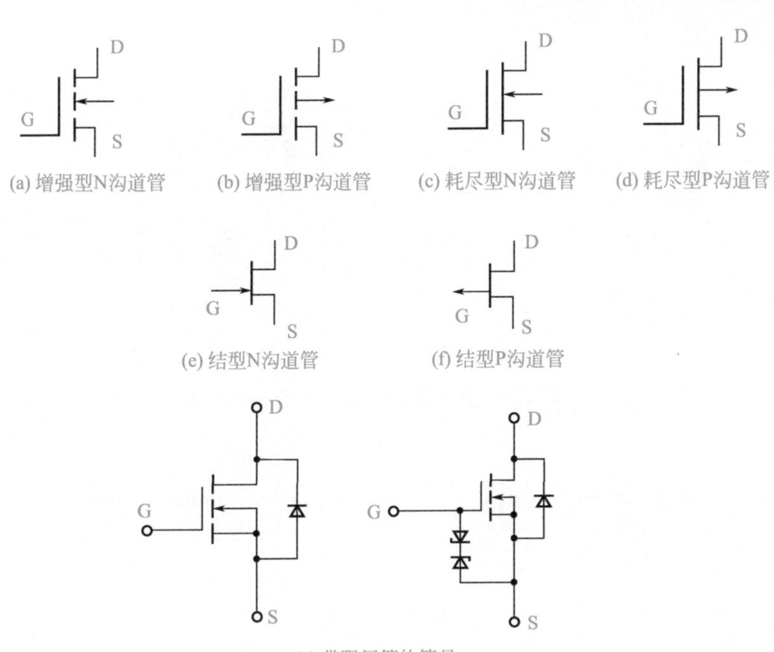

图 10-2　场效应管的图形符号

二、场效应管的分类

按结构分类，场效应管可分为结型场效应管和绝缘栅型场效应管两种，根据极性不同又分为N沟道和P沟道两种；按功率分类，场效应管可分为小功率场效应管、中功率场效应管和大功率场效应管三种；按封装结构分类，场效应管可分为塑料场效应管和金封场效应管两种；按焊接方法分类，场效应管可分为插入焊接式场效应管和贴面焊接式场效应管两种；按栅极数量分类，场效应管可分为单栅极场效应管和双栅极场效应管两种。而绝缘栅型场效应管又分为耗尽型和增强型两种。

（1）结型场效应管　在一块N型（或P型）半导体基片两侧各制作一个P型区（或N型区），就形成两个PN结，把两个P区（或N区）并联在一起引出一个电极，称为栅极（G）；在N型（或P型）半导体基片的两端各引出一个电极，分别称为源极（S）和漏极（D）。夹在两个PN结中间的N区（或P区）是电流的通道，称为沟道。这种结构的场效应管称为N沟道（或P沟道）结型场效应管，其结构如图10-3所示。

N沟道结型场效应管：电子电导，导电沟道为N型半导体。P沟道结型场效应管：空穴导电，导电沟道为P型半导体。

（2）绝缘栅型场效应管　以一块P型薄硅片作为衬底，在硅片上面制作两个高杂质的N型区，分别作为源极S和漏极D。在硅片表面覆盖一层绝缘物，然后再用金属铝引出一个电极G（栅极），这就是绝缘栅型场效应管的基本结构，如图10-4所示。

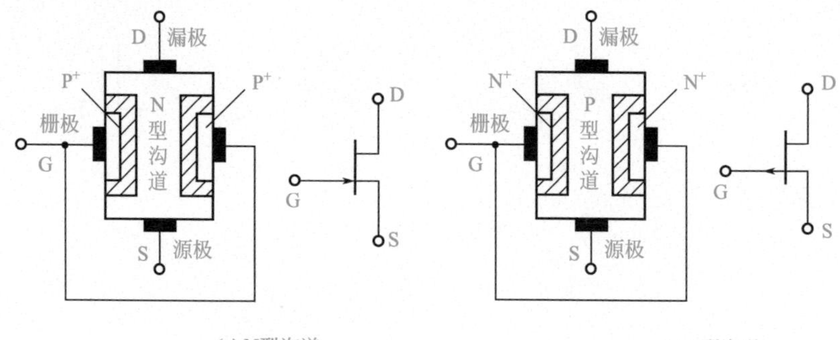

(a) N型沟道 (b) P型沟道

图 10-3 结型场效应管的结构及图形符号

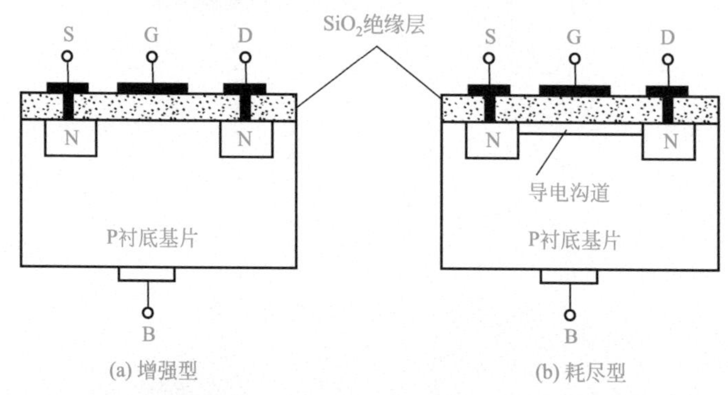

(a) 增强型 (b) 耗尽型

图 10-4 绝缘栅型场效应管的结构示意图

三、场效应管的主要参数

绝缘栅型场效应管的直流输入电阻、输出电阻、漏源击穿电压 U_{DSS}、栅源击穿电压 U_{GSS} 和结型场效应管相同，下面介绍其他参数的含义。

① 饱和漏源电流 I_{DSS}。对于耗尽型绝缘栅场效应管，将栅极、源极短路，使栅、源极间电压 U_{GS} 为 0，再使漏、源极间电压 U_{DS} 为规定值后，产生的漏源电流就是饱和漏源电流 I_{DSS}。

② 夹断电压 U_P。对于耗尽型绝缘栅场效应管，能够使漏源电流 I_{DSS} 为 0 或小于规定值的源栅偏置电压就是夹断电压 U_P。

③ 开启电压 U_T。 对于增强型绝缘栅场效应管， 当在漏源电压 U_{DSS} 为规定值时， 使沟道可以将漏、 源极连接起来的最小电压就是开启电压 U_T。

第二节 场效应管的检测、代换与应用

一、场效应管的检测

引脚的判别：首先给场效应管引脚进行短接放电，如图 10-5 所示。

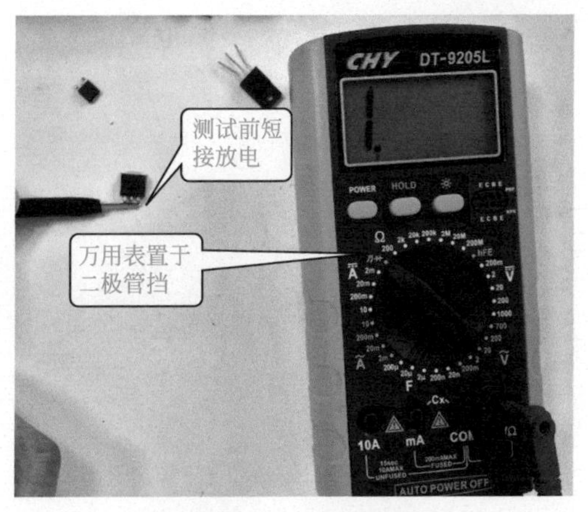

图 10-5 测试前短接放电

场效应管的检测

由于大功率绝缘栅型场效应管的漏极（D 极）、源极（S 极）间并联了一只二极管，所测量得的 D、S 极间的正、反向电阻就是该二极管的阻值，于是可以确认大功率场效应管的引脚功能。下面介绍使用数字万用表判别大功率绝缘栅 N 沟道 75n75 型场效应管引脚的方法，如图 10-6 所示。

首先，将万用表置于“R×1k”挡，测量场效应管任意两引脚之间的正、反向电阻值。其中一次测量两引脚时，指针指示到“10k”的刻度，这时黑表笔所接的引脚为 S 极（N 沟道型场效应管）或 D 极（P 沟道型场效应管），红表笔接的引脚是 D 极（N 沟道型场效应管）或 S 极（P 沟道型场效应管），而余下的引脚为栅极（G 极）。

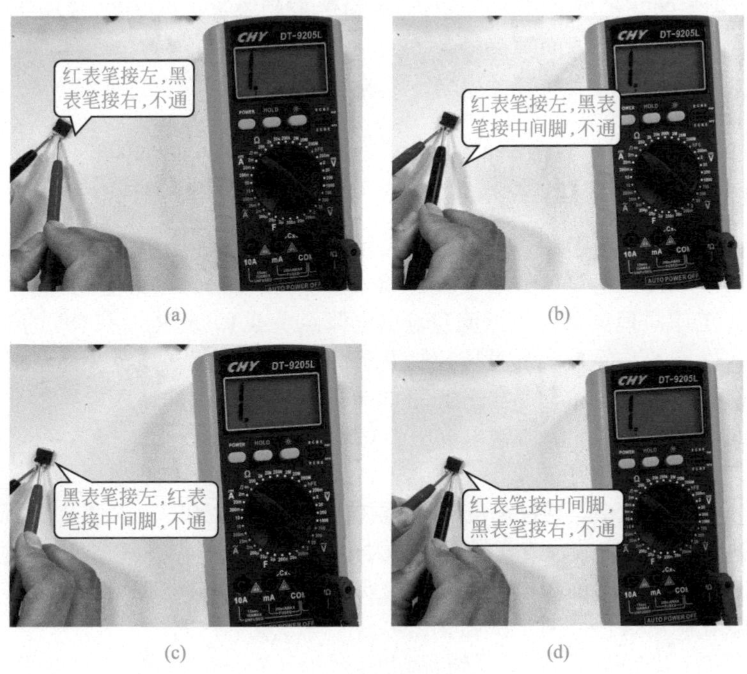

(a) (b) (c) (d)

图 10-6

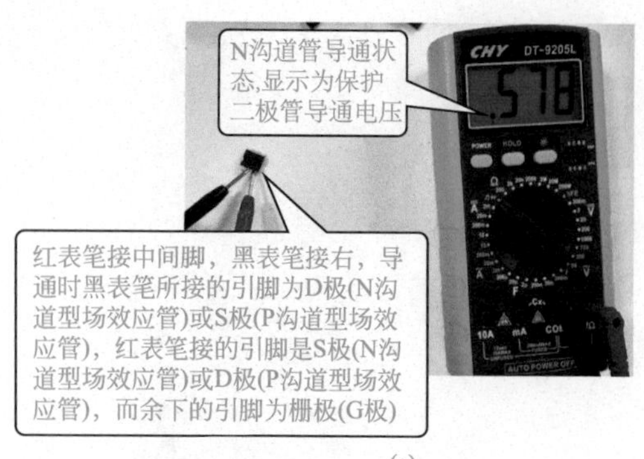
N沟道管导通状态,显示为保护二极管导通电压
红表笔接中间脚，黑表笔接右，导通时黑表笔所接的引脚为D极(N沟道型场效应管)或S极(P沟道型场效应管)，红表笔接的引脚是S极(N沟道型场效应管)或D极(P沟道型场效应管)，而余下的引脚为栅极(G极)

(e)

图 10-6 大功率绝缘栅型场效应管的引脚测试

二、场效应管的代换

场效应管损坏后，最好用同类型、同特性、同外形的场效应管进行更换。如果没有同型号的场效应管，则可以采用其他型号的场效应管进行代换。

一般 N 沟道场效应管与 N 沟道场效应管进行代换，P 沟道场效应管与 P 沟道场效应管进行代换，大功率场效应管可以代换小功率场效应管。小功率场效应管代换时，应考虑其输入阻抗、低频跨导、夹断电压或开启电压、击穿电压等参数；大功率场效应管代换时，应考虑其击穿电压（应为功放工作电压的 2 倍以上）、耗散功率（应达到放大器输出功率的 0.5 ～ 1 倍）、漏极电流等参数。

彩色电视机的高频调谐器、半导体收音机的变频器等高频电路一般采用双绝缘栅型场效应管；音频放大器的差分输入、调制、放大、阻抗变换等电路通常采用结型场效应管；音频功率放大、开关电源、镇流器、驻电器、电动机驱动等电路则采用 MOS 场效应管。

三、场效应管的应用

（1）用于串联稳压电源　MOSFET 应用于电源电路如图 10-7 所示。该电路由 P 沟道功率 MOSFET、运算放大器（CA3140 组成同相端输入放大器）、电流检测电阻 R_S 等组成。工作原理如下：当恒流源输出电流经负载 R_L 及 R_S，在 R_S 上产生的电压（R_SI_D）输入同相端，经放大后直接控制 P 管的栅极 G 而组成电流反馈电路，使输出电流达到稳定。例如，如有 I_D↓ → R_S 上的电压↓→同相端的输入电压↓→运算放大器的输出电压↓→运算放大器输出电压↓（R1 的电压↓）→ U_{GS}（V_{CC}–U_{R1}）↑→ I_D↑，这样可保持恒流的稳定性。

输出电流 I_D 的大小是通过电位器 RP 阻值的调节而达到的。改变 RP 阻值的大小，改变了运算放大器的增益，改变了运算放大器的输出电压，从而改变了 P 管的 U_{GS} 的大小，也改变了 P 管的漏极电流 I_D。例如要使 I_D 增加可减小 RP 阻值。RP 阻值↓→运算放大器增益 A_V↓→运算放大器输出电压↓→ U_{GS}↑→ I_D↑。

这里的 R3 及 LED 仅用作有恒流时的指示（R_LI_D>1.8V 时 LED 才会亮）。R3、

LED也可不用。

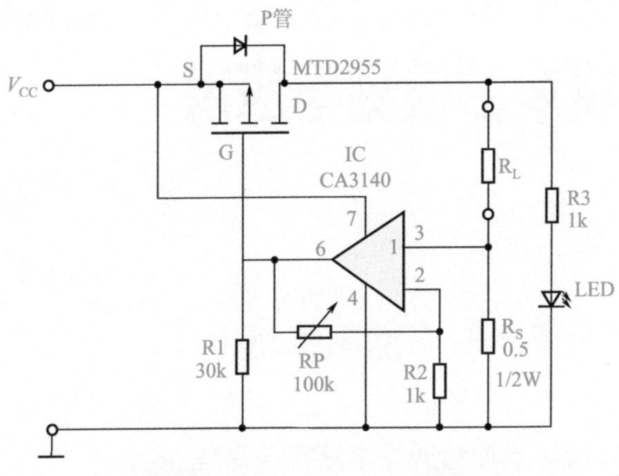

图 10-7 MOSFET应用于电源电路

（2）用于开关电源作为开关管　场效应管用于开关电源作开关管如图10-8所示。

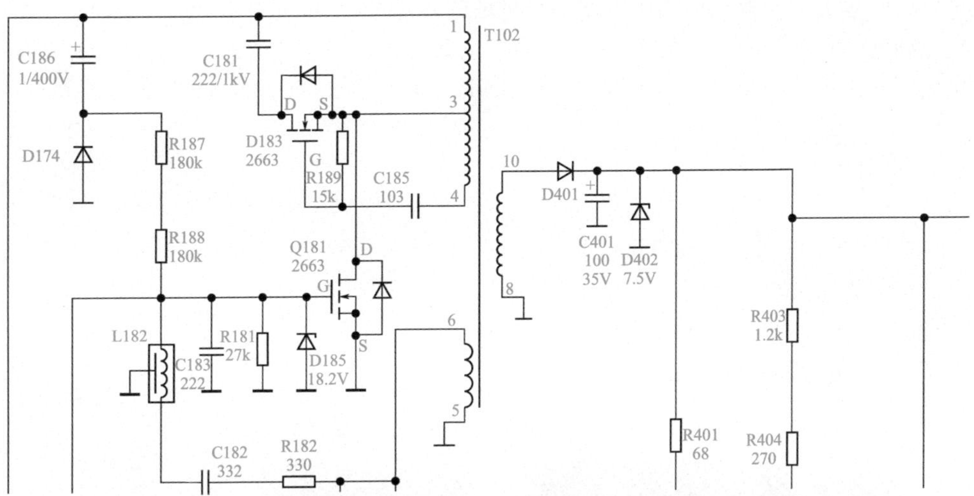

图 10-8 场效应管用于开关电源作开关管

绝缘栅双极型晶体管及其功率模块的检测与应用

第一节 认识绝缘栅双极型晶体管

一、绝缘栅双极型晶体管的基本结构与原理

绝缘栅双极型晶体管（Insulated Gate Bipolar Transistor，IGBT）是功率场效应管与双极型（PNP 或 NPN）晶体管复合后的一种新型复合型器件。IGBT 综合了场效应管开关速度快、控制电压低和双极型晶体管电流大、反压高、导通时压降小等优点，是目前颇受人们欢迎的电力电子器件。目前国外高压 IGBT 模块的电流 / 电压容量已达 2000A/3300V，采用了易于并联的 NPT 工艺技术，第四代 IGBT 产品的饱和压降 $U_{CE(sat)}$ 显著降低，减少了功率损耗；美国 IR 公司生产的 WrapIGBT 开关速度最快，工作频率最高可达 150kHz。IGBT 已广泛应用于电动机变频调速控制、程控交换机电源、计算机系统不停电电源（UPS）、变频空调器、数控机床伺服控制等。

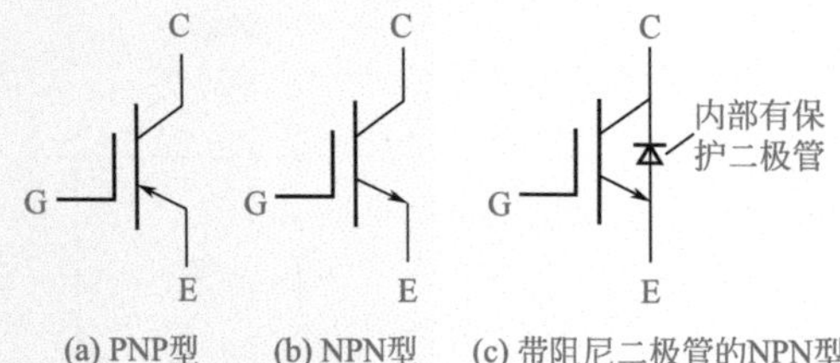

(a) PNP型　(b) NPN型　(c) 带阻尼二极管的NPN型

图 11-1 IGBT 的图形符号

IGBT 是由 MOSFET 与 GTR 复合而成的，其图形符号如图 11-1 所示。IGBT 是由栅极 G、发射极 E、集电极 C 组成的三端电压控制器件。IGBT 有多种封装形式，如图 11-2 所示。

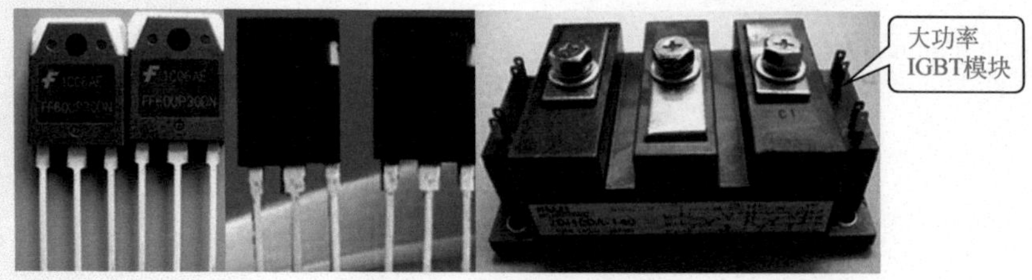

图 11-2 多种封装形式 IGBT

简单来说，IGBT 等效成一只由 MOSFET 驱动的厚基区 PNP 型三极管，如图 11-3（b）所示。N 沟道 IGBT 简化等效电路中 R_N 为 PNP 管基区内的调制电阻，由 N 沟道 MOSFET 和 PNP 型三极管复合而成，导通和关断由栅极和发射极之间的驱动电

压 U_{GE} 决定。当栅极和发射极之间的驱动电压 U_{GE} 为正且大于栅极开启电压 $U_{GE(th)}$ 时，MOSFET 内形成沟道并为 PNP 型三极管提供基极电流，进而使 IGBT 导通。此时，从 P+ 区注入 N– 的空穴对（少数载流子）对 N 区进行电导调制，减小 N– 区的电阻 R_N，使高耐压的 IGBT 具有很小的通态压降。当栅射极间不加信号或加反向电压时，MOSFET 内的沟道消失，PNP 型三极管的基极电流被切断，IGBT 立即关断。

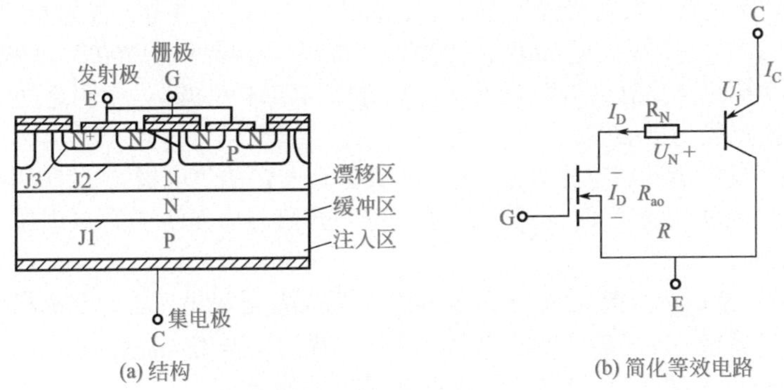

(a) 结构　　(b) 简化等效电路

图 11-3 IGBT 结构、简化等效电路

二、绝缘栅双极型晶体管的特性与主要参数

IGBT 基本特性包括静态特性和动态特性，其中静态特性由输出特性和转移特性组成，动态特性描述 IGBT 开关过程。

（1）IGBT 的基本特性

① 输出特性 I_C-U_{CE}［图 11-4（a）所示］。反映集电极电流 I_C 与集电极 - 发射极之间电压 U_{CE} 的关系，参变量为栅极和发射极之间驱动电压 U_{GE}，由饱和区、放大区、截止区组成。

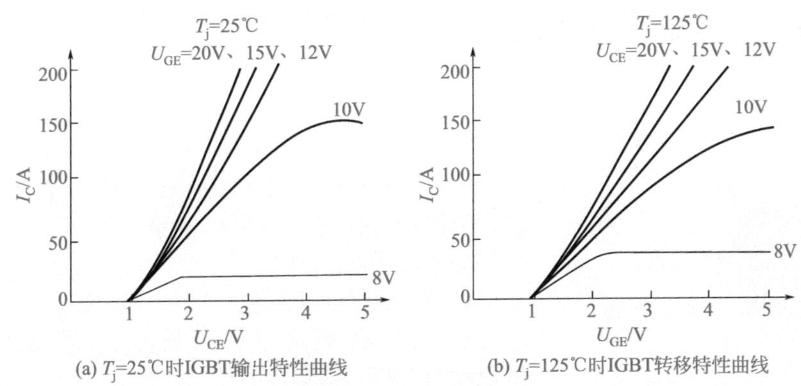

(a) T_j=25℃时IGBT输出特性曲线　　(b) T_j=125℃时IGBT转移特性曲线

图 11-4 IGBT 特性曲线

② 转移特性 I_C-U_{GE}［图 11-4（b）］。反映集电极电流 I_C 与栅极 - 发射极之间驱动电压 U_{GE} 的关系。

③ 动态特性。动态特性即开关特性，反映 IGBT 开关过程及开关时间参数，包括

导通过程、导通、关断过程、截止四种状态。其中 U_{GE} 是栅射极驱动电压，U_{CE} 是集射极电压，I_C 是集电极电流，t_{on} 是导通时间，t_{off} 是关断时间。

IGBT主要参数

（2）IGBT 的主要参数

① 最大集电极电流 I_{CM}：表征 IGBT 的电流容量，分为直流条件下的 I_C 和 1ms 脉冲条件下的 I_{CP}。

② 集电极 - 发射极最高电压 U_{CES}：表征 IGBT 集电极 - 发射极的耐压能力。目前 IGBT 耐压等级有 600V、1000V、1200V、1400V、1700V、3300V。

③ 栅极 - 发射极击穿电压 U_{GEM}：表征 IGBT 栅极 - 发射极之间能承受的最高电压，其值一般为 ±20V。

④ 栅极 - 发射极开启电压 $U_{GE(th)}$：指 IGBT 在一定的集电极 - 发射极电压 U_{CE} 下，流过一定的集电极电流 I_C 时的最小开栅电压。当栅源电压等于开启电压 $U_{GE(th)}$ 时，IGBT 开始导通。

⑤ 输入电容 C_{IES}：指 IGBT 在一定的集电极 - 发射极电压 U_{CE} 和栅极 - 发射极电压 U_{GE}=0 下，栅极 - 发射极之间的电容，表征栅极驱动瞬态电流特征。

⑥ 集电极最大功耗 P_{CM}：表征 IGBT 最大允许功耗。

⑦ 开关时间：它包括导通时间 t_{on} 和关断时间 t_{off}。导通时间 t_{on} 又包含导通延迟时间 t_d 和上升时间 t_r。关断时间 t_{off} 又包含关断延迟时间 t_d 和下降时间 t_f。

部分 IGBT 的主要参数可扫二维码查询。

提示： 新型 IGBT 的最高工作频率 f_r 已超过 150kHz、最高反压 U_{CES} ≥ 1700V、最大电流 I_{CM} 已达 800A、最大耗散功率 P_{CM} 达 3000W、导通时间 t_{on}<50ns。

第二节　绝缘栅双极型晶体管的检测

一、IGBT 单管的检测

图 11-5　常见的 IGBT 引脚排列顺序

检测之前最好用镊子短接 G、E 极，否则可能会因为干扰信号而导通；另外测量时可每一步放一次电，确保测量的准确度。

IGBT 有三个电极，分别是 G 极、C 极、E 极，G 极与 C、E 极绝缘，C 极与 E 极绝缘。常见的 IGBT 在 C 极和 E 极之间集成了一个阻尼二极管，利用万用表表笔可以测量这个阻尼二极管。常见的 IGBT 引脚排列顺序如图 11-5 所示，从左到右分别是 G 极、C 极、E 极。有散热片类型的，散热片与 C 极是相通的，这种类型在有的电路中需要采取绝缘措施。

将万用表置于二极管挡，分别测试 G 极和 C 极，万用表均显示过量程，如图 11-6 所示。

测试 G 极和 E 极，万用表显示过量程，如图 11-7 所示。

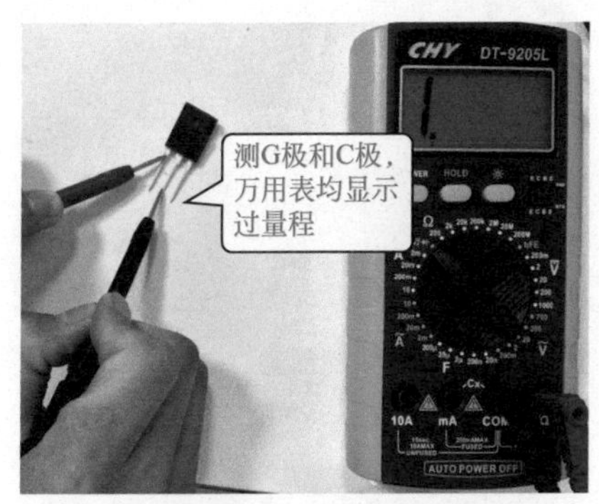

图 11-6　测 G 极和 C 极

图 11-7　测 G 极和 E 极

C 极接红表笔，E 极接黑表笔，万用表显示过量程，如图 11-8 所示。

C 极接黑表笔，E 极接红表笔，测量阻尼二极管，万用表显示二极管的导通值，如图 11-9 所示。

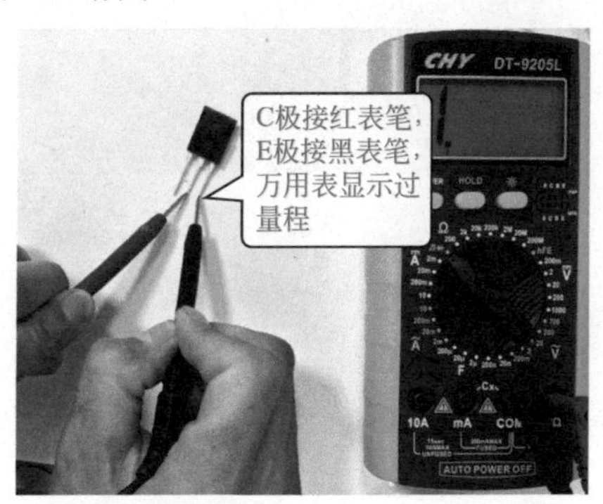

图 11-8　测 C 极和 E 极

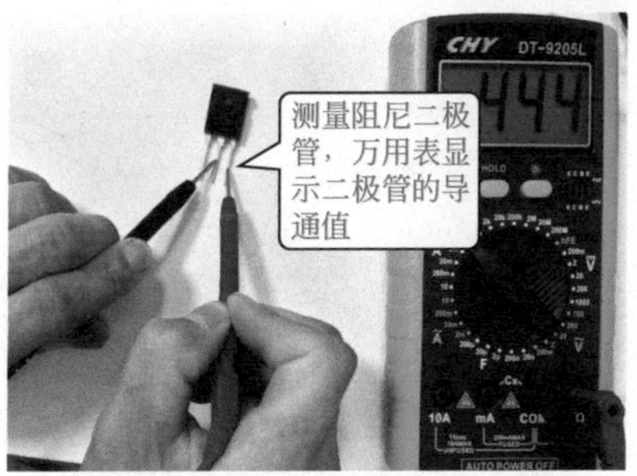

图 11-9　测量阻尼二极管导通值

测量 IGBT 最好使用指针万用表进行，可以方便地测量出 IGBT 的各项参数，下面介绍利用指针万用表测试 IGBT 的方法。

IGBT的检测

带阻尼二极管的 IGBT 测量：用 R×10、R×100 挡测三个电极。其中有一次阻值为几百欧，另一次为几千欧，此两脚即为 C 极、E 极，且阻值小的一次测试中黑表笔所接的为 E 极，红表笔所接的为 C 极，另一脚为 B 极（G 极）。

在上述两项测量中，如 CB、CE 的正、反电阻均很小或为零，则说明 IGBT 已击穿；CE 阻值为无穷大，则为开路，如图 11-10 ～图 11-15 所示。

在以上测量中，如不按照上述规律，测量阻值都很小则为 IGBT 击穿，但测量过程中如 IGBT 开路则无法测出。要想测出 IGBT 是否有放大能力，可用图 11-16 所示方法再进一步测量。

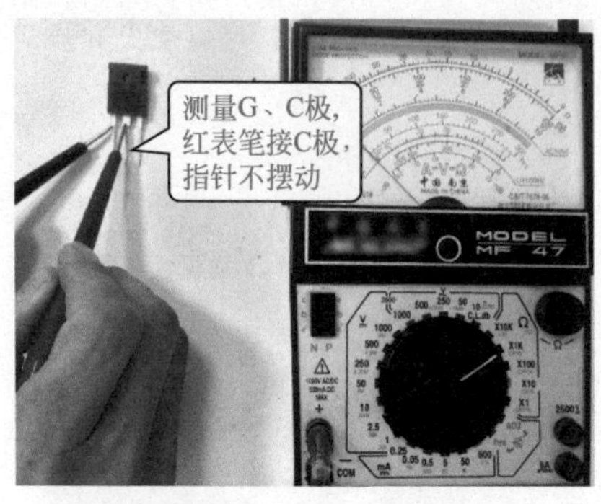
测量G、C极，
红表笔接C极，
指针不摆动

图 11-10 测量 G、C 极（一）

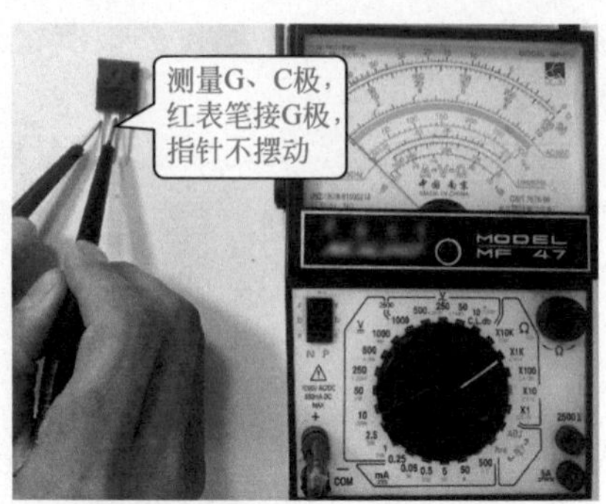
测量G、C极，
红表笔接G极，
指针不摆动

图 11-11 测量 G、C 极（二）

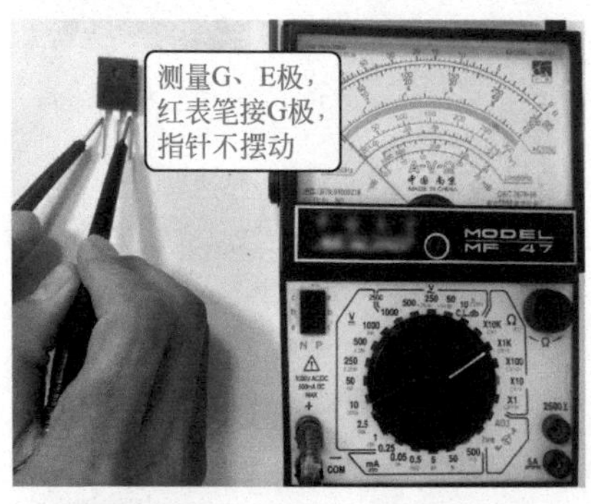
测量G、E极，
红表笔接G极，
指针不摆动

图 11-12 测量 G、E 极（一）

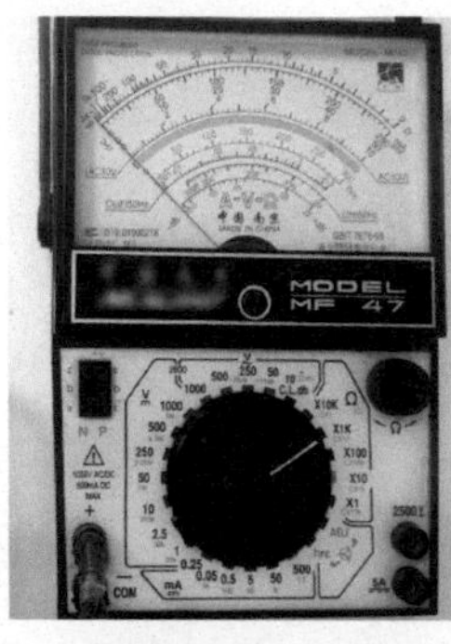
测量G、E极，
红表笔接E极，
指针不摆动

图 11-13 测量 G、E 极（二）

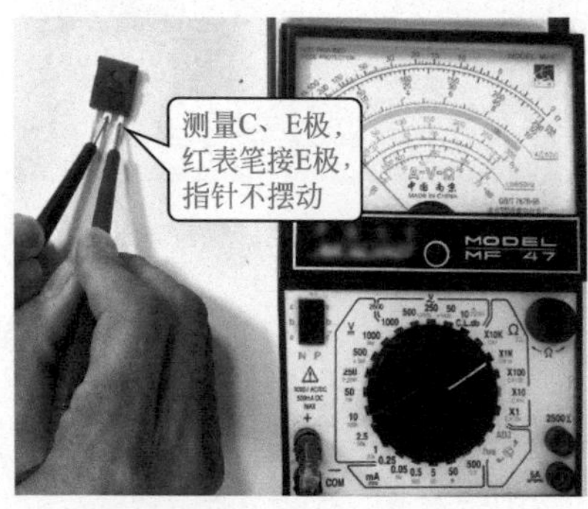
测量C、E极，
红表笔接E极，
指针不摆动

图 11-14 测量 C、E 极（一）

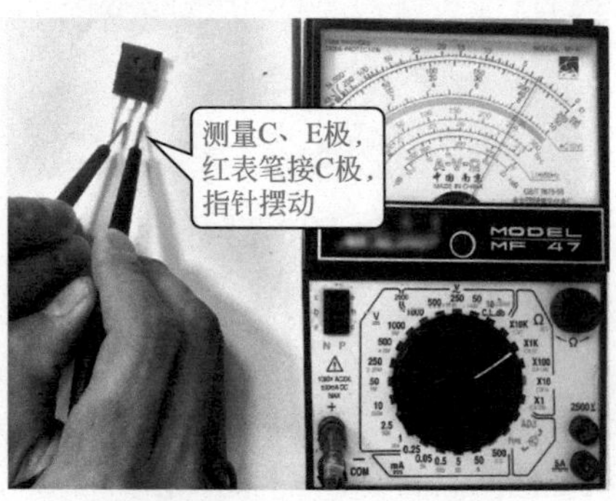
测量C、E极，
红表笔接C极，
指针摆动

图 11-15 测量 C、E 极（二）

二、IGBT 模块的检测

（1）单单元的检测　测量时，利用万用表 R×10 挡测 IGBT 的 C-E、C-G 和 G-E 之间的阻值，应与带阻尼管的阻值相符。若该 IGBT 组件失效，C-E、C-G 间可能存在短路现象。（注意：IGBT 正常工作时，G-E 之间的电压约为 9V，E 极为基准。）

若采用在路测量法，应先断开相应引脚，以防受电路中内阻影响，造成误判断。

（2）多单元的检测　检测多单元时，先找出多单元中的独立单元，再按单单元检测。

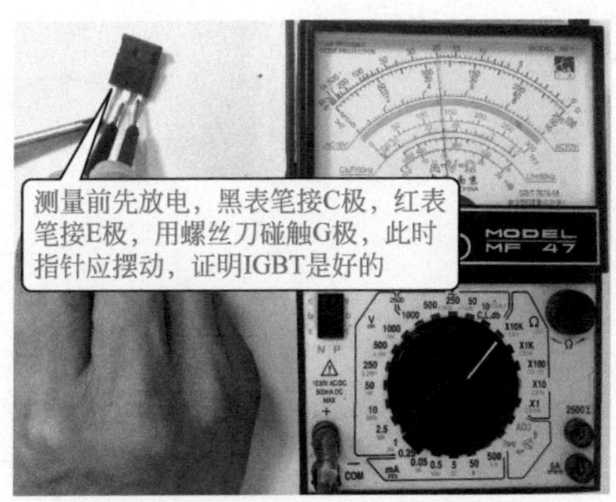

测量前先放电，黑表笔接C极，红表笔接E极，用螺丝刀碰触G极，此时指针应摆动，证明IGBT是好的
MODEL MF 47

图 11-16　测 IGBT 是否有放大能力

第三节　绝缘栅双极型晶体管的应用

① IGBT 应用于电磁炉电路如图 11-17 所示。图中 VT1、VT2 为 IGBT 功率管，受电路控制，工作在开关状态，使加热线盘产生电磁场，对锅进行加热。

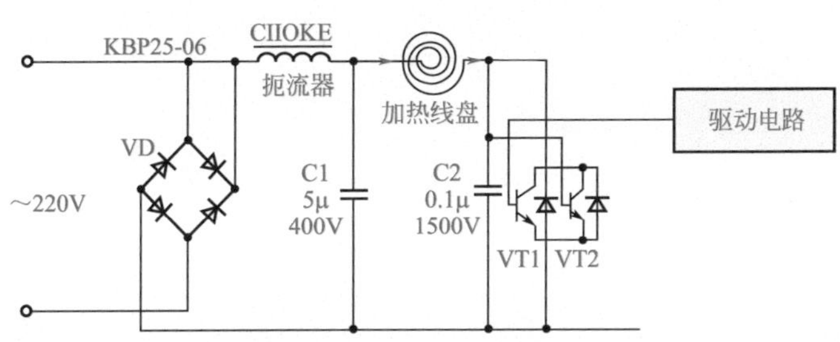

图 11-17　IGBT 应用于电磁炉电路

② IGBT 应用于开关电源电路如图 11-18 所示。电路中 V901 为电源开关管，受前级驱动电路的控制工作在开关状态，使变压器中产生磁能，从而输出所需工作电压。

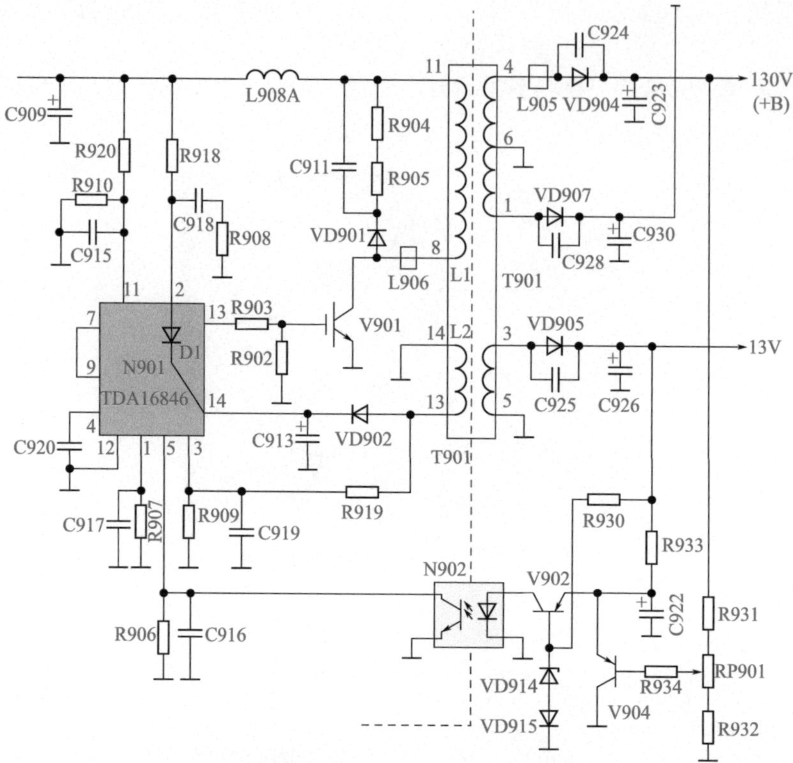

图 11-18 IGBT 应用于开关电源电路

晶闸管的检测与应用

第一节 认识晶闸管

一、晶闸管的结构与图形符号

（1）结构 如图 12-1 所示，晶闸管（俗称可控硅）是由 PNPN 四层半导体结构组成的，包括阳极（用 A 表示）、阴极（用 K 表示）和控制极（用 G 表示）三个极，其内部结构如图 12-2 所示。

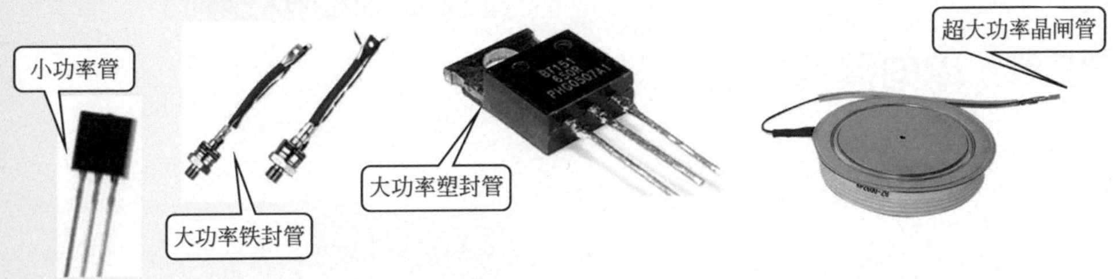

图 12-1 晶闸管的外形

如果仅是在阳极和阴极间加电压，无论采取正接还是反接，晶闸管都是无法导通的。因为晶闸管中至少有一个 PN 结总是处于反向偏置状态。如果采取正接法，即在晶闸管阳极接正电压、阴极接负电压，同时在控制极再加相对于阴极而言的正向电压（足以使晶闸管内部的反向偏置 PN 结导通），晶闸管就导通了（PN 结导通后就不再受极性限制）。而且一旦导通再撤去控制极电压，晶闸管仍可保持导通的状态。如果此时想使导通的晶闸管截止，只有使其电流降到某个值以下或将阳极与阴极间的电压减小到零。

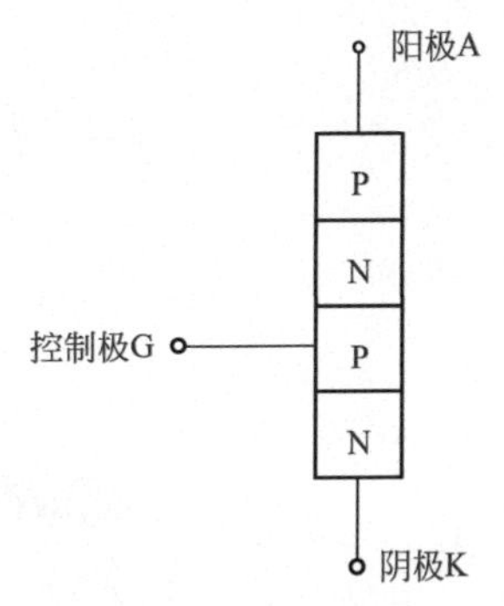

图 12-2 晶闸管的内部结构

由于晶闸管只有导通和关断两种工作状态，所以它具有开关特性，这种特性需要一定的条件才能转化，条件如下。

① 从关断到导通时，阳极电位高于阴极电位，控制极有足够的正向电压和电流，两者缺一不可。

② 维持导通时，阳极电位高于阴极电位，阳极电流大于维持电流，两者缺一不可。

③ 从导通到关断时，阳极电位低于阴极电位，阳极电流小于维持电流，任一条件即可。

（2）晶闸管的图形符号 晶闸管是电子电路中最常用的电子元器件之一，一般用字母“VS”表示。晶闸管的图形符号如图 12-3 所示。

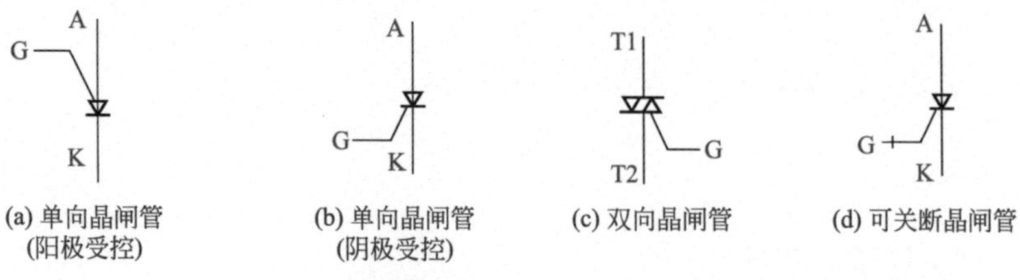

图 12-3 晶闸管的图形符号

二、晶闸管的分类、型号命名与主要参数

晶闸管的分类、型号命名与主要参数可扫二维码学习。

晶闸管的分类、型号命名与主要参数

第二节 单向晶闸管的检测

一、单向晶闸管的结构与特性

单向晶闸管也称单向可控硅。由于单向晶闸管具有成本低、效率高、性能可靠等优点，所以被广泛应用在可控整流、交流调压、逆变电源、开关电源等电路中。

单向晶闸管由 PNPN 4 层半导体构成，而它等效为 2 只三极管，它的 3 个引脚分别是 G 为控制极，A 为阳极，K 为阴极。单向晶闸管的结构、等效电路及图形符号如图 12-4 所示。

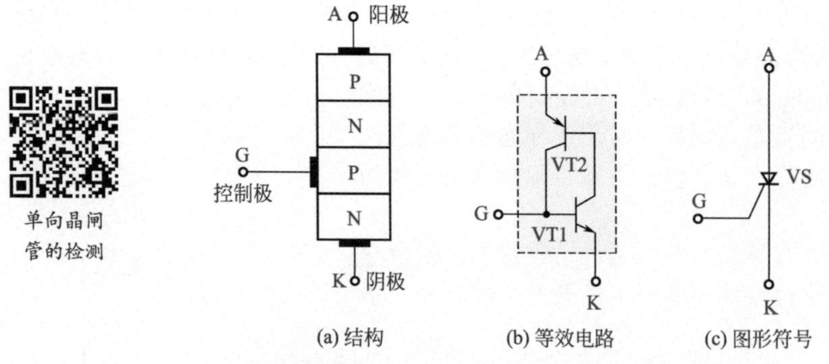

图 12-4 单向晶闸管的结构、等效电路及图形符号

由单向晶闸管的等效电路可知，单向晶闸管由 1 只 NPN 型三极管 VT1 和 1 只 PNP 型三极管 VT2 组成，所以单向晶闸管的 A 极和 K 极之间加上正极性电压时，

它并不能导通；只有当它的G极有触发电压输入后，它才能导通。这是因为单向晶闸管G极输入电压加到VT1的B极，使VT1导通，VT1的C极电位为低电压，致使VT2导通，此时VT2的C极输出电压又加到VT1的B极，维持VT1的导通状态。因此，单向晶闸管导通后，即使G极不再输入导通电压，它也会维持导通状态。只有使A极输入的电压足够小或为A、K极间加反向电压，单向晶闸管才能关断。

二、单向晶闸管的检测

（1）单向晶闸管引脚的判别　由于单向晶闸管的G极与K极之间仅有一个PN结，所以这两个引脚间具有单向导通特性，而其余引脚间的阻值或导通压降值应为无穷大。下面介绍用数字万用表检测的方法。

首先，将数字万用表置于“二极管”挡，表笔任意接单向晶闸管两个引脚，测试中出现0.6～0.7左右的数值时，说明此时红表笔接的是G极，黑表笔接的是K极，剩下的引脚是A极。

（2）单向晶闸管触发导通能力的检测　如图12-5、图12-6所示，黑表笔接K极，红表笔接A极，导通压降值应为无穷大；此时用红表笔瞬间短接A、G极，随后测A、K极之间的导通压降值，若导通压降值迅速变小，说明晶闸管被触发并能够维持导通状态，否则说明晶闸管已损坏。

如在测量过程中不显示PN结电压，或正反都为无穷大，则晶闸管损坏。

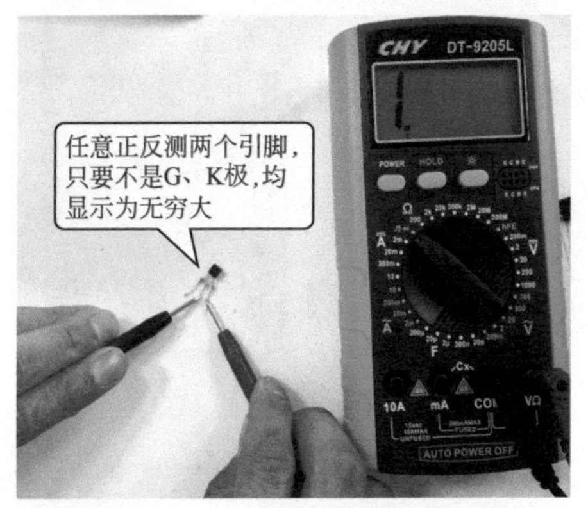

图12-5　检测单向晶闸管导通能力（一）

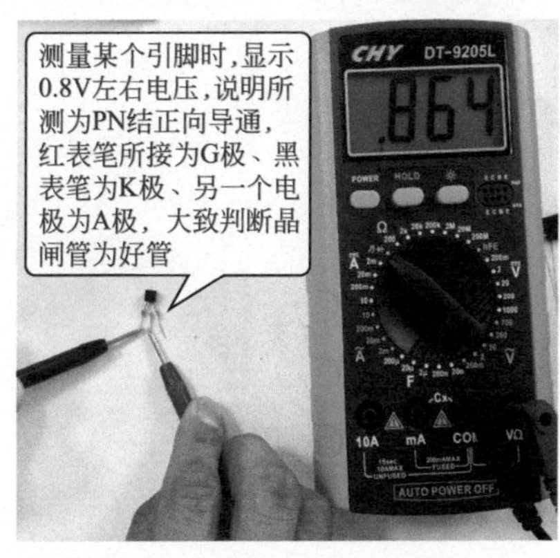

图12-6　检测单向晶闸管导通能力（二）

第三节　双向晶闸管的结构与检测

一、双向晶闸管的结构

双向晶闸管由两只单向晶闸管反向并联组成，所以它具有双向导通性能，即只要G极输入触发电流后，无论T1、T2极间的电压方向如何，它都能够导通。双向晶闸管的等效电路及图形符号如图12-7所示。

双向晶闸管的检测

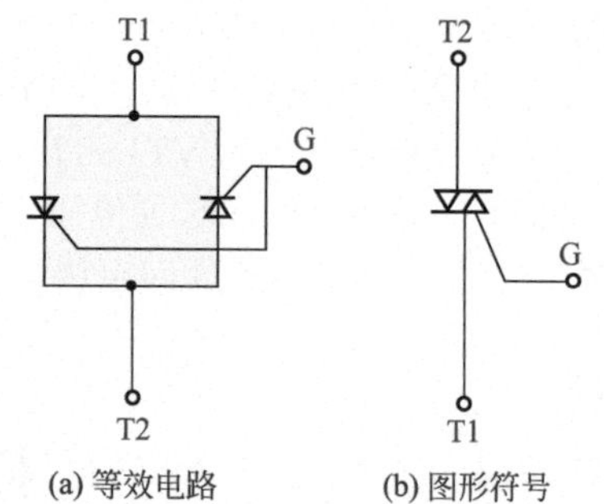

图 12-7 双向晶闸管的等效电路及图形符号

二、双向晶闸管的检测

引脚和触发性能的判断：将指针万用表置于 R×1 挡，任意测双向晶闸管两个引脚间的电阻，当一组的阻值为几十欧时，说明这两个引脚为 G 极和 T1 极，剩下的引脚为 T2 极（图 12-8）。

假设 T1 和 G 极中的任意一脚为 T1 极，红表笔接 T2 极，此时的阻值应为无穷大（图 12-9）。

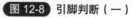

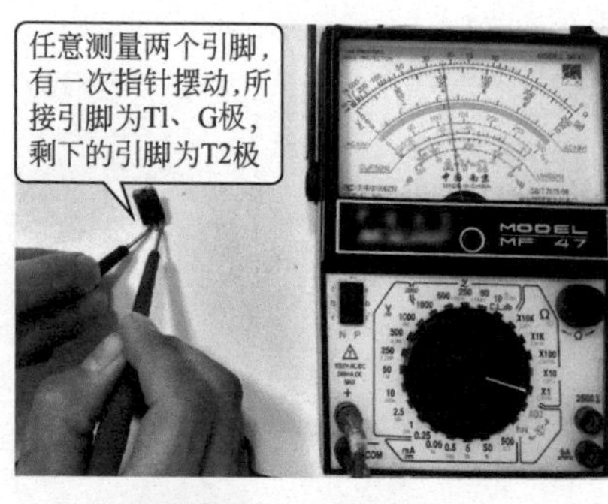

任意测量两个引脚，有一次指针摆动，所接引脚为Tl、G极，剩下的引脚为T2极
MODEL MF 47

图 12-8 引脚判断（一）

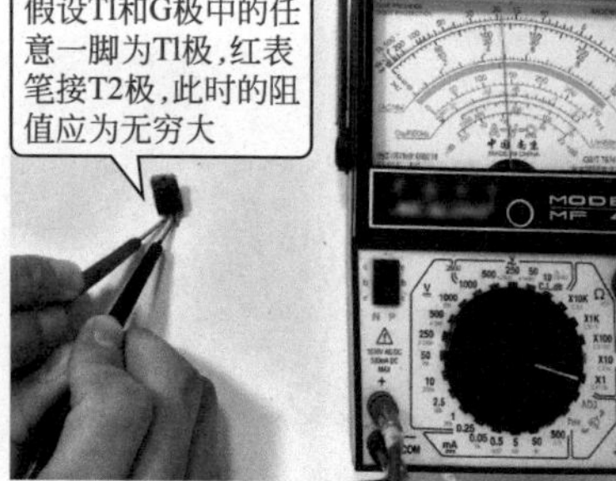

图 12-9 引脚判断（二）

用表笔瞬间短接 T2、G 极，如果阻值由无穷大变为几十欧，说明晶闸管被触发并维持导通（图 12-10、图 12-11）。

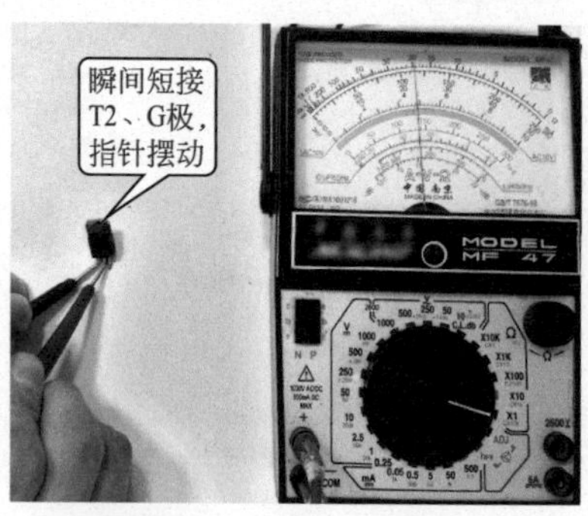

图 12-10 触发能力判别（一）

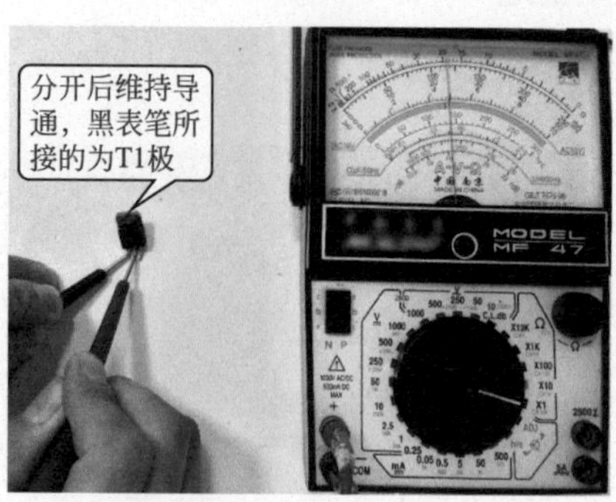

图 12-11 触发能力判别（二）

假设正确调换表笔重复上述操作，黑表笔接 T2 极，红表笔接 T1 极，如图 12-12 所示。

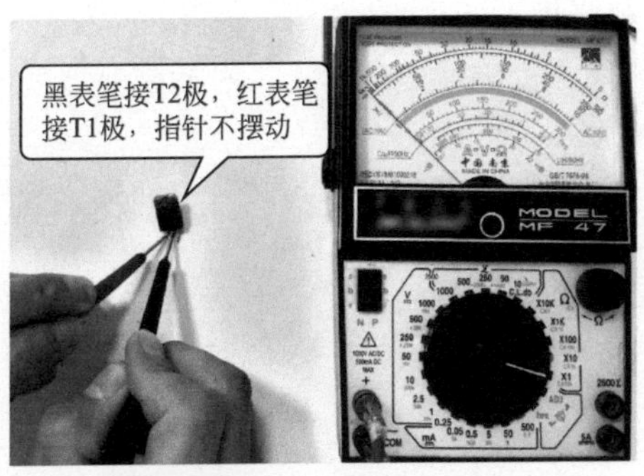

图 12-12 触发能力判别（三）

用黑表笔瞬间短接 T2、G 极，如果阻值由无穷大变为几十欧，说明晶闸管被触发并维持导通，如图 12-13、图 12-14 所示。

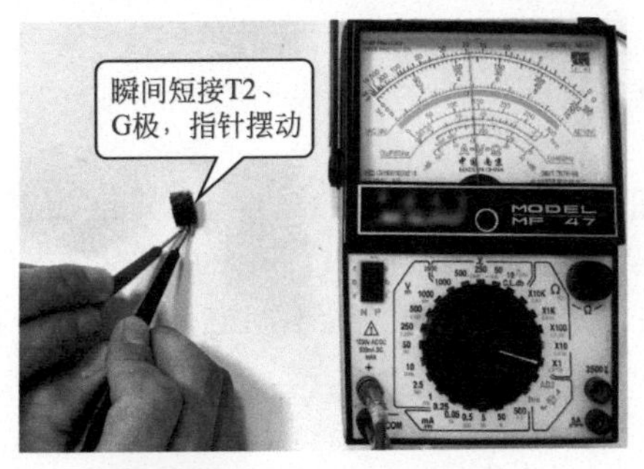

图 12-13 触发能力判别（四）

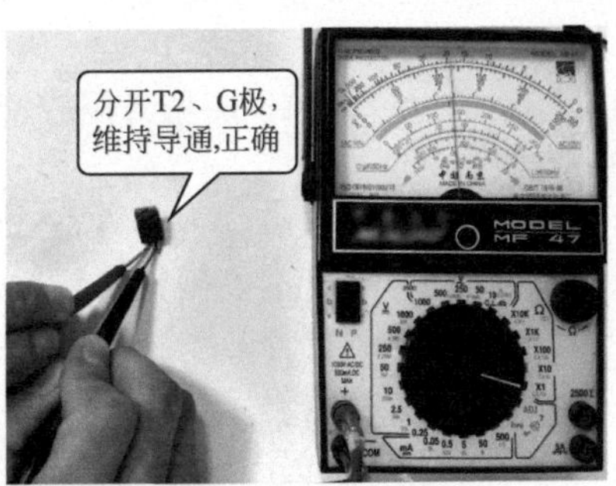

图 12-14 触发能力判别（五）

第四节　晶闸管的代换与使用注意事项

一、晶闸管的代换

晶闸管的种类繁多，根据使用的不同需求，通常采用不同类型的晶闸管。在对晶闸管进行代换时，主要考虑其额定峰值电压、额定电流、正向压降、控制极触发电流及触发电压、开关速度等参数。最好选用同型号、同特性、同外形的晶闸管进行代换。

① 对于逆变电源、可控整流、交直流电压控制、交流调压、开关电源保护等电路，一般使用普通晶闸管。

② 对于交流调压、交流开关、交流电动机线性调速、固态继电器、固态接触器及灯具线性调光等电路，一般使用双向晶闸管。

③ 对于超声波电路、电子镇流器、开关电源、电磁灶及超导磁能储存系统等电

路，一般使用逆导晶闸管。

④ 对于光探测器、光报警器、光计数器、光电耦合器、自动生产线的运行监控及光电逻辑等电路，一般使用光控晶闸管。

⑤ 对于过电压保护器、锯齿波发生器、长时间延时器及大功率三极管触发等电路，一般使用 BTG 晶闸管。

⑥ 对于斩波器、逆变电源、电子开关及交流电动机变频调速等电路，一般使用可关断晶闸管。

另外，代换时新晶闸管应与旧晶闸管的开关速度一致。如高速晶闸管损坏后，只能选用同类型的高速晶闸管，而不能用普通晶闸管来代换。

二、晶闸管的使用注意事项

① 选用晶闸管的额定电压时，应参考实际工作条件下峰值电压的大小，并留出一定的余量。

② 选用晶闸管的额定电流时，除了考虑通过元件的平均电流外，还应注意正常工作时导通角的大小、散热通风条件等因素。在实际工作中还应注意管壳温度不超过相应电流下的允许值。

③ 使用晶闸管之前，应用万用表检查晶闸管是否良好。发现有短路或断路现象时，应立即更换。

④ 严禁用兆欧表（即摇表）检查元件的绝缘情况。

⑤ 电流在 5A 以上的晶闸管要装散热器，并且保证所规定的冷却条件符合要求。为保证散热器与晶闸管管芯接触良好，它们之间应涂上一薄层有机硅油或硅脂，以利于良好散热。

⑥ 按规定对主电路中的晶闸管采用过电压及过电流保护装置。

⑦ 应防止晶闸管控制极的正向过载和反向击穿。

第五节 晶闸管的应用

一、单向晶闸管的应用

单向晶闸管在直流电动机调速中应用电路如图 12-15 所示。220V 市电电压经整流后，通过晶闸管 VS 加到直流电动机的电枢上，同时它还向励磁线圈 L 提供励磁电流，只要调节 RP 的阻值，就能改变晶闸管的导通角，从而改变输出电压的大小，实现直流电动机的调速（VD 是直流电动机电枢的续流二极管）。

二、双向晶闸管的应用

图 12-16（a）是由双向晶闸管构成的台灯调光电路。EL 代表白炽灯泡。双向晶闸管 VS 的控制极与双向触发二极管 VD 相连。通过调节电位器 RP，可以改变双向晶闸管的导通角，进而改变流过白炽灯泡的平均电流值，达到连续调光的效果。此电

路还可作为500W以下的电熨斗或电热褥的温度调节电路使用。应用时，双向晶闸管要加装合适的散热器，以免晶闸管过热损坏。

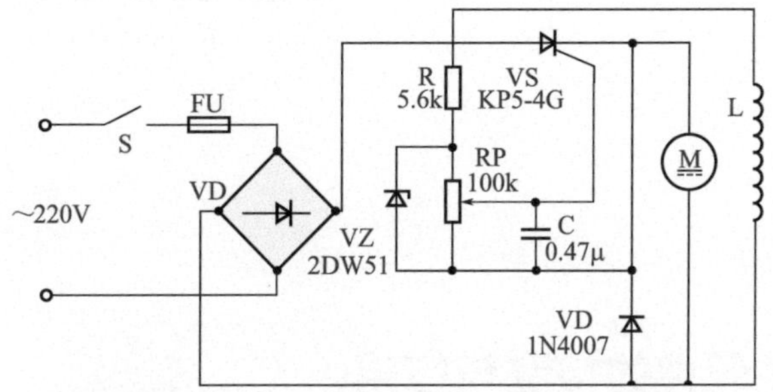

图 12-15　单向晶闸管在直流电动机调速中应用电路

图12-16（b）是由双向晶闸管构成的光电控制电路。接通交流电源后，有光照射到光敏电阻器RG，阳极A在交流电正半周时，控制极G被正向触发而导通，负半周时则负向触发导通，负载照明灯泡EL点亮。

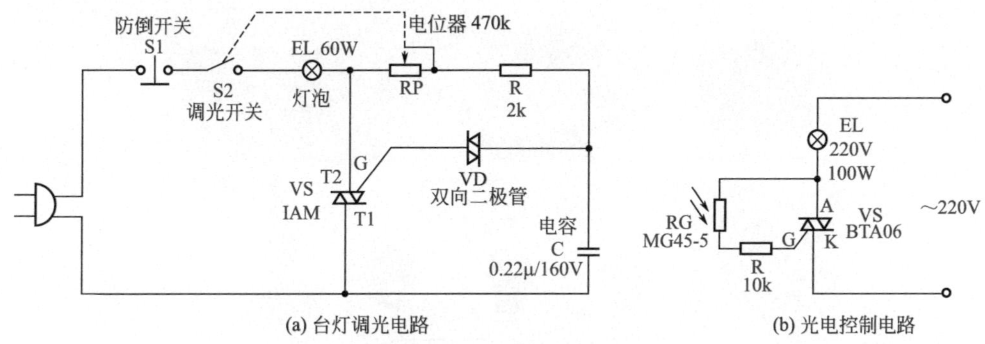

图 12-16　双向晶闸管应用电路

第十三章 开关元件与继电器的检测与应用

第一节 开关元件的检测与应用

一、认识开关元件

（1）开关元件的结构　各种开关的外形如图 13-1 所示。开关的主要工作元件是

图 13-1 各种开关的外形

触点（又称接点），依靠触点的闭合（即接触状态）和分离（即断开状态）来接通和断开电路。在电路要求接通时，通过手动或机械作用使触点闭合；在电路要求断开时，通过手动或机械作用使触点分离。触点或簧片都要具有良好的导电性。触点的材料为铜、铜合金、银、银合金、表面镀银、表面镀银合金。用于低电压（如直流 2V）的开关，甚至还要求触点表面镀金或金合金。簧片要求具有良好的弹性，多采用厚度为 0.35~0.50mm 的磷青铜、铍青铜材料制成。

簧片安装于绝缘体上，绝缘体的材料多为塑料制成，有些开关还要求采用阻燃材料。簧片或插入绝缘体的孔中，用簧片的刺定位，或直接在注塑时固定于绝缘体中。

（2）开关元件的性能要求

① 触点能可靠的通断。为了保证触点在闭合位置时能可靠接通，主要有两点技术要求：一是要求两触点在闭合时要具有一定的接触压力，二是要求两触点接触时的接触电阻要小于某一值。

② 如作电源开关的触点（如定时器的主触点、多数开关的触点），初始接触电阻不能大于 30mΩ，经过寿命试验后接触电阻不能大于 200mΩ。接触压力不足将会产生接触不良、开关时通时断的故障，常说的触点“抖动”现象就是接触压力不足的表现。接触电阻大将会使触点温升高，严重时会使触点熔化而黏结在一起。

③ 要求开关安装位置固定，簧片和触点定位可靠。

④ 开关的带电部分应与有接地可能的非带电金属部分及人体可能接触的非金属表面之间保持足够的绝缘距离，绝缘电阻应在 20MΩ 以上。

二、开关的检测

常用检测方法有三种，即目视观察法、万用表检测法、短接检测法。

（1）目视观察法　对于动作明显、触点直观的开关，可采用目视观察法检查。将开关置于正常工作时应处于闭合或分离的状态，观察触点是否接触或分离，同时观察触点表面是否损坏、是否积炭、是否有腐蚀性气体腐蚀生成物（如针状结晶的硫化银、氯化银）、是否变色以及两触点位置是否偏移。对于不正常工作的开关，通过手动和观察，也可检查出动作是否正常。

（2）万用表检测法　对于触点隐蔽、难于观察到通断状态的开关（如自动型洗衣机上的水位开关、封闭型琴键开关），可以用万用表测电阻的方法来检查，如图 13-2 ～图 13-4 所示。在开关应该接通的位置，测定输入端和输出端的电阻，如果阻值为零或近于零，则说明开关正常；若有一定阻值，则说明开关接触不良（阻值越大，接触不良的现象就越严重）。

（3）短接检测法　对于装配于整机上的开关，最简单的检测方法是短接检查法。当包含某一个开关的电路不能正常工作时，如怀疑该开关有故障，那么可以将此开关的输入端和输出端用导线连接起来，即通常所说的短接，短接后就相当于没有这个开关。如果短接后，原来的不正常状态转为正常状态了，则说明此开关有故障。

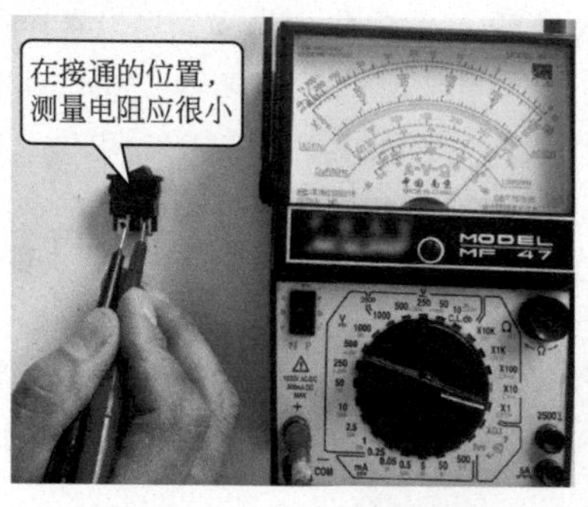

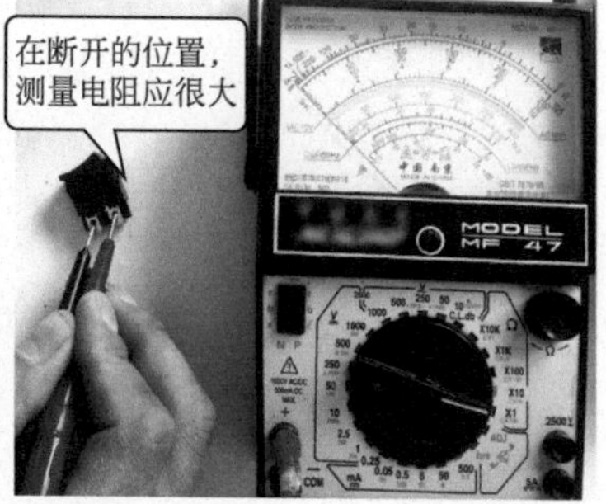

图 13-2 开关通断判断（一）

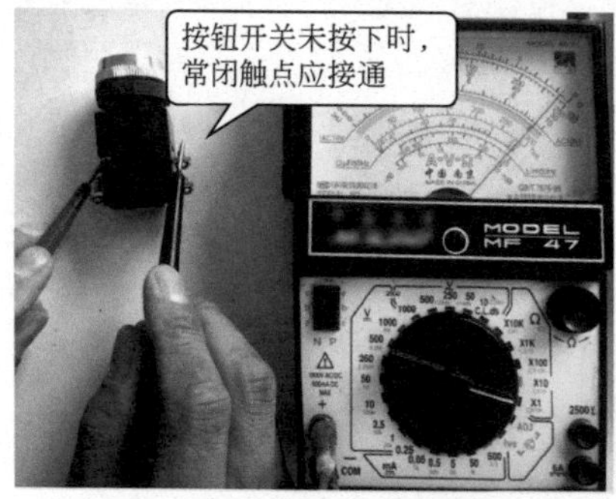

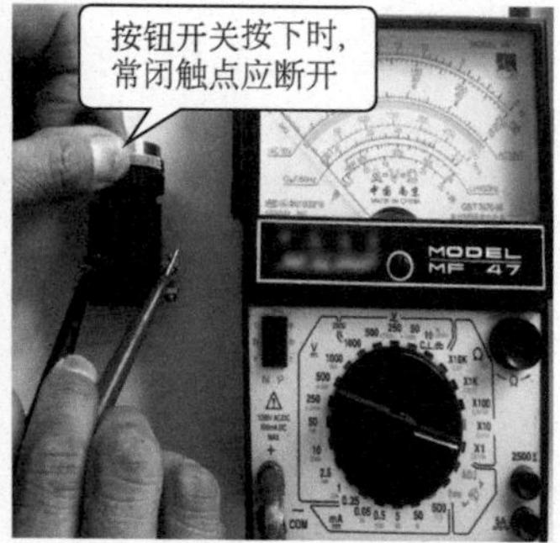

图 13-3 开关通断判断（二）

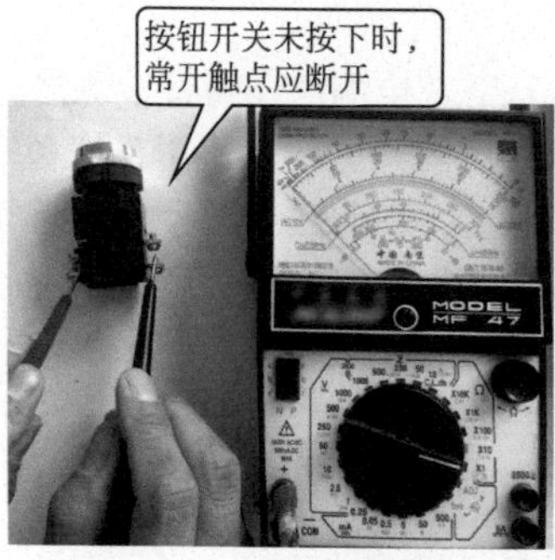

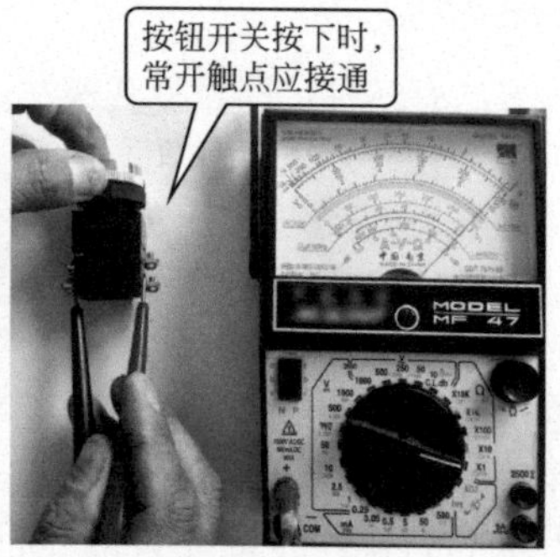

图 13-4 开关通断判断（三）

第二节 电磁继电器的检测与应用

一、认识小型电磁继电器

（1）电磁继电器的结构 电磁继电器是具有隔离功能的自动开关元件，其外形如

图 13-5 所示。电磁继电器广泛应用于遥控、遥测、通信、自动控制、机电一体化及电力电子设备中，是最重要的控制元件之一。

电磁继电器一般都有能反映一定输入变量（如电流、电压、功率、阻抗、频率、温度、压力、速度、光等）的感应机构（输入部分）；有能对被控电路实现“通”“断”控制的执行机构（输出部分）；在电磁继电器的输入部分和输出部分之间，还有对输入量进行耦合隔离、功能处理和对输出部分进行驱动的中间机构（驱动部分）。

作为控制元件，电磁继电器有如下几种作用。

① 扩大控制范围。例如，多触点继电器控制信号达到某一定值时，可以按触点组的不同形式，同时换接、开断、接通多路电路。

② 放大。例如灵敏型继电器、中间继电器等，用一个很微小的控制量，可以控制功率很大的电路。

③ 综合信号。例如，当多个控制信号按规定的形式输入多绕组继电器时，经过比较综合，达到预定的控制效果。

④ 自动、遥控、监测。例如，自动装置上的继电器与其他电子器件一起可以组成程序控制电路，从而实现自动化运行。

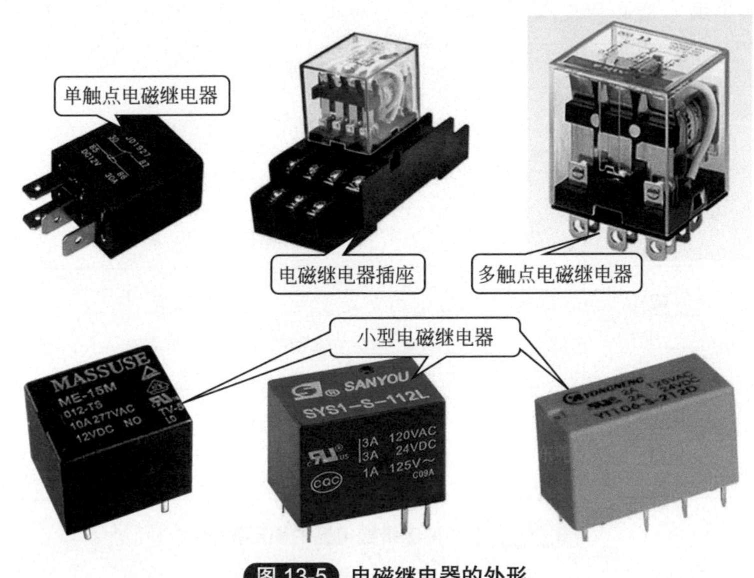

图 13-5　电磁继电器的外形

（2）电磁继电器的主要参数

① 额定工作电压和额定工作电流。额定工作电压是指电磁继电器在正常工作时线圈两端所加的电压，额定工作电流是指电磁继电器在正常工作时线圈需要通过的电流。使用中必须满足线圈对工作电压、工作电流的要求，否则电磁继电器不能正常工作。

② 线圈直流电阻。线圈直流电阻是指电磁继电器线圈的直流电阻。

③ 吸合电压和吸合电流。吸合电压是指使电磁继电器能够产生吸合动作的最小电压值，吸合电流是指使电磁继电器能够产生吸合动作的最小电流值。为了确保电磁继电器的触点能够可靠吸合，必须给线圈加上稍大于额定电压的实际电压值，但也不

能太高，一般为额定值的 1.5 倍，否则会导致线圈损坏。

④ 释放电压和释放电流。释放电压是指使电磁继电器从吸合状态到释放状态所需的最大电压值，释放电流是指使电磁继电器从吸合状态到释放状态所需的最大电流值。为保证电磁继电器按需要可靠地释放，在电磁继电器释放时，其线圈所加的电压必须小于释放电压。

⑤ 触点负荷。触点负荷是指电磁继电器触点所允许通过的电流和所加的电压，也就是触点能够承受的负载大小。在使用时，为避免触点过电流损坏，不能用触点负荷小的电磁继电器去控制负载大的电路。

⑥ 吸合时间。吸合时间是指给电磁继电器线圈通电后，触点从释放状态到吸合状态所需要的时间。

二、电磁继电器的识别与检测

（1）电磁继电器的识别 根据线圈的供电方式，电磁继电器可以分为交流电磁继电器和直流电磁继电器两种。交流电磁继电器的外壳上标有“AC”字符，而直流电磁继电器的外壳上标有“DC”字符。根据触点的状态，电磁继电器可分为常开型继电器、常闭型继电器和转换型继电器 3 种。3 种电磁继电器的图形符号如图 13-6 所示。

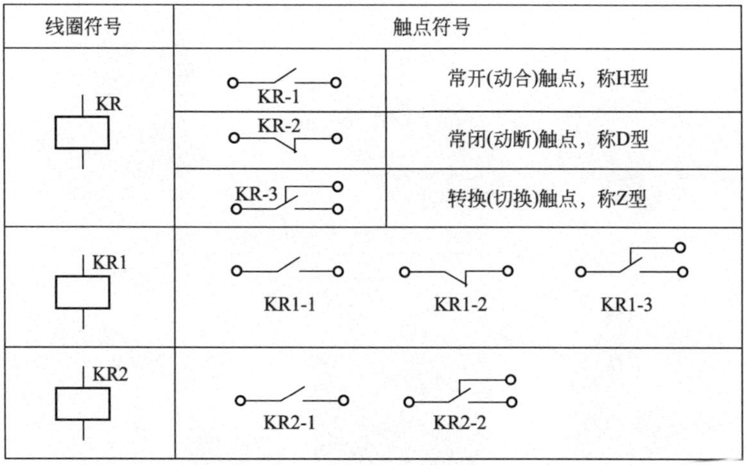

线圈符号	触点符号	
KR	KR-1	常开(动合)触点，称H型
	KR-2	常闭(动断)触点，称D型
	KR-3	转换(切换)触点，称Z型
KR1	KR1-1　KR1-2　KR1-3	
KR2	KR2-1　KR2-2	

图 13-6 3 种电磁继电器的图形符号

常开型电磁继电器也称动合型电磁继电器，通常用“合”字的拼音字头“H”表示。此类电磁继电器的线圈没有电流时，触点处于断开状态，当线圈通电后触点闭合。

常闭型电磁继电器也称动断型电磁继电器，通常用“断”字的拼音字头“D”表示，此类电磁继电器的线圈没有电流时，触点处于接通状态，当线圈通电后触点断开。

转换型电磁继电器用“转”字的拼音字头“Z”表示。转换型电磁继电器有 3 个一字排开的触点，中间的触点是动触点，两侧的是静触点。此类电磁继电器的线圈没有导通电流时，动触点与其中的一个静触点接通，而与另一个静触点断开；当线圈通电后动触点移动，与原闭合的静触点断开，与原断开的静触点接通。

电磁继电器按控制路数可分为单路电磁继电器和双路电磁继电器两大类。双控型

电磁继电器就是设置了两组可以同时通断的触点的继电器，其结构及图形符号如图13-7所示。

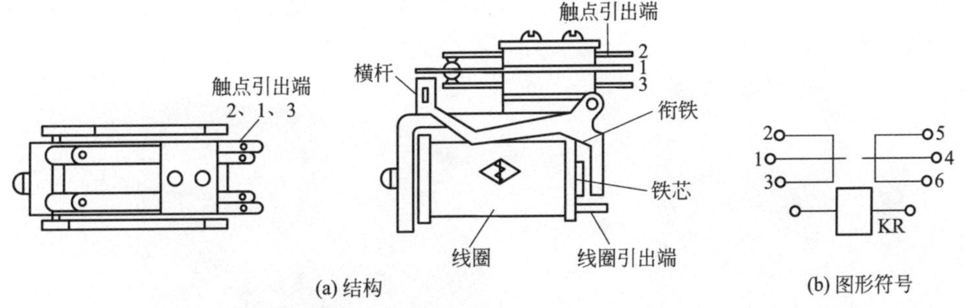

图 13-7 双控型电磁继电器的结构及图形符号

（2）电磁继电器的检测

① 判别类型（交流或直流）。电磁继电器分为交流电磁继电器与直流电磁继电器两种，在使用时必须加以区分。凡是交流继电器，因为交流电不断呈正弦变化，当电流经过零值时电磁铁的吸力为零，这时衔铁将被释放；电流过了零值，吸力恢复又将衔铁吸入。这样，伴着交流电的不断变化，衔铁将不断地被吸入和释放，势必产生剧烈的振动。为了防止这一现象的发生，在其铁芯顶端装有一个铜制的短路环。短路环的作用是，当交变的磁通穿过短路环时，在其中产生感应电流，从而阻止交流电过零时原磁场的消失，使衔铁和磁轭之间维持一定的吸力，从而消除工作中的振动。另外，在交流电磁继电器的线圈上常标有“AC”字样，直流电磁继电器则没有铜环。在直流电磁继电器上标有“DC”字样。有些电磁继电器标有AC/DC，则应按标称电压正确使用。

② 测量线圈电阻。根据电磁继电器标称直流电阻值，将万用表置于适当的电阻挡，可直接测出电磁继电器线圈的电阻值。即将两表笔接到电磁继电器线圈的两引脚，万用表指示应基本符合电磁继电器标称直流电阻值。如果阻值无穷大，说明线圈有开路现象，可检查线圈的引出端是否有线头脱落；如果阻值过小，说明线圈短路，但是通过万用表很难判断线圈的匝间短路现象；如果断头在线圈内部或目视线包已烧焦，那么只有查阅相关数据，重新绕制线圈，或换一个相同的线圈（图13-8）。

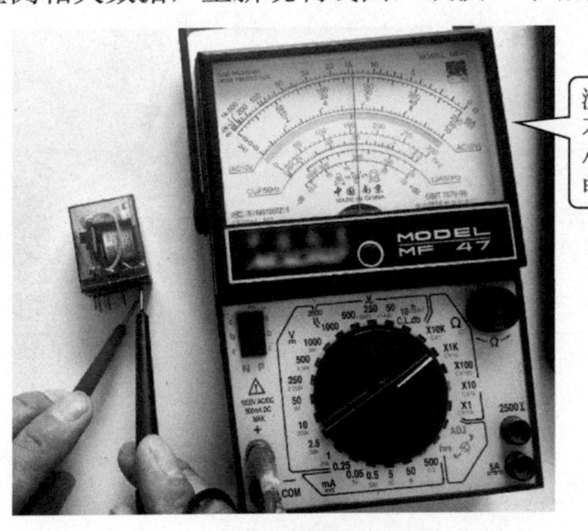

图 13-8 测量线圈电阻

③ 判别触点的数量和类别。如果在电磁继电器外壳上标有触点及引脚功能图，可直接判别；如无标注，可拆开电磁继电器外壳，仔细观察电磁继电器的触点结构，即可知道该电磁继电器有几对触点，每对触点的类别以及哪个簧片构成一组触点，对应的是哪几个引出端（图 13-9、图 13-10）。

图 13-9 未通电时测量常闭触点

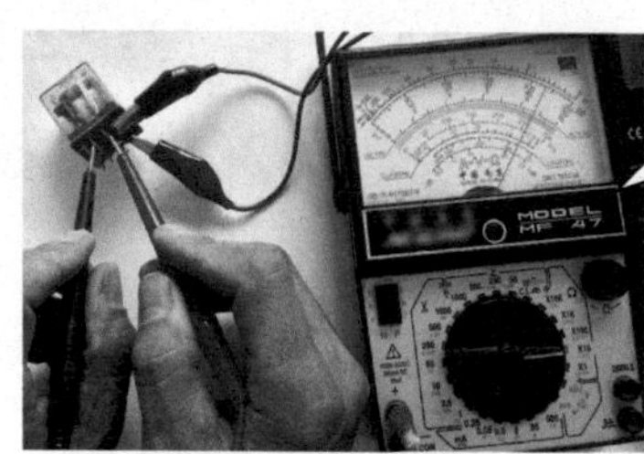

图 13-10 通电后测量常开触点

④ 检查衔铁工作情况。用手拨动衔铁，观察衔铁活动是否灵活，有无卡滞的现象。如果衔铁活动受阻，应找出原因加以排除。另外，也可用手将衔铁按下，然后再放开，观察衔铁是否能在弹簧（或簧片）的作用下返回原位。注意，返回弹簧比较容易被锈蚀，应作为重点检查部位。

⑤ 测量吸合电压和吸合电流。给电磁继电器线圈输入一组电压，且在供电回路中串入电流表进行监测。慢慢调高电源电压，听到电磁继电器吸合声时，记下该吸合电压和吸合电流。为求准确，可以多试几次而求平均值。

⑥ 测量释放电压和释放电流。当电磁继电器发生吸合后，逐渐降低供电电压。当听到电磁继电器再次发生释放声音时，记下此时的电压和电流，亦可多试几次而取得平均的释放电压和释放电流。一般情况下，电磁继电器的释放电压为吸合电压的 10% ～ 50%。如果释放电压太小（小于 1/10 的吸合电压），则继电器不能正常使用，会对电路的稳定性造成威胁。

三、电磁继电器的应用

图 13-11 为电视机开关机控制电路。用 VT1、VT2 作为开关管。并联在电磁继电器 JK 两端的二极管 VD1 作为续流（阻尼）二极管，为 VT1、VT2 截止时线圈中电

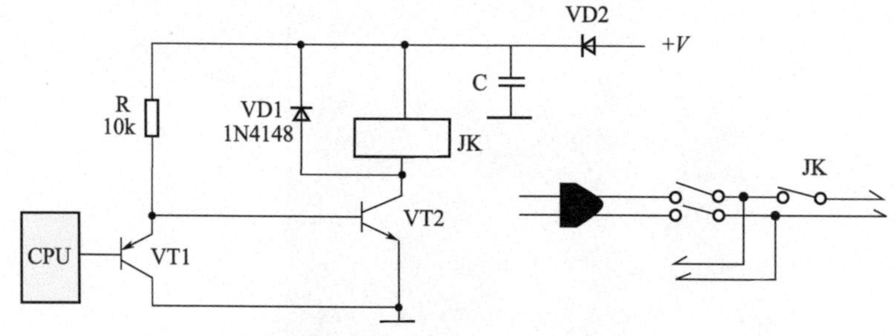

图 13-11 电视机开关机控制电路

流突然中断产生的反电动势提供通路，避免过高的反向电压击穿 VT1、VT2 的集电结。当 CPU 输出高电平时，VT1 截止、VT2 导通，JK 吸合，电视机工作；而当 CPU 输出低电平时，VT1 导通、VT2 截止，JK 无电能断开。

第三节　固态继电器的检测与应用

一、固态继电器的特点、分类、结构与参数

固态继电器（SSR）是一种全电子电路组合的元件，它依靠半导体器件和电子元件的电磁和光特性来完成其隔离和继电切换功能。固态继电器与传统的电磁继电器相比，是一种没有机械、不含运动零部件的继电器，但具有与电磁继电器本质上相同的功能。固态继电器的输入端用微小的控制信号直接驱动大电流负载，被广泛应用于工业自动化控制，如电炉加热系统、热控机械、遥控机械、电动机、电磁阀以及信号灯、消防保安系统等都大量应用固态继电器。固态继电器的外形如图 13-12 所示。固态继电器的特点、分类、结构与参数可扫二维码学习。

固态继电器的特点、分类、结构与参数

图 13-12　固态继电器的外形

二、固态继电器的检测

（1）输入部分检测　检测固态继电器输入部分如图 13-13 所示。固态继电器输入部分一般为光电隔离器件，因此可用万用表检测输入端两引脚的正、反向电阻。

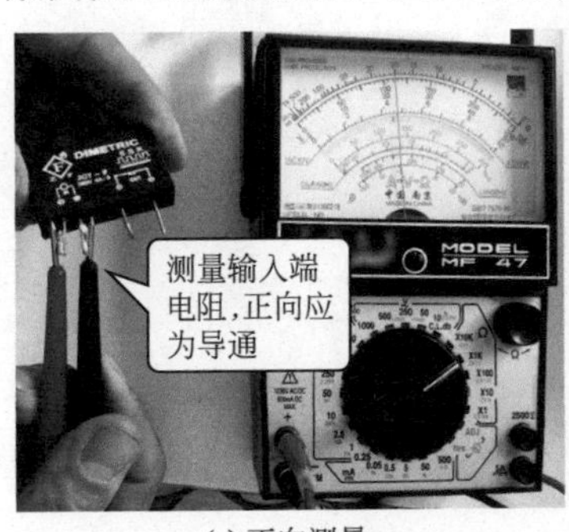

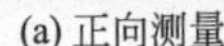

(a) 正向测量

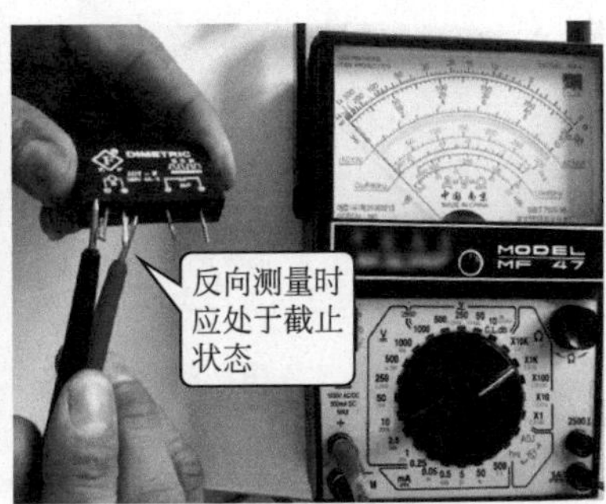

(b) 反向测量

图 13-13　检测固态继电器输入部分

测试结果应为一次有阻值，一次为无穷大。如果测试结果均为无穷大，说明固态

继电器输入部分已经开路损坏；如果两次测试阻值均很小或者几乎为零，说明固态继电器输入部分短路损坏。

（2）输出部分检测 检测固态继电器输出部分如图 13-14 所示。用万用表测量固态继电器输出端引脚之间的正、反向电阻，均应为无穷大。单向直流型固态继电器除外，因为单向直流型固体继电器输出器件为场效应管或 IGBT，这两种管在输出端两引脚之间会并有反向二极管，因此使用万用表测量时会呈现出一次有阻值、一次无穷大的现象。

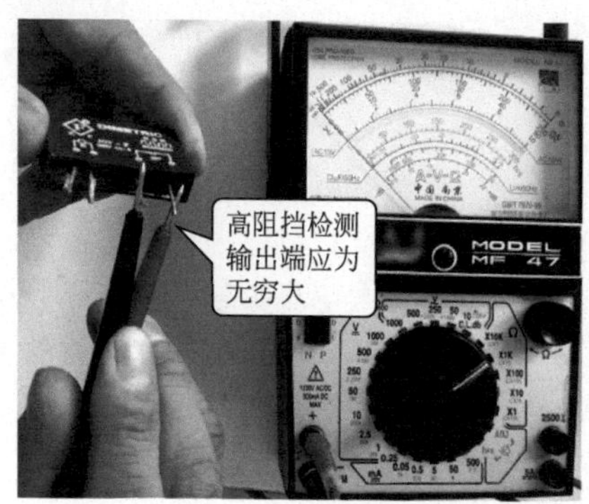

(a) 正向测量　　(b) 反向测量

图 13-14 检测固态继电器输出部分

（3）通电检测 在上一步检测的基础上，给固态继电器输入端接入规定的工作电压，这时固态继电器输出端两引脚之间应导通，万用表指针指示阻值很小，如图 13-15 所示。断开固态继电器输入端的工作电压后，其输出端两引脚之间应截止，万用表指针指示为无穷大，如图 13-16 所示。

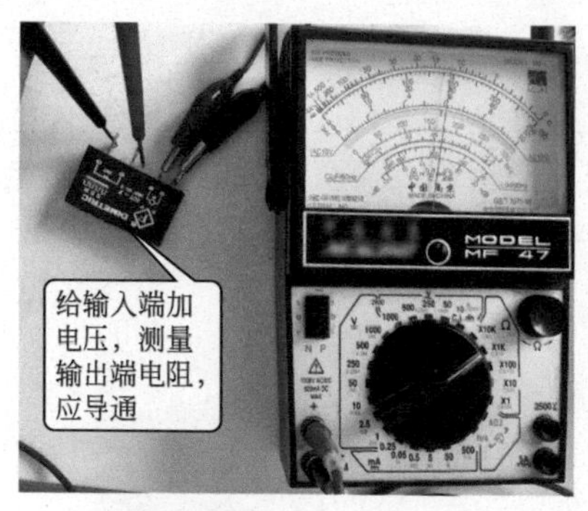

图 13-15 接入工作电压时

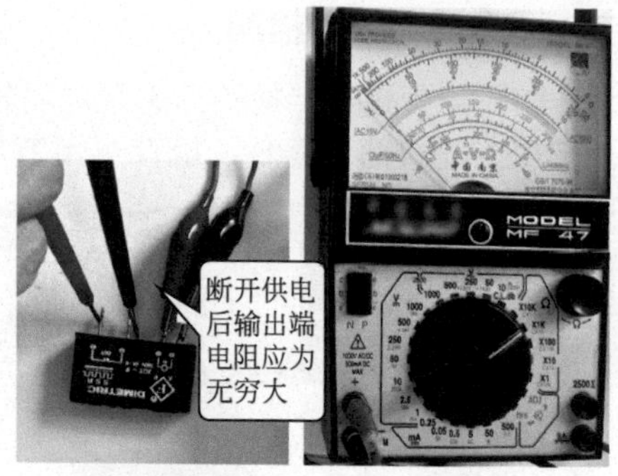

图 13-16 断开工作电压时

三、固态继电器的应用

图 13-17 所示为光电式水龙头电路。当手靠近时，挡住 VD1 发光，CX20106 ⑦脚输出高电平，K 吸合，带动电磁阀工作，水流出；洗手完毕后，VD1 又照到 PH302，K 截止，电磁阀不工作，无水流出。

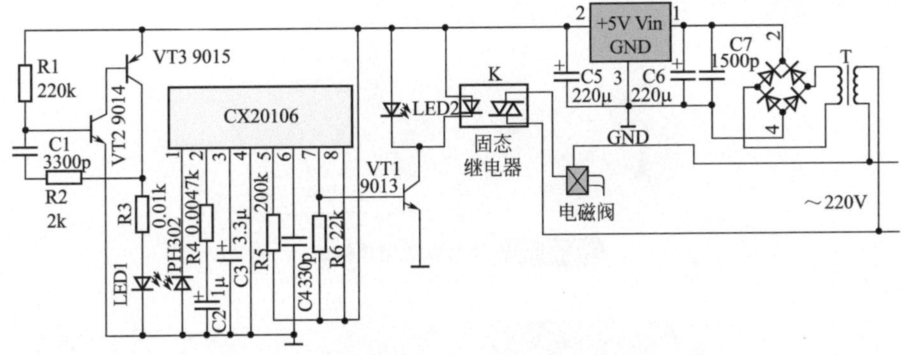

图 13-17　光电式水龙头电路

第四节　干簧管继电器的检测与应用

一、认识干簧管继电器

干簧管继电器利用线圈通过电流产生的磁场切换触点。干簧管继电器的外形、结构及图形符号如图 13-18 所示。

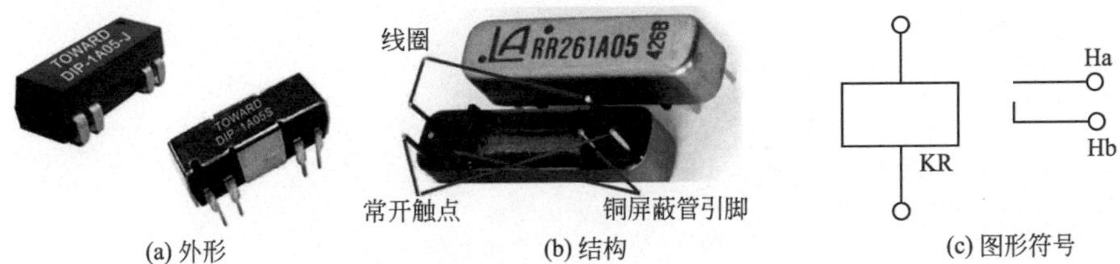

(a) 外形　(b) 结构　(c) 图形符号

图 13-18　干簧管继电器的外形、结构及图形符号

由图可知，将线圈及线圈中的干簧管封装在磁屏蔽盒内。干簧管继电器结构简单、灵敏度高，常用在小电流快速切换电路中。

二、干簧管继电器的检测

检测方法是：首先用万用表电阻挡找出干簧线圈控制端和干簧管继电器开关端（图 13-19），然后直接给继电器加额定电压，应能听到触点吸合声音，若测开关脚阻值为零，说明干簧管继电器是好的，否则说明是坏的，如图 13-20、图 13-21 所示。

三、干簧管继电器的应用

图 13-22 为干簧管继电器应用电路。KR 选用线圈额定电压为 3V、标称电阻值为 700Ω 的干簧管继电器。当光敏电阻器 RG 受光照射时，线圈中电流超过吸合电流值（4mA），常开触点 Ha-Hb 吸合，接通蜂鸣器 HA 而发声。

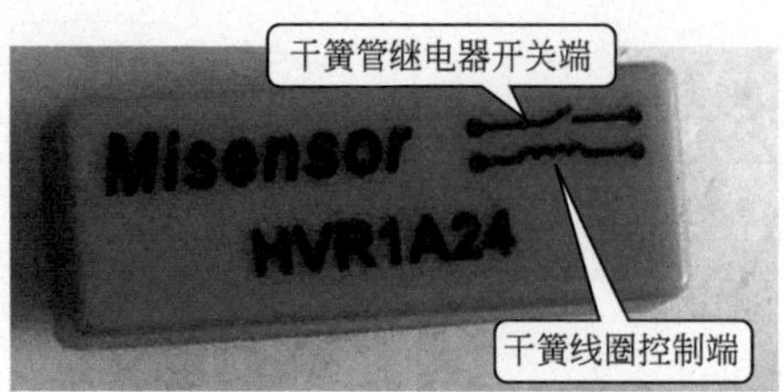

图 13-19 干簧管继电器标识

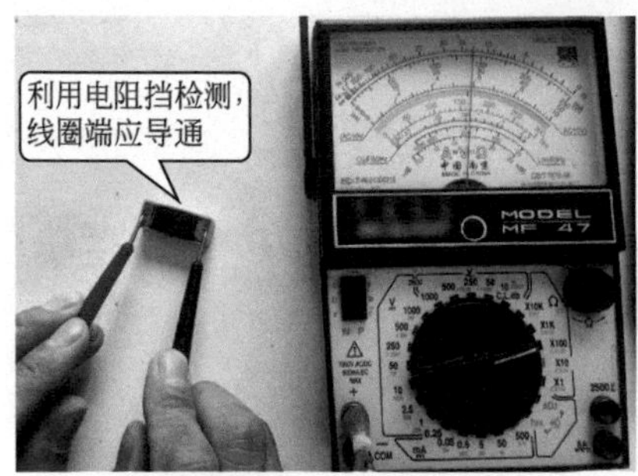

图 13-20 测量线圈

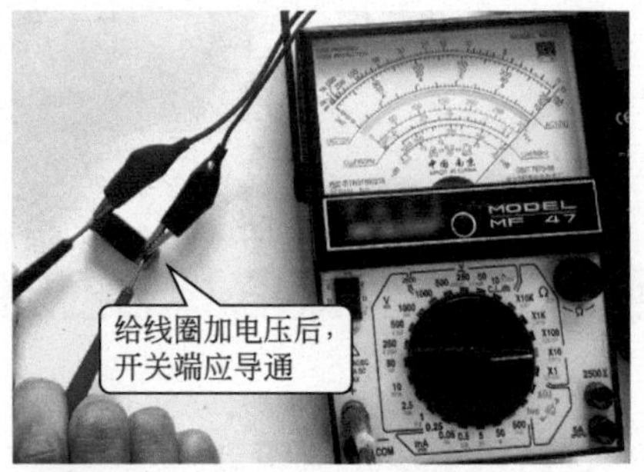

图 13-21 加电压测量干簧管继电器开关部分

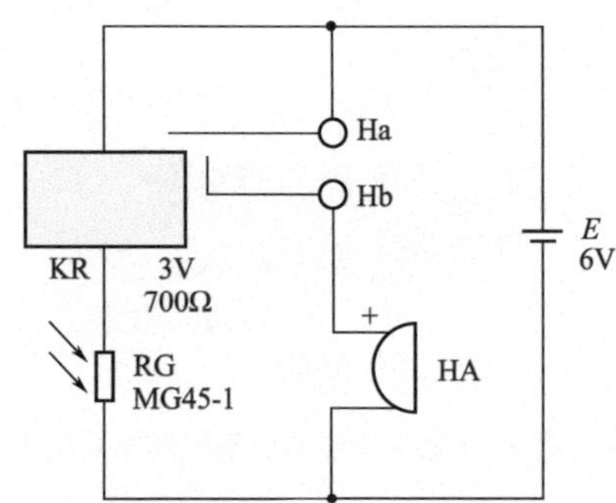

图 13-22 干簧管继电器应用电路

第十四章 电声器件的检测与应用

第一节 扬声器的检测与应用

一、扬声器的外形、结构与主要参数

扬声器是一种把电信号转变为声信号的电声器件（电声器件各部分的主要含义见表 14-1），扬声器的性能优劣对音质的好坏影响很大。扬声器在音响设备中是一个最薄弱的器件，而对于音响效果而言又是一个最重要的部件。扬声器的种类繁多，而且价格相差很大。音频电能通过电磁、压电或静电效应，使其纸盆或膜片振动并与周围的空气产生共振（共鸣）而发出声音。常见扬声器的外形及图形符号如图 14-1 所示，在电路中常用字母“B”或“BL”表示。扬声器的结构与主要参数可扫二维码学习。

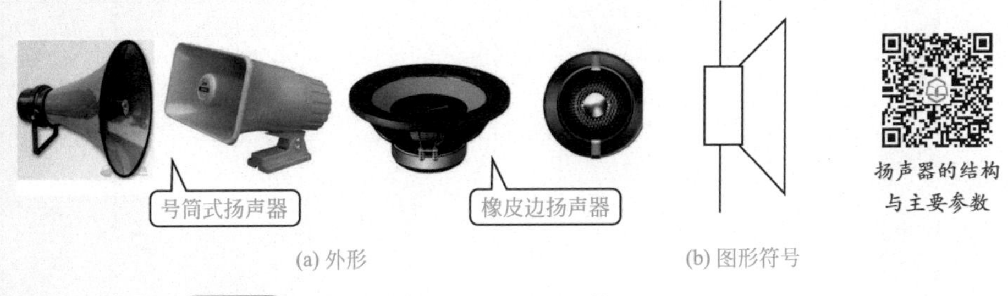

(a) 外形　　(b) 图形符号

图 14-1 常见的扬声器的外形及图形符号

二、扬声器的检测

（1）好坏检测　检测扬声器时，将万用表置于 R×1 挡，用万用表两表笔（不分正负）断续触碰扬声器两引出端（图 14-2），扬声器中应发出“喀喀……”声，否则说明该扬声器已损坏。“喀喀……”声越大越清脆越好；如“喀喀……”声小或不清晰，说明该扬声器质量较差。

若手头没有万用表，也可以利用一节 5 号电池和一根导线对扬声器的音圈是否正常进行判断，方法是：将电池负极与音圈的一个接线端子相接，电池正极接导线的一端，用导线的另一端点击音圈的另一个接线端子，正常时扬声器也能发出“喀喀”的声音。

（2）扬声器阻抗检测　扬声器铁芯的背面通常有一个直接打印或贴上去的铭牌，

表 14-1　电声器件各部分的主要含义

第一部分：主称		第二部分：类型		第三部分：特征				第四部分：序号
字母	含义	字母	含义	字母	含义	数字	含义	
Y	扬声器	C	电磁式	C	手持式：测试用	Ⅰ	1 级	用数字表示产品序号
C	传声器	D	电动式（动圈式）	D	头戴式：低频	Ⅱ	2 级	
E	耳机			F	飞行用	Ⅲ	3 级	
O	送话器	A	带式	G	耳挂式：高频	025	0.25W	
H	两用换能器	E	平膜音圈式	H	号筒式	04	0.4W	
S	受话器	Y	压电式	I	气导式	05	0.5W	
N、OS	送话器组	R	电容式、静电式	J	舰艇用：接触式	1	1W	
EC	耳机传声器组			K	抗噪式	2	2W	
HZ	号筒式组合扬声器	T	炭粒式	L	立体声	3	3W	
		Q	气流式	P	炮兵用	5	5W	
YX	扬声器箱	Z	驻极体式	Q	球顶式	10	10W	
YZ	声柱扬声器	J	接触式	T	椭圆形	15	15W	
						20	20W	

该铭牌上一般都标有阻抗的大小。检测扬声器阻抗时，将万用表置于R×1挡并调零，用万用表两表笔（不分正负）接扬声器两引出端，万用表指针所指示的即为扬声器音圈的直流电阻，应为扬声器标称阻抗的80%左右。如音圈的直流电阻过小，说明音圈有局部短路。如万用表指针不动，则说明音圈已断路，如图14-3所示。

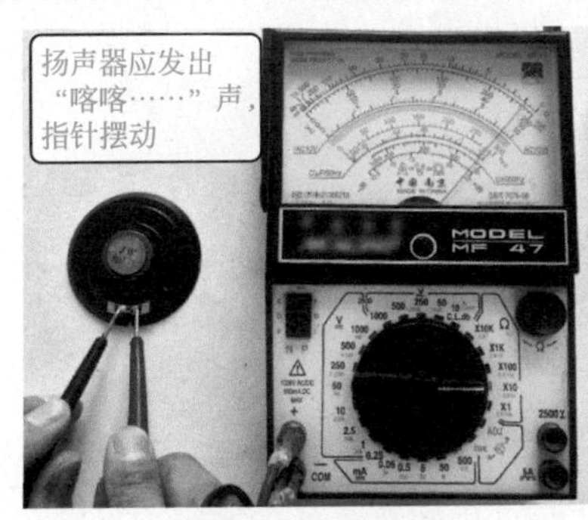

图14-2 检测扬声器

图14-3 测量扬声器音圈电阻

（3）极性判断　在多只扬声器组成的音箱中，为了保持各扬声器的相位一致，必须搞清楚扬声器两引出端的正负极性，否则会因相位失真而影响音质。大部分扬声器在背面的接线支架上通过标注“+”“–”的符号标出两根引线的正负极性，而有的扬声器并未标注，为此需要对此类扬声器的极性进行判别。扬声器极性判别方法主要有电池检测法和万用表检测法两种。

① 电池检测法。利用电池判别扬声器的极性时，将一节5号电池的正负极通过引线点击扬声器音圈的两个接线端子，点击的瞬间及时观察扬声器的纸盆振动方向，若纸盆向上振动，说明电池正极接的接线端子是音圈的正极，电池负极接的接线端子是音圈的负极；反之，若纸盆向下（靠近磁铁方向）振动，说明电池负极接的接线端子是音圈的正极。

② 万用表检测法。万用表检测法有两种，其中一种和电池检测法类似，将万用表置于R×1挡，用两个表笔分别点击扬声器音圈的两个接线端子，在点击的瞬间及时观察扬声器的纸盆振动方向，若纸盆向上振动，说明黑表笔接的接线端子是音圈正极；若纸盆向下振动，说明黑表笔接的接线端子是音圈的负极。

另外一种利用万用表检测扬声器极性的方法，就是利用万用表的直流电流挡识别出扬声器引脚极性。具体方法为：将扬声器纸盆口朝上放置，万用表置于最小的直流电流挡（50μA挡），两个表笔任意接扬声器的两个引脚，用手指轻轻而快速地将纸盆向里推动，此时指针有一个向左或向右的偏转。当指针向右偏转时（如果向左偏转，将红黑表笔互相反接一次），红表笔所接的引脚为正极，黑表笔所接的引脚为负极，如图14-4所示。

三、扬声器的修理与代换

（1）扬声器的修理

① 从外观结构上检查。从外表观察扬声器的铁架是否生锈，纸盆是否受潮、发

霉、破裂，引线有无断线、脱焊或虚焊（若有则应焊接），磁体是否摔跌开裂、移位；用螺丝刀靠近磁体检查其磁力的强弱。

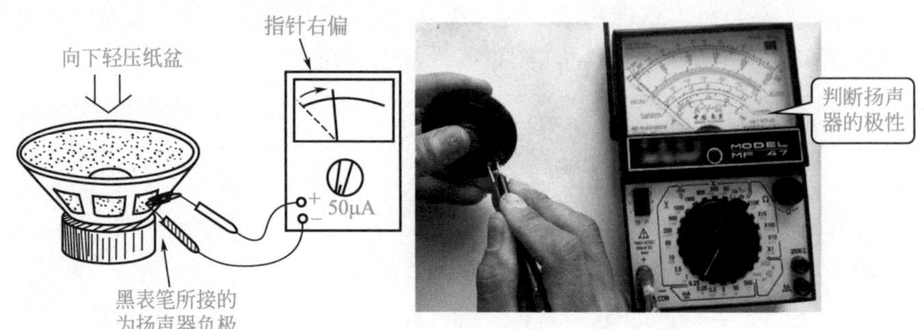

图 14-4 判别扬声器极性

② 线圈与阻抗的测试。将万用表置于 R×1 挡，用两表笔（不分正、负极）点触其接线端，听到明显的“喀喀”响声，表明线圈未断路。再观察指针停留的地方，若测出来的阻抗与所标阻抗相近，说明扬声器良好；如果实际阻值比标称阻值小得多，说明扬声器线圈存在匝间短路；若阻值为无穷大，说明线圈内部断路，或接线端有可能断线、脱焊或虚焊（可焊接处理）。

③ 声音失真。

a. 纸盆破裂。纸盆是发声的重要部件，应重点检查纸盆是否破损。当扬声器纸盆破损时，放音时会产生一种“吱吱”声。如果纸盆破损不严重，则可用胶水修补；如果纸盆破损严重，损坏面积较大，不能修补，可弃之不用。

b. 音圈与磁钢相碰。音圈在磁钢的磁缝隙中运动，损坏的机会较多。可用手指轻按纸盆，若纸盆难以上下动作，说明音圈被磁钢卡住。其原因有两个：一个是扬声器摔跌后，磁钢发生偏移；另一个是纸盆与连着的线圈发生偏移或变形，导致音圈在振动时与磁钢产生相互摩擦，使声音发闷或发不出声音，轻者使声音产生“沙沙”声而失真，重者使音圈松脱或断线。

c. 对于号筒式扬声器，音圈烧坏后可用相同型号的音圈代用。使用时，主要注意的是凹膜和凸膜（区分方法是音圈向上，下凹的为凹膜，凸起的为凸膜）。代用时，可用凸膜代凹膜，方法是将凸起部分按下去即可，但凹膜不能代凸膜。装音圈时应先清理磁钢中的磁粉，再装入。拧螺钉时应对角拧，以防变形。

（2）扬声器的代换

① 注意扬声器的口径及外形。新、旧扬声器口径应尽可能相同。例如，代换用于收录机的扬声器，需要根据收录机机壳内的容积来选择扬声器。若扬声器的磁体太大，会使磁体刮碰电路板上的元器件；若磁体太高，则可能导致机壳的前后盖合不上。对于固定孔位置与原固定位置不同的扬声器，可根据机壳前面板固定柱的位置，重新钻孔安装，或采用卡子来固定扬声器。

② 注意扬声器的阻抗（因为扬声器阻抗非常重要）。阻抗匹配不能相差太大。当负载阻抗减小时输出功率就增大，其输出电流也增大，这就要考虑到电路中某些晶体管的一些相关指标是否满足要求。例如，功率放大管的集电极最大电流 I_{CM} 和耗散功

率 P_{CM} 是否够用。若功率放大管的上述参数指标不够用而随意降低其负载阻抗值，在放大器功率输出时势必将功率放大管烧毁。当然，这个情况也包括采用功放集成电路的功放级。

③ 注意扬声器的额定功率。代换扬声器时，不要选配额定功率太大的扬声器，否则当音量电位器开小时，其输出功率没有足够力量推动纸盆振动或振动幅度太小，声音便显得很不好听；当音量电位器开足后，放大器失真度又相应地增大。但是，也不能使扬声器与放大器的输出功率相差太多，两者相差悬殊也容易将扬声器的音圈烧坏或使纸盆移动。

除上述三项外，在选用时还应注意扬声器的电性能指标，即要求失真度小、频率特性好和灵敏度高等。

第二节　耳机的检测

一、耳机的外形、分类与主要参数

耳机也是常用的电声转换器件，其特点是体积小、重量轻、灵敏度高、音质好和音量较小，主要用于个人聆听。耳机的外形及图形符号如图 14-5 所示，在电路中通常用字母“BE”表示。耳机的分类与主要参数可扫二维码详细学习。

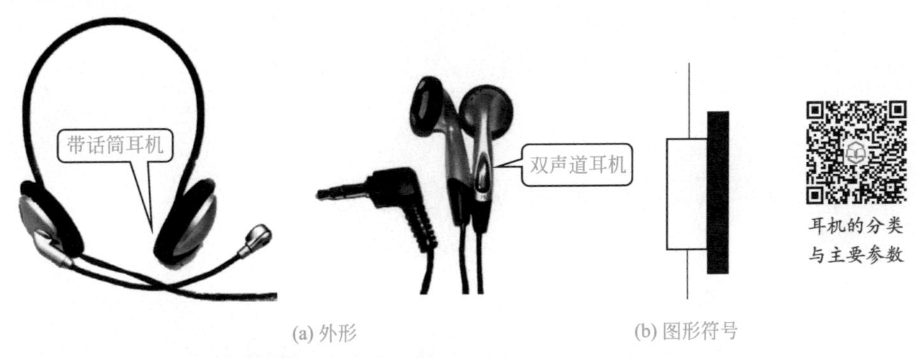

(a) 外形　　(b) 图形符号

图 14-5　耳机的外形及图形符号

二、耳机的检测

单声道耳机只有一个放音单元，其插头上有两个接点，分别是芯线接点和地线接点，如图 14-6 所示。双声道耳机具有两个独立工作的放音单元，可以分别插放不同声道的声音。双声道耳机插头上有三个接点，其中两个是芯线接点，另一个是公共地线接点，如图 14-7 所示。

耳机好坏的判断方法和扬声器基本相同，将万用表置于 R×1 挡，红表笔接插头的接地端，用黑表笔点击信号端，若耳机能够发出“咔咔”的声音，说明耳机正常；否则说明耳机的音圈、引线或插头开路，如图 14-8 所示。

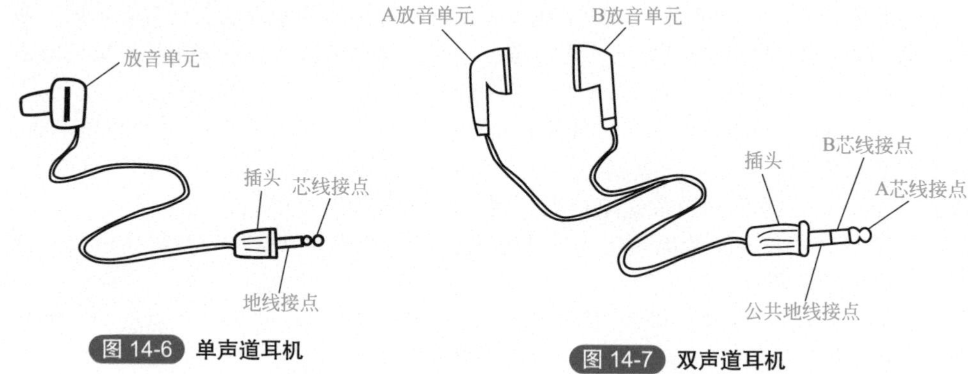

图 14-6 单声道耳机

图 14-7 双声道耳机

对于立体声耳机，应分别对每一声道的耳机单元进行检测。

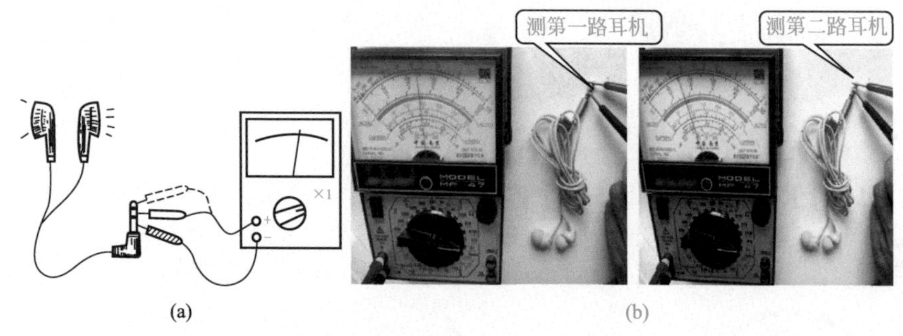

图 14-8 检测耳机好坏的示意图

第三节 压电陶瓷片和蜂鸣器的检测

一、认识压电陶瓷片

压电陶瓷片是一种电子发音元件。在两片铜制圆形电极中间放入压电陶瓷介质材料，当向两片电极中接通交流音频信号时，压电陶瓷片会根据信号大小发生振动而产生相应的声音。压电陶瓷片由于结构简单和造价低廉，被广泛地应用于电子电器方面，如玩具、发音电子表、电子仪器、电子钟表、定时器等。

目前应用的压电陶瓷片有裸露式和密封式两种。裸露式压电陶瓷片的外形及图形符号如图 14-9 所示，在电路中通常用字母“B”表示。密封式压电陶瓷片的外形及图形符号如图 14-10 所示，在电路中通常用字母“BX”和“BUZ”表示。

二、压电陶瓷片的检测

第一种检测方法：将万用表的量程选择开关拨到直流电压 2.5V 挡，左手拇指与食指轻轻捏住压电陶瓷片的两面，右手持万用表表笔，红表笔接金属片，黑表笔横

放在陶瓷表面上，然后左手稍用力按压并随后松开，这样在压电陶瓷片上产生两个极性相反的电压信号，使万用表指针先向右摆动，接着回零，随后向左摆动，摆幅为0.1～0.15V，摆幅越大说明灵敏度越高。若万用表指针静止不动，说明内部漏电或破损（图14-11、图14-12）。

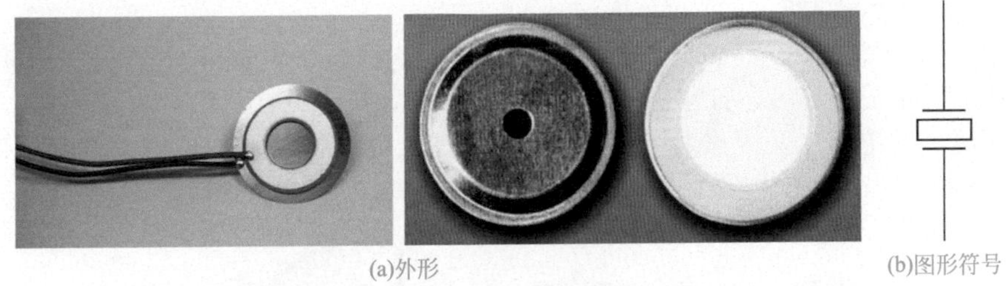

(a)外形　(b)图形符号

图 14-9　裸露式压电陶瓷片的外形及图形符号

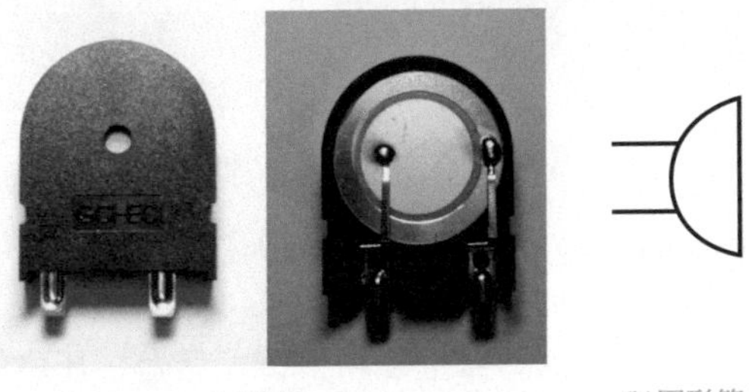

(a)外形　(b)图形符号

图 14-10　密封式压电陶瓷片的外形及图形符号

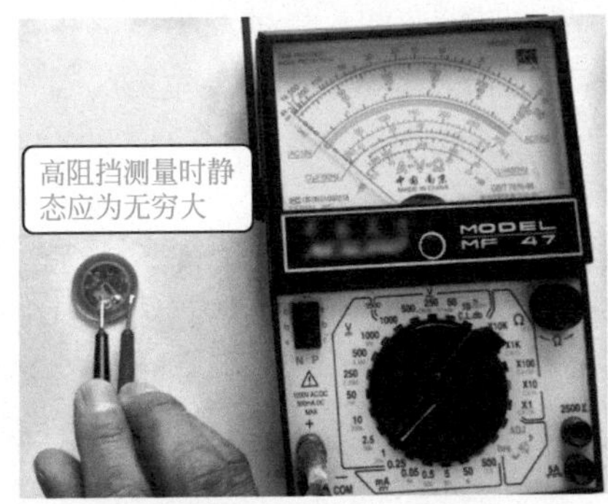

图 14-11　压电陶瓷片静态测量

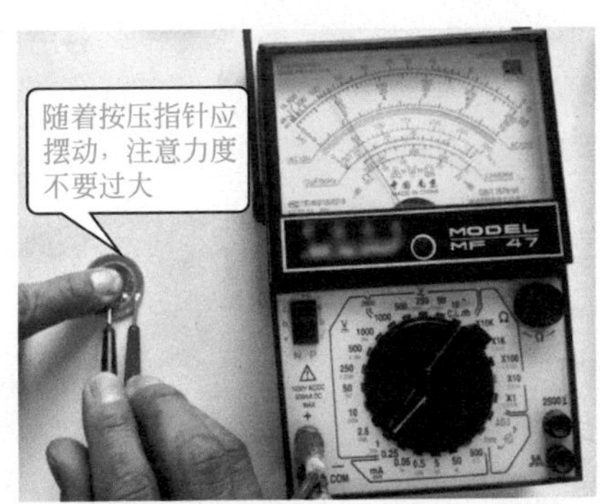

图 14-12　压电陶瓷片动态测量

切记不可用湿手捏压电片，测试时万用表不可用交流电压挡，否则观察不到指针摆动，且测试之前最好用R×10k挡，测其绝缘电阻应为无穷大。

第二种检测方法：用R×10k挡测两极电阻，正常时应为无穷大，然后轻轻敲击陶瓷片，指针应略微摆动。

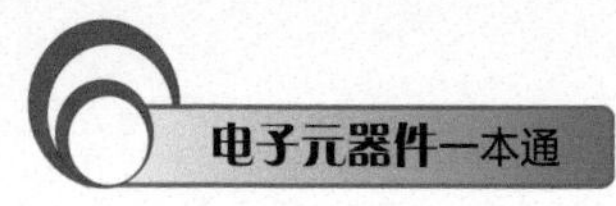

第四节 蜂鸣器的检测

一、认识蜂鸣器

（1）蜂鸣器的外形　蜂鸣器是一种一体化结构的电子讯响器，采用直流电压供电，广泛应用于计算机、打印机、复印机、报警器、电子玩具、汽车电子设备、电话机、定时器等电子产品中作发声器件。蜂鸣器在电路中用字母“H”或“HA”（旧标准用“FM”“LB”“JD”等）表示。蜂鸣器的外形如图 14-13 所示。

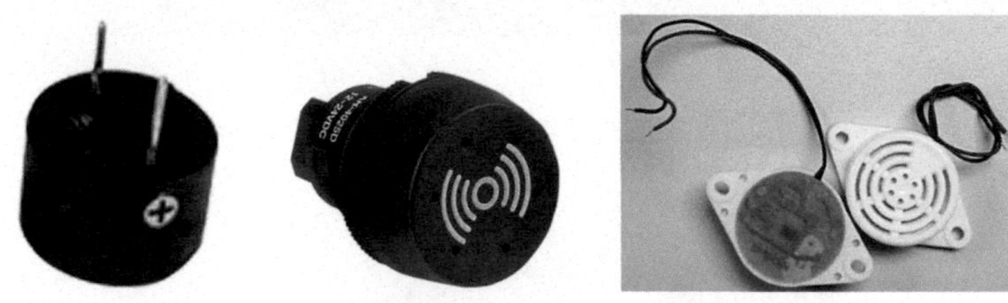

图 14-13　蜂鸣器的外形

（2）蜂鸣器的分类　蜂鸣器按发声原理可分为压电式蜂鸣器和电磁式蜂鸣器，按工作方式又可分为有源蜂鸣器和无源蜂鸣器。

① 压电式蜂鸣器。压电式蜂鸣器主要由多谐振荡器、压电蜂鸣片、阻抗匹配器及共鸣箱、外壳等组成。有的压电式蜂鸣器外壳上还装有发光二极管。多谐振荡器由三极管或集成电路构成。当接通电源后（1.5～15V 直流工作电压），多谐振荡器起振，输出 1.5～2.5kHz 的音频信号，阻抗匹配器推动压电蜂鸣片发声。

② 电磁式蜂鸣器。电磁式蜂鸣器由振荡器、电磁线圈、磁铁、振动膜片及外壳等组成。接通电源后，振荡器产生的音频信号电流通过电磁线圈，使电磁线圈产生磁场。振动膜片在电磁线圈和磁铁的相互作用下，周期性地振动发声。

二、蜂鸣器的检测

（1）区分有源蜂鸣器和无源蜂鸣器　用万用表电阻挡 R×1 挡测试：用黑表笔接蜂鸣器“+”引脚，红表笔在另一引脚上来回碰触，如果能发出“咔咔”声且电阻只有 8Ω（或 16Ω）的是无源蜂鸣器，如果能发出持续声音且电阻在几百欧以上的是有源蜂鸣器。有源蜂鸣器直接接上额定电源（新的蜂鸣器在标签上都有注明）就可连续发声；而无源蜂鸣器则和电磁扬声器一样，需要接在音频输出电路中才能发声。

（2）好坏检测

① 检测无源蜂鸣器。将指针万用表置于 R×1 挡，用红表笔接在蜂鸣器的一个接线端子上，黑表笔点击另一个接线端子。若蜂鸣器能够发出“咔咔”的声音，并且指针摆动，说明蜂鸣器正常，如图 14-14 所示；否则，说明蜂鸣器异常或引线开路。

② 检测有源蜂鸣器。对于采用直流供电（如采用 8V 供电）的蜂鸣器，将待测蜂鸣器通过导线与直流稳压器的输出端相接（正极接正极、负极接负极），再将直

流稳压器的输出电压调到 8V，打开直流稳压器的电源开关，若蜂鸣器能发出响声，说明蜂鸣器正常；否则，说明蜂鸣器已损坏，如图 14-15 所示。

对于采用交流供电（如采用 220V 供电）的蜂鸣器，将待测蜂鸣器通过导线与市电电压相接后，若蜂鸣器能发出响声，说明蜂鸣器正常；否则，说明蜂鸣器已损坏。

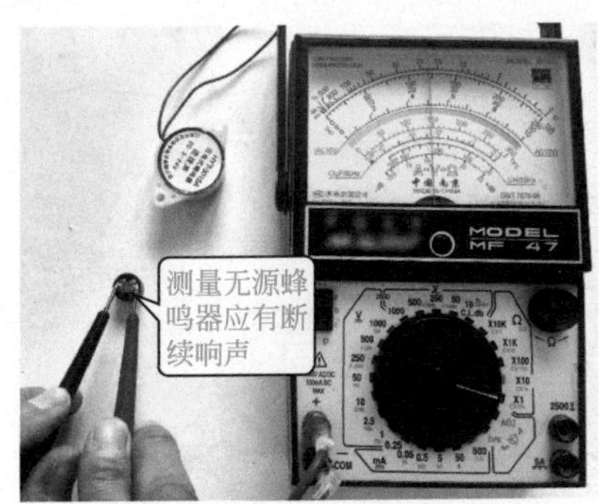

图 14-14 检测无源蜂鸣器

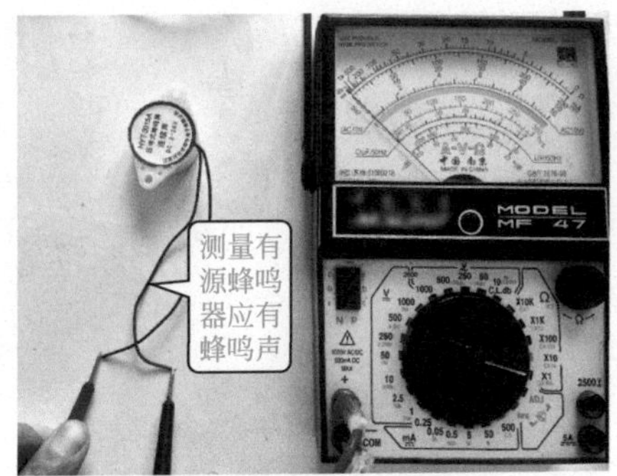

图 14-15 检测有源蜂鸣器

第五节 传声器的检测与修理

一、认识传声器

（1）传声器的分类　传声器（俗称话筒，又称麦克风）是一种将声音信号转换成相应电信号的声能转换器件。以前传声器在电路中用字母“S”“M”或“MIC”表示，现在多用字母“B”或“BM”表示。

传声器的种类很多，按换能原理可分为电动式（动圈式、铝带式）、电容式（直流极化式）、压电式（晶体式、陶瓷式）以及电磁式、炭粒式、半导体式等多种传声器，按声场作用力可分为压强式、压差式、组合式、线列式等，按电信号的传输方式可分为有线式传声器和无线式传声器，按用途可分为测量传声器、人声传声器、乐器传声器、录音传声器等，按指向性可分为心型传声器、锐心型传声器、超心型传声器、双向（8 字形）传声器、无指向（全向型）传声器。

（2）传声器的工作原理

① 动圈式传声器的工作原理。动圈式传声器是把声音转变为电信号的装置。动圈式传声器是利用电磁感应原理制成的，主要由振动膜片、音圈、永久磁铁和升压变压器等组成。它的工作原理是当人对着传声器讲话时，振动膜片就随着声音前后颤动，从而带动音圈在磁场中做切割磁力线的运动。根据电磁感应原理，在线圈两端就会产生感应音频电动势，从而完成了声电转换。为了提高传声器的输出感应电动势和阻抗，还需装置一只升压变压器。

根据升压变压器一、二次绕组匝数不同，动圈式传声器有两种输出阻抗：低阻抗为200～600Ω，高阻抗为几十千欧。动圈式传声器频率响应范围为50～10000Hz，输出电平为-70～-50dB，无方向性。

动圈式传声器具有结构简单、稳定可靠、使用方便、固有噪声小的优点。早期的动圈式传声器灵敏度较低、频率响应范围窄；随着制造工艺的成熟，近几年出现了许多专业动圈式传声器，其特性和技术指标都很好，被广泛用于语言广播和扩声系统中。

常见的动圈式传声器的外形及结构如图14-16所示。

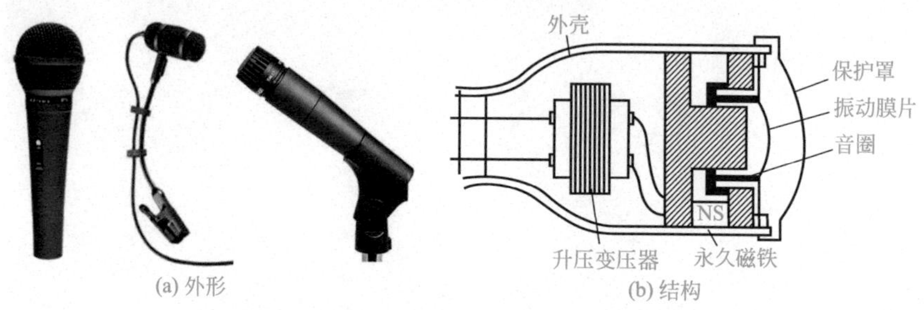

图14-16 常见的动圈式传声器的外形及结构

② 电容式传声器的工作原理。电容式传声器是一种依靠电容量变化而起换能作用的传声器，也是目前应用最广、性能较好的传声器之一。电容式传声器主要由振动膜片、刚性极板、电源和负载电阻等部分组成。普通电容式传声器的外形及结构如图14-17所示。

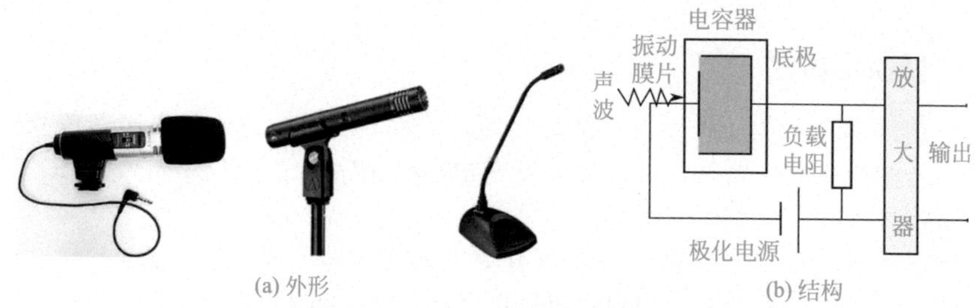

图14-17 普通电容式传声器的外形及结构

电容式传声器因采用超薄的振动膜片，具有体积小、重量轻、灵敏度高及频率响应优越的特点，所以能设计成超小型传声器（俗称小蜜蜂及小蚂蚁）。但电容式传声器价贵，而且必须为之提供直流极化电源（如24V），给使用者带来不便。

电容式传声器的极头实际上是一只电容器。只不过是电容器的两个电极中的一个固定，另一个可动，通常两电极相隔很近（一般只有几十微米）。可动电极实际上是一片极薄的振动膜片（25~30μm）。固定电极是一片具有一定厚度的极板，板上开孔或开槽，控制孔或槽的开口大小以及极板与振动膜片的间距，以改变共振时的阻尼而获得均匀的频率响应。电容式传声器的工作原理是：当振动膜片受到声波的压力，并随着压力的大小和频率的不同而振动时，振动膜片极板之间的电容量就发生变化。与此同时，极板上的电荷随之变化，从而使电路中的电流也相应变化，负载电阻上也就

有相应的电压输出，从而完成了声电转换。

③ 驻极体传声器的工作原理及接线。驻极体传声器（属于最常用的电容式传声器）具有体积小、结构简单、电声性能好、价格低的特点，广泛用于盒式录音机、无线传声器及声控等电路中。由于驻极体传声器输入阻抗和输出阻抗很高，所以要在这种传声器外壳内设置一个场效应管作为阻抗转换器，为此驻极体传声器在工作时需要直流工作电压。

a. 驻极体传声器的工作原理。驻极体传声器是用事先注入电荷而被极化的驻极体代替极化电源的电容式传声器。驻极体传声器有两种类型：一种是用驻极体高分子薄膜材料作振动膜片（振模式），此时振动膜片同时担负着声波接收和极化电压双重任务；另一种是用驻极体材料作后极板（背极式），这时它仅起着极化电压的作用。由于驻极体传声器不需要极化电压，简化了结构。另外由于其电声特性良好，所以在录声、扩声和户外噪声测量中已逐渐取代外加极化电压的传声器。

常见的驻极体传声器的外形及结构如图 14-18 所示。

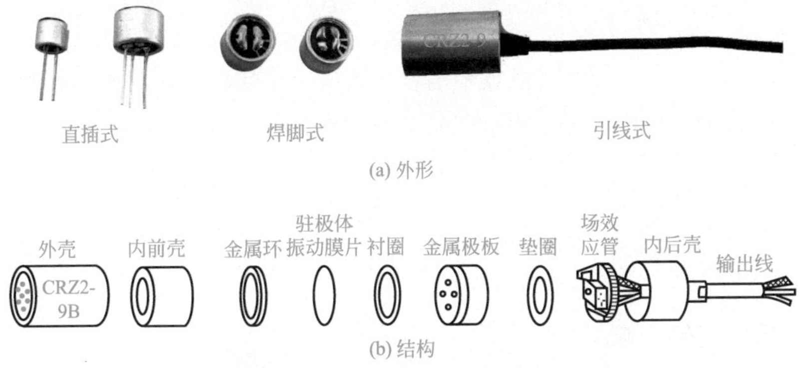

(a) 外形

(b) 结构

图 14-18　常见的驻极体传声器的外形及结构

驻极体传声器由声电转换和阻抗变换两部分组成。声电转换的关键元件是驻极体振动膜片。它是一片极薄的塑料膜片，在其中一面蒸发上一层纯金薄膜。然后再经过高压电场驻极体后，两面分别驻有异性电荷。振动膜片的蒸金面向外，与金属外壳相连通；振动膜片的另一面与金属极板之间用薄的绝缘衬圈隔离开。这样，蒸金膜与金属极板之间就形成一只电容器。当驻极体振动膜片遇到声波振动时，引起电容器两端的电场发生变化，从而产生随声波变化而变化的交变电压。驻极体振动膜片与金属极板之间的电容量比较小，一般为几十皮法。因而它的输出阻抗值很高［X_C=2π/（fC）］，在几十兆欧以上。这样高的阻抗是不能直接与音频放大器相匹配的，所以在传声器内接入一只结型场效应管来进行阻抗变换。场效应管的特点是输入阻抗极高、噪声系数低。普通场效应管有源极（S）、栅极（G）和漏极（D）三个极，这里使用的是在内部源极和栅极间再复合一只二极管的专用场效应管。接二极管的目的是在场效应管受强信号冲击时起保护作用。场效应管的栅极接金属极板。这样，驻极体传声器的输出线便有三根，即源极 S（一般用蓝色塑料线）、漏极 D（一般用红色塑料线）和连接金属外壳的编织屏蔽线。

b. 驻极体传声器的两种接法。驻极体传声器与电路的接法有两种：源极输出与漏极输出如图 14-19 所示。源极输出类似三极管的射极输出，需用三根引出线。漏极 D 接电源正极；源极 S 与地之间接一电阻 R_S 来提供源极电压，信号由源极经电容 C 输出；编织线接地起屏蔽作用。源极输出的输出阻抗小于 2kΩ，电路比较稳定，动态范围大；但输出信号比漏极输出小。

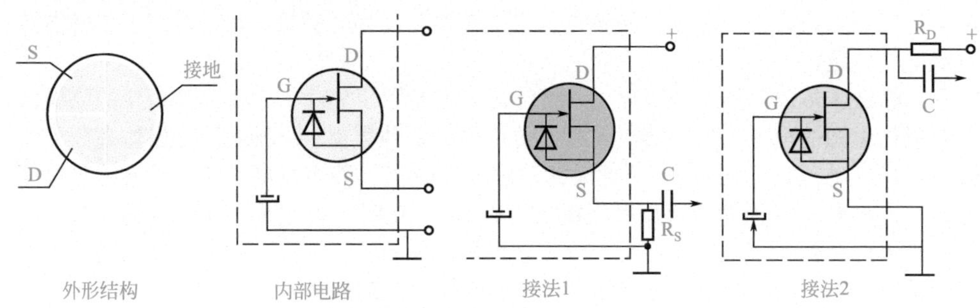

图 14-19 驻极体传声器的两种接法

漏极输出类似三极管的共发射极放大器，只需两根引出线：漏极 D 与电源正极间接一漏极电阻 R_D，信号由漏极 D 经电容 C 输出；源极 S 与编织线一起接地。漏极输出有电压增益，因而传声器灵敏度比源极输出时要高，但电路动态范围略小。

提示： 不管是源极输出或漏极输出，驻极体传声器必须提供直流电压才能工作，因为它内部装有场效应管。

二、传声器的检测

（1）动圈式传声器的检测　检测动圈式传声器时，将万用表置于 R×1 挡，两表笔（不分正负）断续触碰传声器的两引出端（设有控制开关的传声器应先打开开关），如图 14-20 所示。传声器中应发出清脆的“喀喀……”声，如果无声，说明该传声器已损坏；如果声音小或不清晰，说明该传声器质量较差。

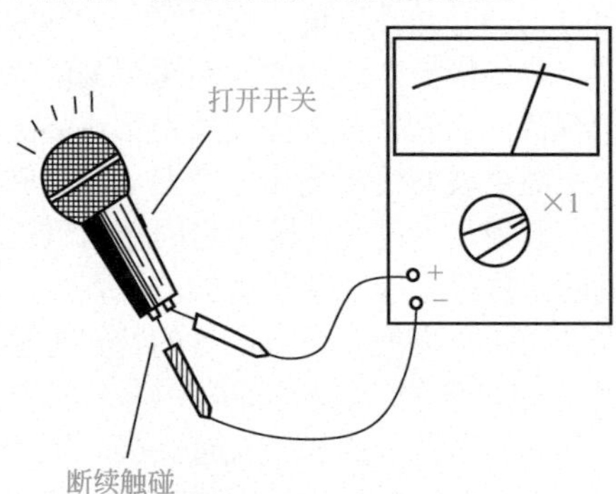

图 14-20 检测动圈式传声器

还可进一步测量动圈式传声器输出端的电阻值（实际上就是传声器内部输出变压

器的二次侧电阻值)。将万用表置于 R×1 挡，两表笔（不分正负）与传声器的两引出端相接，低阻传声器应为 50 ~ 200Ω，高阻传声器应为 500 ~ 2000Ω。如果相差太大，说明该传声器质量有问题。

（2）驻极体传声器的检测

① 极性判别。驻极体传声器由声电转换系统和场效应管两部分组成。由于其内部场效应管有两种接法，所以在使用驻极体传声器之前首先要对其进行极性的判别。

由于在场效应管的栅极与源极之间接有一只二极管，因而可利用二极管的正反向电阻特性来判别驻极体传声器的漏极 D 和源极 S。其方法是：将万用表拨至 R×1k 挡，黑表笔接任一极，红表笔接另一极。再对调两表笔测试，比较两次测量结果，阻值较小那次黑表笔接的是源极，红表笔接的是漏极。

② 好坏判别。检测驻极体传声器时，将万用表置于 R×1k 挡。对于两端式驻极体传声器，万用表黑表笔（表内电池正极）接传声器 D 端，红表笔（表内电池负极）接传声器的接地端，如图 14-21 所示。这时向传声器吹气，万用表指针应有摆动。指针摆动范围越大，说明该传声器灵敏度越高；如果指针无摆动，说明该传声器已损坏。

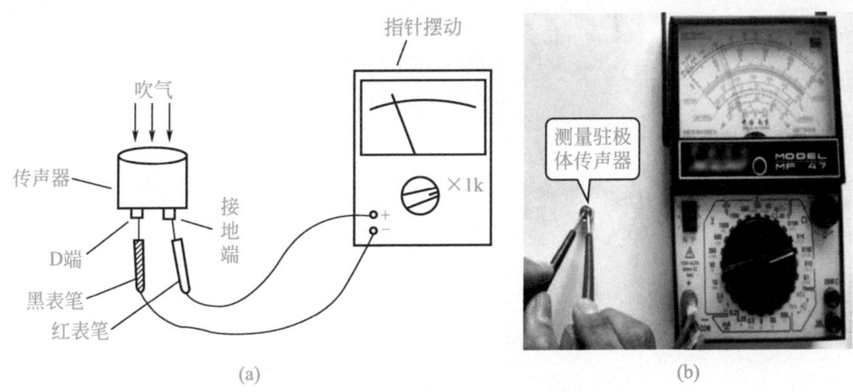

图 14-21 检测两端式驻极体传声器

对于三端式驻极体传声器，万用表黑表笔（表内电池正极）接传声器的 D 端，红表笔（表内电池负极）接传声器的 S 端和接地端（图 14-22），然后按相关方法吹气检测。

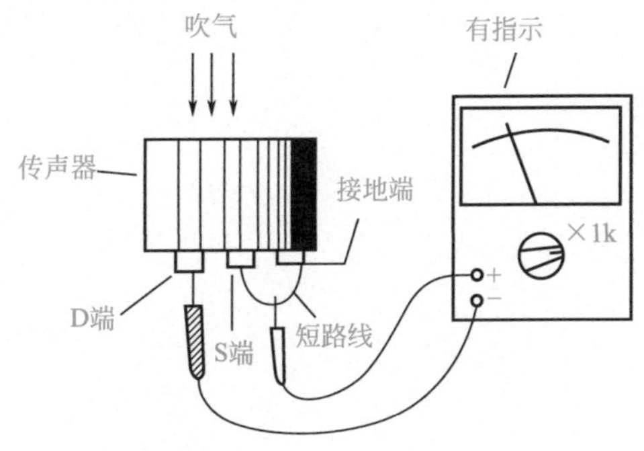

图 14-22 检测三端式驻极体传声器

三、传声器的修理

（1）灵敏度低　此故障多为场效应管性能变差或传声器本身受剧烈振动使膜片发生位移。应更换新的同型号驻极体传声器。

（2）断路或短路故障　断路故障多是由内部引线折断或内部场效应管电极烧断损坏造成的；短路故障多是由传声器内部引线的芯线与外层的金属编织线相碰短路或内部场效应管击穿造成的。检修断路或短路故障时，应先将传声器外部引线剪断，用万用表测量传声器残留引线间的阻值，检查是否还有断路或短路现象。如无断路或短路现象，则说明被剪掉的引线有问题，用新软线重新接在残留引线两端即可；如仍有断路或短路现象，则应检查内部场效应管是否异常，若有异常则应更换。

提示：内部加有场效应管的传声器，使用时应加偏置电压，不加偏压而直接加在音频放大器输入端不能工作。

第十五章 石英晶振和滤波器的检测与应用

第一节 认识石英晶振

晶振是晶体振荡器（有源晶振）和晶体谐振器（无源晶振）的统称，其作用在于产生原始的时钟频率，这个频率经过频率发生器的放大或缩小后就成了电路中各种不同的总线频率。通常无源晶振需要借助于时钟电路才能产生振荡信号，自身无法振荡。有源晶振是一个完整的谐振振荡器。电路中常见的晶振如图 15-1 所示。

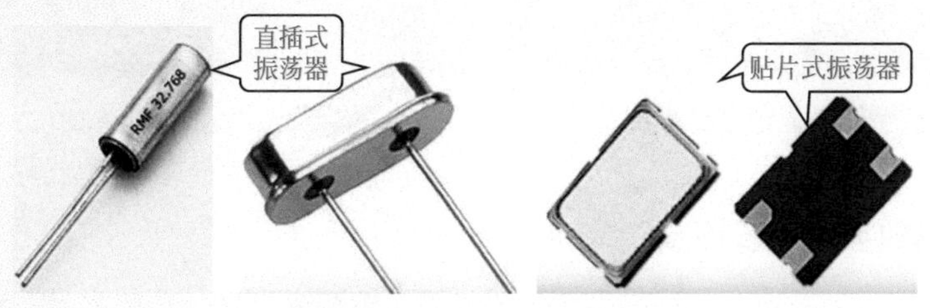

图 15-1 电路中常见的晶振

晶振是电子电路中最常用的电子元器件之一，一般用字母“X”“G”或“Z”表示。晶振的图形符号如图 15-2 所示。晶振的工作原理、分类、型号命名与主要参数可扫二维码学习。

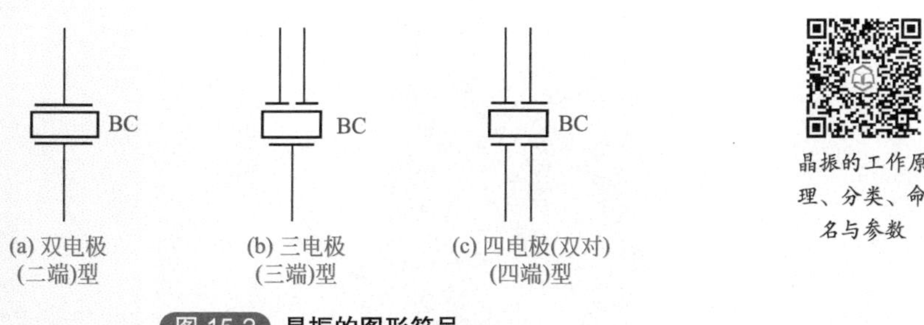

图 15-2 晶振的图形符号

第二节 石英晶振的检测

石英晶振的检测

一、 用指针万用表检测

将指针万用表置于 R×10k 挡，用表笔接晶振体的两个引脚，若阻值为无穷大，说明晶振正常；若阻值过小，说明晶振漏电或短路（图 15-3、图 15-4）。

图 15-3 高阻挡测量晶振（一）

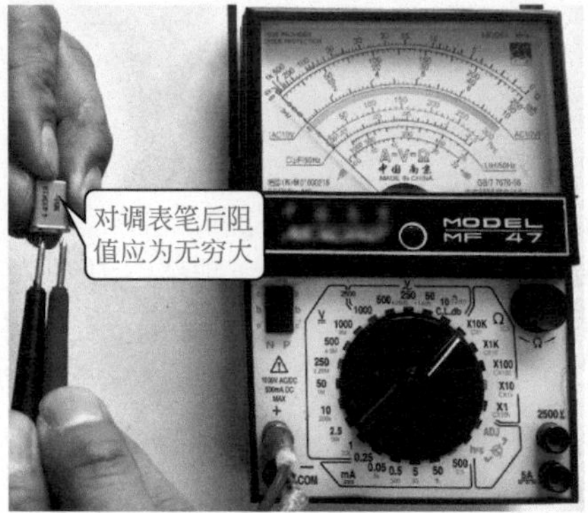

图 15-4 高阻挡测量晶振（二）

二、用数字万用表检测

晶振在结构上类似一只小电容器，所以可用电容表测量晶振的容量，通过所测的容量值来判断晶振是否正常（图 15-5）。表 15-1 是常用晶振的容量参考值。

图 15-5 数字万用表测量晶振

表 15-1 常用晶体的容量参考值

频　率	容量 /pF（塑料或陶瓷封装）	容量 /pF（金属封装）
400 ~ 503kHz	320 ~ 900	—
3.58MHz	56	3.8
4.4MHz	42	3.3
4.43MHz	40	3

第三节 石英晶振的修理、代换与应用

一、石英晶振的修理

石英晶振出现内部开路故障，一般是不能修理的，只能更换新的同型号晶振。如晶振出现击穿或漏电而阻值不是无穷大（如有的彩色电视机用的是 500kHz 晶振，遇到此故障较多），而一时又无原型号晶振更换，可采用下面方法应急修理。

① 用小刀沿原晶振的边缝将有字母的侧盖剥开，将电极支架及晶片从另一盖中取出。

② 用镊子夹住晶片从两电极间抽出。

③ 把晶片倒置或转向 90° 后，再放入两电极间，使晶片漏电的微孔离开电极触点。

④ 测量两电极的电阻应为无穷大，然后重新组装好，盖好侧盖将边缝用 502 胶外涂即可。

二、石英晶振的代换

表 15-2 列出部分石英晶振的代换型号，供参考。

表 15-2 部分石英晶振的代换型号表

型号	可直接代换的型号	型号	可直接代换的型号
A74994	JA18A	EX0005XD	XZT500
KSS-4.3MHZ	JA24A、JA18A、JA18	4.43MHZPAL-APL	JA24A、JA18、JA18A
RCRS-B002CFZZ	JA18	EX0004AC	JA188、JA24、ZFWF
TSS116M1	JA24A、JA18A		

三、石英晶振的应用

石英谐振器可以采用在路测试法进行测试。如图 15-6 所示电路是一个石英晶振测试，可以准确地测试出晶振的好坏。图中的 XS1、XS2 是两个测试插口，可用集成电路插座改制。LED 最好选择高亮度的发光管。

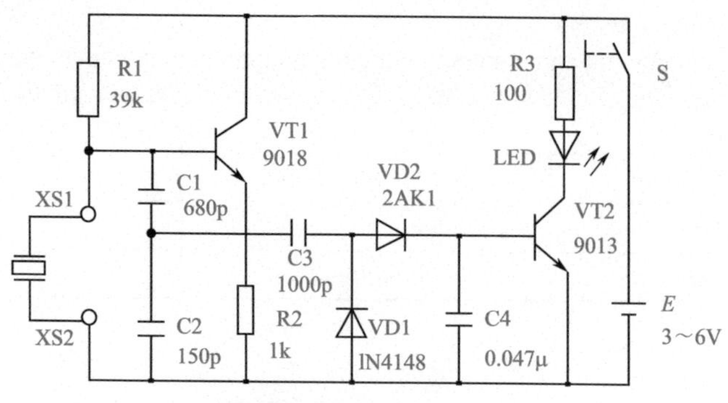

图 15-6 石英晶振测试电路

测试石英晶振时，把晶振的两个引脚插入到 XS1 和 XS2 两个插口中，按下开关 S，则由三极管 VT1、电容器 C1 和 C2 等元器件构成的振荡电路产生振荡，振荡信号经 C3 耦合至 VD2 检波，检波后的直流信号电压使 VT2 导通，于是接在 VT2 集电极回路中的 LED 发光，指示被测晶振是好的。如果 LED 不亮，则说明被测石英晶振是坏的。此测试电路可测试频率较宽的石英谐振器，但最佳测试频率是几百千赫到几十兆赫。

第四节 滤波器的检测与应用

一、声表面波滤波器的检测与应用

声表面波滤波器（SAWF）是一种集成滤波器，其特点是体积小、重量轻、制造工艺简单、中心频率高、相对带宽较宽、矩形系数接近 1；缺点是工作频率不能太低，一般工作频率在几兆赫至 1GHz 之间。

（1）声表面波滤波器的工作原理 声表面波滤波器的结构示意图如图 15-7 所示。图中的基片是由压电材料制成的。信号波接至发送换能器，通过反压电效应将电信号变成机械振动，机械振动沿基片表面传播，当传送到接收换能器时，由接收换能器变换成电信号，并将电信号送到负载。很显然，叉指形换能器的开叉不同时，对不同频率信号的发送和衰减的能力就会不同。

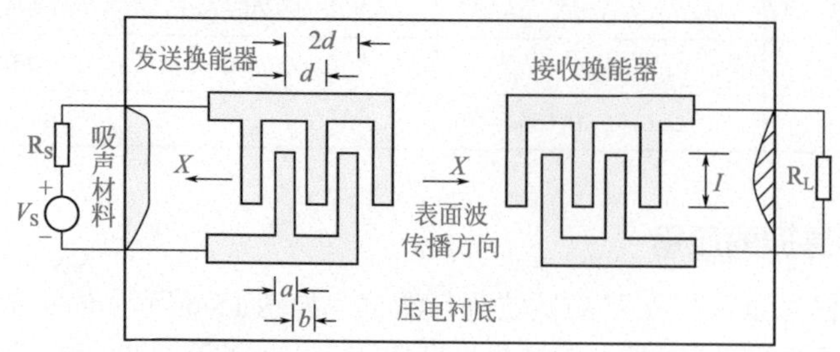

图 15-7 声表面波滤波器的结构示意图

声表面波滤波器的等效电路如图 15-8 所示。图 15-8 中，R 为换能器的输入、输出端的电阻，也称为辐射电阻，其阻值一般为 50 ～ 150Ω；C 为换能器的输入、输出端的总电容（静态电容）。

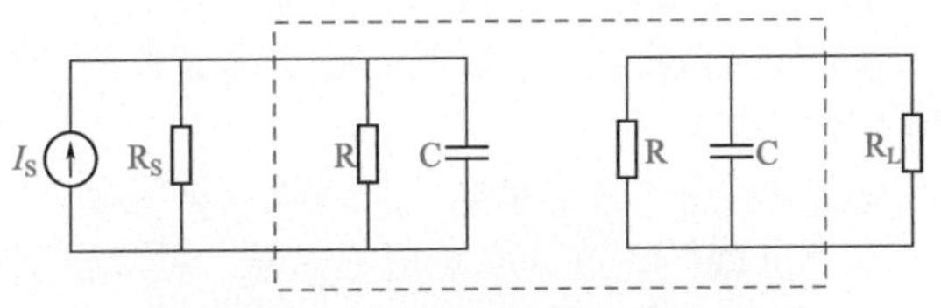

图 15-8　声表面波滤波器的等效电路

表 15-3 列出了声表面波滤波器的典型参数。

表 15-3　声表面波滤波器的典型参数

参数	典型值	参数	典型值
中心频率	10MHz ~ 1.0GHz	最大带外抑制	60 ~ 80dB
带宽	50kHz ~ 0.5f_a	线性相位偏移	±0.5°
矩形系数	1.2	幅度波动	0.5dB
插入损耗	6 ~ 20dB		

由表 15-3 可见，声表面波滤波器的插入损耗较大。为了减小损耗，通常在外电路串入电感或并入电感，使输入回路和输出回路谐振在通带的中心频率上，以消除电容器 C 的作用。

（2）声表面波滤波器的修理与应用

① 声表面波滤波器的修理。声表面波滤波器损坏后一般不能修理，应急修理时可在输入端与输出端并接一只 0.01μF 电容器试验。

② 声表面波滤波器的应用。图 15-9 为声表面波滤波器应用电路。图中 L1 和 L2 就是起补偿作用。通常输入端不匹配，这样可以减小三次回波（即反射波）信号的影响，而输出端与负载电路阻抗匹配，以增加输入功率。

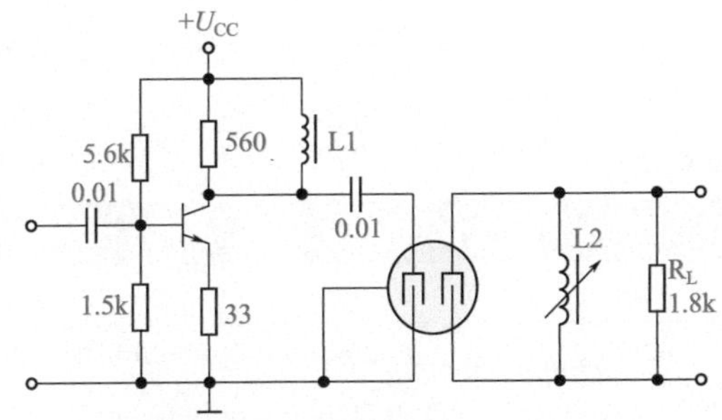

图 15-9　声表面波滤波器的应用电路

声表面波滤波器的选择性可达 35 ～ 40dB，比 LC 电路高 10 ～ 50dB，群时延特性良好，在通带内近似为一常数。

二、陶瓷滤波器的检测与应用

（1）陶瓷滤波器的分类与特性 陶瓷滤波器是陶瓷振子组成的选频网络的总称。陶瓷滤波器在电路中可以起到滤波器、陷波器、鉴频器的作用，取代传统的LC电路。陶瓷滤波器具有噪声电平低、信噪比高、体积小、无需调整、工作稳定、价格便宜的优点，其缺点是频率不能调整。

陶瓷滤波器利用陶瓷材料压电效应将电信号转化为机械振动，再在输出端将机械振动转化为电信号。由于机械振动对频率响应很敏感，故其品质因数Q值很高，幅频特性和相频特性都非常理想。陶瓷滤波器有两端和三端之分，其外形、图形符号及等效电路如图15-10所示。

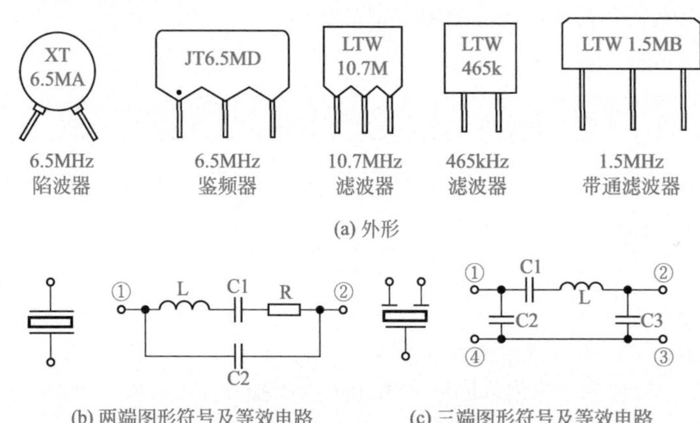

图15-10 陶瓷滤波器的外形、图形符号及等效电路

依据幅频特性，陶瓷滤波器分为带通滤波器（简称滤波器）和带阻滤波器（即陷波器）。滤波器在电路中常用作中频调谐、选频网络、鉴频和滤波等。在电视机中用6.5MHz的滤波器将0～6MHz的视频信号衰减，而取出6.5MHz的伴音中频信号，常用型号有LT6.5M、LT6.5MA、LT6.5MB、LT5.5MB等。调幅收音机中广泛使用465kHz中频滤波器，如LT465、LT465MA、LT465MB等。调频收音机中常用10.7MHz中频滤波器，常用型号是LT10.7、LT10.7MA、LT10.7MB等。常见滤波器性能参数如表15-4所示。

表15-4 常见滤波器性能参数

型号	中心频率/Hz	带宽（-3dB）/kHz	插入损耗/dB	通带波动/dB
LT465	465k	≥ ±4k	≤4	≤1
LT455	455k	≥ ±7k	≤6	≤1
LT10.7MA	10.7±0.03M	280±50k	≤6	≤2
LT10.7MB	10.67±0.03M	280±50k	≤6	≤2
LT10.7MC	10.73±0.03M	280±50k	≤6	≤2
LT6.5M	6.5M	±80k	≤6	

续表

型号	中心频率 /Hz	带宽（-3dB）/kHz	插入损耗 /dB	通带波动 /dB
LT5.5M	5.5M	±70k	≤6	
LT6.0M	6.0M	±75k	≤6	

陷波器的作用是阻止或滤掉有害分量对电路的影响。彩色电视机中常用 6.5MHz 和 4.5MHz 陷波器来消除伴音、副载波对图像的干扰，常用型号有 XT6.5MA、XT5.5MB、XT6.0MB、XT4.43MA 等。常见陷波器性能参数如表 15-5 所示。

表 15-5　常见陷波器性能参数

型号	陷波频率 /MHz	陷波深度 /dB	带宽 (-3dB)/kHz	绝缘电阻 /MΩ
2T94.5	4.5	≥20	≥30	100
2TP6.5	6.5	≥30	≥70	100
XT6.5MA	6.5	≥20	>12	100
XT6.5MB	6.5	≥30	>60	100
XT4.43M	4.43	≥20	≥30	
XT6.0MA	6.0	≥20	≥30	
XT5.5MA	5.5	≥20	≥30	

（2）陶瓷滤波器的检测与修理

① 陶瓷滤波器的检测。

a. 采用万用表估测。用万用表 R×10k 挡测量时，其阻值应为无穷大，如所测阻值很小，属于短路性故障。

b. 采用达林顿管测量。具体办法是：将万用表置于 R×10k 挡。如图 15-11 所示，用两只三极管（如 3DG6、3DG201A）接成达林顿管后再接到万用表上。

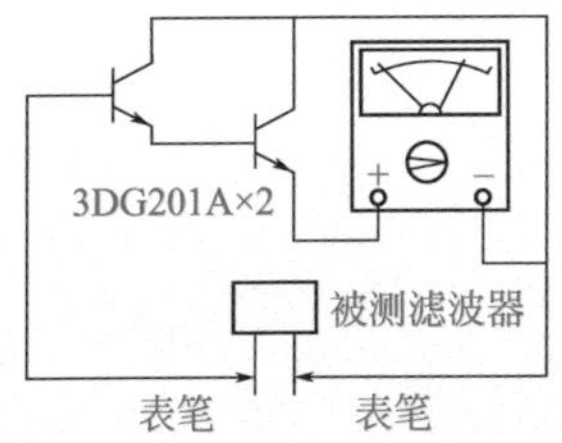

图 15-11　利用达林顿管检测陶瓷滤波器

测量时，将两表笔分别接到待测陶瓷滤波器的两个引脚上，如果万用表指针向右微微摆动，随后回到无穷大，说明被测滤波器是好的；如果指针不动，说明被测滤波器内部断线，已损坏；如果测出被测滤波器两个引脚间的电阻很小，说明被测滤波器内部短路，已损坏。操作时应注意：每次测量前，应将陶瓷滤波器的两个引脚短路，以便将其内部的电荷放掉；达林顿管放大倍数高，测量时手不能碰被测滤波器的两个引脚，以免影响测量结果。

② 陶瓷滤波器的修理

a. 剪脚法。对于三端陶瓷滤波器，可剪去输入或输出的一脚，保留③脚不动。例如①脚与③脚漏电，可剪去①脚，再在①脚与②脚之间接入一只几百欧的电阻器，便可恢复其在电路中的作用。

b. 推捏法。陶瓷滤波器多由碰磕造成内部接触不良，使在收音机、电视机中出现如流水一般的声音。检修时，可用手轻轻推滤波器，当确认其内部接触良好（流水声消失）之后，再用石蜡或松香加热固定。实践中这种做法非常有效，但故障易重犯。

c. 电击法。若陶瓷滤波器某两脚漏电，用万用表检测其阻值在 1Ω 以下时，可利用黑白电视机中的 100 ～ 400V 电压，也可利用彩色电视机中 110V 直流供电电压，对漏电的两脚实施电击。操作动作要快，可多次重复，直到两脚间电阻值大于 10MΩ 为止。

第十六章 集成电路与稳压器的检测与应用

第一节 认识常用集成电路

一、集成电路的分类

（1）按功能结构分类 集成电路又称为IC，按其功能结构的不同，可以分为模拟集成电路、数字集成电路和数/模混合集成电路三大类。

模拟集成电路又称线性电路，用来产生、放大和处理各种模拟信号（指幅度随时间变化的信号。例如半导体收音机的音频信号、录放机的磁带信号等），其输入信号和输出信号成比例关系。而数字集成电路用来产生、放大和处理各种数字信号（指在时间上和幅度上离散取值的信号。例如3G手机、数码照相机、电脑CPU、数字电视机的逻辑控制和重放的音频信号和视频信号）。

（2）按制作工艺分类 集成电路按制作工艺可分为半导体集成电路和膜集成电路。其中，膜集成电路又分为厚膜集成电路和薄膜集成电路。

（3）按集成度高低分类 集成电路按集成度高低可分为小规模集成电路（Small Scale Integrated Circuits，SSIC）、中规模集成电路（Medium Scale Integrated Circuits，MSIC）、大规模集成电路（Large Scale Integrated Circuits，LSIC）、超大规模集成电路（Very Large Scale Integrated Circuits，VLSIC）、特大规模集成电路（Ultra Large Scale Integrated Circuits，ULSIC）、巨大规模集成电路也被称作极大规模集成电路或超特大规模集成电路（Giga Scale Integration Circuits，GSIC）。

（4）按导电类型分类 集成电路按导电类型可分为双极型集成电路和单极型集成电路，它们都是数字集成电路。

双极型集成电路的制作工艺复杂，功耗较大，代表性的有TTL、ECL、HTL、LST-TL、STTL等类型。单极型集成电路的制作工艺简单，功耗也较低，易于制成大规模集成电路，代表性的有CMOS、NMOS、PMOS等类型。

（5）按用途分类 集成电路按用途可分为电视机用集成电路、音响用集成电路、影碟机用集成电路、录像机用集成电路、电脑（微机）用集成电路、电子琴用集成电路、通信用集成电路、照相机用集成电路、遥控用集成电路、语言用集成电路、报警器用集成电路及各种专用集成电路。

① 电视机用集成电路包括行/场扫描集成电路、中放集成电路、伴音集成电路、彩色解码集成电路、AV/TV转换集成电路、开关电源集成电路、遥控集成电路、丽

音解码集成电路、画中画处理集成电路、微处理器（CPU）集成电路、存储器集成电路等。

② 音响用集成电路包括 AM/FM 高中频集成电路、立体声解码集成电路、音频前置放大电路、音频运算放大集成电路、音频功率放大集成电路、环绕声处理集成电路、电平驱动集成电路，电子音量控制集成电路、延时混响集成电路、电子开关集成电路等。

③ 影碟机用集成电路有系统控制集成电路、视频编码集成电路、MPEG 解码集成电路、音频信号处理集成电路、音响效果集成电路、RF 信号处理集成电路、数字信号处理集成电路、伺服集成电路、电动机驱动集成电路等。

④ 录像机用集成电路有系统控制集成电路、伺服集成电路、驱动集成电路、音频处理集成电路、视频处理集成电路。

（6）按应用领域分类 集成电路按应用领域可分为标准通用集成电路和专用集成电路。

（7）按封装分类 集成电路按封装结构可分为直插式集成电路和贴面式集成电路两大类。

① 直插式集成电路。直插式集成电路又分为双列（双排引脚）集成电路和单列（单排引脚）集成电路两类。其中，小功率直插式集成电路多采用双列方式，而功率较大的集成电路多采用单列方式。

② 贴面式集成电路。贴面式集成电路又分为双列贴面式和四列贴面式两大类。中小规模贴面式集成电路多采用双列贴面焊接方式，而大规模贴面式集成电路多采用四列贴面焊接方式。

二、集成电路的封装及引脚排列

集成电路明显特征是引脚比较多（远多于三个引脚），各引脚均匀分布。集成电路一般是长方形的，也有方形的。大功率集成电路带金属散热片，小功率集成电路没有散热片。

（1）单列直插式封装 单列直插式封装（SIP）集成电路引脚从封装一个侧面引出，排列成一条直线。通常，它们是通孔式的，引脚插入印制电路板的金属孔内。当装配到印制基板上时封装呈侧立状。单列直插式封装集成电路的外形如图 16-1 所示。

图 16-1 单列直插式封装集成电路的外形

单列直插式封装集成电路的封装形式很多，集成电路都有一个较为明显的标记来指示第一个引脚的位置，而且自左向右依次排序，这是单列直插式封装集成电路的引

脚分布规律。

若无任何第一个引脚的标记，则将印有型号的一面朝着自己，且将引脚朝下，最左端为第一个引脚，依次为各引脚，如图 16-2 所示。

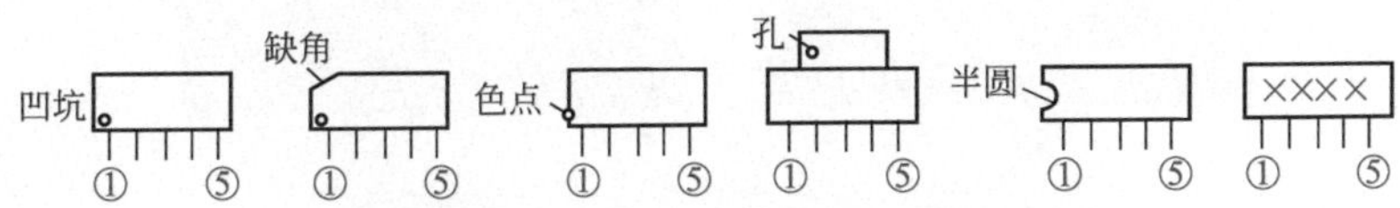

图 16-2 单列直插式封装集成电路引脚排列

（2）单列曲插式封装 锯齿形单列曲插式封装（ZIP）是单列直插式封装形式的一种变化，它的引脚仍是从封装体的一边伸出，但排列成锯齿形。这样，在一个给定的长度范围内，提高了引脚密度。引脚中心距通常为 2.54mm，引脚数为 2~23，多数为定制产品。单列曲插式封装集成电路的外形如图 16-3 所示。

图 16-3 单列曲插式封装集成电路的外形

单列曲插式封装集成电路的引脚呈一列排列，但是引脚是弯曲的，即相邻两个引脚弯曲排列。单列曲插式封装集成电路都有一个明显标记来指示第一个引脚的位置，然后依次从左向右为各引脚，这是单列曲插式封装集成电路的引脚分布规律。

当单列曲插式封装集成电路上无明显的标记时，可按单列直插式集成电路引脚识别方法来识别，如图 16-4 所示。

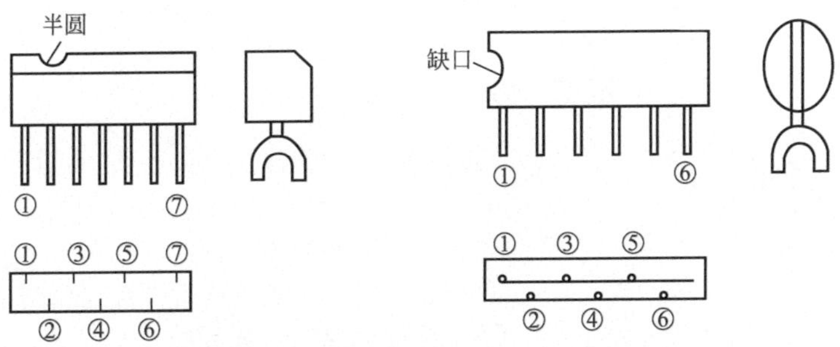

图 16-4 单列曲插式封装集成电路引脚排列

（3）双列直插式封装 双列直插式封装也称 DIP（Dual Inline Package）封装，是一种最简单的封装方式。绝大多数中小规模集成电路均采用 DIP 封装，其引脚数一般不超过 100。DIP 封装的 CPU 芯片有两排引脚，需要插入到具有 DIP 结构的芯片插座上。双列直插式封装集成电路的外形如图 16-5 所示。

双列直插式封装集成电路也有各种形式的明显标记，以指明第一个引脚的位置，然后沿集成电路外沿逆时针方向依次为各引脚。

图 16-5 双列直插式封装集成电路的外形

无任何明显的引脚标记时，将印有型号的一面朝着自己正向放置，左侧下端第一个引脚为①脚，逆时针方向依次为各引脚，如图 16-6 所示。

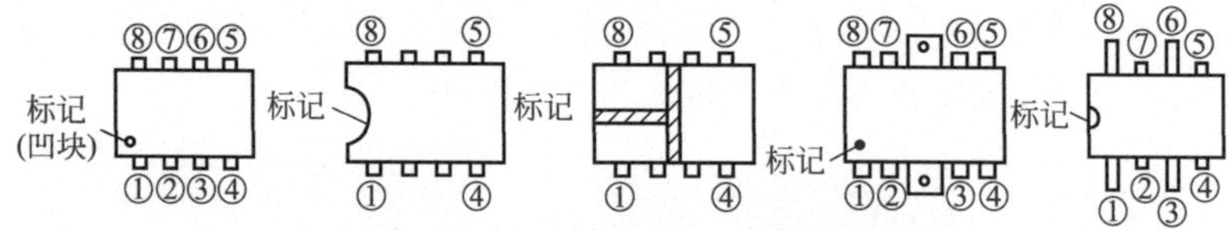

图 16-6 双列直插式封装集成电路引脚排列

（4）四列表贴封装　随着生产技术的提高，电子产品的体积越来越小，体积较大的直插式封装集成电路已经不能满足需要。故设计者又研制出一种贴片封装集成电路，这种封装的集成电路引脚很小，可以直接焊接在印制电路板的印制导线上。四列表贴封装集成电路的外形如图 16-7 所示。

图 16-7 四列表贴封装集成电路的外形

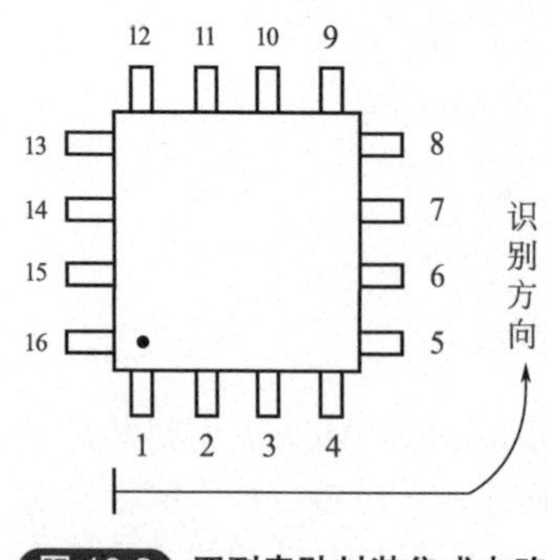

图 16-8 四列表贴封装集成电路引脚排列

四列表贴封装集成电路的引脚分成四列，集成电路左下方有一个标记，左下方第一个引脚为①脚，然后逆时针方向依次为各引脚。

四列表贴封装集成电路引脚排列如图 16-8 所示。

（5）金属封装　金属封装是半导体器件封装的最原始形式。它将分立器件或集成电路置于一个金属容器中，用镍作封盖并镀金。金属圆形外壳采用由可伐合金材料冲制成的金属底座，借助封接玻璃，在氮气保护气氛下将可伐合金引线按照规定的布线方式熔装在金属底座上，经过引线端头的切平和磨光后，再镀镍、金等惰性金属给予保护。在底座中心进行芯片安装和在引线端头用铝硅丝进行键合。组装完成后，用 10 号钢带所冲制成的镀镍封帽进行封装，构成气密且坚固的封装结构。金属封装的优点是气密性好，不受外界环境因素的影响；且缺点是价格昂贵，外形单一，不能满足半导体器件日益快速发展的需要。现在，金属封装所占的市场份额已越来越小，几乎已没有商品化的产品（少量产品用于特殊性能要求的军事或航空航天技术中）。金属封装集成电路的外形如图 16-9 所示。

金属封装集成电路的外壳呈金属圆帽形，其引脚识别方法：将引脚朝上，从突出键标记端起，顺时针方向依次为各引脚。

金属封装集成电路引脚排列如图 16-10 所示。

图 16-9　金属封装集成电路的外形　　图 16-10　金属封装集成电路引脚排列

（6）反方向引脚排列集成电路　前面介绍的集成电路均为引脚正向分布的集成电路，引脚从左向右依次分布，或从左下方第一个引脚逆时针方向依次分布各引脚。

引脚反向分布的集成电路则是从右向左依次分布，或从左上方第一个引脚为①脚，顺时针方向依次分布各引脚，与引脚正向分布的集成电路规律恰好相反。

引脚正、反向分布规律可以从集成电路型号上识别。例如，HA1366W 引脚为正向分布，HA1366WR 引脚为反向分布，型号后多一个大写字母 R 表示这一集成电路的引脚为反向分布（它们的电路结构、性能参数相同，只是引脚分布相反）。

（7）厚膜电路　厚膜电路也称为厚膜块，其制造工艺与半导体集成电路有很大不同。它将晶体管、电阻器、电容器等元器件在陶瓷片上或用塑料封装起来。厚膜电路的特点是集成度不是很高，但可以耐受的功率很大，常应用于大功率单元电路中。图 16-11 所示为厚膜电路，其引出线排列顺序从标记开始从左至右依次排列。

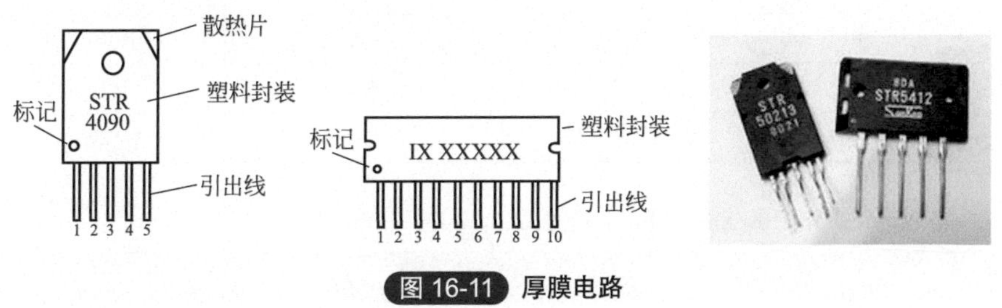

图 16-11　厚膜电路

三、集成电路的型号命名

国产集成电路型号命名一般由五个部分构成，依次分别为集成电路符合的标准、器件的类型、集成电路系列和品种代号、工作温度范围、集成电路的封装形式，如图 16-12 所示。

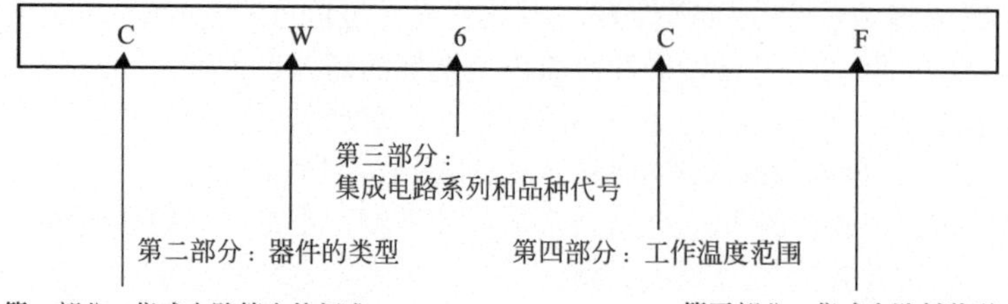

图 16-12 国产集成电路的型号命名

第一部分为集成电路符合的标准，C 表示中国国标产品。

第二部分为器件的类型，用字母表示。W 表示稳压器。

第三部分为集成电路系列和品种代号，用数字表示。6 表示代码 6。

第四部分为工作温度范围，用字母表示。C 表示 0 ～ 70℃。

第五部分为集成电路的封装形式，用字母表示。F 表示全密封扁平。

例如CW6CF表示为国产全密封扁平稳压器，代码为6，工作温度范围在0～70℃之间。

为了方便读者查阅，表 16-1 ～表 16-3 分别列出了集成电路类型符号含义对照表、集成电路工作温度范围符号含义对照表以及集成电路封装形式符号含义对照表。

表 16-1 集成电路类型符号含义对照表

符号	类 型	符号	类 型
T	TTL 电路	B	非线性电路
H	HTTL 电路	J	接口电路
E	ECL 电路	AD	A/D 转换器
C	CMOS 电路	DA	D/A 转换器
M	存储器	SC	通信专用电路
U	微型机电路	SS	敏感电路
F	线性放大器	SW	钟表电路
W	稳压器	SJ	机电仪电路
D	音响、电视电路	SF	复印机电路

表 16-2 集成电路工作温度范围符号含义对照表

符号	工作温度范围 /℃	符号	工作温度范围 /℃
C	0~70	E	−40~85
G	−25~70	R	−55~85
L	−25~85	M	−55~125

表 16-3　集成电路封装形式符号含义对照表

符号	封装形式	符号	封装形式
W	陶瓷扁平	P	塑料直插
B	塑料扁平	J	黑陶瓷直插
F	全密封扁平	K	金属菱形
D	陶瓷直插	T	金属圆形

四、集成电路的主要参数

(1) 集成电路的电气参数　不同功能的集成电路，其电气参数的项目也各不相同，但多数集成电路均有最基本的几项参数（通常在典型直流工作电压下测量）。

① 静态工作电流。静态工作电流是指在集成电路的信号输入脚无信号输入的情况下，供电脚与接地脚回路中的直流电流。该参数对确认集成电路是否正常十分重要。集成电路的静态工作电流包括典型值、最小值、最大值 3 个指标。若集成电路的静态工作电流超出最大值和最小值范围，而它的供电脚输入的直流工作电压正常，并且接地脚也正常，就可确认集成电路异常。

② 增益。增益是指集成电路内部放大器的放大能力。增益又分开环增益和闭环增益两项，并且也包括典型值、最小值、最大值 3 个指标。用万用表无法测出集成电路的增益，需要使用专门仪器来测量。

③ 最大输出功率。最大输出功率是指输出信号的失真度为额定值（通常为 10%）时，集成电路输出脚所输出的电信号功率。一般也分别给出典型值、最小值、最大值 3 个指标。该参数主要用于功率放大型集成电路。

(2) 集成电路的极限参数　集成电路的极限参数主要有以下几项。

① 最大电源电压。最大电源电压是指可以加在集成电路供电脚与接地脚之间的直流工作电压的极限值。使用中不允许超过此值，否则会导致集成电路过电压损坏。

② 允许功耗。允许功耗是指集成电路所能承受的最大耗散功率，主要用于功率放大型集成电路（简称功放）。

③ 工作环境温度。工作环境温度是指集成电路能维持正常工作的最低环境温度和最高环境温度。

④ 储存温度。储存温度是指集成电路在储存状态下的最低温度和最高温度。

五、集成电路的通用检测法

在修理集成电路的电子产品时，要对集成电路进行判断是一个重要内容，否则会事倍功半。首先要掌握该集成电路的用途、内部结构原理、主要电特性等，必要时还要分析内部电路原理图。除了这些之外，如果再有各引脚对地直流电压、波形以及对地正反向直流电阻值，就更容易判断了。然后按现象判断其故障部位，并按部位查找故障元件，有时需要多种判断方法证明该器件是否损坏。一般对集成电路的检查判断方法有两种：一是非在线检查判断，即集成电路未焊入印制电路板的判断，在没有专用仪器设备的条件下，要确定集成电路的质量好坏是很困难的，一般情况下可用直流电阻法测量各引脚与接地脚之间的正反向电阻值并与完好集成电路进行比较，也可以采用替换法把可疑的集成电路插到正常电路同型号的集成电路的位置上来确定其好坏；二是在线检查判断，即集成电路连接在印制电路板上的判断方法。在线判断是检修集成电路最实用和有效的方法。下面对几种判断方法进行简述。

（1）电压测量法 用万用表测出各引脚对地的直流工作电压值，然后与标称值相比较，依此来判断集成电路好坏。但要区别非故障性的电压误差（图 16-13 ～图 16-16）。

测量集成电路各引脚的直流工作电压时，如遇到个别引脚的电压与原理图或维修技术资料中所标电压值不符，不要急于断定集成电路已损坏，应先排除以下几个因素后再确定。

① 原理图上标称电压是否有误。因为常有一些说明书、原理图等资料上所标的电压值与实际电压值有较大差别，有时甚至是错误的。此时，应多找一些有关资料进行对照，必要时分析内部图与外围电路，对所标电压进行计算或估算来验证所标电压是否正确。

② 标称电压的性质应区别开，即电压是静态工作电压还是动态工作电压。因为集成电路的个别引脚随着注入信号的有无而明显变化，此时可把频道开关置于空频道

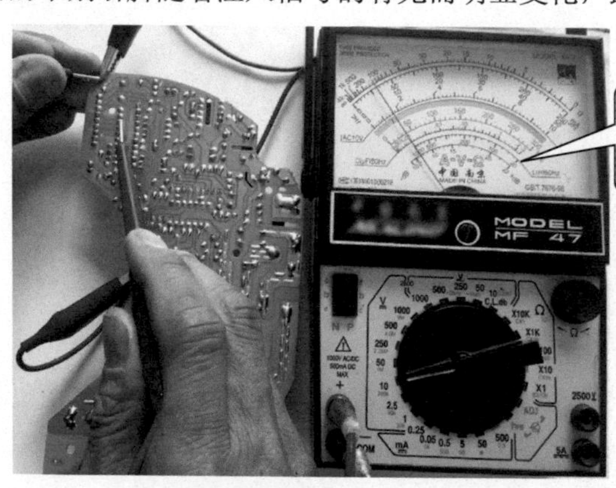

图 16-13 在路测量集成电路引脚电压（一）

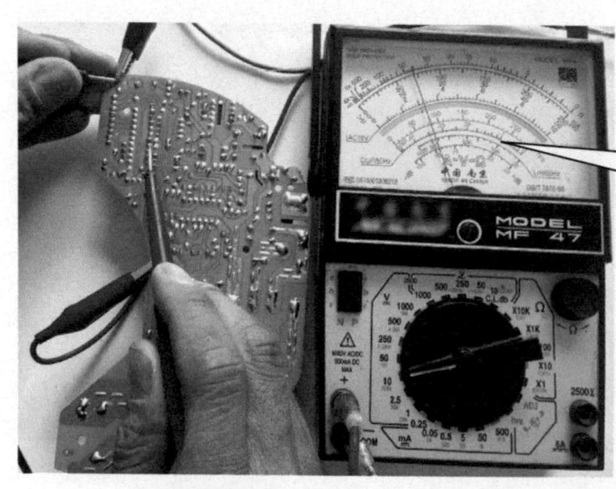

MODEL MF 47
不同功能的引脚电压是不同的，测试结果要和正常值比对

图 16-14 在路测量集成电路引脚电压（二）

图 16-15　数字万用表在路测量（一）

图 16-16　数字万用表在路测量（二）

或有信号频道，观察电压是否恢复正常。如后者正常，则说明标称电压属于动态工作电压，而动态工作电压又是指在某一特定的条件下而言，当测试时动态工作电压随接收场强不同或音量不同有所变化。

③ 外围电路中可变元件可能引起引脚电压变化。当实测电压与标称电压不符时，可能因为个别引脚或与该引脚相关的外围电路连接的是一个阻值可变的电位器（如音量电位器、色饱和度电位器、对比度电位器等）。这些电位器所处的位置不同，引脚电压会有明显不同，所以当出现某一引脚电压不符时，应考虑该引脚或与该引脚相关联的电位器的位置变化，可旋动观察引脚电压能否与标称值相近。

④ 使用万用表不同，测得数值有差别。由于万用表表头内阻不同或不同直流电压挡会造成误差，一般原理图上所标的直流电压都是以测试仪表的内阻大于 20kΩ/V 进行测试的。当用内阻小于 20kΩ/V 的万用表进行测试时，将会使被测结果低于原来所标的电压。

综上所述，就是在集成电路没有故障的情况下，由于某种原因而使所测结果与标称值不同。所以总的来说，在进行集成电路直流电压或直流电阻测试时应规定一个测试条件，尤其是作为实测经验数据记录时更要注意。通常把各电位器旋到机械中间位置，信号源采用一定场强下的标准信号。当然，如能再记录各电位器同时在最小值和最大值时的电压值，那就更具有代表性。如果排除以上几个因素后，所测的个别引脚电压还是不符合标称值时，需进一步分析原因，但不外乎两种可能：一是集成电路本身故障引起，二是集成外围电路造成。如何区分这两种故障源，是修理集成电路的关键。

（2）在线直流电阻普测法 如果发现引脚电压有异常，可以先测试集成电路的外围元器件好坏以判定集成电路是否损坏。在断电情况下测定阻值比较安全，而且可以在没有资料和数据以及不必要了解其工作原理的情况下，对集成电路的外围电路进行在线检查。在相关的外围电路中，以快速方法对外围元器件进行一次测量，以确定是否存在较明显的故障。方法是：用万用表 R×10 挡分别测量二极管和三极管的正反向电阻值。此时由于电阻挡位低，外围电路对测量数据的影响较小，可很明显地看出二极管、三极管的正反向电阻值，尤其是 PN 结的正向电阻增大或短路更容易发现。其次可对电感是否开路进行普测，正常时电感两端的在线直流电阻只有零点几欧最多至几十欧，具体阻值要看电感的结构而定。如测出两端阻值较大，那么即可断定电感开路。继而根据外围电路元件参数的不同，采用不同的电阻挡位测量电容值和电阻值，检查是否有较为明显的短路和开路性故障，先排除由于外围电路引起个别引脚的电压变化，再判定集成电路是否损坏（图 16-17、图 16-18）。

（3）电流流向跟踪电压测量法 此方法是根据集成电路内部和外围元器件所构成的电路，并参考供电电压（即主要测试点的已知电压）进行各点电位的计算或估算，然后对照所测电压是否符合正常值来判断集成电路的好坏。本方法必须具备完整的集成电路内部电路图和外围电路原理图。

（4）在线直流电阻测量对比法 它是利用万用表测量待查集成电路各引脚对地正、反向直流电阻值与正常值进行对照来判断好坏。这一方法是一种同型号机型集成电路的正常可靠数据，以便和待查数据相对比。测试时，应注意如下事项。

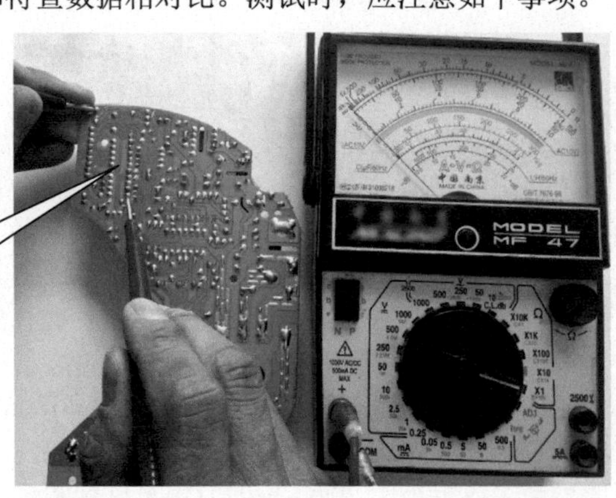

用电阻挡测量集成电路在路电阻时，黑表笔接公用端时的测量值和表笔对调后所测值应有差别，若阻值相同应考虑外围元器件是否有并联的，若无为故障
MODEL MF 47

图 16-17 电阻挡测量（一）

用电阻挡测量集成电路在路电阻时，红表笔接公用端时的测量值和表笔对调后所测值应有差别，若阻值相同应考虑外围元器件是否有并联的，若无为故障
MODEL
MF 47

图 16-18 电阻挡测量（二）

① 测试条件应规定好，测验记录前应记下被测机牌号、机型、集成电路型号，并设定与该集成电路相关电路的电位器应在机械中心位置，测试后的数据应注明万用表的直流电阻挡位，一般设定在 R×1k 或 R×10 挡，红表笔接地或黑表笔接地测两个数据。

② 测量造成的误差应注意：测试用万用表要选内阻≥20kΩ/V，并且确认该万用表的误差值在规定范围内，并尽可能用同一块万用表进行数据对比。

③ 原始数据所用电路应和被测电路相同：牌号机型不同，但集成电路型号相同，还是可以参照的。不同机型不同电路要区别，因为同一块集成电路可以有不同的接法，所得直流电阻值也有差异。

（5）非在线数据与在线数据对比法　集成电路未与外围电路连接时所测得的各引脚对接地脚的正、反向电阻值称为非在线数据。非在线数据通用性强，可以对不同机型、不同电路、集成电路型号相同的电路作对比。具体测量对比方法如下：首先应把被查集成电路的接地脚用空心针头和电烙铁使之与印制电路板脱离，然后对应于某一怀疑引脚进行测量对比。如果被怀疑引脚有较小阻值电阻连接于地与电源之间，为了不影响被测数据，该引脚也可以与印制电路板开路。例如：CA3065E 只要把第②、⑤、⑥、⑨、⑫ 五个引脚与印制电路板脱离后，各引脚应和非在路原始数据相同，否则说明集成电路有故障。

（6）代换法　用代换法判断集成电路的好坏确是一条捷径，可以减少由许多检查分析而带来的各种麻烦。

集成电路的使用注意事项如下。

① 使用前应对集成电路的功能、内部结构、电特性、外形封装及与集成电路相连接的电路作全面的分析和理解。在使用情况下的各项电性能参数不得超出集成电路所允许的最大使用范围。

② 安装集成电路时应注意方向，在不同型号间互换时更要注意。

③ 正确处理好空脚。遇到空的引脚时，不应擅自接地，这些引脚为更替或备用脚，有时也作为内部连接。CMOS 电路不用的输入端不能悬空。

④ 注意引脚承受的应力与引脚间的绝缘。

⑤ 对功率集成电路需要有足够的散热片，并尽量远离热源。

⑥ 切忌带电插拔集成电路。

⑦ 集成电路及其引线应远离脉冲高压源。

⑧ 防止感性负载的感应电动势击穿集成电路，可在集成电路相应引脚接入保护二极管，以防止过电压击穿。

提示：供电电源的极性和稳定性，可在电路中增设诸如二极管组成的保证电源极性正确的电路和浪涌吸收电路。

第二节 集成运算放大器的检测与应用

一、集成运算放大器的图形符号、结构与型号

集成运算放大器简称集成运放，是具有高放大倍数的集成电路。它的内部是直接耦合的多级放大器，整个电路可分为输入级、中间级、输出级三部分。输入级采用差分放大电路，以消除零点漂移和抑制干扰；中间级一般采用共发射极电路，以获得足够高的电压增益；输出级一般采用互补对称功放电路，以输出足够大的电压和电流，其输出电阻小、负载能力强。目前，集成运算放大器已广泛用于模拟信号的处理和产生电路之中，因其高性能、低价位，在大多数情况下已经取代分立元件放大电路。

（1）集成运算放大器的电路符号 集成运算放大器的文字符号为“IC”，其图形符号如图 16-19 所示。集成运放一般具有两个输入端，即同相输入端 U_+ 和反相输入端 U_-；具有一个输出端 U_o。

（2）集成运算放大器的结构 集成运算放大器内部电路结构如图 16-20 所示，由高阻抗输入级、中间放大级、低阻抗输出级和偏置电路等组成。输入信号由同相输入端 U_+ 或反相输入端 U_- 输入，经中间放大级放大后，通过低阻抗输出级输出。中间放大级由若干级直接耦合放大器组成，提供极大的开环电压增益（100dB 以上）。偏置电路为各级提供合适的工作点。

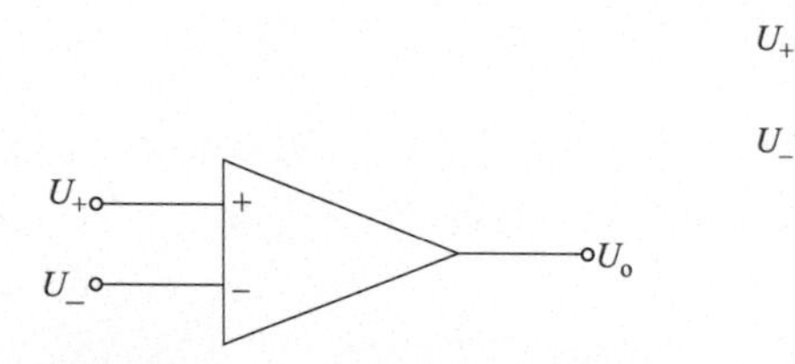

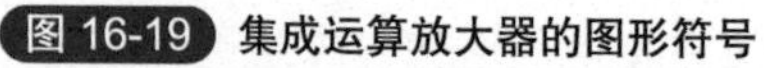
图 16-19 集成运算放大器的图形符号

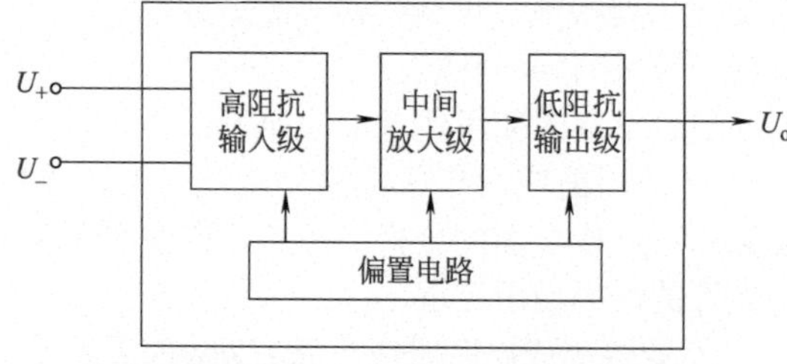

图 16-20 集成运算放大器内部电路结构

（3）常用型号 集成运算放大器型号较多，常用型号有 LM324、LM339、MJC30205、LM393、LM358 等型号。其中 LM339、MJC30205 等可直接互换使用；LM324、

LM339 供电电压不同，但原理相同。

二、认识LM324集成运算放大器

LM324 是四运放集成电路，它采用 14 脚双列直插塑料封装，其外形如图 16-21 所示。它的内部包含四组形式完全相同的运算放大器，除电源共用外，四组运算放大器相互独立。LM324 的外形、内部结构、引脚排列和封装形式如图 16-21 所示。

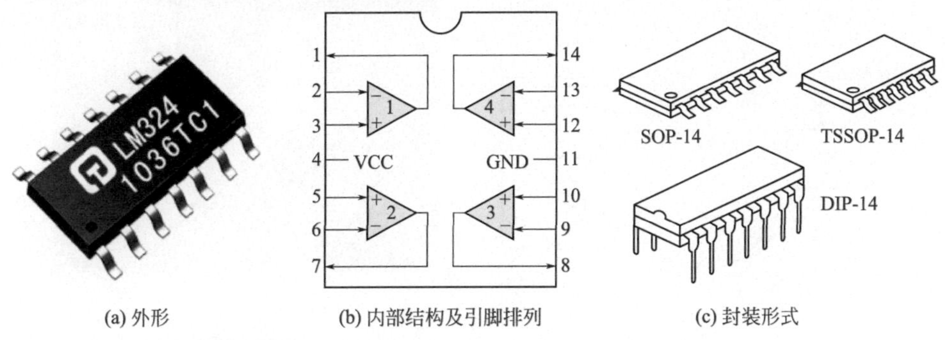

(a) 外形　(b) 内部结构及引脚排列　(c) 封装形式

图 16-21 LM324 的外形、内部结构、引脚排列和封装形式

（1）各引脚功能　LM324 各引脚功能和电压值如表 16-4 所示。

表 16-4　LM324 各引脚功能和电压值

引脚	①	②	③	④	⑤	⑥	⑦
功能	A 输出	A 反相输入	A 同相输入	电源	B 同相输入	B 反相输入	B 输出
电压 /V	3	2.7	2.8	5	2.8	2.7	3
引脚	⑧	⑨	⑩	⑪	⑫	⑬	⑭
功能	C 输出	C 反相输入	C 同相输入	地	D 同相输入	D 反相输入	D 输出
电压 /V	3	2.7	2.8	0	2.8	2.7	3

（2）各引脚对地正反向阻值　LM324 各引脚对地正反向阻值如表 16-5 所示。

表 16-5　LM324 各引脚对地正反向阻值

引脚	①	②	③	④	⑤	⑥	⑦
正向电阻 /kΩ	150	∞	∞	20	∞	∞	150
反向电阻 /kΩ	7.6	8.7	8.7	5.9	8.7	8.7	7.6
引脚	⑧	⑨	⑩	⑪	⑫	⑬	⑭
正向电阻 /kΩ	150	∞	∞	地	∞	∞	150
反向电阻 /kΩ	7.6	8.7	8.7	地	8.7	8.7	7.6

三、集成运算放大器的检测

（1）检测对地电阻值 检测时，将万用表置于 R×1k 挡，先用红表笔（表内电池负极）接集成运算放大器的接地引脚，黑表笔（表内电池正极）接其余各引脚，测量各引脚对地的正向电阻；然后对调两表笔，测量各引脚对地的反向电阻，如图 16-22 所示。

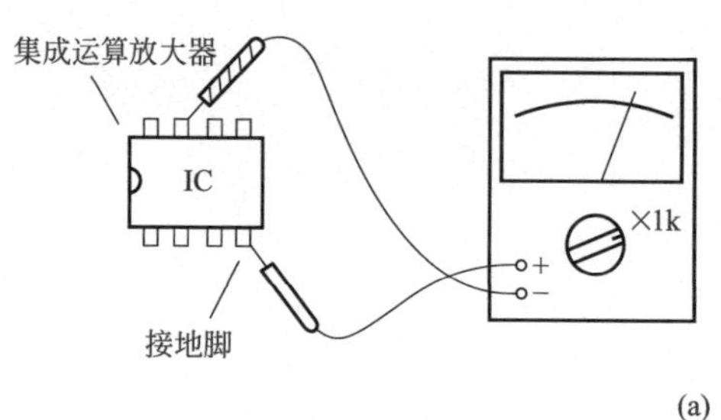

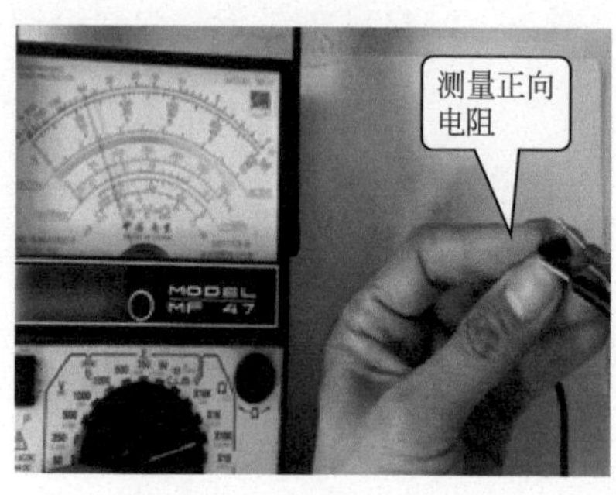

(a)

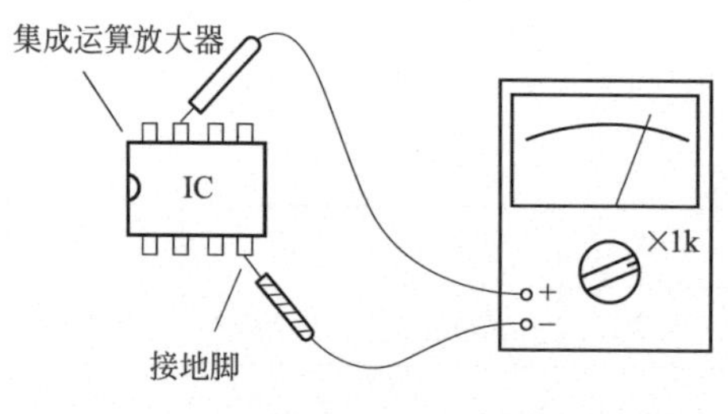

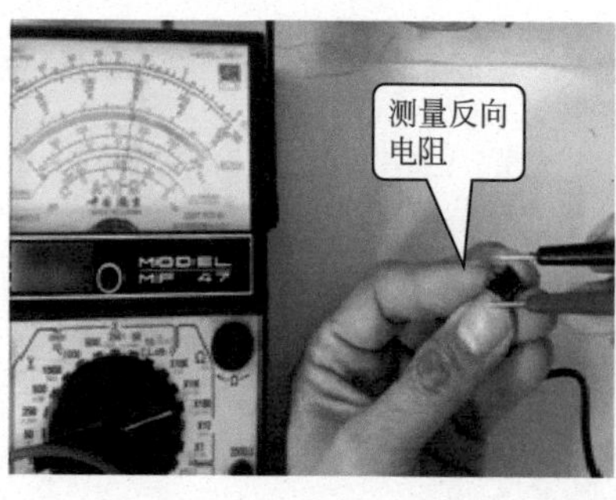

(b)

集成运算放大器的检测

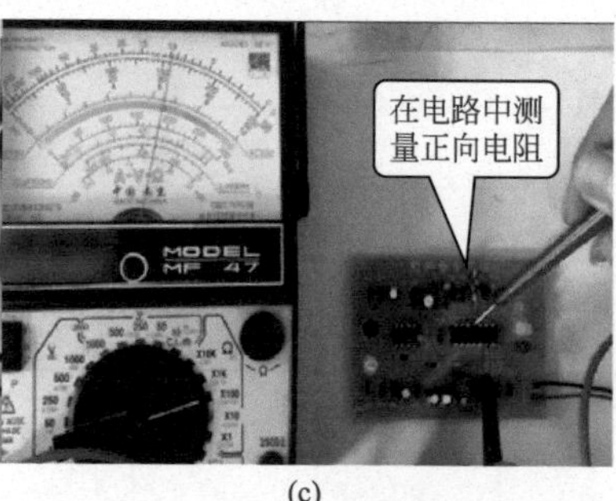

(c)

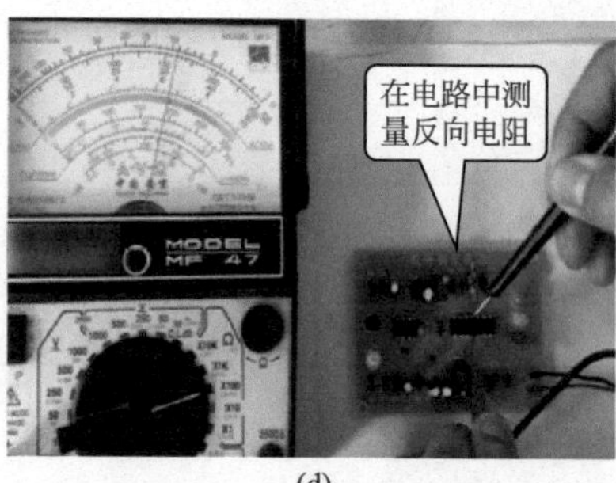

(d)

图 16-22 检测对地电阻值

将测量结果与正常值比较，以判断该集成运算放大器的好坏。如果测量结果与正常值相差较大，特别是电源端对地阻值为 0Ω 或无穷大，则说明该集成运算放大器已损坏。

（2）检测静态电压值 检测时，根据被测电路的电源电压将万用表置于适当的直流“V”挡。例如，被测电路的电源电压为 5V，则万用表置于直流“10V”挡，测量集成运算放大器各引脚对地的静态电压值，如图 16-23 所示。

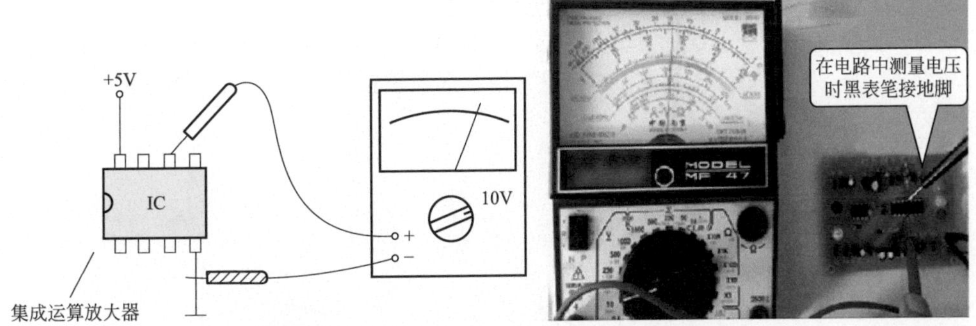

图 16-23　检测集成运算放大器各引脚对地的静态电压

将测量结果与各引脚电压的正常值相比较，即可判断该集成运算放大器的工作是否正常。如果测量结果与正常值相差较大，而且外围元器件正常，则说明该集成运算放大器已损坏。

（3）估测集成运算放大器的放大能力　检测时，按图 16-24 所示给集成运算放大器接上工作电源。为简便起见，可只使用单电源接在集成运算放大器正、负电源端之间，电源电压可取 10 ～ 30V。万用表置于直流“V”挡，测量集成运算放大器输出端电压，应有一定数值。

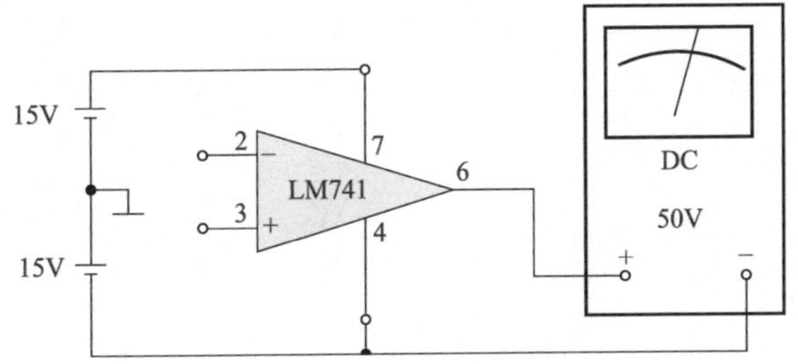

图 16-24　估测集成运算放大器的放大能力

用小螺丝刀分别触碰集成运算放大器的同相输入端和反相输入端，万用表指针应有摆动，摆动越大说明集成运算放大器开环增益越高。如果万用表指针摆动很小，说明集成运算放大器放大能力差。如果万用表指针不摆动，说明集成运算放大器已损坏。

（4）检测集成运算放大器的同相放大特性　检测电路如图 16-25 所示，工作电源取 ±15V，集成运算放大器构成同相放大电路，输入信号由电位器 RP 提供并接入同相输入端。万用表置于直流“50V”挡，红表笔接集成运算放大器输出端，黑表笔接负电源端，这样连接可以不必使用双向电压表。

将电位器 RP 置于中间位置，接通电源后，万用表指示应为“15V”。调节 RP 改变输入信号，万用表指示的输出电压应随之变化。向上调节 RP，万用表指示应从 15V 起逐步上升，直到接近 30V 达到正向饱和。向下调节 RP，万用表指示应从 15V 起逐步下降，直至接近 0V 达到负向饱和。如果上下调节 RP 时，万用表指示不随之变化，或变化范围太小，或变化不平稳，说明集成运算放大器已损坏或性能太差。

（5）**检测集成运算放大器的反相放大特性**　检测电路类似图 16-25，只是将电位器 RP 提供的输入信号由反相输入端接入，集成运算放大器构成反相放大电路，如图 16-26 所示。万用表仍置于直流“50V”挡，红表笔接集成运算放大器输出端，黑表笔接负电源端。

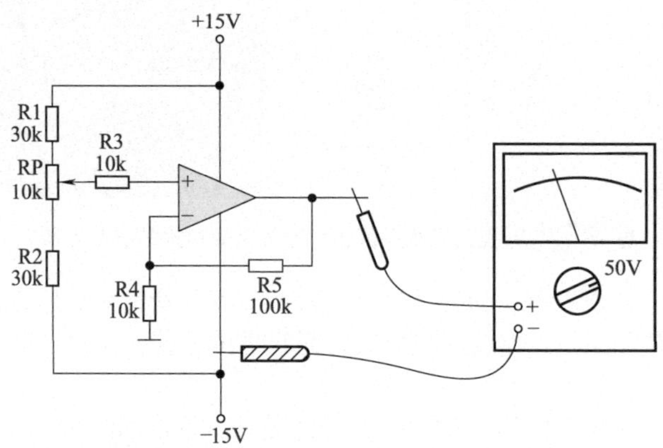

图 16-25　检测集成运算放大器的同相放大特性

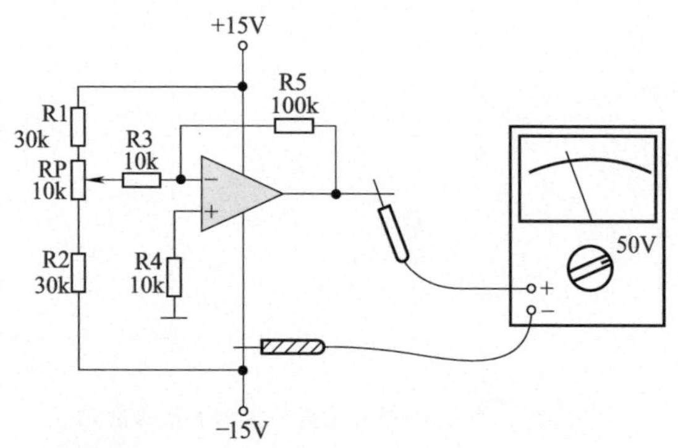

图 16-26　检测集成运算放大器的反相放大特性

将电位器 RP 置于中间位置，接通电源后，万用表指示应为“15V”。向上调节 RP，万用表指示应从 15V 起逐步下降，直至接近 0V 达到负向饱和。向下调节 RP，万用表指从 15V 起逐步上升，直到接近 30V 达到正向饱和。如果上下调节 RP 时，万用表指示不随之变化，或变化范围太小，或变化不平稳，说明集成运算放大器已损坏或性能太差。

四、集成运算放大器的应用

用集成运算放大器构成的湿度检测报警器电路如图 16-27 所示。

（1）**电路组成**　该电路简单易制，由采样电路、同相放大器、电压比较器、报警指示电路、电源指示五部分组成，如图 16-27 所示。R2 与湿敏电阻器 RP（自制）构成湿度检测采样电路。U1A、R3、R4 组成同相放大器。U1B、R5、R6、R7、W1 组

成电压比较器。R8、R9、VT、蜂鸣器、LED2 组成报警指示电路。LED1、R1 组成电源指示电路。V_{CC} 由 2 节 5 号干电池提供 3V 电源。

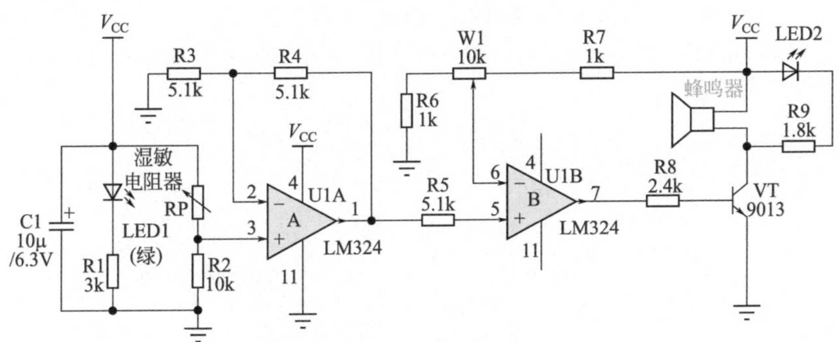

图 16-27　湿度检测报警器电路图

（2）**工作原理**　LM324 接成单电源工作方式，湿敏电阻器 RP 将湿度转换成电信号送入 U1A 的③脚进行同相放大 1001 倍，放大后的信号由 U1A 的①脚输出，与通过 R5 送入 U1B 的⑤脚进行电压比较，U1B 的⑦脚输出报警信号由 VT 推动报警指示。当 U1B 的⑤脚电位高于⑥脚时，⑦脚输出高电平，VT 导通，蜂鸣器声响报警，LED2 报警指示；反之，⑦脚输出低电平，LED2 不报警指示。调节 W1 的值可调整⑥脚电位，即调整湿度报警阈值。

第三节　555 时基电路的检测

检测555
集成电路

一、认识555时基电路

555 时基电路是目前应用十分广泛的一种集成电路，用它再加少量外围元量件，就可构成施密特触发器、单稳态触发器、RS 触发器和多谐振荡器等多种不同功能的电路。

单时基电路是一种能产生时间基准和能完成各种定时或延时功能的非线性模拟集成电路，包括单时基电路、双时基电路、双极型时基电路和 CMOS 型时基电路等，555 时基电路的外形及图形符号如图 16-28 所示。

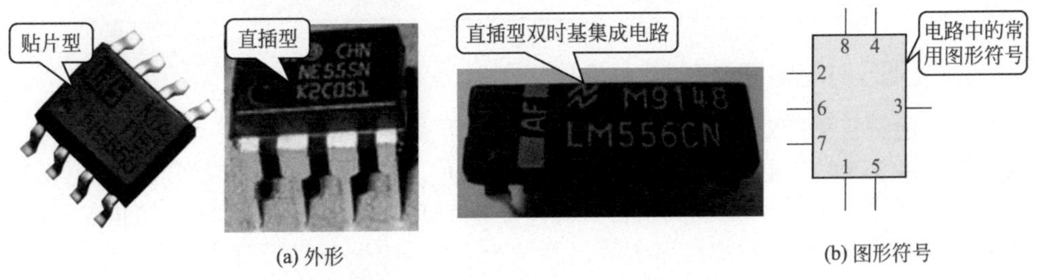

(a) 外形　　(b) 图形符号

图 16-28　555 时基电路的外形及图形符号

555时基电路有AN1555、CA555、FX555、HA7555、LM1555C、NE555、NJM555、TA7555、μA555、μPC15555C、5G1555等多种型号，均为双列直插式塑料封装结构。其中，单时基电路一般为8脚双列直插式封装，双时基电路一般为14脚双列直插式封装。555时基电路内部结构如图16-29所示。555时基电路各引脚功能如表16-6所示。

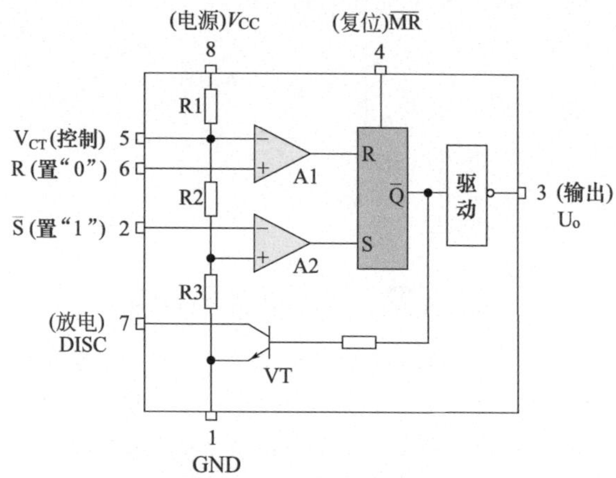

图16-29 555时基电路内部结构

表16-6 555时基电路各引脚功能

功能	符号	引脚	
		单时基	双时基
正电源	V_{CC}	⑧	⑭
地	GND	①	⑦
置"0"	R	⑥	②、⑫
置"1"	$\overline{S}$	②	⑥、⑧
输出	U_o	③	⑤、⑨
控制	V_{CT}	⑤	③、⑪
复位	$\overline{MR}$	④	④、⑩
放电	DISC	⑦	①、⑬

二、555时基电路的检测

（1）检测各引脚对地阻值 检测时，将万用表置于R×1k挡，红表笔（表内电池负极）接555时基电路接地端（单时基电路为①脚，双时基电路为⑦脚），黑表笔（表内电池正极）依次分别接其余各引脚，测量555时基电路各引脚对地的正向电阻，如图16-30所示。然后对调红黑表笔，测量555时基电路各引脚对地的反向电阻，如图16-31所示。

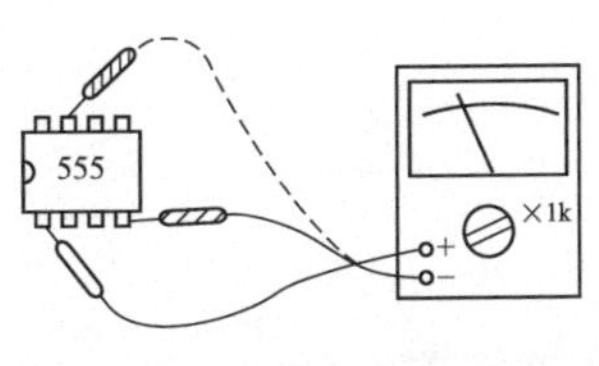

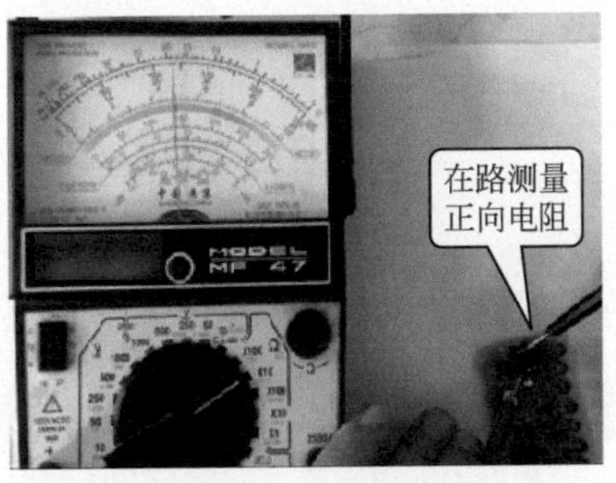

图 16-30　检测 555 时基电路各引脚对地的正向电阻

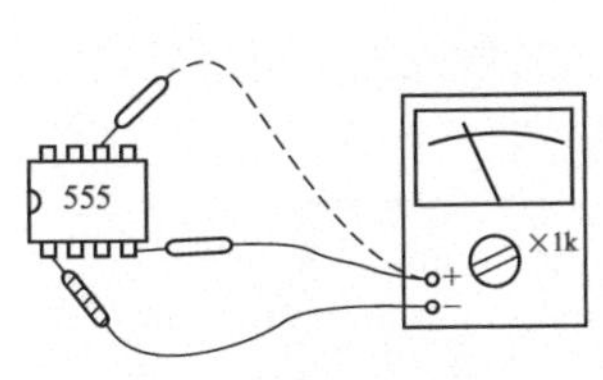

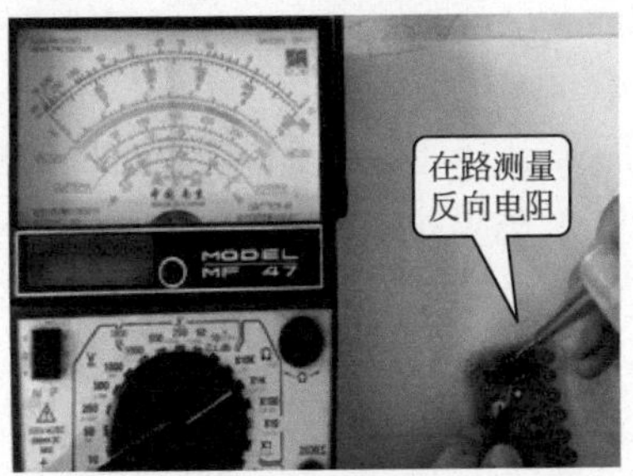

图 16-31　检测 555 时基电路各引脚对地的反向电阻

如果电源端（单时基电路为⑧脚，双时基电路为⑭脚）对地电阻为 0Ω 或无穷大，则说明该 555 时基电路已损坏。如果各引脚的对地正、反向电阻与正常值比相差很大，也说明该 555 时基电路已损坏。555 时基电路各引脚对地的正、反向电阻值如表 16-7 所示。

表 16-7　555 时基电路各引脚对地的正、反向电阻值

引脚	①	②	③	④	⑤	⑥	⑦	⑧
正向电阻 /kΩ	地	∞	26	∞	9.5	70	∞	14
反向电阻 /kΩ	地	11	9.5	11	8.3	∞	9.5	8.2

（2）检测静态直流电压　检测时，将万用表置于直流“10V”挡，在路测量 555 时基电路各引脚对地的静态电压值，如图 16-32 所示。

将测量结果与各引脚电压的正常值相比较，即可判断该 555 时基电路是否正常。如果测量结果与正常值相差较大，而且外围元器件正常，则说明该 555 时基电路已损坏。

（3）检测静态直流电流　检测电源可用一个直流稳压电源，输出电压为 12V 或 15V。如用电池作电源，6V 或 9V 也可。将万用表置于直流“50mA”挡，红表笔接电源正极，黑表笔接 555 时基电路电源端，555 时基电路接地端接电源负极，如图 16-33 所示。接通电源，万用表即指示出 555 时基电路的静态电流。

正常情况下 555 时基电路的静态电流不超过 10mA。如果测得静态电流远大于 10mA，说明该 555 时基电路性能不良或已损坏。

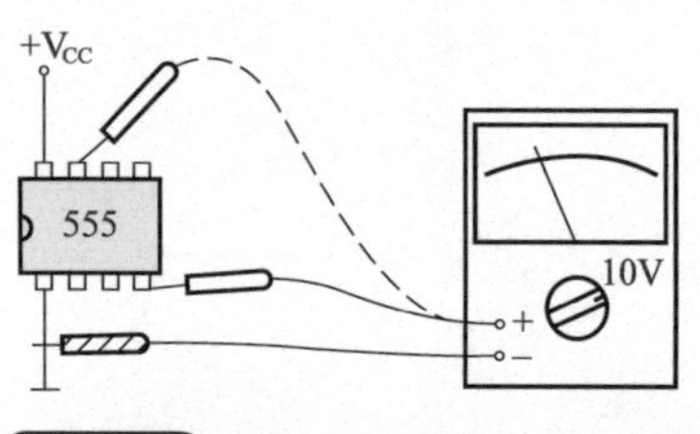

图 16-32 检测 555 时基电路各引脚对地的静态电压

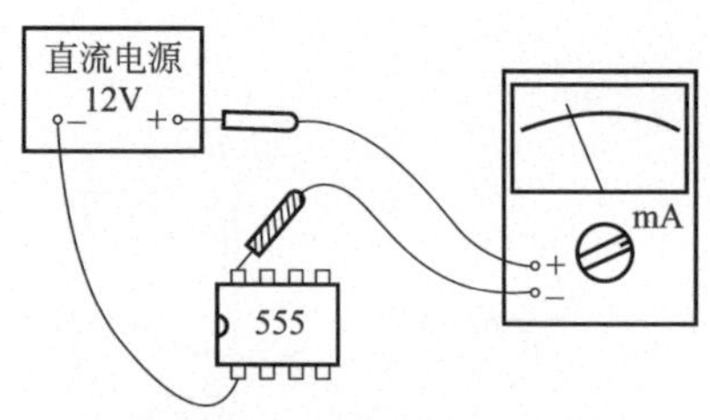

图 16-33 检测 555 时基电路静态直流电流

上述检测 555 时基电路静态电流的方法，还可用于区分双极型时基电路和 CMOS 型时基电路。静态电流为 8 ～ 10mA 的是双极型时基电路，静态电流小于 1mA 的是 CMOS 型时基电路。

（4）检测输出电平　将 555 时基电路接成施密特触发器，万用表置于直流“10V”挡，检测 555 时基电路输出电平，如图 16-34 所示。

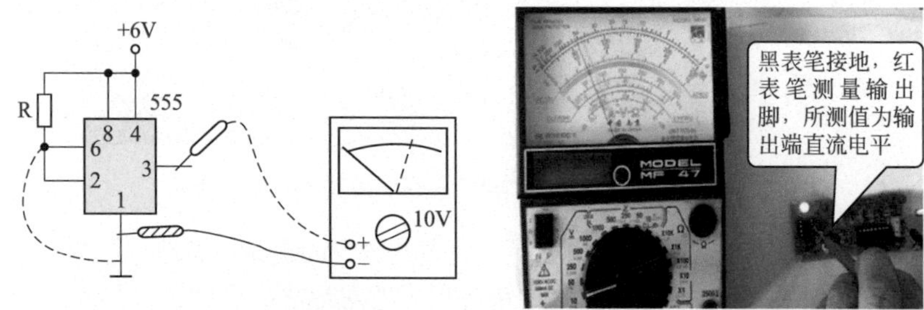

图 16-34 检测 555 时基电路输出电平

接通电源后，由于两个触发端（②脚和⑥脚）均通过 R 接正电源，输出端（③脚）为“0”，万用表指示应为 0V。当用导线将两个触发端接地时，输出端变为“1”，万用表指示应为 6V。检测情况如不符合上述状态，说明该 555 时基电路已损坏。

（5）动态检测　将 555 时基电路接成多谐振荡器，万用表置于直流“10V”挡，检测 555 时基电路输出电平，如图 16-35 所示。

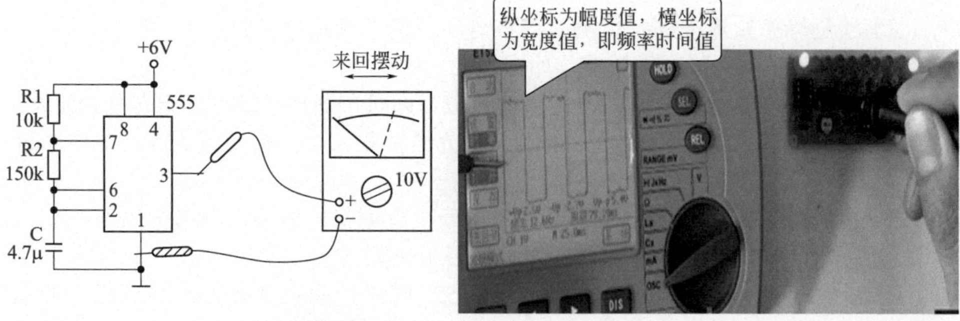

图 16-35 动态检测 555 时基电路输出电平

该电路振荡频率约为 1Hz，因此可用万用表看到输出电平的变化情况。接通电源

后，万用表指针应以 1Hz 左右的频率在 0 ～ 6V 之间摆动，说明该 555 时基电路是好的。如果万用表指针不摆动，说明该 555 时基电路已损坏。

三、555 时基电路的应用

（1）简易光控开关　本装置通过光路的通断来控制灯的开关，并加入延时电路，提高了光控开关的稳定性和实用性。

简易光控开关电路原理如图 16-36 所示，本电路由发射装置（VD1 为高亮度发光二极管）、接收装置（光敏电阻器 RG）、延时电路（NE555）和开关控制部分（继电器 K）组成。当人靠近桌子时，遮挡了 VD1 发出的光，光敏电阻器 RG 的内阻变为高阻，使 VT1 基极电位下降、集电极电位升高，电容器 C1 充电，使 VT2 发射极输出高电平信号（此电平信号必须大于等于 4V，即 2/3 V_{CC}），则 NE555 的⑦脚放电管导通，从而继电器 K 吸合，台灯点亮。当人离开桌子时，发光二极管 LED 与光敏电阻器 RG 之间的光路通畅，VT1 基极电位升高、集电极电位下降，电容器 C1 放电，使 VT2 发射极电位缓慢下降。当下降到 2V 时，NE555 的⑦脚放电管截止，继电器 K 释放，台灯熄灭。本电路设定延时 1min，这样可以避免因为人的短暂离开或偶尔的身体移动使光路通畅，导致继电器释放，台灯熄灭，从而带来不便。

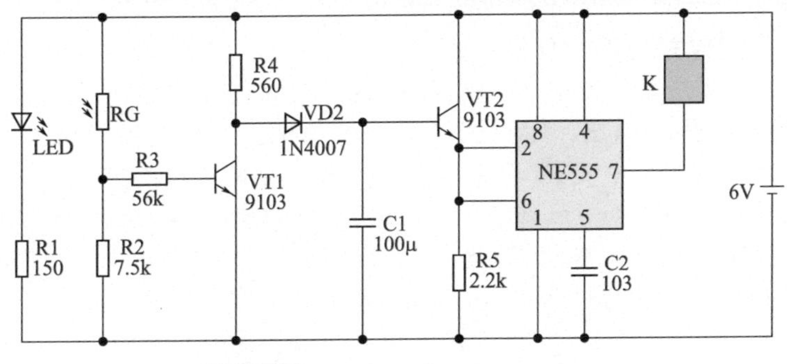

图 16-36　简易光控开关电路原理图

（2）制作循环振动按摩腰带　现在人们都比较重视健身，但健身器材比较贵。然而，人们可以利用废旧录音机中的小电动机制作健身器材，既经济又实用，足不出户即可健身。

电路原理如图 16-37 所示。由时基电路 NE555 组成多谐振荡器，其③脚输出方波脉冲，加到由 CD4017 组成的计数器 ⑭ 脚，计数器被触发。计数器在方波脉冲的作用下开始循环计数，其输出端依次输出高电平，驱动三极管 VT1 ～ VT6 导通，相应的继电器 K1 ～ K6 依次动作，常开触点闭合，接通相应的直流电动机，使电动机按圆周振动，从而达到循环振动按摩之目的。调整电位器 RP，可使循环频率变快或变慢。

电源部分采用变压器 T 降压、桥堆 QL 整流和电容器 C1 滤波，由 A、B 端引出供给振动电动机电源。此整流电源再经稳压集成块 LM7812 稳压后，供给驱动电路使用。这样做主要是为了保证时基电路和计数器工作稳定，同时又不增加 LM7812 的负荷。变压器 T 选用 5W、220V/12V，三极管 VT 选用 8050，继电器 K 选用 4098，桥堆 QL 选用 RS307L，其余元器件参数如图 16-37 所示。

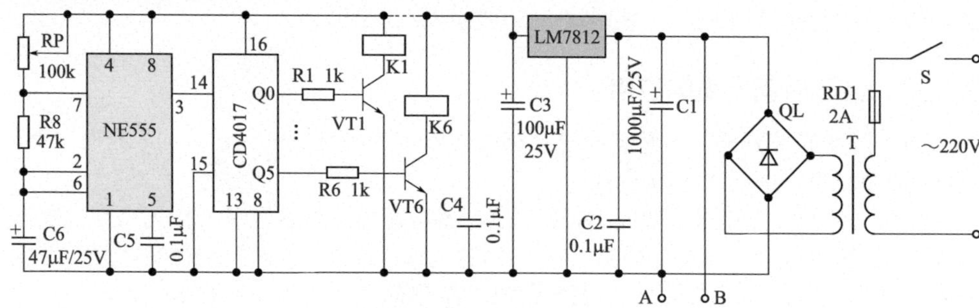

图 16-37 电路原理图

第四节 三端稳压器的检测与应用

三端稳压器的检测

一、固定式三端稳压器的检测与应用

（1）认识固定式三端稳压器　固定式三端不可调稳压器主要有 78×× 系列和 79×× 系列两大类，其中 78×× 系列稳压器输出的是正电压，而 79×× 系列稳压器输出的是负电压。固定式三端不可调稳压器的主要产品有美国 NC 公司的 LM78××/79××、美国摩托罗拉公司的 MC78××/79××、美国仙童公司的 uA78××/79××、日本东芝公司的 TA78××/79××、日本日立公司的 HA78××/79××、日本日电化司的 uPC78××/79××、韩国三星公司的 KA78××/79×× 以及意法联合公司的 L78××/79×× 等。其中，×× 代表电压数值，例如 7812 代表输出电压为 12V 的三端稳压器，7905 代表输出电压为 –5V 的三端稳压器。

固定式三端稳压器是目前应用比较广泛的稳压器。常见的固定式三端稳压器封装如图 16-38 所示。

（2）固定式三端稳压器的分类

① 按输出电压分类。固定式三端稳压器按输出电压可分为 10 种，以 78×× 系列稳压器为例，包括 7805（5V）、7806（6V）、7808（8V）、7809（9V）、7810（10V）、7812（12V）、7815（15V）、7818（18V）、7820（20V）、7824（24V）。

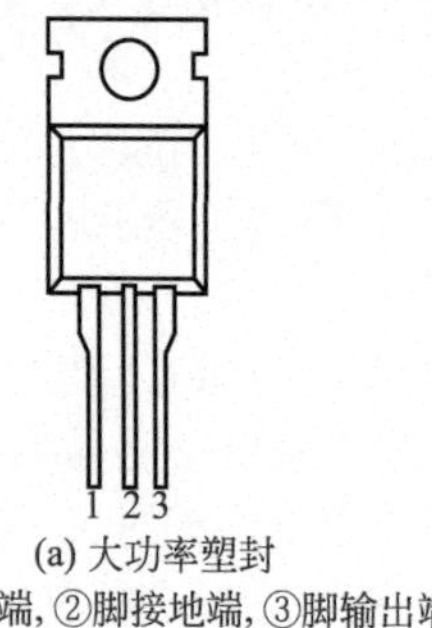

(a) 大功率塑封
①脚输入端，②脚接地端，③脚输出端

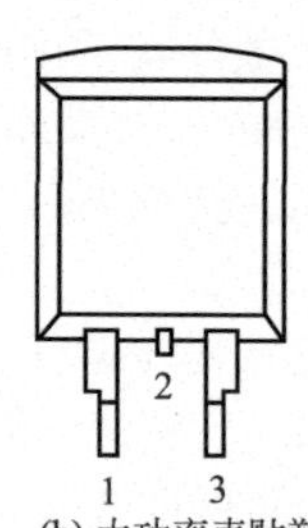

(b) 大功率表贴塑封
①脚输入端，②脚接地端，③脚输出端

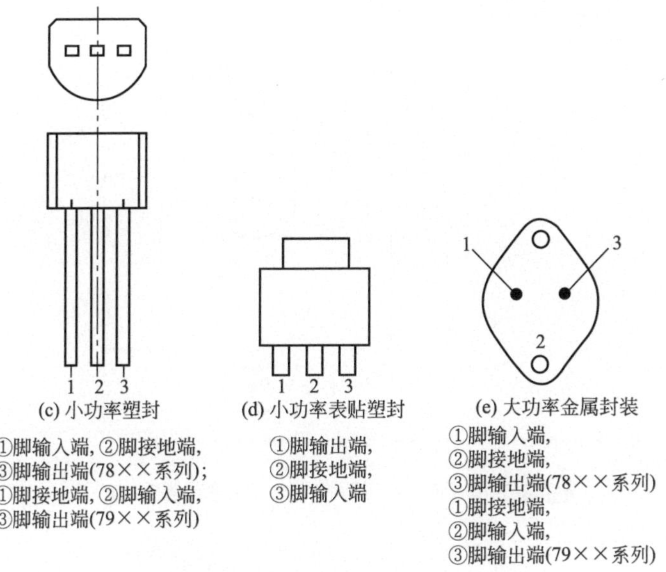

图 16-38 常见的固定式三端稳压器封装

② 按输出电流分类。固定式三端稳压器按输出电流可分为多种。电流大小与型号内的字母有关，固定式三端稳压器最大输出电流与字母的关系如表 16-8 所示。

表 16-8　固定式三端稳压器最大输出电流与字母的关系

字母	L	N	M	无字母	T	H	P
最大表达电流 /A	0.1	0.3	0.5	1.5	3	5	10

参见表 16-8，常见的 78L05 就是最大输出电流为 100mA 的 5V 固定式三端稳压器，而常见的 AN7812 就是最大输出电流为 1.5A 的 12V 固定式三端稳压器。

（3）78×× 系列固定式三端稳压器

① 78×× 系列固定式三端稳压器的构成。78×× 系列固定式三端稳压器由启动电路（恒流源）、采样电路、基准电路、误差放大器、调整管、保护电路等构成，如图 16-39 所示。

② 78×× 系列固定式三端稳压器的工作原理。如图 16-39 所示，当 78×× 系列固定式三端稳压器输入端有正常的供电电压 U_i 输入后，该电压不仅加到调整管 VT 的 C 极，而且通过恒流源为基准电路供电，由基准电路产生基准电压并加到误差放大器。误差放大器为 VT 的 B 极提供基准电压，使 VT 的 E 极输出电压。该电压经 R1 限流，再通过三端稳压器的输出端子输出后，为负载供电。

当输入电压升高或负载变轻，引起三端稳压器输出电压 U_o 升高时，通过 RP、R2 采样后电压升高。该电压加到误差放大器后，使误差放大器为调整管 VT 提供的电压减小，VT 因 B 极输入电压减小导通程度减弱，VT 的 E 极输出电压减小，最终使 U_o 下降到规定值。当输出电压 U_o 下降时，稳压控制过程与上述相反。这样，通过该电路的控制确保三端稳压器输出的电压 U_o 不随供电电压 U_i 高低和负载轻重变化而变化，实现稳压控制。

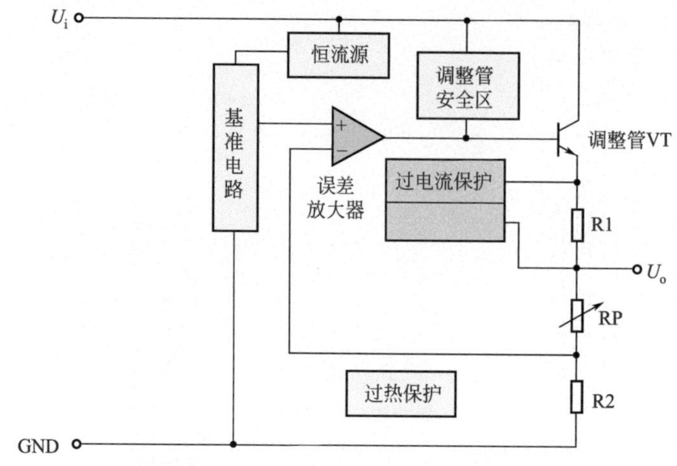

图 16-39 78×× 系列固定式三端稳压器的构成

当负载异常引起 VT 过电流时，被过电流保护电路检测后，使 VT 停止工作，避免 VT 过电流损坏，实现了过电流保护。另外，VT 过电流时温度会大幅度升高，被芯片内的过热保护电路检测后，也会使 VT 停止工作，避免了 VT 过热损坏，实现了过热保护。

（4）79×× 系列固定式三端稳压器

① 79×× 系列固定式三端稳压器的构成。79×× 系列固定式三端稳压器的构成和 78×× 系列固定式三端稳压器基本相同，如图 16-40 所示。

② 79×× 系列固定式三端稳压器的工作原理。如图 16-40 所示，79×× 系列固定式三端稳压器的工作原理和 78×× 系列固定式三端稳压器一样，区别就是它采用的是负压电和负压输出方式。

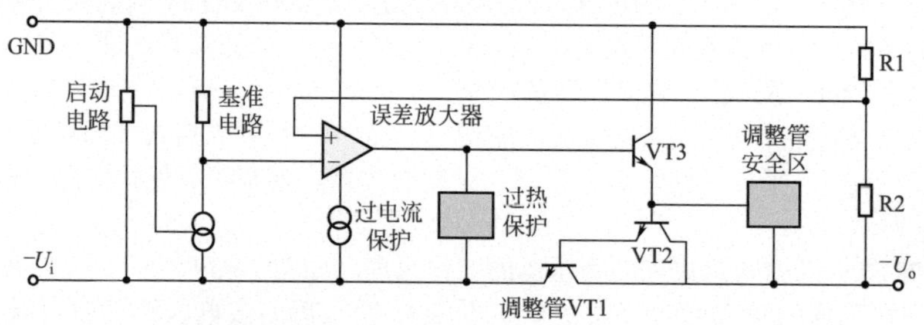

图 16-40 79×× 系列固定式三端稳压器的构成

（5）固定式三端稳压器的检测

① 正、反向电阻检测

a. 检测 78×× 系列固定式三端稳压器。将万用表置于 R×1k 挡，分别测量各引脚与接地引脚之间的正、反向电阻，如图 16-41 所示。一般正、反电阻相差较大为好，如测量结果与正常值相差很大，则说明该集成稳压器已损坏。部分 78×× 系列集成稳压器各引脚对地电阻值如表 16-9 和表 16-10 所示。

一般来讲，集成稳压器的内部电阻呈现无穷大或零，说明元器件已经损坏。

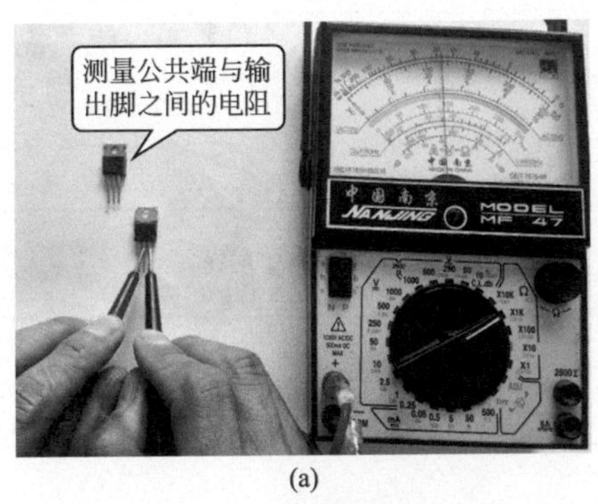

(a)

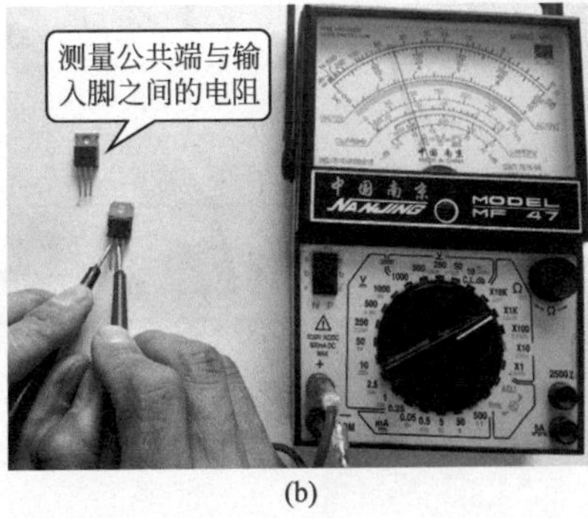

(b)

图 16-41　检测 78×× 系列固定式三端稳压器

表 16-9　MC7805 集成稳压器各引脚对地电阻值

引　脚	①	②	③
正向电阻 /kΩ	26	地	5
反向电阻 /kΩ	4.7	地	4.8

表 16-10　AN7812 集成稳压器各引脚对地电阻值

引　脚	①	②	③
正向电阻 /kΩ	29	地	15.6
反向电阻 /kΩ	5.5	地	6.9

b. 检测 79×× 系列固定式三端稳压器。将万用表置于 R×1k 挡，分别测量各引脚与接地引脚之间的正、反向电阻，如图 16-42 所示。如测量结果与正常值相差很大，则说明该集成稳压器已损坏。部分 79×× 系列集成稳压器各引脚对地电阻值如表 16-11 和表 16-12 所示。

(a)

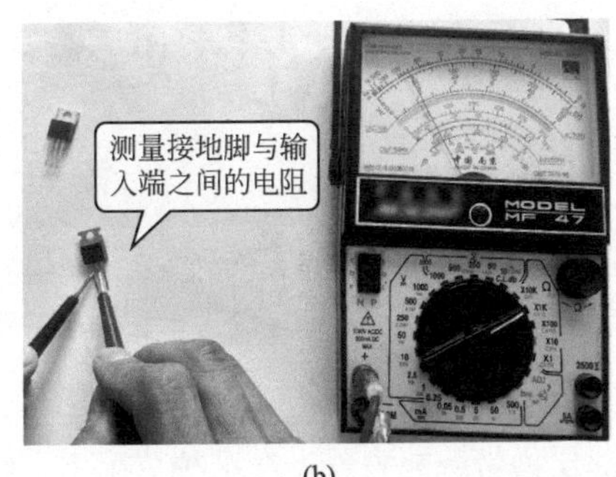

(b)

图 16-42　检测 79×× 系列固定式三端稳压器

表 16-11　AN7905T 集成稳压器各引脚对地电阻值

引　脚	①	②	③
正向电阻 /kΩ	地	5.2	6.5
反向电阻 /kΩ	地	24.5	8.5

表 16-12　LM7912CT 集成稳压器各引脚对地电阻值

引　脚	①	②	③
正向电阻 /kΩ	地	5.3	6.8
反向电阻 /kΩ	地	120	13.9

② 电压检测。下面以三端稳压器 KA7812 为例进行介绍，检测过程如图 16-43 所示。

将 KA7812 的供电端和接地端通过导线接在稳压电源的正、负极输出端子上，将稳压电源调在 16V 直流电压输出挡上，测得 KA7812 的供电端与接地端之间的电压为 15.85V，输出端与接地端间的电压为 11.97V，说明 KA7812 正常。若输入端电压正常，而输出端电压异常，则说明 KA7812 异常。

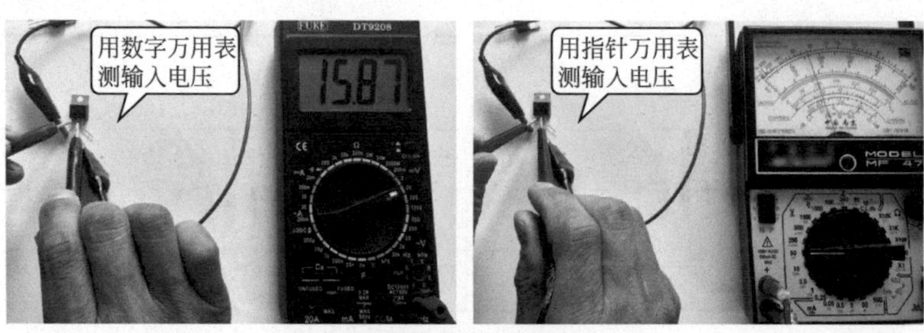

(a) 测量输入电压

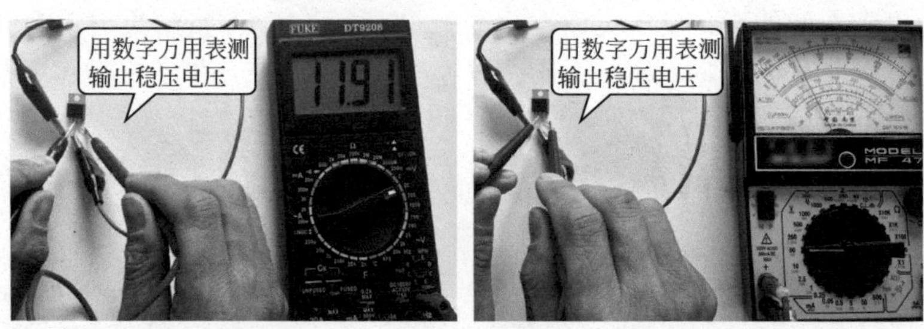

(b) 测量输出电压

图 16-43　三端稳压器 KA7812 的检测示意图

若集成稳压器空载电压正常，而接上负载时输出电压下降，则说明负载过电流或集成稳压器带载能力差。在这种情况下，缺乏经验的人员最好采用代换进行判断，以免误判。

(6)固定式三端稳压器的应用　固定式三端稳压器基本应用电路如图 16-44 所示。

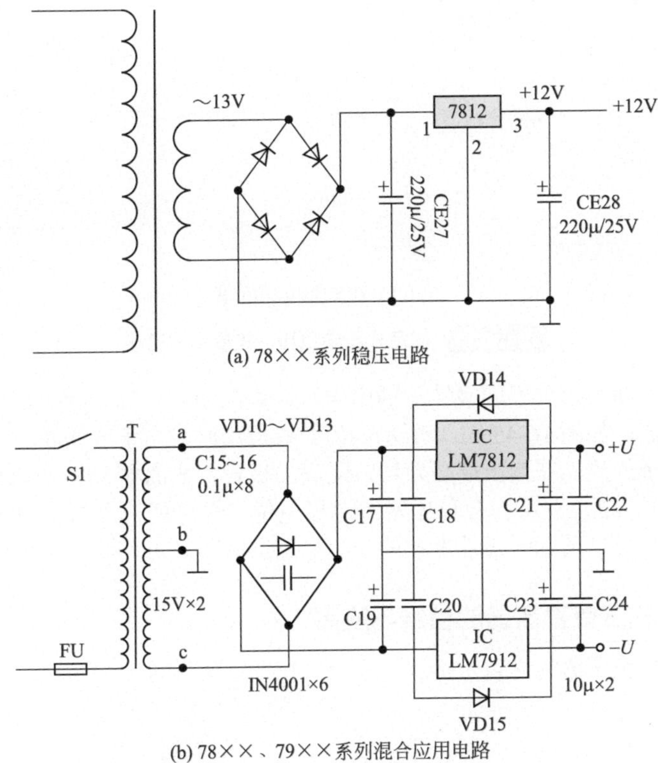

(a) 78××系列稳压电路

(b) 78××、79××系列混合应用电路

图 16-44　固定式三端稳压器基本应用电路

固定式三端稳压器最典型的应用电路的外部接线非常简单，将不稳定的直流电压从固定式三端稳压器的①、③两端输入，在输出端可得到稳定的直流电压。输入电容器 C1 用来改善电源电压的纹波，当固定式三端稳压器远离电源滤波器时，必须接上 C1 且尽量靠近稳压电源的引脚端。输出电容器 C_o 用来改善瞬态响应特性，减小高频时的输出阻抗，在不产生振荡时 C_o 的作用不大。

固定式三端稳压器扩展应用电路如图 16-45 所示。

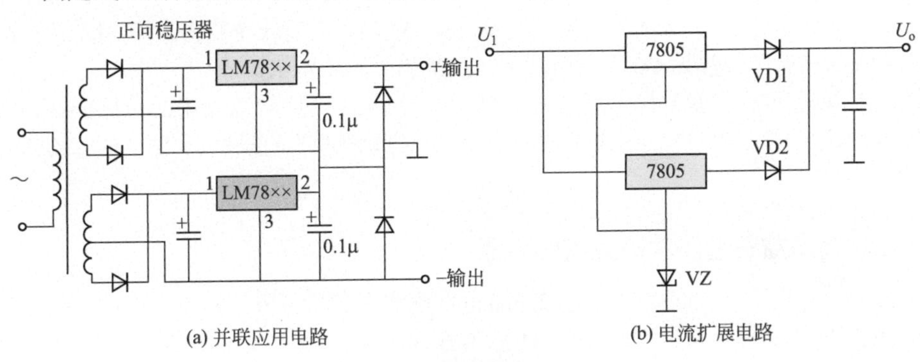

(a) 并联应用电路

(b) 电流扩展电路

图 16-45

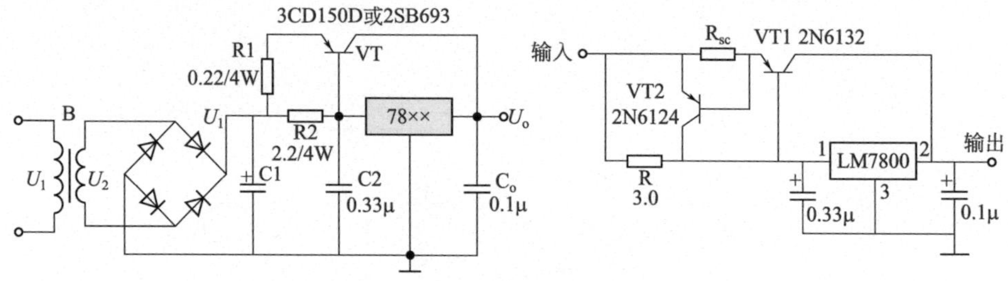

(c) 极性变换的应用电路

图 16-45 固定式三端稳压器扩展应用电路

正负稳压电路可得到不同极性的输出电压，如图 16-45（a）所示。并联应用电路可扩展输出电流，如图 16-45（b）所示。但并联应用时，由于所并联的三端稳压器性能参数并不完全一致，在输出端必须加入隔离二极管，如图中 VD2、VD1，同时还应加入稳压二极管 VZ，并可提升稳压器的地极电位，以保证输出与原输出一定。图 16-45（c）所示为极性变换的应用电路。

二、可调式三端稳压器的检测与应用

可调式三端稳压器的封装、检测与应用可扫二维码学习。

可调式三端稳压器的检测与应用

第五节 高增益三端误差放大器的检测与应用

一、认识高增益三端误差放大器

三端误差放大器 TL431（或 KIA431、KA431、LM431、HA17431）在电源电路中应用得较多。TL431 属于精密型误差放大器，它有 8 脚直插式和 3 脚直插式两种封装形式，如图 16-46 所示。

目前，常用的是 3 脚封装（外形类似 2SC1815）。它有 3 个引脚，分别是误差信号输入端 R（有时标注为 G）、接地端 A、控制信号输出端 K。

当 R 脚输入的误差采样电压超过 2.5V 时，TL431 内比较器输出的电压升高，使三极管导通加强，TL431 的 K 极电位下降；当 R 脚输入的电压低于 2.5V 时，K 脚电位升高。

二、高增益三端误差放大器的检测

TL431 可采用非在路电阻检测和在路电压检测两种检测方法，下面介绍非在路电阻检测方法。如图 16-47 所示，TL431 的非在路电阻检测主要是测量 R、A、K 脚间正、反向电压导通值。

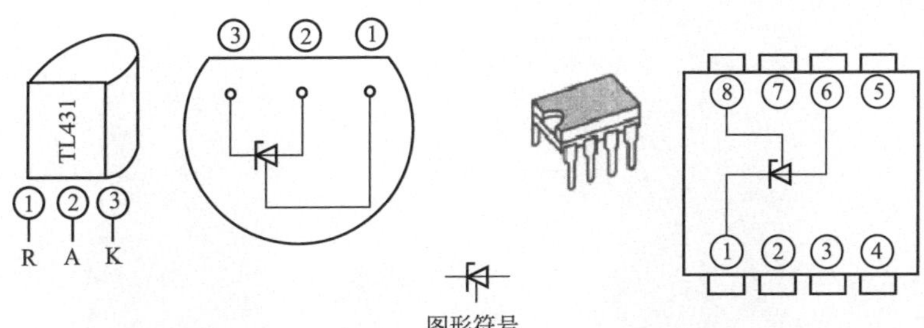

(a) TO–92封装

(b) DIP–8封装

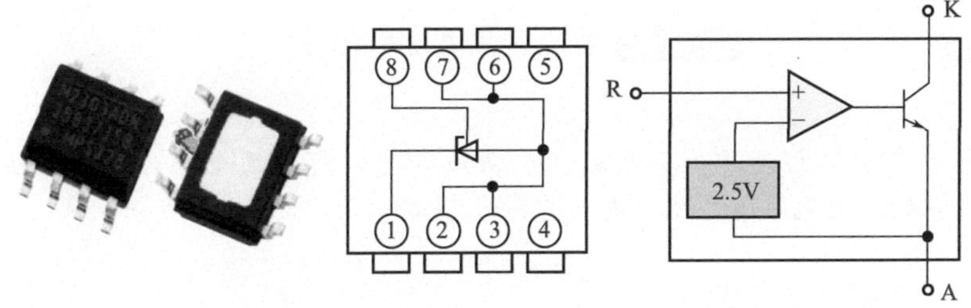

(c) SO–8封装

(d) TL431内部电路简图

图 16-46　三端误差放大器 TL431 的封装形式

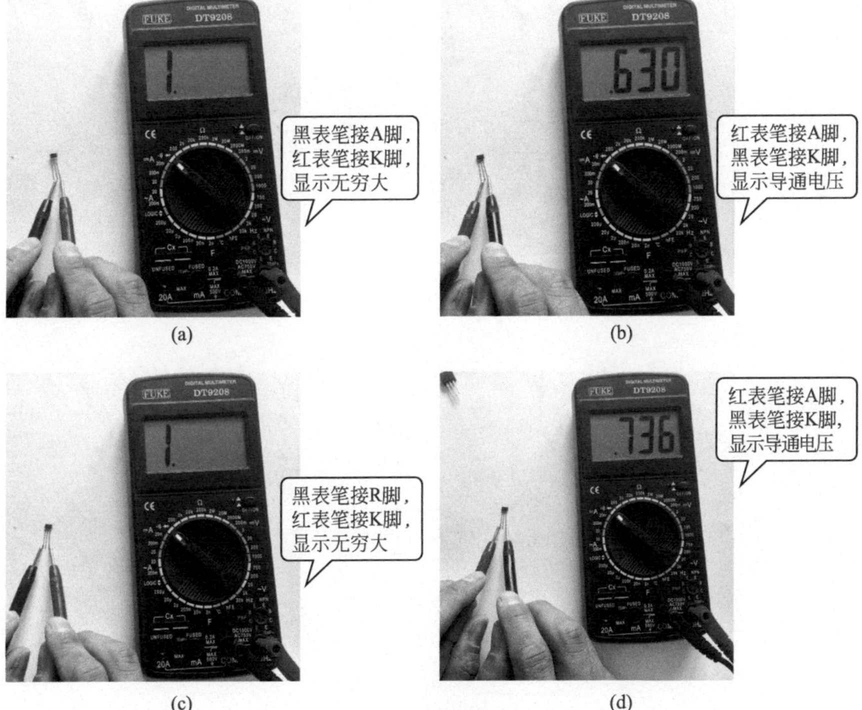

(a)　(b)　(c)　(d)

图 16-47

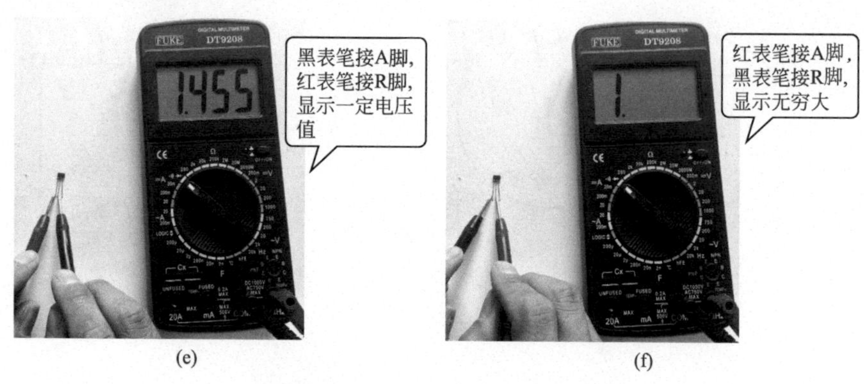

(e)　　(f)

图 16-47 TL431 的非在路电阻检测

提示： 在实际检测中，只要输入、输出脚对地有导通电压，就基本认为 TL431 是好的；若无导通电压，则大致判断 TL431 已坏。

三、高增益三端误差放大器的应用

（1）用作并联电源　图 16-48（a）中市电电压经阻容降压、桥式整流、电容滤波

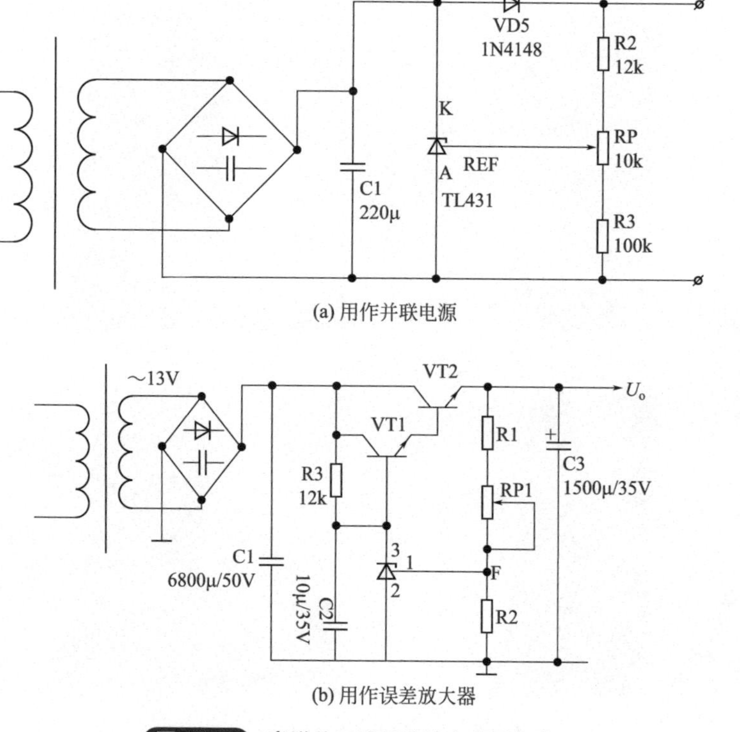

(a) 用作并联电源

(b) 用作误差放大器

图 16-48 高增益三端误差放大应用电路

后，输出脉动直流电压，并通过负向负载。电流的大小和电压的高低由调节 RP 所决定，并可根据负载电流变化自动调整。

（2）用作误差放大器　图 16-48（b）中，改变 RP 中点位置可以改变 VT2 的内阻 R_{CE}，改变 U_o 输出。

第十七章 光电耦合器与显示器件的检测及应用

第一节 光电耦合器的检测与应用

一、认识光电耦合器

（1）光电耦合器的种类 光电耦合器（简称光耦）的种类较多，常见有光电二极管型、光电三极管型、光敏电阻型、光控晶闸管型、光电达林顿型、集成电路型等。如图 17-1 所示，光电耦合器的外形有金属圆壳封装、塑封双列直插等。光电耦合器的内部结构如图 17-2 所示。

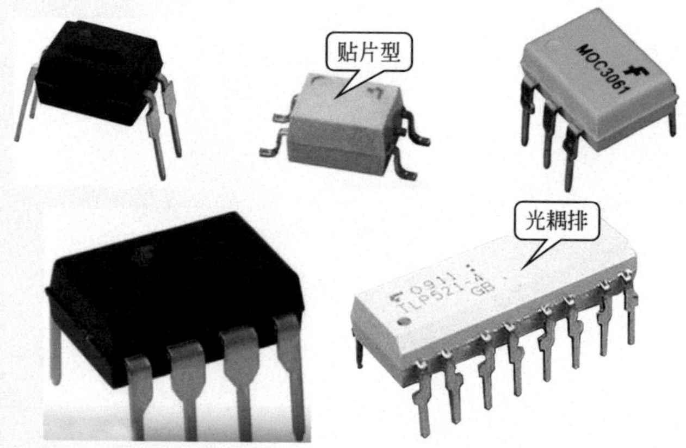

图 17-1 光电耦合器的外形

（2）光电耦合器的工作原理 在光电耦合器输入端加电信号使发光源发光，光的强度取决于激励电流的大小，此光照射到封装在一起的受光器上后，因光电效应而产生了光电流，由受光器输出端引出，这样就实现了电 - 光 - 电的转换。

（3）光电耦合器的基本工作特性（以光电三极管为例）

① 共模抑制比很高。在光电耦合器内部，由于发光管和受光器之间的耦合电容很小（2pF 以内），所以共模输入电压通过极间耦合电容对输出电流的影响很小，因而共模抑制比很高。

② 输出特性。光电耦合器的输出特性是指在一定的发光电流 I_F 作用下，光电三极管所加偏置电压 U_{CE} 与输出电流 I_C 之间的关系。当 I_F=0 时，发光二极管不发光，此时的光电三极管集电极输出电流称为暗电流，一般很小。当 I_F>0 时，在一定的 I_F

作用下，所对应的 I_C 基本上与 U_{CE} 无关。I_C 与 I_F 之间的变化呈线性关系，用半导体管特性图示仪测出的光电耦合器输出特性与普通三极管输出特性相似。

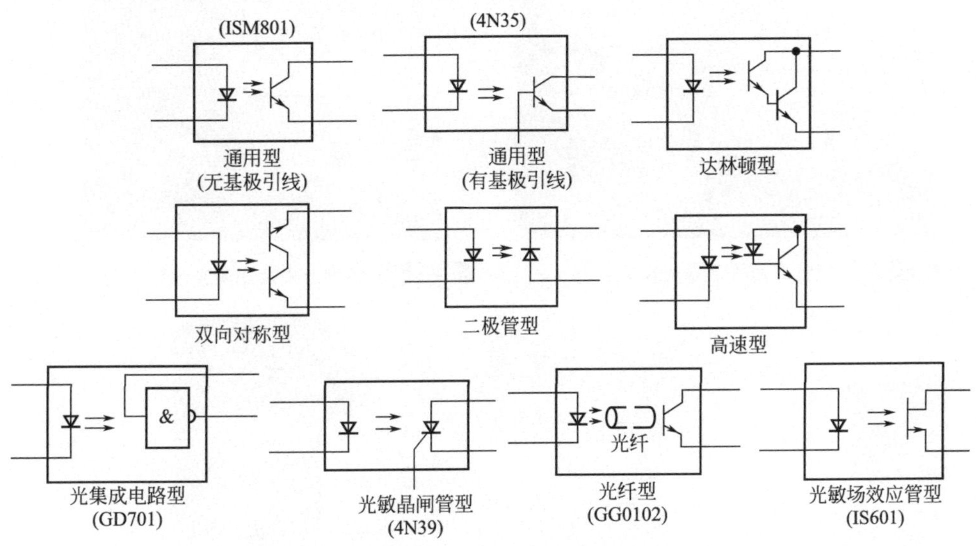

图 17-2　光电耦合器的内部结构

二、光电耦合器的检测与应用

因为光电耦合器的方式不尽相同，所以测试时应针对不同结构进行测量判断。例如对于三极管结构的光电耦合器，检测接收管时应按测试三极管的方法进行检测。

（1）输入 / 输出判断　由于输入端为发光二极管，而输出端为其他元件，所以用万用表 R×1k 挡测某两引脚正向电阻为数百欧，而反向电阻在几十千欧，则说明被测引脚为输入端，另外引脚则为输出端。

（2）用万用表判断好坏　用万用表 R×1k 挡测输入脚电阻，正向电阻为几百欧，反向电阻为几十千欧，输出脚间电阻应为无限大。再用万用表 R×10k 挡依次测量输入端（发射管）的两引脚与输出端（接收管）各引脚间的电阻值都应为无穷大，发射管与接收管之间不应有漏电阻存在，如图 17-3 ～图 17-7 所示。

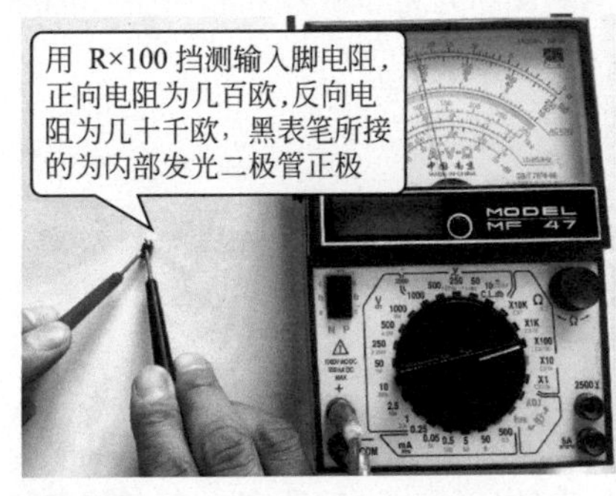

图 17-3　指针万用表测量光电耦合器（一）

图 17-4　指针万用表测量光电耦合器（二）

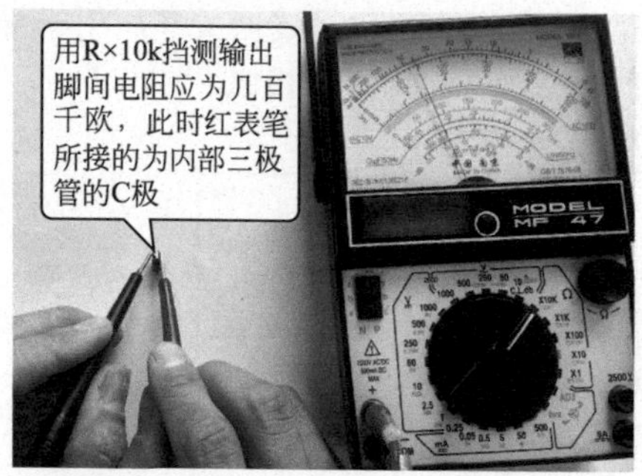

用R×10k挡测输出
脚间电阻应为几百
千欧，此时红表笔
所接的为内部三极
管的C极
MODEL
MF 47

图 17-5 指针万用表测量光电耦合器（三）

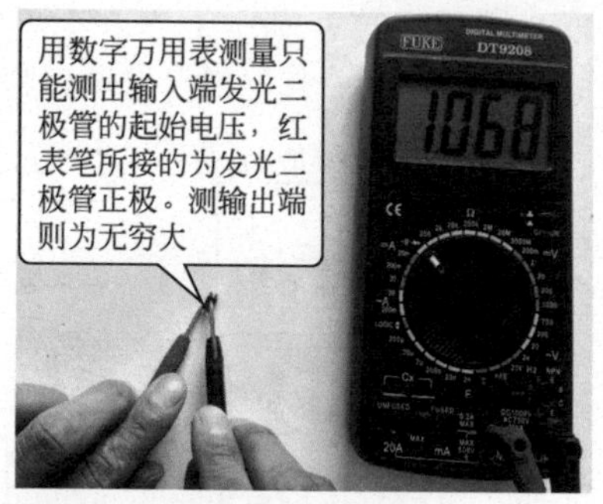

用数字万用表测量只
能测出输入端发光二
极管的起始电压，红
表笔所接的为发光二
极管正极。测输出端
则为无穷大
一组中对应的
两个输出脚
测量光耦排时应
按照前述进行测
量，对应的脚为
不同组之间是高
FUKE
DT9208
1068

图 17-6 数字万用表测量光电耦合器（一）

光电耦合器的检测

光电耦合器的应用

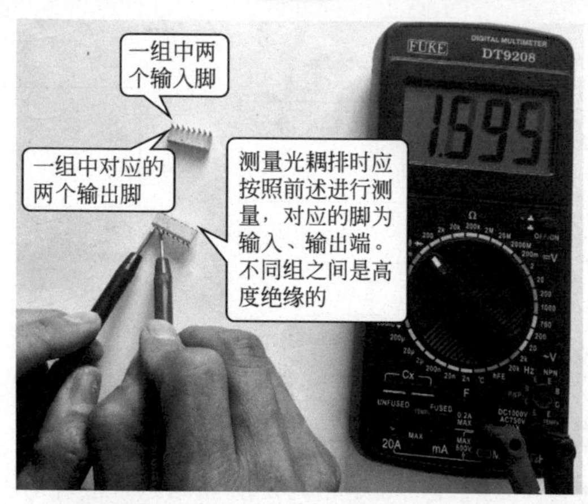

图 17-7 数字万用表测量光电耦合器（二）

（3）光电耦合器的应用 光电耦合器可作为线性耦合器使用。在发光二极管上提供一个偏置电流，再把信号电压通过电阻耦合到发光二极管上，这样光电三极管接收到的是在偏置电流上增、减变化的光信号，其输出电流将随输入的信号电压作线性变化。光电耦合器也可工作于开关状态，传输脉冲信号。在传输脉冲信号时，输入信号和输出信号之间存在一定的延迟时间，不同结构的光电耦合器输入、输出延迟时间相差很大。

光电耦合器的内部结构电路

各型号的光电耦合器内部结构电路图与光电耦合器在各种电路的应用可扫二维码学习。

第二节 LED数码管的检测与应用

LED数码管的检测

一、认识LED数码管

LED 数码管（LED Segment Displays）是由多只发光二极管封装在一起组成 8 字形的器件。应用较多的是 7 段数码管，又名半导体数码管，内部还有 1 个小数点，又

称为 8 段数码管。图 17-8 所示为 LED 数码管内部结构。由内部结构可知，可分为共阴极数码管和共阳极数码管两种。图 17-8（b）所示为共阴极数码管电路，8 只 LED（7 段笔画和 1 个小数点）的负极连接在一起接地，译码电路按需给不同笔画的 LED 正极加上正电压，使其显示出相应数字。图 17-8（c）所示为共阳极数码管电路，8 只 LED（7 段笔画和 1 个小数点）的正极连接在一起接地，译码电路按需给不同笔画的 LED 负极加上负电压，使其显示出相应数字。

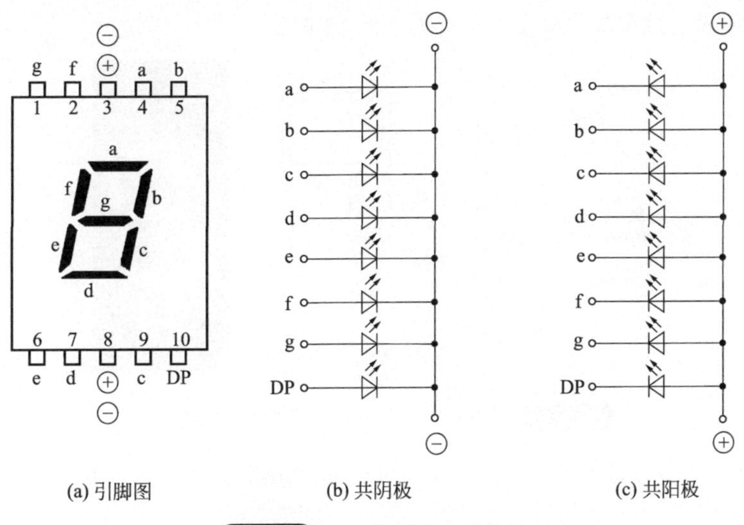

(a) 引脚图　(b) 共阴极　(c) 共阳极

图 17-8　LED 数码管内部结构

LED 数码管的 7 个笔段电极分别为 0 ～ 9（有些资料中为大写字母），DP 为小数点，如图 17-8（a）所示。LED 数码管的字段显示码如表 17-1 所示。

表 17-1　LED 数码管的字段显示码

显示字符	共阴极码	共阳极码	显示字符	共阴极码	共阳极码
0	3fh	Coh	9	6fh	90h
1	06h	F9h	A	77h	88h
2	5bh	A4h	b	7ch	83h
3	4fh	Boh	C	39h	C6h
4	66h	99h	d	5eh	A1h
5	6dh	92h	E	79h	86h
6	7dh	82h	F	71h	8eh
7	07h	F8h	P	73h	8ch
8	7fh	80h	熄灭	00h	ffh

二、LED数码管的检测与应用

(1) 单LED数码管的检测

① 从外观识别引脚。LED 数码管一般有 10 个引脚，通常分为两排，当字符面朝上时，左上角的引脚为第 1 脚，然后顺时针排列其他引脚。一般情况下，上、下中间的引脚相通，为公共极。其余 8 个引脚为 7 段笔画和 1 个小数点。LED 数码管检测可扫二维码学习。

② 万用表检测引脚排列及结构类型（图 17-9）。

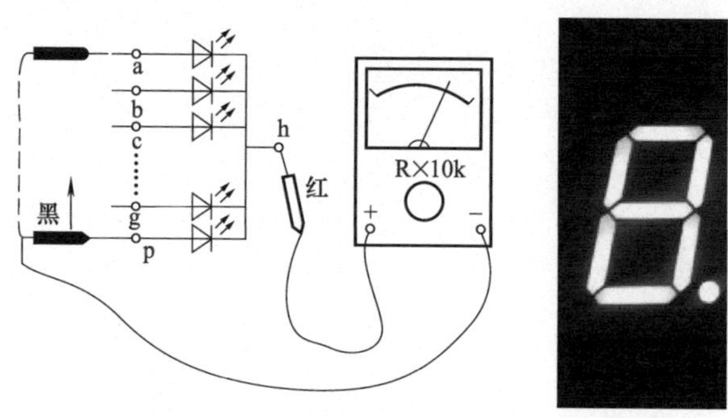

图 17-9 好坏的判断及判别引脚排列和结构类型

a. 判别 LED 数码管的结构类型（共阴极还是共阳极）：将万用表置于 R×10k 挡，然后用红表笔触碰其他任意引脚。当指针大幅度摆动时（应指示数值为 30kΩ 左右，如为 0 则说明红黑表笔接的均是公共电极），说明黑表笔接的为阳极。黑表笔不动，然后用红表笔依次触碰数码管的其他引脚，指针均摆动，同时笔段均发光，说明为共阳极结构；如黑表笔不动，用红表笔依次触碰数码管的其他引脚，指针均不摆动，同时笔段均不发光，说明为共阴极结构，此时可对调表笔再次测量，则指针应摆动，同时各笔段均应发光。

b. LED 数码管好坏的判断：按上述测量，找到公共电极，若数码管为共阳极结构则黑表笔接公共电极，用红表笔依次触碰数码管的其他引脚，指针均摆动，同时笔段均发光；若数码管为共阴极结构则红表笔接公共电极，用黑表笔依次触碰数码管的其他引脚，指针均摆动，同时笔段均发光。若触到某个引脚，所对应的笔段就应发光。若触到某个引脚时，所对应的笔段不发光，指针也不动，则说明该笔段已经损坏。

c. 判别引脚排列：使用万用表 R×10k 挡，分别测笔段引脚，使各笔段分别发出光点，即可绘出该数码管的引脚排列图（面对笔段的一面）和内部的边线 。

提示：

• 多数 LED 数码管的小数点不是独立设置的，而是在内部与公共电极连通的。但是，有少数产品的小数点是在 LED 数码管内部独立存在的，测试时要注意正确区分。

• 采用串接干电池法检测时，必须串接一只几千欧的电阻器，否则很容易损坏 LED 数码管。

③ 单 LED 数码管的修复。LED 数码管损坏时，现象为某一个或几个笔段不亮，即出现缺笔画现象。用万用表测试确定为内部发光二极管损坏时，可将 LED 数码管的前盖小心地打开，取下基板。如图 17-10 所示，所有笔段的发光二极管均是直接制作在基板的印制电路上的。用小刀刮去已经损坏笔段的发光二极管，用相同颜色的扁平形状的发光二极管装入原管位置，连接时注意极性不要装错。

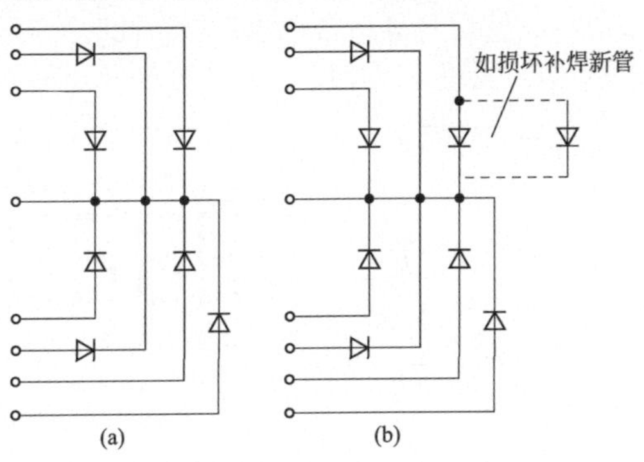

图 17-10 LED 数码管基板图

（2）多位 LED 数码管的检测　多位 LED 数码管的检测基本方法与检测一位 LED 数码管大体相同，采用万用表 R×10k 挡（可使用两节电池串连后再串接一只几千欧的电阻器）的测量方法进行判断。

① 检测引脚排列顺序。如图 17-11 所示。将红表笔任接一个引脚，用黑表笔依次触碰其余引脚，如果同一位上先后能有七个笔段发光，则说明被测数码管为共阳极结构，且红表笔所接的是该位数码管的公共阳极。如果将黑表笔任接某一引脚，用红表笔依次触碰其他引脚，能测出同一位数码管有七个笔段发光，则说明被测数码管属于共阴极结构，此时黑表笔所接的是该位数码管的公共阳极。

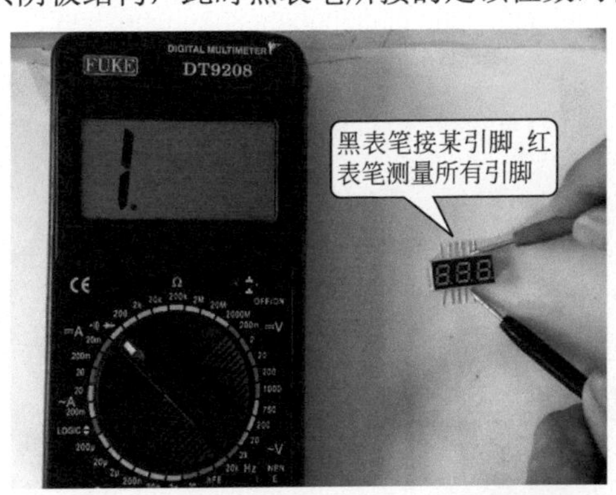

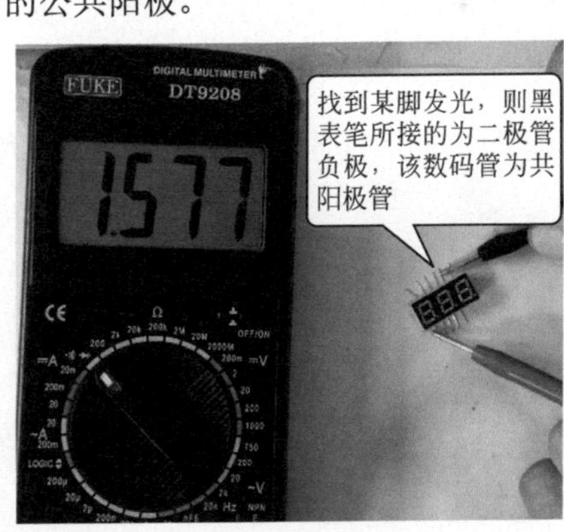

图 17-11 找公共电极

注：此图为判断数码管是否为共阳极结构实物图，若判断数码管是否为共阴极结构，将红黑表笔对调即可。

② 判别引脚排列位置。采用上述方法将个、十、百、千……的公共电极确定后，

再逐位进行检查测试。即可按一位数码管的方法绘制出多位 LED 数码管的内部接线图和引脚排列图。

③ 检测全笔段发光性能。按前述测出 LED 数码管的结构类型、引脚排列后，再检测 LED 数码管的各笔段发光性能是否正常。以共阴极结构为例，用两节电池串一只 1kΩ 左右电阻器，将负极接在公共阴极上，把多位 LED 数码管其他笔段端全部短接在一起，如图 17-12 所示。然后将其接在电池正极，此时所有位笔段均应发光，显示出“8”字。仔细观察，发光颜色应均匀，无笔段残缺及局部变色等现象出现。

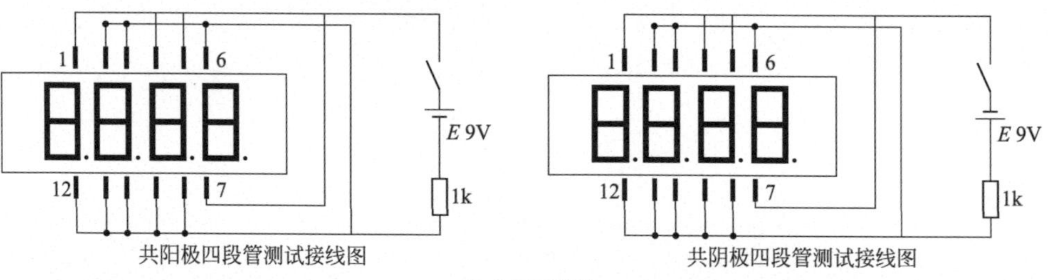

(a) 实际接线图

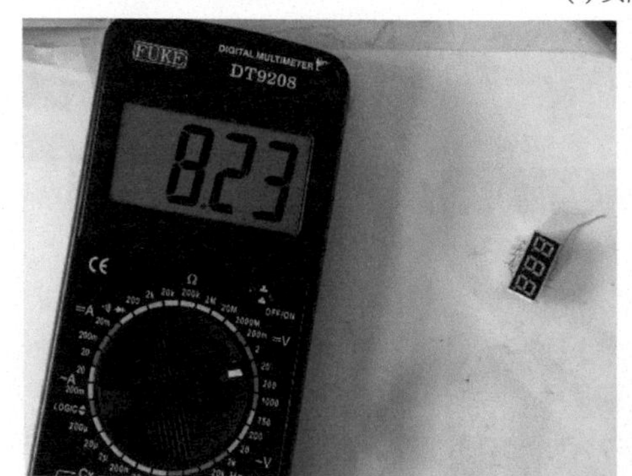

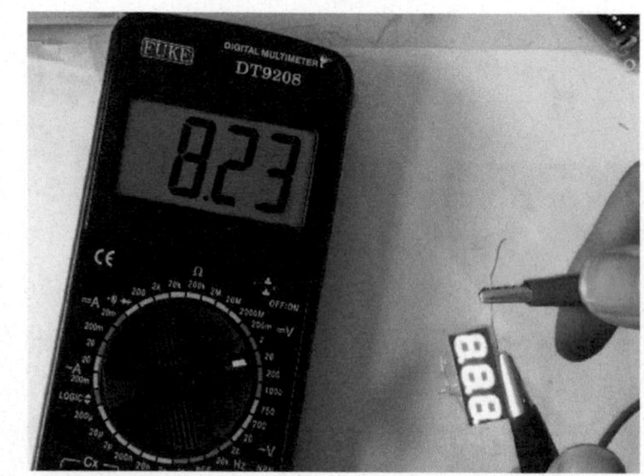

(b) 实际测量效果图

图 17-12 检测全笔段发光性能

LED数码管的应用

（3）LED 数码管的应用 LED 数码管构成的数字时钟电路与工作过程可扫二维码学习。

第三节 单色、彩色 LED 点阵显示器的检测与应用

一、单色 LED 点阵显示器的检测

（1）性能特点 单色 LED 点阵显示器是以单色发光二极管按照行与列的结构排列而成的。根据内部发光二极管的大小、数量、发光强度、发光颜色的不同可分为多种规格，常见的有 5×7、7×7、8×8 点阵显示器。5×7 为 5 只发光二极管，每列有

7 只发光二极管，共 35 个像素，有红、绿、橙等几种发光颜色，图 17-13 是 5×7 系列 LED 点阵显示器的外形及引脚排列（由 ϕ5 的高亮度橙红色发光二极管组成，采用双列直插 14 脚封装）不同型号内部接线及输出引脚的极性不同，图 17-14（a）、（b）分别为两种不同的内部接线图，分共阳极结构和共阴极结构两种。共阳极结构是将发光二极管的正极接行驱动线，共阴极结构是将发光二极管的负极接行驱动线。图 17-19 中的数字代表引脚序号，A ～ G 为行驱动段，a ～ e 是列驱动段。

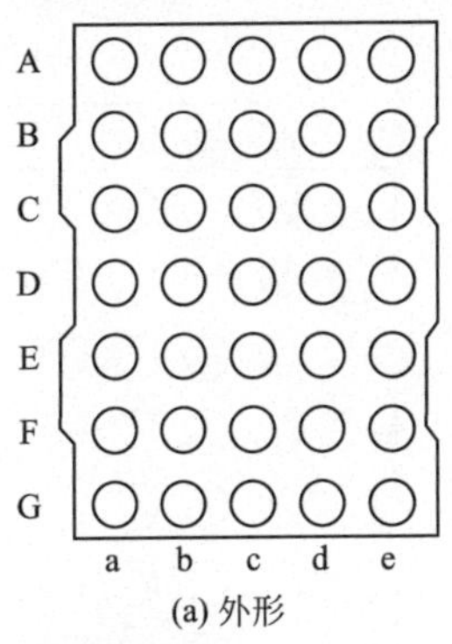

(a) 外形

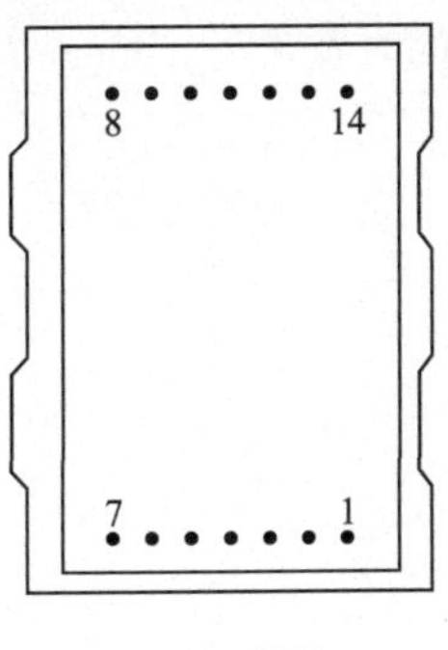

(b) 引脚排列

图 17-13 5×7 系列 LED 点阵显示器外形及引脚排列

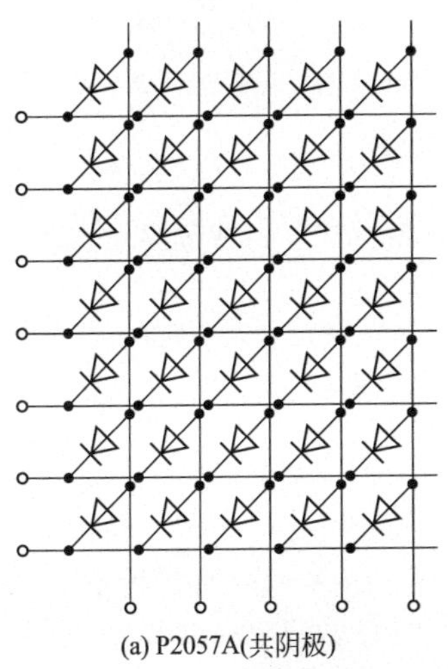
(a) P2057A(共阴极)

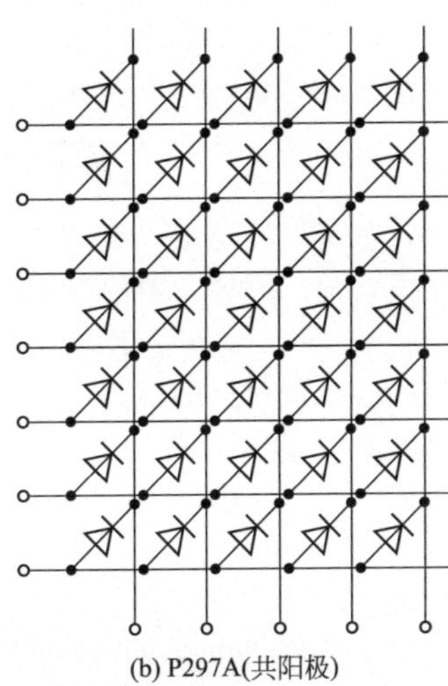
(b) P297A(共阳极)

图 17-14 P2057A/P297A 的内部接线图

（2）检测行、列线 利用万用表或电池可检测出各二极管像素发光状态，以判断好坏。先用万用表 R×10k 挡判别出共阴极、共阳极（参见 LED 数码管检测），并判别出行线和列线。对于共阴极结构，黑表笔所接的为 A ～ G 列线；对于共阳极结构，红表笔所接的为 a ～ e 列线。

（3）判别发光效果（以共阳极为例） 按图 17-15 所示方法接线，图（a）为短接列线方法，即将 a、b、c、d、e（⑬、③、④、⑪、⑩、⑥脚）短接合并为一个引出端 E，行引出脚用导线分别引出。测试时，将电池负极接 E 端，用正极依次接触 A、

B、C、D、E、F、G（⑨、⑭、⑧、⑤、⑫、①、⑦、②脚）行引出脚的导线，相应的行像素应点亮发光。例如，当用正极线触碰 8 脚时，C 行的 5 个像素应同时发光。

图（b）为短接行线方法，即将行引出脚 A、B、C、D、E、F、G（⑨、⑭、⑧、⑤、⑫、①、⑦、②脚）用导线短接合并为一个引出端 E，将列引出脚单独引出。测试时，将正极线接 E 端，用负极线依次接触 a、b、c、d、e（⑬、③、④、⑪、⑩、⑥脚）列引出脚的导线，相应的列像素应点亮发光。例如，当用红表笔接触 3 脚时，b 列的 7 个像素应同时发光。

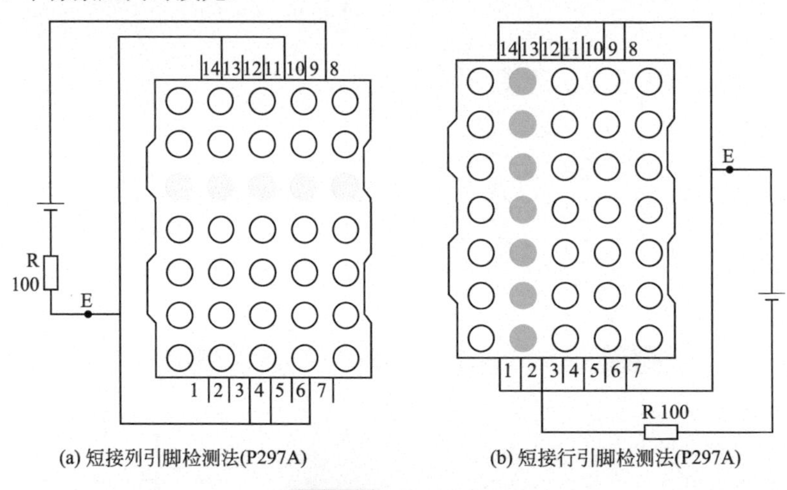

(a) 短接列引脚检测法(P297A)　　(b) 短接行引脚检测法(P297A)

图 17-15　检测时接线图

检测时，如果某个或几个像素不发光，则说明器件的内部发光二极管已经损坏。若发现亮度不均匀，则说明器件参数的一致性较差。

检测共阴极 LED 点阵显示器的性能好坏时，与上述方法相同。只是在操作时，需将正、负极线位置对调即可。

注意：高亮度 LED 管的测试电压应在 5 ～ 8V，否则不能点亮 LED 管。

（4）检修　如确定某只管或某排管不发光，可拆开外壳将坏管拆下，用相同直径和颜色的管换上即可。注意极性不能接反（参见 LED 数码管检修）。

二、彩色 LED 点阵显示器的检测

（1）彩色 LED 点阵显示器的性能特点　彩色 LED 点阵显示器是一种新型显示器件，具有密度高、工作可靠、色彩鲜艳等优点，非常适合组成彩色智能显示屏。彩色 LED 点阵显示器是以变色发光二极管为像素按照行与列的结构排列而成的。

国产彩色 LED 点阵显示器的典型产品型号有 BFJϕ3OR/G（5×7）、BFJϕ5OR/G（8×8）、BS2188（ϕ5，8×8R/G）等。型号中的 ϕ3 和 ϕ5 表示所使用变色发光二极管的直径；OR、R、G 是英文单词缩写，分别代表橙红、红和绿三种颜色。

（2）彩色 LED 点阵显示器的检测　检测彩色 LED 点阵显示器与单色 LED 点阵

显示器相同。可采用短接列或行的方法进行检查，只是操作时要稍微繁琐，每个像素要测试 3 次，以检查相应的 3 种颜色显示是否正常。

先按检测单色 LED 点阵显示器方法判别出各行、列及相应排列好坏，再按下述方法判别发光情况。

① 短接列驱动线检测法：检测电路如图 17-16 所示。

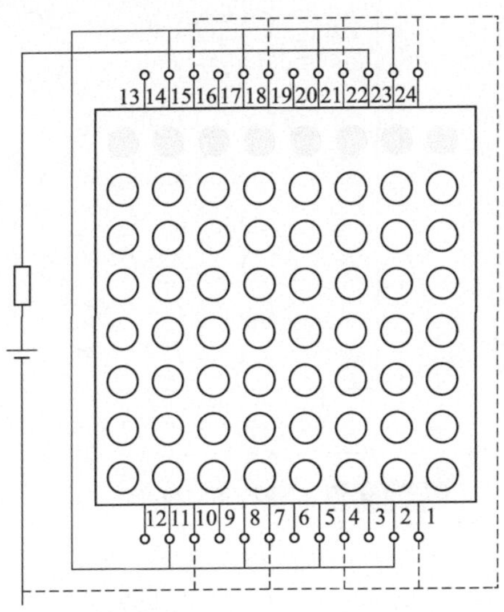

图 17-16 短接列驱动线检测电路

a. 检查发绿光情况：将列引出线 a′、b′、c′、d′、e′、f′、g′、h′（㉓、⑳、⑰、⑭、②、⑤、⑧、⑩）短接为一个引出端，设为 Z 端，将电池的负极线接 Z 端，用电池的正极线依次触碰 A、B、C、D、E、F、G、H（㉒、⑲、⑯、⑬、③、⑥、⑨、⑫）端行驱动线，相应的 8 只行像素管应同时发绿光。例如，电池的正极线触碰 ㉒ 脚时，相应的 A 行 8 只像素管应同时发出绿光。

b. 检查发红光情况：将列引出线 a、b、c、d、e、f、g、h（㉔、㉑、⑱、⑨、①、④、⑦、⑩）短接为一个引出端 Z′，电池的负极线接 Z′ 端，用电池的正极线依次触碰 A、B、C、D、E、F、G、H（㉒、⑲、⑯、⑬、③、⑥、⑨、⑫）端行驱动线，相应的 8 只行像素管应同时发红光。例如，电池的正极线触碰 ㉒ 脚时，A 行的 8 只像素管应同时发出红光。

c. 检查发全光（橙光）情况：在前两步检测的基础上，将 Z 和 Z′ 两端短接后引出 Z″ 端，即相当于把所有的列引出端均短接在一起。电池的负极线接 Z″ 端，用电池的正极线依次触碰 A、B、C、D、E、F、G、H（㉒、⑲、⑯、⑬、③、⑥、⑨、⑫）端行驱动线，相应的 8 只行像素管应发橙光。

② 短接行驱动线检测法：检测电路如图 17-17 所示。

a. 检查发绿光情况：将行驱动线 A、B、C、D、E、F、G、H（㉒、⑲、⑯、⑬、③、⑥、⑨、⑫）短接合并一个引出端，设为 X 端，电池的正极线接 X 端，电池的负极线依次触碰 a′、b′、c′、d′、e′、f′、g′、h′（㉓、⑳、⑰、⑭、②、⑤、⑧、⑪）

列驱动线，相应列像素管应同时发绿光。例如，当用电池的负极线接㉓脚（X端）时，a′列的 8 只像素管应同时发出绿光。

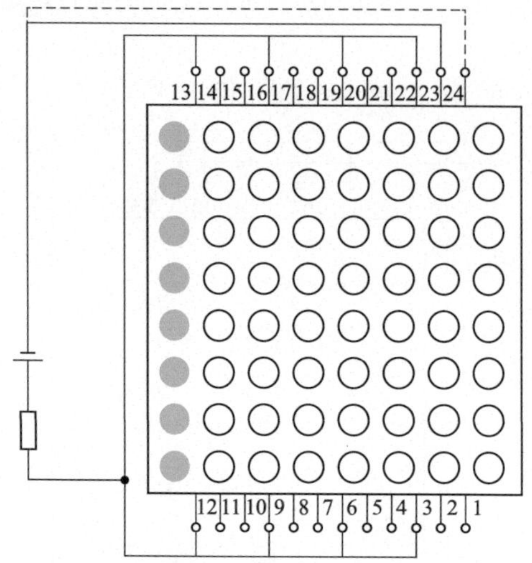

图 17-17 短接行驱动线检测电路

b. 检查发红光情况：用电池的正极线接法与第一步相同。用电池的负极线依次触碰列驱动线的 a、b、c、d、e、f、g、h（㉔、㉑、⑱、⑨、①、④、⑦、⑩）端，相应的列像素管应同时发红光。例如，当用电池的负极线接 ㉔ 脚（X′ 端）时，a 列的 8 只像素管应同时发出红光。

c. 检查发全光（橙光）情况：电池的正极线不变，将 X 和 X′两端短接（即把 ㉓ 脚与 ㉔ 脚短路），引出 X″端时，a 列的 8 只像素管应同时发橙光。按此法将 ⑳ 脚和 ㉒ 脚、⑰ 脚和 ⑱ 脚、⑭ 脚和⑨脚、②脚和①脚、⑤脚和④脚、⑧脚和⑦脚、⑪ 脚和 ⑩ 脚分别短接后进行测试，相对应的 b、c、d、e、f、g、h 列的像素管均应分别发出橙光。

使用高亮度 LED 管时注意：测试电压应在 5 ～ 8V，否则不能点亮 LED 管。

d. 快速检测方法：将所有行线、列线短接，电池正极线接行线，负极线接列线，检查发光情况，此时所有发光二极管应全部发光；说明 LED 点阵显示器是好的；如有某点不发光或某行、某列不发光，则说明 LED 点阵显示器是坏的。

三、矩阵显示器的应用

图 17-18 为 5×7 矩阵显示驱动电路，显示器为 Monsanto 公司的 MAN-2 型产品，字符发生器 TMS4103 是 MOS 大规模集成电路。驱动电路限于动态方式，通过在 I1 ～ I7 输入字符 (行) 信号，再用列信号 Ca ～ Ce 进行切换，从而显示字符。

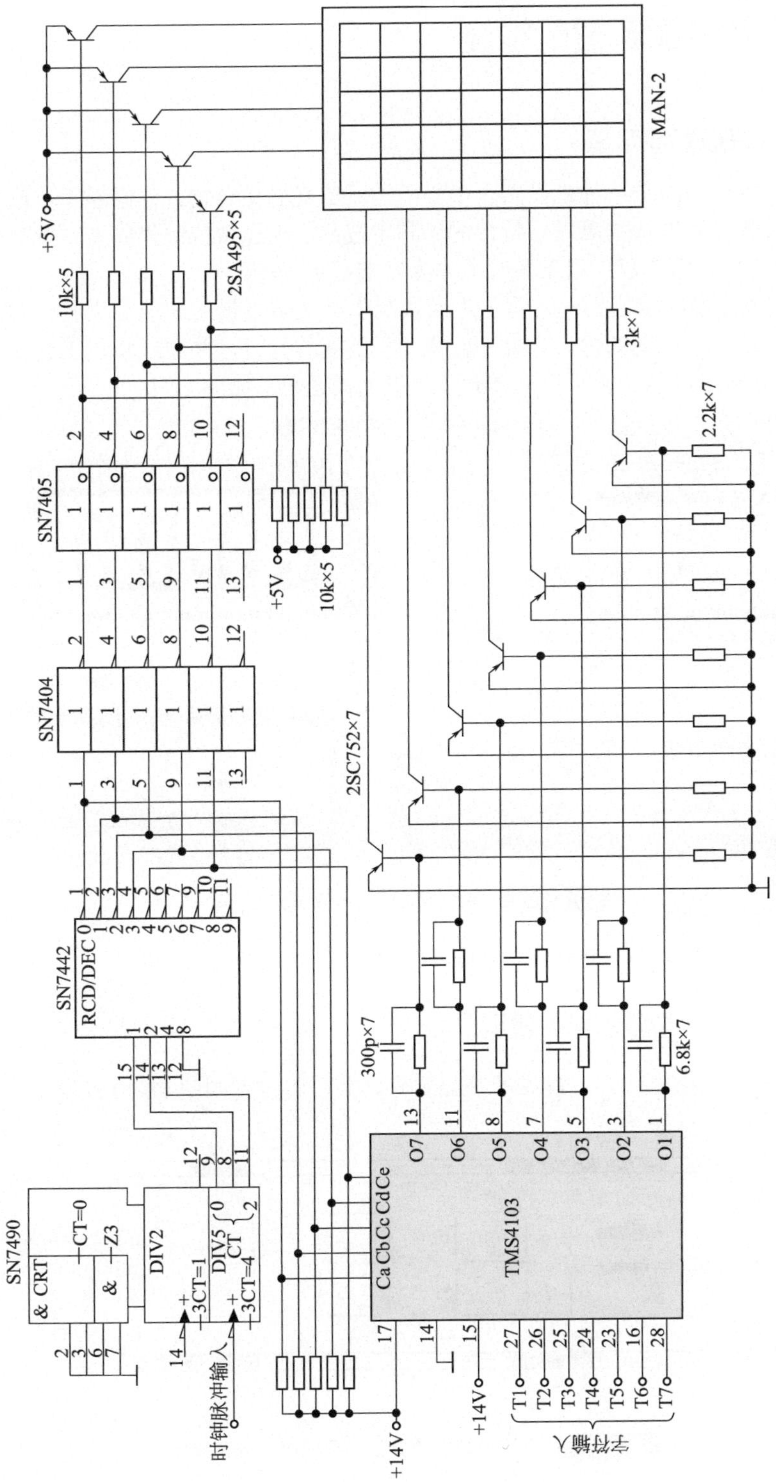

图 17-18　5×7 矩阵显示驱动电路

第四节 液晶显示器的检测

一、认识液晶显示器

液晶的组成物质是一种是以碳为中心所构成的有机化合物。在常温下，液晶是一种具有固体物质和液体物质双重特性的。利用液晶的电光效应制作的显示器就是液晶显示器（LCD），它广泛应用于各领域作为终端显示器件。

以 TN 型液晶显示器为例，将上下两块制作有透明电极的玻璃利用胶框对四周进行封接，形成一个很薄的盒。在盒中注入 TN 型液晶材料，并通过特定工艺处理，使 TN 型液晶材料的棒状分子平行地排列于上下电极之间，如图 17-19 所示。

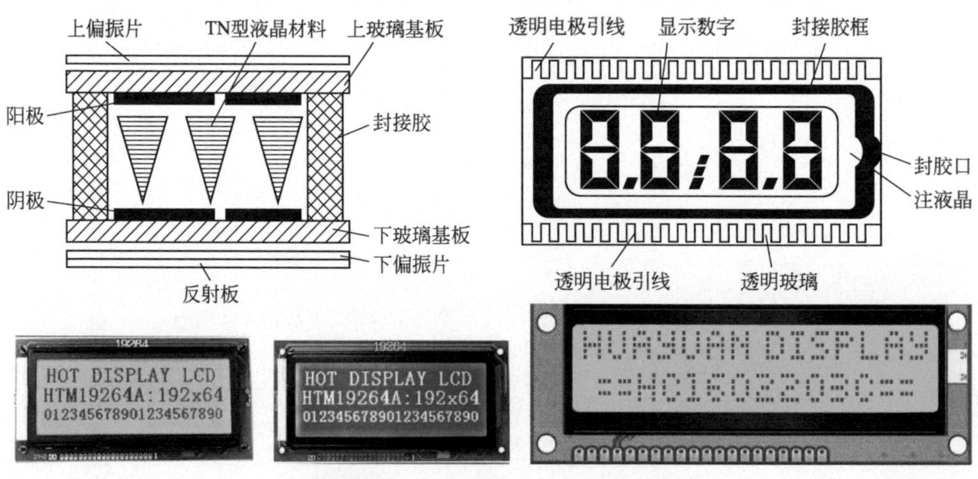

图 17-19 TN 型液晶显示器的基本构造

根据需要制作成不同的电极，就可以实现不同内容的显示。

二、TN型液晶显示器的检测

目前应用广泛的是 $3\frac{1}{2}$ 位静态液晶显示器，其引脚排列如图 17-20 及表 17-2 所示。

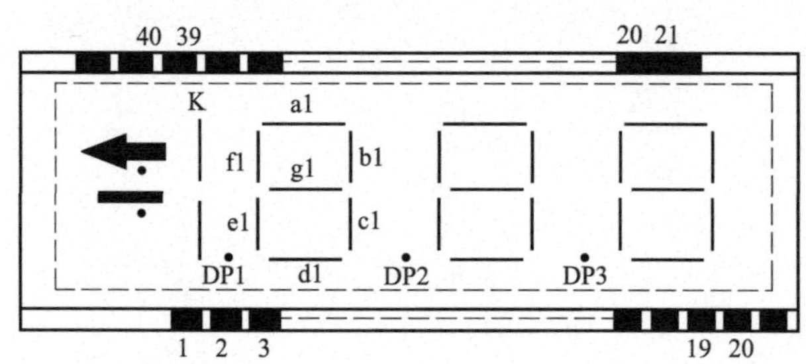

图 17-20 $3\frac{1}{2}$ 位静态液晶显示器引脚排列顺序图

表 17-2　$3\frac{1}{2}$位静态液晶显示器引脚排列表

1	2	3	4	5	6	7	8	9	10	11	12	13	14	15	16	17	18	19	20
COM	—	K					DP1	E1	D1	C1	DP2	Q2	D2	C2	DP3	E3	D3	C3	B3
40	39	38	37	36	35	34	33	32	31	30	29	28	27	26	25	24	23	22	21
COM		←						g1	f1	a1	b1	L	g2	f2	a2	b2	g3	f3	a3

如若引脚排列标志不清楚，可用下述方法鉴定。

（1）万用表测量法

① 指针万用表测量法。用万用表 R×10k 挡的任一表笔接触液晶显示器的公共电极（又称背电极，一般为显示器最后一个电极，而且较宽），另一表笔轮流接触各笔画电极，若显示清晰、无毛边、不粗大地依次显示各字画，则说明液晶显示器完好；若显示不清楚或不显示，则说明液晶显示器质量不佳或已坏；若测量时虽显示，但指针颤动，则说明该字画有短路现象，有时测某段时出现邻近段显示的情况，这是感应显示，不是故障。这时可不断开表笔，用手指或导线连接该邻近段笔画电极与公共电极，感应显示即会消失。

② 数字万用表测量法。将万用表置于二极管测量挡，用两表笔两两相互测量，当出现笔段显示时，表明两笔段中有一引脚为 DP（或 COM）端，由此确定各笔段；若液晶显示器发生故障，亦可用此查出坏笔段。对于动态液晶显示器，用相同方法找出 COM 端，但液晶显示器上不止一个 COM，不同的是能在一个引出端上引起多笔段显示。

（2）加电显示法　使用一电池组（3～6V），用两表笔分别与电池组的“+”和“−”相连，将任一表笔上一端串联一只电阻器（阻值约几百欧，阻值太大会不显示），在该表笔的另一端搭在液晶显示器上（与显示器的接触面越大越好），然后用另一支表笔依次接触引脚，这时与各被接触引脚有关系的段、位便在显示器上显示出来。测量中如有不显示的引脚，应为公共脚（COM），一般液晶显示器的公共脚有 1 或多个。

由于液晶显示器在直流工作时寿命（约 500h）比交流工作时（约 5000h）短得多，所以规定液晶显示器工作时直流电压成分不得超过 0.1V（指常用的 TN 型，即扭曲型反射式液晶显示器），故不宜长时间测量。对阈值电压低的电子表液晶显示器（如扭曲型液晶显示器，阈值低于 2V），则更要尽可能缩短测量时间。

用万用表“～ V”挡检测液晶显示器：将万用表置于 250 ～ V 或 500 ～ V 挡，任一表笔置于交流电网火线插孔，另一表笔依次触碰液晶屏显示器各电极。若液晶显示器正常时可看到各笔画的清晰显示，若某字段不显示则说明该处有故障。

第十八章 传感器的检测与应用

第一节 认识传感器

一、传感器的组成

传感器是指能够感受规定的被测量，并按照一定规律转换成可用信号输出的器件或装置。传感器由敏感元件、转换元件、测量电路和辅助电源四部分组成，其组成框图如图 18-1 所示。

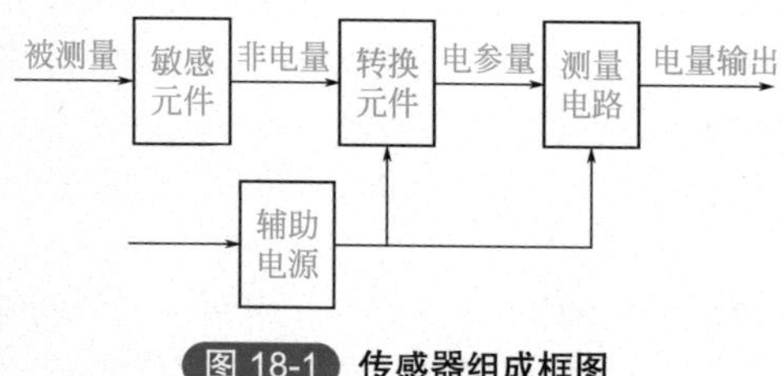

图 18-1 传感器组成框图

二、传感器的分类与测量电路

（1）传感器的分类 传感器的分类如表 18-1 所示。

表 18-1 传感器的分类

按能量关系分类	主动型、被动型
按信号转换关系分类	一种是将非电量转换成另一种非电量的传感器；一种是将非电量转换成电量的传感器
按输入量分类	位移传感器、速度传感器、加速度传感器、角位移传感器、角速度传感器、力传感器、力矩传感器、压力传感器、真空度传感器、温度传感器、电流传感器、气体成分传感器、浓度传感器
按工作原理分类	电阻式、电容式、应变式、电感式、光电式、光敏式、压电式、热电式
按输出信号分类	模拟式传感器、数字式传感器
按使用功能分类	一类是使驾驶人了解汽车各部分状态的传感器；一类是用于控制汽车运行状态的传感器

（2）传感器的测量电路 在传感器技术中，通过测量电路把传感器输出的信号进

行加工处理，以便于显示、记录和控制。通常传感器测量电路有模拟电路和开关型测量电路。

图 18-2 为开关型传感器测量电路。当被控量（位置）微动开关 S 闭合时，电源 GB 通过偏置电阻器 R 向三极管 VT 注入较弱的基极电流 I_B，控制集电极电流 I_C 有较强的变化，这时集电极 - 发射极饱和压降 U_{CE} 很小，使 VT 饱和导通，负载有电流流过而形成输出信息。

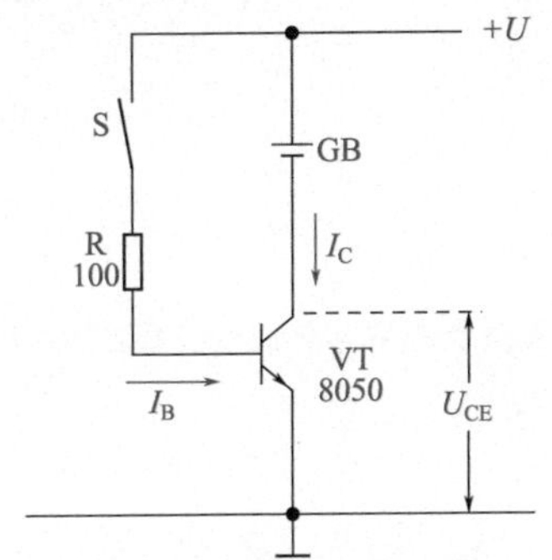

图 18-2　开关型传感器测量电路

（3）蓄电池液面正常和下降时的电路　如图 18-3（a）所示，传感器（即铅棒）浸入蓄电池电解液中产生电动势，VT1 处于导通状态。蓄电池电流按图（a）中所示箭头方向从正极经过 VT1 流入蓄电池负极。由于 A 点电位接近于零，VT2 处于截止状态，报警灯不亮。

如图 18-3（b）所示，当蓄电池液量不足时，由于此时传感器未浸入蓄电池电解液中而不能产生电动势，VT1 处于截止状态，同时又由于 A 点电位升高，VT2 得到正压而导通，报警灯亮，警告驾驶人蓄电池不足。

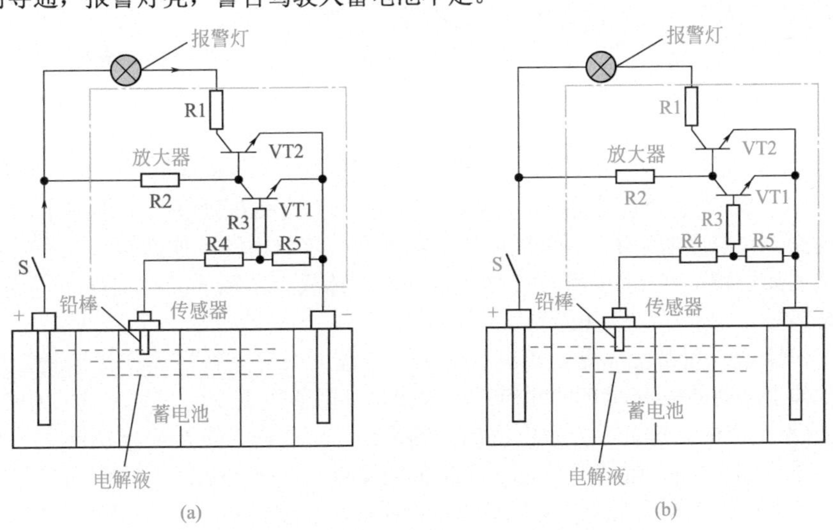

图 18-3　蓄电池液面正常和下降时的电路

（4）热敏铁氧体温度传感器的工作原理　在散热器的冷却系统中，舌簧开关的闭合使冷却风扇的继电器断开，进而使冷却风扇停止工作；反之，冷却风扇工作，如图18-4所示。其中热敏铁氧体的规定温度为0～130℃。

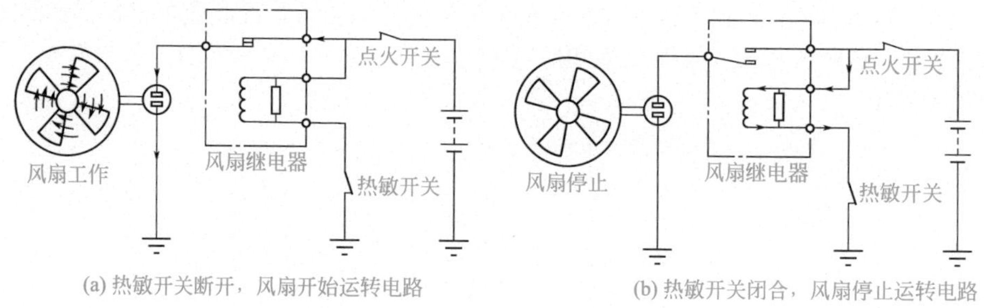

图18-4 热敏铁氧体温度传感器的工作原理

第二节　力敏传感器的检测与应用

一、应变式力敏传感器

（1）应变片式传感器的结构　应变片由敏感栅、基底、盖片和引线组成其文字符号用“RF”表示。敏感栅制成栅状（对沿着栅条纵轴方向的应力变化最敏感）粘接在胶质膜基底上，上面并粘有盖片，基底和盖片起着保护敏感栅和传递弹性体表面应变和电气绝缘的作用。应变片不能直接测力，需要用聚丙烯酸酯等有机黏合剂或者耐高温的磷酸盐等粘贴在弹性元件受力表面，用来感应试件表面应力的变化。根据弹性体不同，应变片可用于不同方面的力的测量。

（2）常用的测量电路　力敏电桥电路如图18-5所示。在力敏电桥中，把粘贴在弹性体上起测量作用的力敏应变片称为工作片，而把粘贴在弹性体上作温度补偿用的力敏应变片称为补偿片。

图18-5（a）所示为单片工作半桥式力敏电桥，其中RF1为工作片，RF2为补偿片，R1、R2为金属膜电阻器。图（c）示意RF1粘贴在圆柱形弹性体上，用来检测轴向拉伸（或压缩）所产生的力；RF2粘贴在传感器内的其他部位（凡不影响弹性体形变的部位均可），也可将RF2放置在印制电路板上。图（b）中的方框表示RF2、R1、R2置于一块印制电路板上。

工作原理：当弹性体受到轴向拉伸（或压缩）力时，弹性体产生应变，粘贴在该弹性体上的力敏应变片RF1相继产生应变，其阻值发生变化。而此时的RF2、R1、R2阻值不变，由此打破了力敏电桥原来的平衡，于是在该电桥输出端产生了输出信号U_o。由于RF1的电阻值变化与所产生的应变成正比例关系，而应变又是与加在弹性体上的力成正比例关系的，所以该力敏电桥的输出信号U_o与施加在轴向的拉伸（或压缩）力也是成正比例关系的。这样，就能测出外力了。将此输出电压放大处理输出，可控制负载工作。

检测力敏电阻时，用万用表电阻挡可直接测量电阻值。但因制造工艺不同，电阻值稍有差别。另外，还可按图 18-5（a）所示电路接入电源后，直接测 U_o 变化，以检测电桥性能好坏。当电桥损坏后，可将原力敏元件拆下，用同规格应变片电阻换上即可。

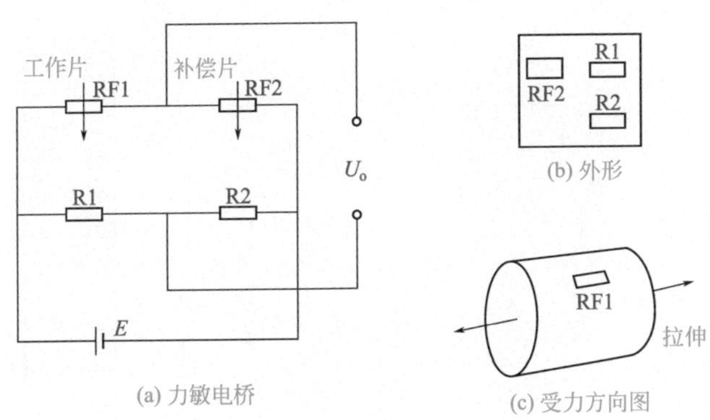

图 18-5　力敏电桥电路

二、压电式力敏传感器

石英晶体在某一方向施加压力时，它的两个表面会产生相反的电荷，电荷量与压力成正比的现象称为压电效应，具有压电效应的物体称为压电体。利用压电体制成的压电传感器，是一种自发电式传感器，可将力、压力、加速度等非电量转换为电量。

（1）应电式力敏传感器的检测　用万用表电流挡接压电片，轻轻敲击或碰撞压电片时，由于弯曲变形而产生电荷，指针摆动说明压电式压力传感器是好的。

（2）压电式力敏传感器的应用　虽然压电陶瓷材料有很高的压电系数，但是它是一种产生电荷（或电压）的元件。如果积累的电荷逐渐泄漏，电压也随之下降，就达不到传感器的电荷量（或电压）与压力成正比的要求。为此，要求电路有很高的输入阻抗，尽可能减少在压电材料上的电荷损耗。利用场效应管可以把压电体输出的高阻抗转换为测量和显示仪表所需的低输出阻抗，其电路如图 18-6 所示。

在图 18-6 所示的电路中，VT 采用场效应管 3DJ6H，SP 采用压电陶瓷片，VD1 和 VD2 选用硅开关二极管 1N4148。接通电源时，电容器 C 极板两端电压为零，与之相连的场效应管 G 极的偏压为零，这时 VT 导通。当用小的物体压到压电陶瓷片上时，SP 产生负向脉冲电压，通过二极管 VD1 向电容器 C 充电，VT 的 G 极加上负偏压，并超过 VT 所需的夹断电压，这时 VT 截止。二极管 VD2 旁路 SP 的碰撞结束瞬间产生的正向脉冲电流。碰撞结束后，随着电容器 C 上的电压由于元器件漏电而逐渐降低，并小于 VT 夹断电压（绝对值）时，VT 退出截止状态，产生漏源电流，将 VT 漏极电压变化送入放大处理电路后，经显示器件显示压力值。

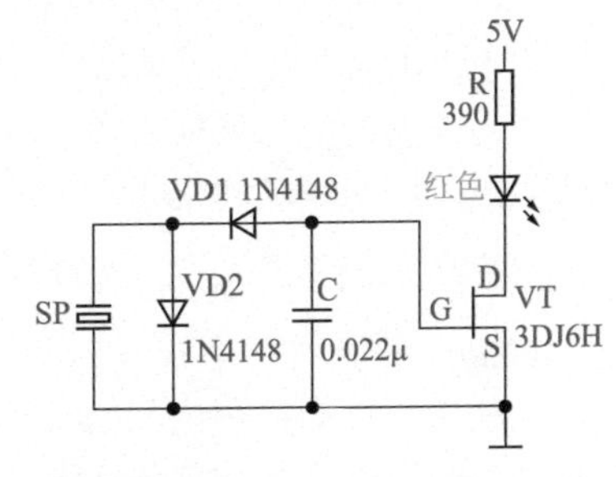

图 18-6　压电式力敏传感器应用电路

三、力敏传感器的应用

图 18-7 是数字血压计电路原理图。数字血压计具有使用方便、体积小、测量速度快、分辨率和精度高等特点。

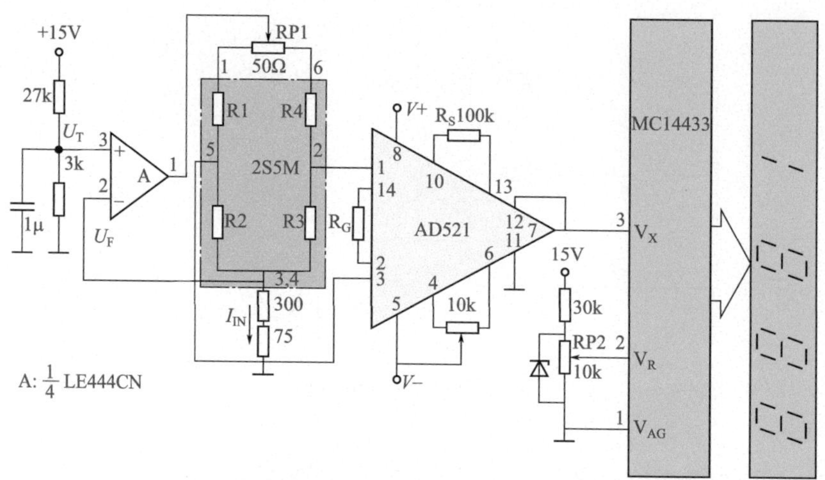

图 18-7 数字血压计电路原理图

① 电路组成。传感器选用薄膜扁平受力面积大的硅半导体压力传感器 2S5M 型，初始电阻 890Ω，接成全桥，因此灵敏度很高。为了减小非线性误差，传感器由 A 组成的恒流源供电。

② 工作原理。由图 18-7 可见，A 的 U_T 输入端电压为

$$U_T = \frac{3k\Omega}{27k\Omega + 3k\Omega} \times 15V = 1.5V$$

设 A 为理想运算放大器，其负输入端的电位为

$$U_F = U_T = 1.5V$$

A 的输出电流，即为传感器的输入电流 I_{IN} 为

$$I_{IN} = \frac{1.5V}{300\Omega + 75\Omega} = 4mA$$

此电流不随负载（传感器）电阻的变化而变化，是恒流源，保证了测量精度。

压力传感器的信号放大常选用差动电压放大器，以提高共模抑制比和测量精度。传感器的①脚与⑥脚间接 50Ω 电位器 RP1 作为桥路零位调整。电位器 RP2 为满度调整。AD521 是测量放大器。A/D 转换器选用双积分式 $3\frac{1}{2}$ 位的 MC14433（国产型号是 5G14433），它具有抗干扰能力强、精度高（相当于 11 位二进制数）、自动校零、自动极性输出、自动量程控制信号输出、动态字位扫描 BCD 码输出、单基准电压、外接元件少和价格低廉等特点，是广泛使用的最典型双积分 A/D 转换器。

第三节　霍尔传感器的检测与应用

一、认识霍尔传感器

当一块通有电流的金属或半导体薄片垂直置于磁场时，薄片两侧会产生电势的现象称为霍尔效应。霍尔元件就是利用霍尔效应制作的半导体器件。在电路中，霍尔元件常用图 18-8（c）所示的图形符号表示。电路接线如图 18-9 所示。

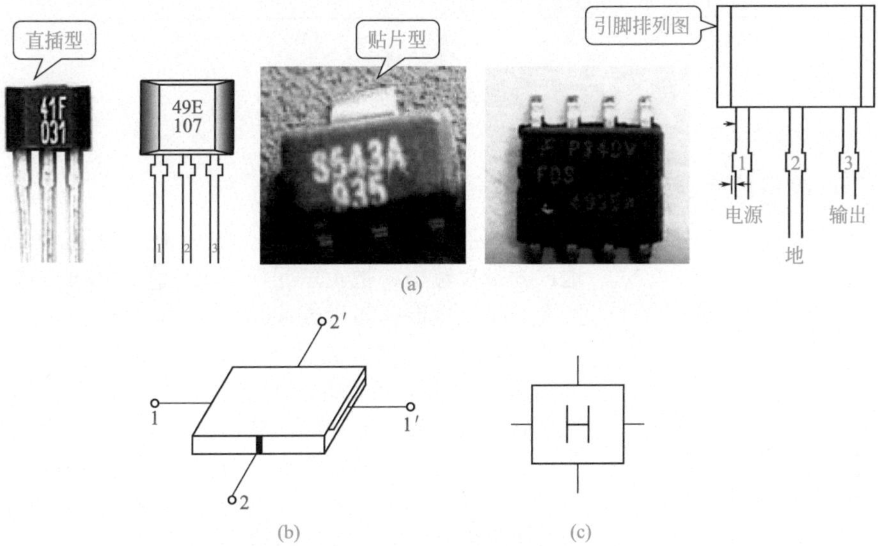

(a)

(b)　　(c)

图 18-8　霍尔元件的外形及图形符号

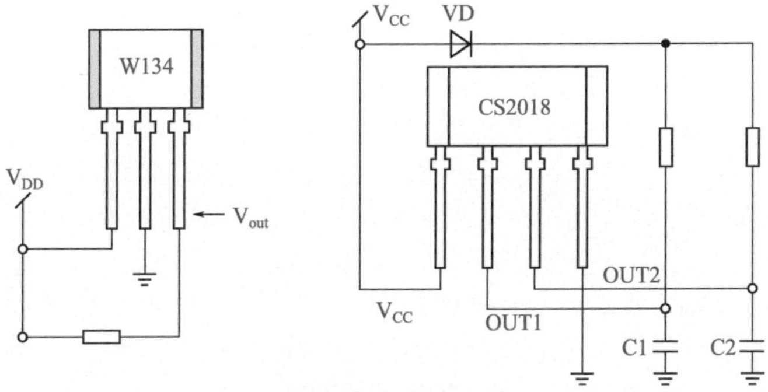

图 18-9　电路接线

霍尔传感器是将霍尔元件、放大器、温度补偿电路及稳压电源等制在一个芯片上，并利用霍尔效应与集成技术制成的半导体磁敏器件。国产霍尔传感器有 SLN 系列、CSUGN 系列、DN 系列等产品。

有些霍尔传感器的外形与 PID 封装的集成电路外形相似，故也称为霍尔集成电路。霍尔传感器按输出端功能可分为线性型与开关型两种（图 18-10），按输出级的输出方式分为单端输出型与双端输出型两种。

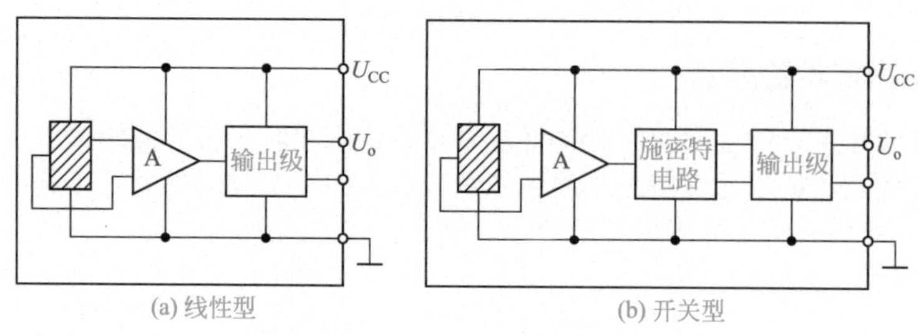

图 18-10 霍尔传感器的电原理结构

二、霍尔传感器的检测

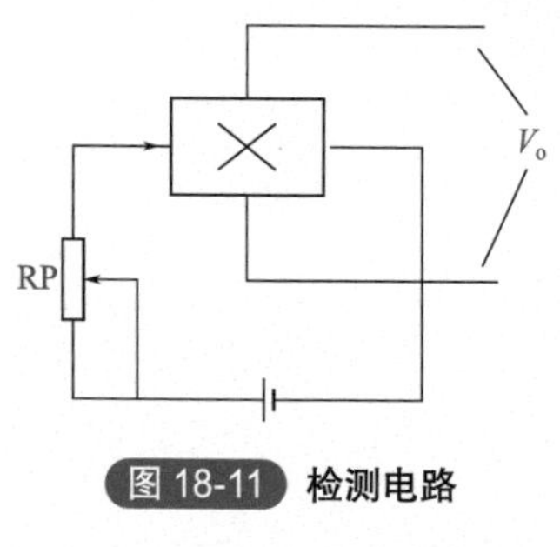

图 18-11 检测电路

取三孔插座一个，①脚为 5 ～ 15V 电源，②脚接地，③脚接输出。把霍尔元件按①、②、③脚插接在插座上。接通电源，万用表接③、②脚，测输出电压。用磁铁一磁极靠近霍尔元件正面，观察万用表输出电压；换用另一磁极靠近霍尔元件正面，观察万用表输出电压。磁极接近霍尔元件时，若输出电压出现跳变，霍尔元件属于正常。若电压不变，万用表改接①、③脚，重复上述过程，若输出电压仍不变，说明霍尔元件损坏。电压变化幅度越大，说明传感器性能越好（图 18-11）。

三、霍尔传感器的应用

目前电动车上广泛应用霍尔元件制成速度传感器，图 18-12 为一款电动车速度控制器电路。该控制器电路较简单，其核心为一只 LM339 四运放，具备了振荡、速度调节、限速运行、减速刹车、过电流保护和欠电压保护等控制功能。

调速电路由 IC-a 和霍尔调速器构成。若扳动霍尔调速器，霍尔调速器输出电压超过 2V，使⑨脚电位高，当其超过⑧脚锯齿波初始段电位时，⑭ 脚开始输出脉宽较窄的激励脉冲（R3 为 IC-a⑭ 脚的输出上拉电阻器），触发 VT1、VT2 轮流导通 / 截止，并从两者的中点 O 输出驱动脉冲触发 VT3（N 沟道绝缘栅型场效应管 6AP402），使之工作于脉宽较窄的开关状态，加在直流电动机上的直流电压平均值较低，电动机慢速旋转。

随着调速电压的升高，⑨脚比⑧脚电压高的时间延长，⑭ 脚输出的脉冲增宽（脉宽调制最宽能达到 100%），VT1 导通时间延长、VT2 截止时间延长，进而使 VT3 导通时间延长，电动机两端平均电压升高，转速随之也升高。这样，在 3 ～ 4V 之间平滑调节⑨脚电压，即可平滑调节电动机的转速。

早期采用简单的位线式电位器调节⑨脚电压，但寿命和可靠性都很差，已被淘汰，现在大多采用非接触式霍尔调速器。

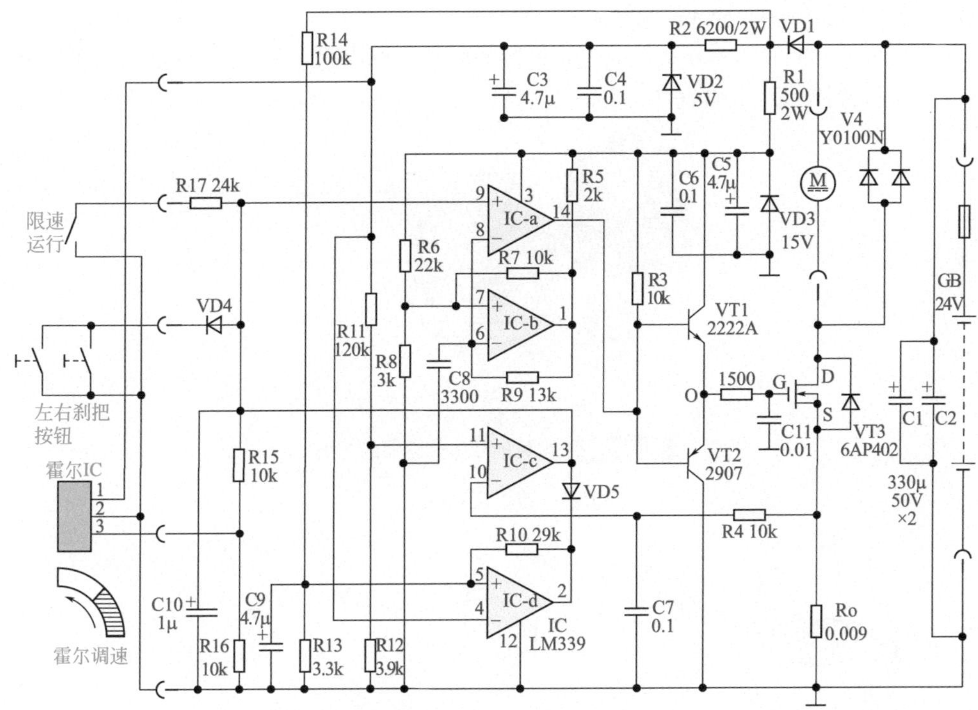

图 18-12　电动车速度控制器电路

霍尔调速器工作原理：在调速转把基盘上固定有一片线性霍尔 IC，其①脚接 V_{CC}（5V），②脚接地，③脚为输出端，在外界无磁场时输出电压典型值为 $V_{CC}/2$（称为“零”电压）。当外界在负磁场（N 极）时，③脚输出电压低于 $V_{CC}/2$，负磁场越强则输出电压越低。调速器中的永磁铁为圆弧形，由扭簧将永磁铁 N 极磁场的最强端定位在霍尔 IC 处，作为调速起始端，此时输出电压最小（2V，实测一款为 0.95V。具体电压值视结构误差、磁钢强弱而有所不同）。旋转调速转把，圆弧形永磁铁转动，N 极负磁场逐渐减弱，霍尔器件的③脚输出电压逐渐上升。当永磁铁中心位置对准霍尔 IC 时（此时为磁场零位），输出为 $V_{CC}/2$；再旋转至使永磁铁 S 端正磁场最强端对准霍尔 IC 时，其③脚输出电压最大（约 4V）。调速器采用的是线性霍尔 IC，其输出电压正比于磁场变化，因而能线性平滑调速。圆弧形永磁铁与霍尔 IC 之间约有 0.5mm 的间隙，是非接触式调整器，其寿命和可靠性很高。

第四节　气体传感器的检测与应用

一、认识气体传感器

常见的气体传感器的外形如图 18-13 所示。气体传感器由气敏电阻器、不锈钢网罩（过滤器）、螺旋状加热器、塑料底座和引脚构成，如图 18-14（a）所示。气体传感器的图形符号如图 18-14（b）所示。其中，A-a 两脚内部短接，是气敏电阻器的一个引出端；B-b 两脚内部短接，是气敏电阻器的另一个引出端；H-h 两脚是加热器供电端（许多资料将 H、h 脚标注为 F、f）。

图 18-13 常见的气体传感器的外形

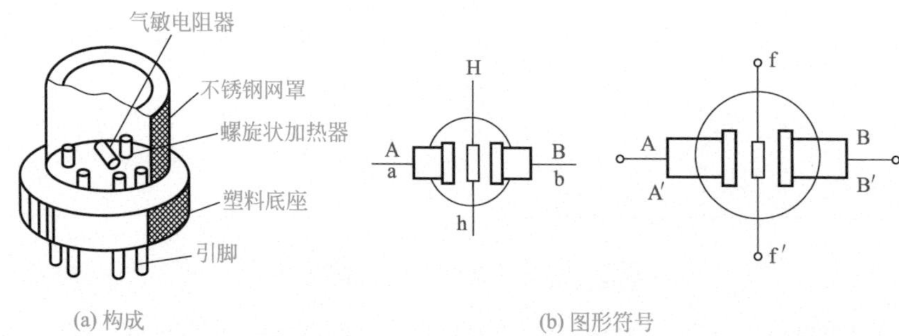

图 18-14 气体传感器的构成和图形符号

当加热器得到供电后，开始为气敏电阻器加热，使它的阻值急剧下降，随后进入稳定状态。进入稳定状态后，气敏电阻器的阻值会随着被测气体的吸附值而发生变化。N 型气敏电阻器的阻值随气体浓度的增大而减小，P 型气敏电阻器的阻值随气体浓度的增大而增大。

表 18-2 给出了国产气敏元件 QN32 与 QN60 的主要参数值。

表 18-2 国产气敏元件 QN32 和 QN60 的主要参数值

型号	加热电流 /A	回路电压 /V	静态电阻 /kΩ	灵敏度（R_o/R_x）	响应时间 /s	恢复时间 /s
QN32	0.32	≥ 6	10 ~ 400	> 3(H_2 0.1% 中)	< 30	< 30
QN60	0.60	≥ 6	10 ~ 400	> 3	< 30	< 30

二、气体传感器的检测

（1）加热器的检测 用万用表的 R×1 或 R×10 挡测量气体传感器中加热器两个引脚间的阻值，若阻值为无穷大，说明加热器开路。

（2）气敏电阻器的检测 如图 18-15 所示，检测气敏电阻器时最好采用两块万用表。其中，一块置于“500mA”电流挡后，将两个表笔串接在加热器的供电回路中；

另一块万用表置于“10V”直流电压挡，黑表笔接地，红表笔接在气体传感器的输出端上。为气体传感器供电后，电压表的指针会反向偏转，几秒后返回到0的位置，然后逐渐上升到一个稳定值，电流表指示的电流在150mA内，说明气敏电阻器已完成预热。若此时将被测气体对准气体传感器的网罩排出，电压表的数值应该发生变化；否则，说明网罩或气体传感器异常。检查网罩正常后，就可确认气体传感器内部的气敏电阻器异常。

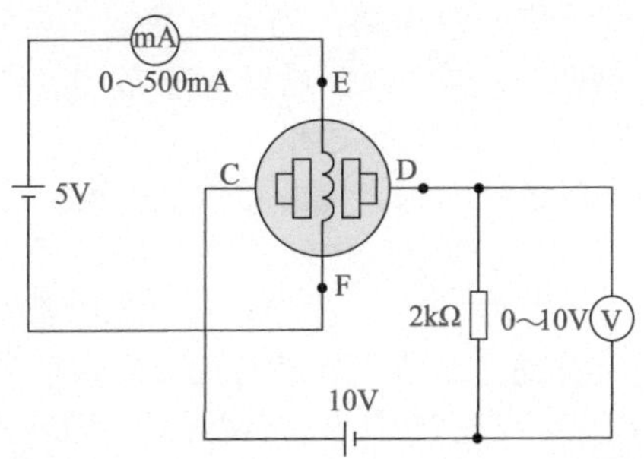

图 18-15　气体传感器内气敏电阻器的检测示意图

采用一块万用表测量气体传感器时，将被测气体对准气体传感器的网罩排出后，若气体传感器的输出端电压有变化，则说明它正常。

三、气体传感器的应用

利用上述电路增加排风机可制成自动抽油烟机，如图18-16所示为四运放与气敏探头构成的抽油烟机电路。气敏探头的A-B极间是气敏半导体，f为加热电阻丝，在加热状态下吸附在A-B极的煤气或油烟产生导电离子，使A-B极间的电阻值变小。在正常空气环境下监控电路进入工作状态后，IC2的②脚为高电平（12V），③脚约8V，①脚为低电平0V。所以IC1的⑨脚约有4V电压。当环境中无煤气或油烟时，气敏管呈高阻状态，IC1的⑧脚电位远低于4V，IC3的⑫脚也为低电平。所以，IC3、IC4输出都是低电平，此时蜂鸣器和VT都不工作，整机处于待命状态。由于加热电阻丝中有电流，绿色发光管点亮。当煤气或油烟浓度达到一定程度时，气敏管与

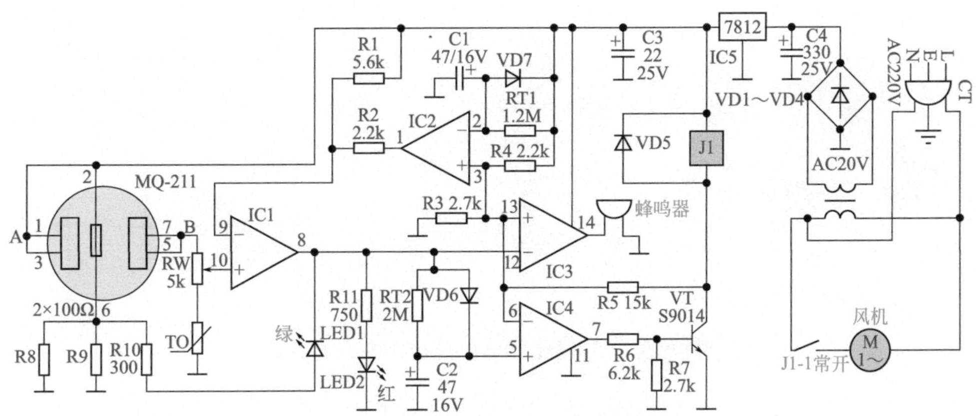

图 18-16　自动抽油烟机原理图

RW、TO 的分压值就会超过 4V。这时 IC1 翻转，其⑧脚输出高电平（为 12V），IC3⑬ 脚和 IC4 ⑥脚电位都是 8V。因此，IC3 的 ⑭ 脚输出高电平，高分贝蜂鸣器报警。同时，另一路经 VD6，使 IC4⑪ 脚输出高电平，VT 导通，继电器吸合，排气扇电动机开始转动。此时，由于 IC1 ⑧脚为高电平，LED1 熄灭，LED2 点亮，指示煤气或油烟浓度超标。

VD6、RT2 和 C2 组成排气延时电路，当室内油烟或煤气浓度恢复正常后，IC1 的⑧脚电平为 0V，VD6 截止，电容器 C2 通过 RT2 放电（约需 3min）。当放电至电压值低于 8V 时，IC4 重新翻转，排气扇关闭。

C3 与 C1、RT1 组成开机延时电路。电源接通后，IC3 的 ⑬ 脚立刻获得 8V 直流电压，而 ⑫ 脚电位在 RT1 对 C1 充电的同时缓慢上升，经约 2min 才能达 8V 以上。在此之前，IC2 ①脚为高电平（为 12V），报警、排气电路都不工作，这样可防止刚开机时由于气敏头为冷态，还未进入正常工作状态而发生误动作。VD7 能在电源关断后使 C1 的储能迅速泄放，以保证在较短时间内再次开机。VD5 则保护开关控制器 VT。

总之，自动抽油烟机正常工作状态时，按下自动按钮，LED1 点亮，如室内煤气或油烟浓度小于 0.15%(1500×10^{-6})，机器即进入待命状态；如室内煤气油烟浓度超标，开机 2min 后就立即启动报警，且抽油烟电动机开始工作，LED1 熄灭，LED2 点亮，直至室内煤气或油烟浓度正常，LED2 熄灭，报警声停止，LED1 点亮，3min 后电动机停转。

第五节 热释电红外线传感器的检测与应用

一、认识热释电红外线传感器

采用热释电红外线传感器制造的被动红外探测器，用于控制自动门、自动灯及高级光电玩具等。热释电红外线传感器一般都采用差动平衡结构，由敏感元件、场效应管、高值电阻器等组成，如图 18-17 所示。

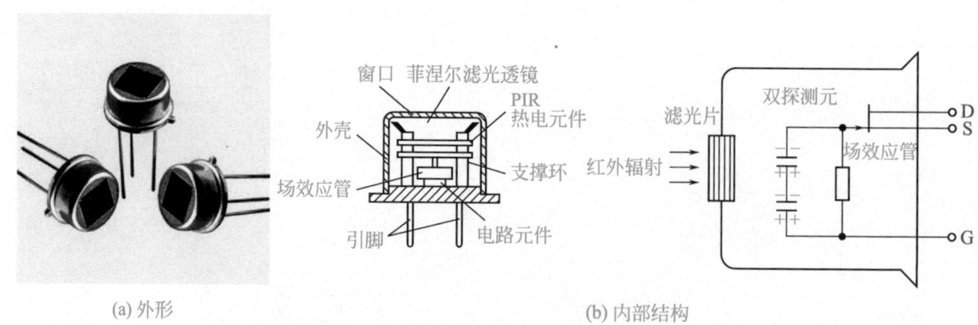

图 18-17 热释电红外线传感器的外形及内部结构

目前国内市场上常见的热释电红外线传感器有上海尼赛拉公司的 SD02、PH5324 和德国海曼 Lhi954、Lhi958 以及日本产品等，其中 SD02 适合用于防盗报警电路。

在热释电红外线传感器的应用中，其前级配用菲涅尔透镜，其后级采用带通放大器，放大器的中心频率一般限制在 1Hz 左右。放大器带宽对灵敏度与可靠性的影响大，如带宽窄时噪声小，误测率低；带宽宽时噪声大，误测率高，但对快、慢速移动响应好。放大器信号的输出可以是电平输出、继电器输出或晶闸管输出等多种方式。

二、热释电红外线传感器的检测

检测热释电元件时，用万用表 R×10 或 R×100 挡检测 G、D、S 有无击穿和开路现象。然后给热释电元件加上工作电压，如图 18-18 所示。

先用铝挡板挡住接收口或使其朝向无人方向。万用表选用直流低电压挡测 S 电压，再拆掉铝挡板，此时万用表指针摆动，说明热释电元件是好的。

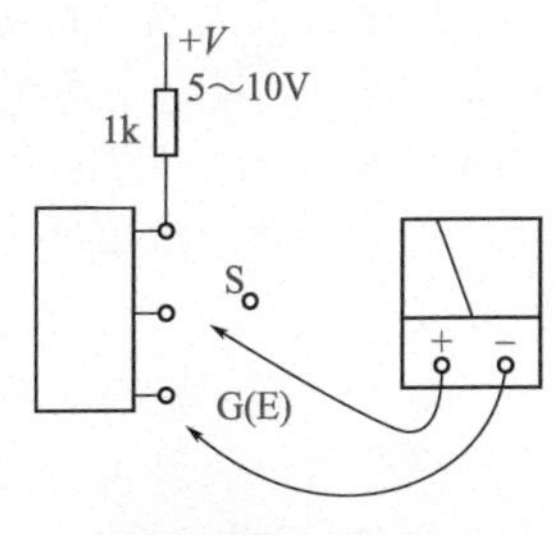

图 18-18　检测电路

三、热释电红外线传感器的应用

热释电红外线传感器应用电路如图 18-19 所示。

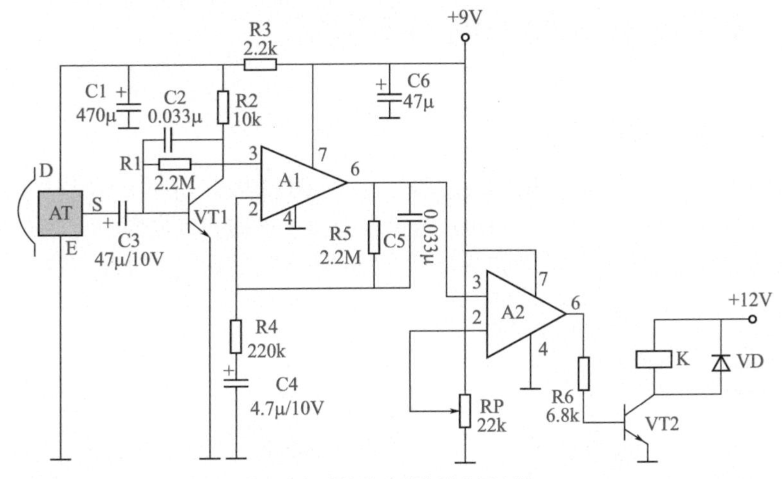

(a) CK热释电红外线传感器典型应用电路

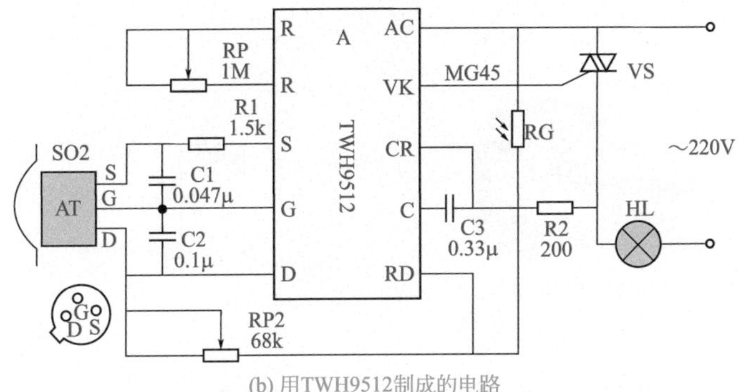

(b) 用TWH9512制成的电路

图 18-19　热释电红外线传感器应用电路

图（a）为 CK 热释电红外线传感器典型应用电路。若 AT 为双元件热释电红外线传感器，其接收波长为 6.5 ～ 14μm，适用于防盗系统，输出阻抗为 10kΩ；若 AT 为单元件热释电红外线传感器，接收波长为 1 ～ 20μm，适用于温度遥测，可用于防盗及自动控制系统。

当 AT 接收到人体信号时，输出一个微弱的低频信号，其频率为 0.3 ～ 3Hz。经 VT1 和运算放大器 A1 组成的两级放大器将信号放大至 70 ～ 75dB。由 A2 等组成的电压比较器，设定一参考电压。在无目标进入时，末级无输出；一旦有目标进入探测范围，AT 则有信号输出，经放大后电压高于电压比较器设定的电压时，A2 输出高电位，VT2 导通，继电器 K 吸合，其触点接通报警器电路或控制电路，实现了热释红外线探测目的。

图（b）为用 TWH9512 制成的电路，改变 RP 阻值可调整灵敏度。当感应到有红外热释能时，有脉冲输出送入 TWH9512 中。经 TWH9512 处理后，由 VK 端输出信号触发 VS 动作，VS 导通，HL 发光。该电路可用于楼道自动照明用。如将 HL 换成电铃等，该电路即可作为报警器用。

第六节 超声波传感器的检测与应用

一、认识超声波传感器

超声波传感器是近年来常用的敏感器件之一［图 18-20(a)］，如可用它组装成车辆倒车防撞电路及其他检测电路。超声波传感器分为发射器和接收器，发射器将电磁振荡转换为超声波向空间发射，接收器将接收到的超声波转换为电脉冲信号。超声波传

(a) 外形(不同形状的发射接收头)

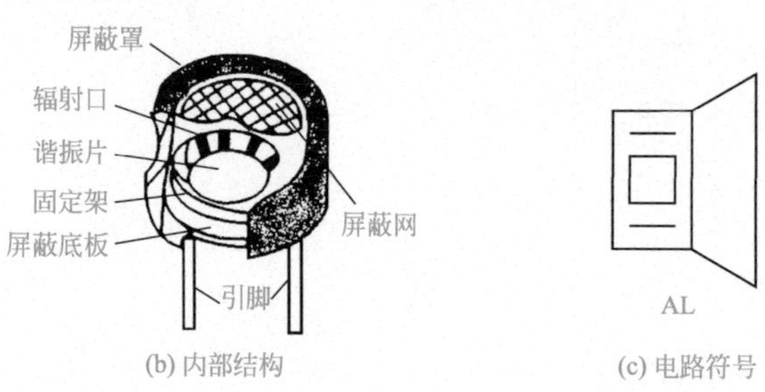

(b) 内部结构　　(c) 电路符号

图 18-20 超声波传感器的外形、内部结构及电路符号

感器的具体工作原理如下：当 40kHz（由于超声波传感器的声压能级、灵敏度在 40kHz 时最大，所以电路一般选用 40kHz 作为传感器的使用频率）的脉冲电信号由两引线输入后，由压电陶瓷激励器和谐振片转换为机械振动，经锥形辐射器将超声波振动向外发射，发射出去的超声波向空中四面八方直线传播。遇有障碍物后，超声波可以发生反射。接收器在收到由发射器传来的超声波后，使内部的谐振片谐振，通过声电转换作用将声能转换为电脉冲信号，然后输入到信号放大器，驱动执行机构动作。

常用的超声波传感器有 T40-××/R40-×× 系列、UCM-40T/UCM-40R 系列和 MA40××S/MA40××R 系列等。其中型号的第一（最后）个字母 T（S）代表发射传感器，R 代表接收传感器，它们都是成对使用的。

表 18-3 是 T/R40-×× 系列超声波传感器的电性能参数表。表 18-4 是 UCM 型超声波传感器的技术性能表。

表 18-3 T/R40-×× 系列超声波传感器的电性能参数表

型号		T/R40-12	T/R40-16	T/R40-18A	T/R40-24A
中心频率 /kHz		40±			
发射声压最小电平 /dB		82（40kHz）	85（40 kHz）		
接收最小灵敏度 /dB		-67（40kHz）	-64（40 kHz）		
最小带宽	发射头	5 kHz/100dB	6 kHz/103dB	6 kHz/100dB	6 kHz/103dB
	接收头	5 kHz/-75dB	6kHz/-71dB		
电容 /nF		2500±25%	2400±25%		

表 18-4 UCM 型超声波传感器的技术性能表

型号	UCM-40-R	UCM-40-T
用途	接收	发射
中心频率 /kHz	40	
灵敏度（40kHz）/（dBv/μb）	-65	80
带宽（36～40kHz）/（dBv/μb）	-73	96
电容 /nF	1700	
绝缘电阻 /MΩ	>100	
最大输出电压 /V	20	
测试要求	发射头接 40kHz 方波发生器，接收头接测试示波器。当方波发生器输出 V_{pp}=15V，发射头和接收头正对距离 30cm 时，示波器接收的方波电压 U > 500mV	

二、超声波传感器的检测

超声波传感器用万用表直接测试是没有任何反应的。要想测试超声波传感器的性能好坏可以搭建一个振荡电路，如图 18-21 所示。把要检测的超声波传感器（发射头和接收头）接在③脚与①脚之间；调整 RP 阻值，如果传感器能发出音频声音，基本就可以确定此超声波传感器是好的。也可以按照 18-22 搭建一个完整的发射接收电路，用指针万用表测量时指针有摆动，说明发射头和接收头是好的。

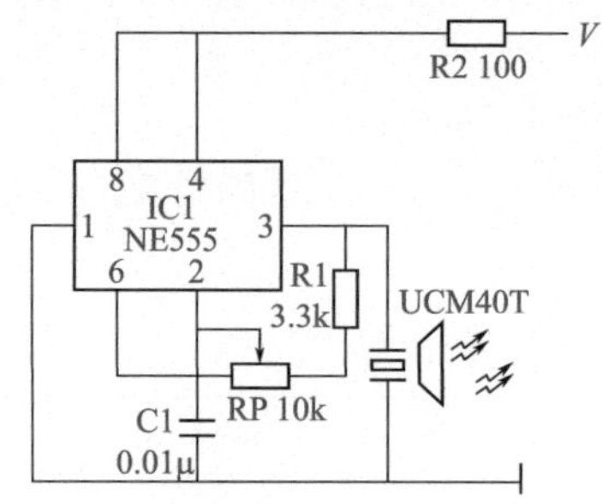

图 18-21 振荡电路

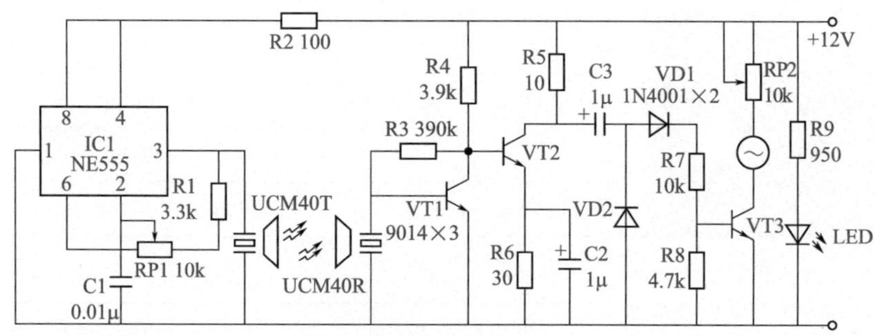

图 18-22 发射接收电路

三、超声波传感器的应用

T/R40 系列超声波传感器典型应用电路如图 18-23 所示。

第七节 湿敏传感器的检测与应用

湿敏传感器的检测与应用

湿敏传感器一般由基体、电极和感湿层构成，可用于钢铁、化学、纤维、半导体、食品、造纸、钟表、电子元件和设备、光学机械等各种工业过程中的湿度控制。湿敏传感器的分类、检测与应用等可扫二维码学习。

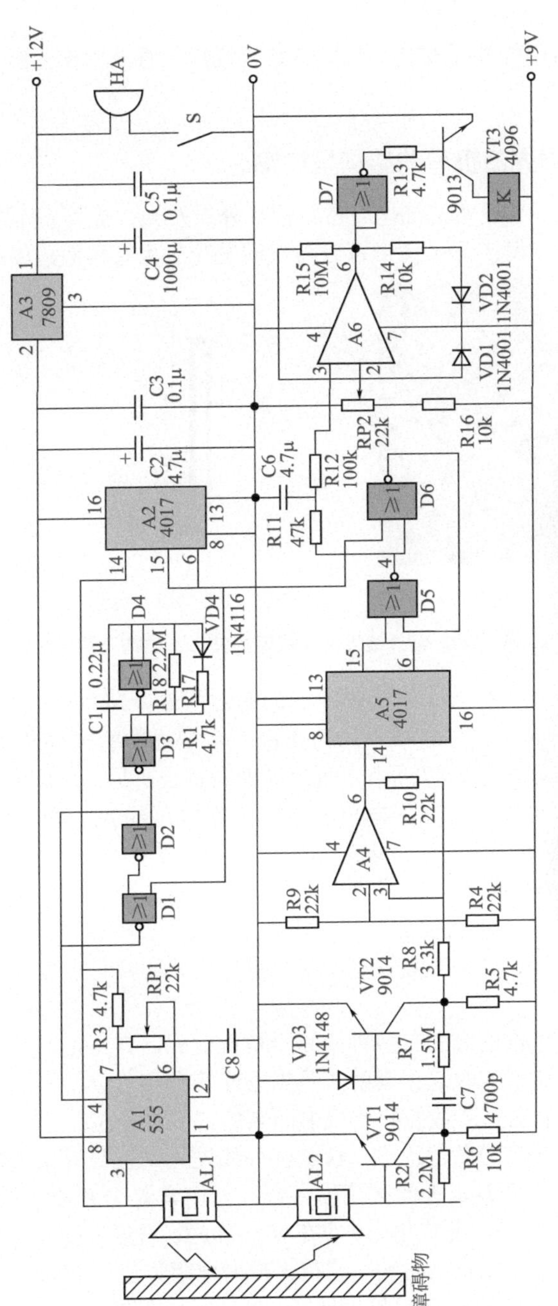

图 18-23　T/R40 系列超声波传感器典型应用电路

第八节 红外线传感器的检测与应用

红外线传感器由红外线发光二极管、红外线接收管两大部分组成，下面分别对这两大部分予以介绍。

一、红外线发光二极管的结构与检测

（1）红外线发光二极管的结构　常见的红外线发光二极管（简称红外发光二极管）有深蓝与透明两种，其外形及图形符号与普通发光二极管相似，如图 18-24 所示。

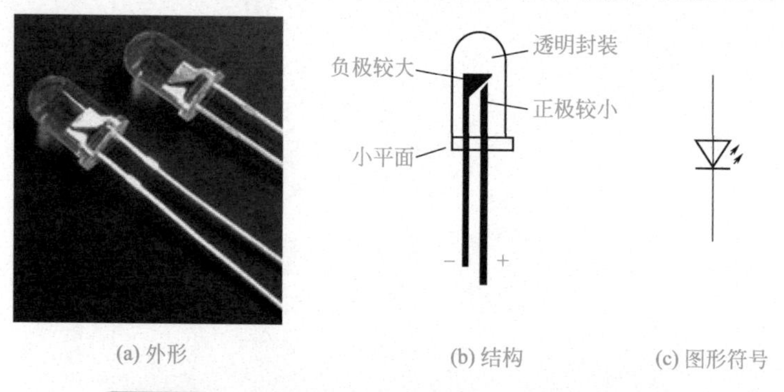

图 18-24　红外线发光二极管的外形、结构及图形符号

因为红外线发光二极管通常采用透明的塑料封装，所以管壳内的电极清晰可见；内部电极较宽大的为负极，较窄小的为正极。全塑封装的红外线发光二极管（$\phi3$ 或 $\phi5$ 型）的侧向呈一小平面，靠近小平面的引脚为负极，另一引脚为正极。

红外线发光二极管工作在正向电压下，工作电压约为 1.4V，工作电流一般小于 20mA。应用时电路中应串有限流电阻器。

为了增加红外线的距离，红外线发光二极管通常工作于脉冲状态。利用红外线发光二极管发射红外线控制受控装置时，受控装置中均有相应的红外光 - 电转换元件，如红外线接收二极管、光电三极管等。使用中通常采用红外线发射和接收配对的光电二极管。

红外线发射与接收的方式有两种：其一是直射式，其二是反射式。直射式是指发光管发射的光直接照射接收管；反射式是指发光管和接收管并列在一起，发光管发出的红外线遇到反射物时，接收管收到反射回来的红外线才工作。

（2）红外线发光二极管的检测　检测红外线发光二极管时采用指针万用表与采用数字万用表的测量方式有很大的区别：将指针万用表置于 R×1k 挡，黑表笔接正极、红表笔接负极时的电阻值（正向电阻）应在 20 ～ 40kΩ（普通发光二极管在 200kΩ 以上），黑表笔接负极、红表笔接正极时的电阻值（反射电阻）应在 500kΩ 以上（普通发光二极管接近无穷大）。要求反射电阻越大越好，若反射电阻越大，说明漏电流越小，红外线发光二极管的质量越佳。否则，若反射电阻只有几十千欧，这样的红外线发光二极管是不能使用的。如果正、反向电阻值都是无穷大或都是零，则说明红外线发光二极

管内部已经断路或已经击穿损坏。用数字万用表测量时将挡位置于“二极管挡”，黑表笔接负极、红表笔接正极时的压降值应为0.96～1.56V，正向压降越小越好，即红外线发光二极管的起始电压低。对调表笔后屏幕显示的数字应为溢出符号“OL”或“1.”。

二、红外线接收二极管的结构与检测

（1）红外线接收二极管的结构　红外线接收二极管是用来接收红外线发光二极管产生的红外线光波，并将其转换为电信号的一种半导体器件。为减少可见光对其工作产生干扰，红外线接收管通常采用黑色树脂封装（外观颜色呈黑色），以滤掉700nm以下波长的光线。常见的红外线接收二极管的外形、结构及电路符号如图18-25所示。

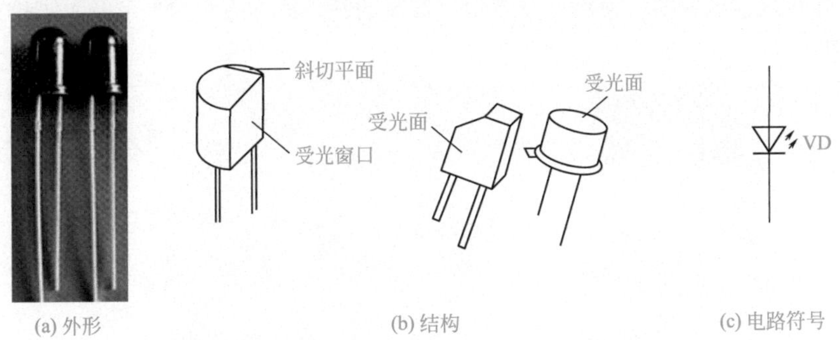

图18-25 红外线接收二极管的外形、结构及电路符号

需要识别红外线接收二极管的引脚时，可以面对受光面观察，从左至右分别为正极和负极。另外，在红外线接收二极管的管体顶端有一个小斜切平面，通常带有此斜切平面一端的引脚为负极，另一端为正极。

（2）红外线接收二极管的检测

① 指针万用表检测好坏。

a. 判断电极。具体检测方法与检测普通二极管正、反向电阻的方法相同。通常，用万用表R×1k挡进行测量，正常时红外线接收二极管的正向电阻为3～4kΩ，反向电阻应大于500kΩ。如阻值很小或正、反向均不通，说明红外线接收二极管损坏。

b. 检测受光能力。将万用表置于直流50μA挡（若所用万用表无50μA挡，也可用0.1mA或1mA挡），两表笔接在红外线接收二极管的两引脚上，然后让红外线接收二极管的受光面正对着太阳或灯泡，此时万用表指针应有摆动现象。根据红黑表笔的接法不同，万用表指针的摆动方向也有所不同。当红表笔接正极、黑表笔接负极时，指针向右摆动且幅度越大，则说明红外线接收二极管的性能越好；反之，指针向左摆动。如果接上表笔后，万用表指针不动，则说明红外线接收二极管性能不良或已经损坏。

除上述方法外，还可用遥控器配合万用表来完成。将万用表置于R×1k挡，红表笔接红外线接收二极管的正极，黑表笔接负极。用一个好的遥控器正对着红外线接收二极管的受光窗口，两者距离为5～10mm。当按下遥控器上的按键时，若红外线接收二极管性能良好，阻值减小，说明红外线接收二极管的灵敏度越高，阻值会越小。用这种方法挑选性能优良的红外线接收二极管十分方便，且准确可靠。

② 数字万用表检测红外线接收二极管。将挡位置于“二极管挡”，黑表笔接负极、

红表笔接正极时的压降值应为 0.45 ～ 0.65V，对调表笔后屏幕显示的数字应为溢出符号“OL”或“1.”。

③ 红外线接收头。红外线接收头是一种红外线接收电路模块，通常由红外线接收二极管与放大电路组成。放大电路通常又由一个集成块及若干电阻器、电容器等元件组成（包括放大、选频、解调几大部分电路），然后封装在一个电路模块（屏蔽盒）中，虽然电路比较复杂，体积仅与一只中功率三极管相当。

红外线接收头具有体积小、密封性好、灵敏度高、价格低廉等优点，因此被广泛应用在各种控制电路以及家用电器中。它仅有三个引脚，分别是电源正极、电源负极（接地端）以及信号输出端，其工作电压在 5V 左右，只要给它接上电源即是一个完整的红外线接收放大器，使用十分方便。常见的红外线接收头的外形及引脚排列如图 18-26 所示。

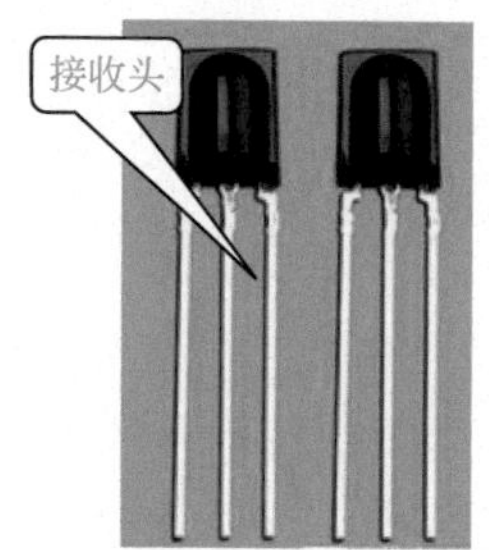

(a) 铁封接收头与塑封接收头外形

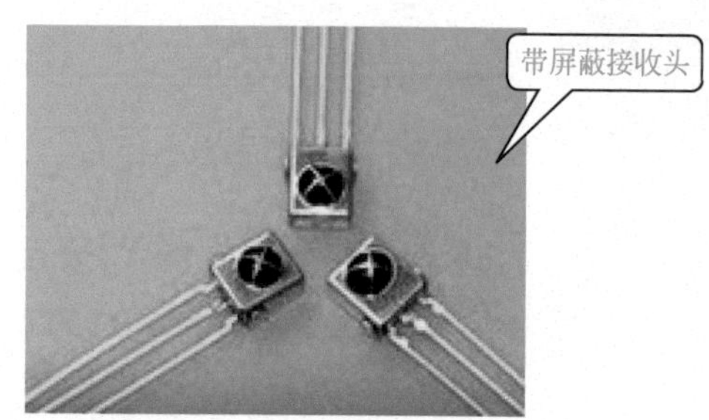

(b) 常用两种型号塑封接收头引脚排列

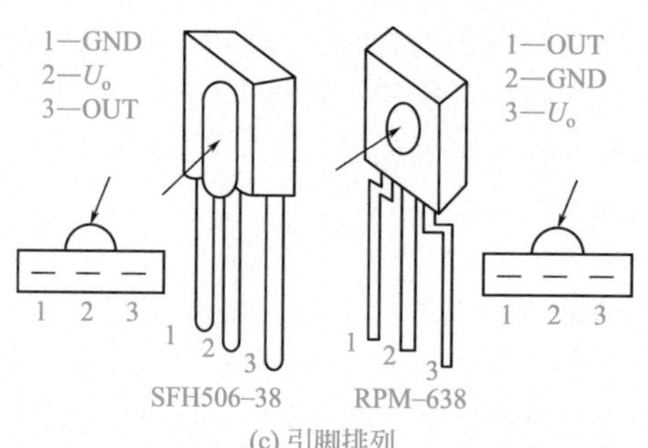

(c) 引脚排列

图 18-26 常见的红外线接收头的外形及引脚排列

④ 红外线接收头检测。红外线接收头检测方法同接收管。用遥控器检测时需给红外线接收头加 5V 电压（图 18-27），将红外线接收头插入控制插脚。用万用表测输出脚电压，按动遥控器，指针应有大幅度摆动，如摆动幅度太小，则说明红外线接收头特性不良。遥控器与红外线接收头检测可扫二维码学习。

三、红外线传感器的应用

电路原理：红外遥控接收器由接收二极管 VD、放大集成电路 CX20106A 和外围元件组成，如图 18-28（b）所示。CX20106A 是红外线遥控预放器集成电路，它是 8 脚双极性集成电路，主要由放大级、限幅放大级、带通滤波器（BPF）、信号检波器和整形器等组成，如图 18-28（a）所示。

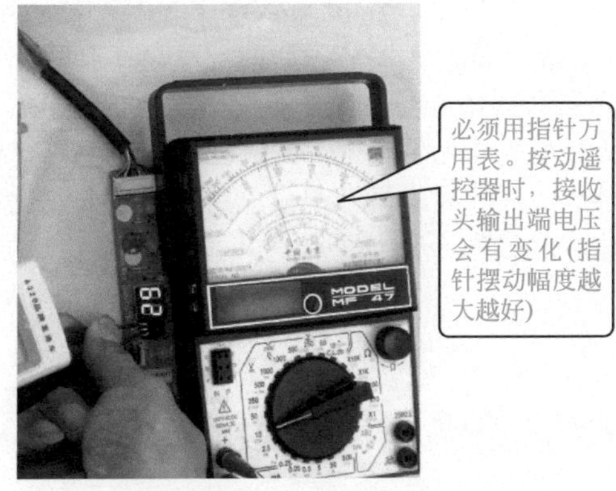

必须用指针万用表。按动遥控器时，接收头输出端电压会有变化(指针摆动幅度越大越好)

遥控器与红外线接收头的检测

图 18-27　红外线接收头检测

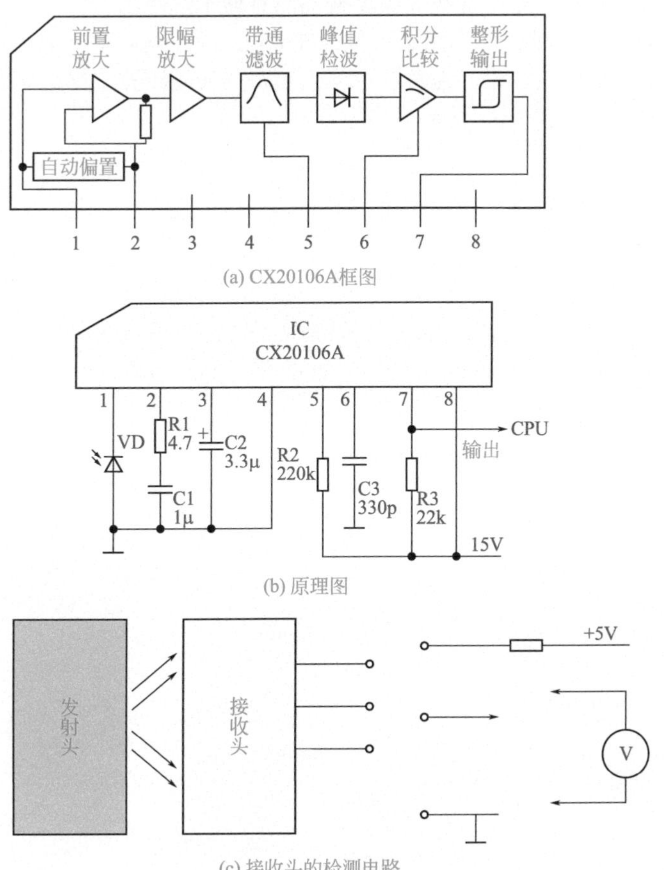

(a) CX20106A框图

(b) 原理图

(c) 接收头的检测电路

图 18-28　红外线传感器应用电路

遥控信号是调制在红外线上的以 38kHz 为载频的脉冲信号。当遥控接收器工作时，红外检波二极管 VD 检出载频 38kHz 的脉冲信号从 IC 的①脚输入到前置放大器的正向输入端。前置放大器设有自动幅度输入水平控制电路（ABLC），防止输入信号过大而使放大器过荷。经前置放大器放大后的信号再送到限幅放大器，滤除杂散的调幅干扰并将较强的信号送到中心频率为 38kHz 的带通滤波器。IC 的⑤脚接有电阻器 R2，调节 R2 可使滤波器的中心频率在 30 ～ 60kHz 范围内变化。滤波器输出的信号经检波器检波后得到指令码脉冲，再经积分电路和磁滞曲线比较器对脉冲整形，最后从⑦脚输出指令码脉冲。该指令码脉冲信号再送至中央处理机（CPU），经处理后发出命令执行相应的动作。

第九节　温度传感器的检测与应用

温度传感器的检测与应用

在许多测温方法中，热电偶测温应用最广。因为它的测量范围广，一般在 -180 ～ 2800℃之间，准确度和灵敏度较高，且便于远距离测量，尤其是在高温范围内有较高的精度。所以国际实用温标规定在 630.74 ～ 1064.43℃范围内用热电偶作为复现热力学温标的基准仪器。温度传感器的检测与应用可扫二维码学习。

第十九章 家用电器中元器件的检测

第一节 电冰箱元器件的检测

一、电动机好坏的检测

（1）单相电动机　电冰箱中的电动机主要是单相电动机，主要由定子和转子组成。转子由硅钢片叠压成铁芯，铁芯槽内浇注鼠笼式铝绕组。定子上有两个由漆包线绕成的绕组：一个是启动绕组，导线较细，电阻大；另一个是运动绕组，导线较粗，电阻小。分相式电动机启动绕组只在启动时刻工作，当电动机转速达到额度值 70% ～ 80% 时，启动绕组就被断开。在电动机运转时，只有运动绕组在工作。

用于电冰箱、空调器中的单相电动机又可分为分相启动电动机、电容启动 - 电感运转电动机、电容启动 - 电容运转电动机。

① 分相启动电动机。分相启动电动机用于以毛细管为节流装置的小型制冷设备中。接通电源后，由于启动绕组和运转绕组中电抗的不同，出现两个不同相位的电流，故称为分相。分相启动电动机启动转矩低，启动电流高，效率较低。接通电源后由启动绕组启动，当转速达到额定转速的 70% ～ 80% 时，由启动继电器将启动绕组断开。在电动机正常运转时，如果启动绕组仍然连在电路内而不切断，启动绕组将会因过热而损坏。分相启动电动机的引出线如图 19-1 所示。图中 C 代表公共端（蓝色）、R 为运转端（白色）、S 为启动端（红色）（国际通用标志为 R、S、C）。

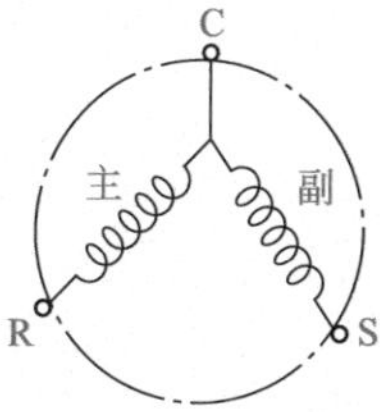

图 19-1 分相启动电动机的引出线

② 电容启动 - 电感运转电动机。此类电动机应用在有膨胀阀的制冷设备中。在启动绕组中串联一个启动电容器，以提高启动转矩。当电动机转速达到额定转速的 70% ～ 80% 时，启动电容器从电路中分离，即将启动绕组从电路中切断。

③ 电容启动 - 电容运转电动机。它通常使用在 0.75kW 以上的制冷压缩机中。这种电动机不仅有较高的启动转矩，而且承受的负载较大。在电路中，运转电容器与启动电容器并联，当启动电容器从电路中切断后，启动绕组仍与运行绕组同相连接在一起，因而启动绕组可承受一部分负载。运转电容器能改进功率因数，增加效率以及减小电流，从而降低电动机的温度。

压缩机用电动机中的主绕组匝数少，且线径粗；副绕组匝数多，且线径细。

（2）主副绕组及接线端子的判别　用万用表（最好用数字表）低电阻挡任意测

CR、CS、SR阻值，测量中阻值最大的一次为RS端，另一端为公用端C。当找到C后，测C与另两端的阻值，阻值小的一组为主绕组R，相对应的端子为主绕组端子或接线点；阻值大的一组为副绕组S，相对应的端子为副绕组端子或接线点，如图19-2所示。

电冰箱压缩机用电动机绕组的检测

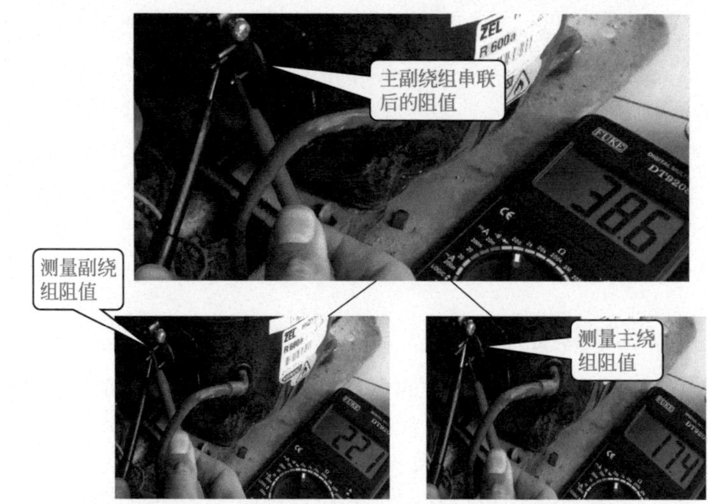

图19-2 压缩机用电动机主副绕组及接线端子的检测

（3）检测对地电阻 直接用万用表高阻挡测量绕组与外壳的阻值即可，阻值应为无穷大，如有确定阻值则说明电动机有漏电。

二、温控器的检测

（1）温控器的分类

① 感温囊式温控器（机械式温控器）。感温囊式温控器从结构上可以分为普通温控器和半自动化霜温控器。这种温控器结构简单，性能稳定可靠，组装、调整、修理均方便，因而目前广泛采用感温囊式温控器。

感温囊式又分为波纹管式感温囊和膜盒式感温囊两种，如图19-3所示。

电冰箱温控器的检测

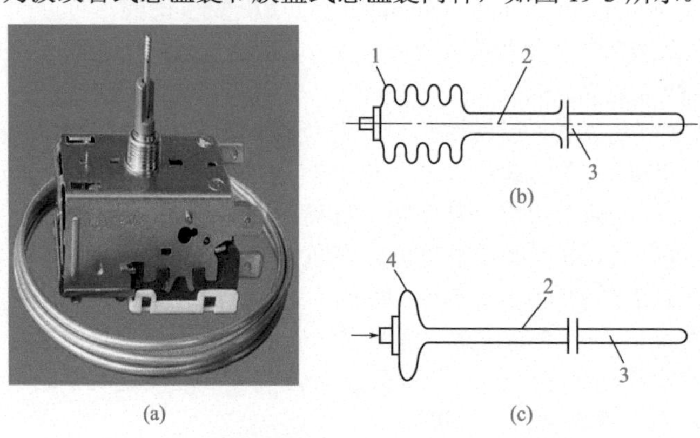

图19-3 感温囊式温控器

1—波纹管感温囊；2—感温剂；3—感温管；4—膜盒感温囊；

② 电子式温控器。电子式温控器中感温元件为热敏电阻器，所以又称为热敏电阻式温控器，其控温原理是将热敏电阻器直接放在电冰箱内适当的位置，当热敏电阻器受到电冰箱内温度变化的影响时，其阻值就会发生相应的变化。通过平衡电桥改变通往三极管的电流，再经放大来控制压缩机运转继电器的开启，实现对电冰箱的温度控制作用。控制部分的原理示意如图 19-4 所示。

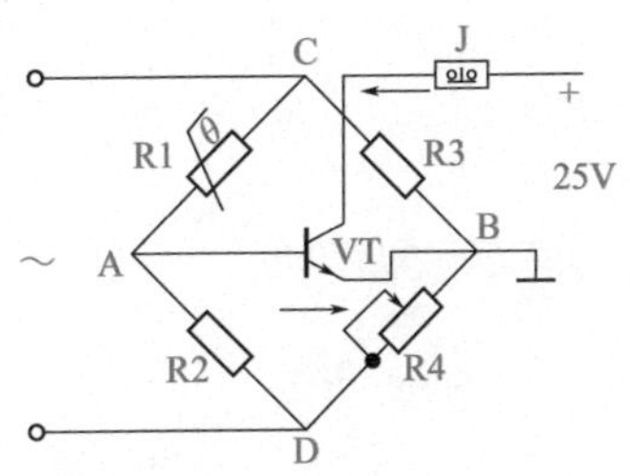

图 19-4 控制部分原理示意

图中 R1 为热敏电阻器，R4 为电位器，J 为控制压缩机启动的继电器。当电位器 R4 不变时，如果电冰箱内温度升高，R1 的阻值就会变小，A 点的电位升高。R1 的阻值越小，其电流越大，当 VT 集电极电流大于继电器 J 的吸合电流时，继电器吸合，继电器 J 的触点接通压缩机电源，使制冷压缩机开始运转制冷。电冰箱内的温度不断下降，热敏电阻器阻值变大，VT 的基极电流变小，VT 的集电极电流也随着变小。当 VT 的集电极电流值小于继电器 J 的吸合电流时，继电器 J 的触点断开，压缩机停止工作。如此循环，电冰箱内的温度控制在一定范围内。

要想调高电冰箱内的温度，只有调大电位器的阻值，使 B、D 两点的电位升高。当 A、D 两点电位高于 B、D 两点电位的一定值时，制冷压缩机才运转。相反，要想调低电冰箱内的温度，只要调小电位器的阻值即可。

在图 19-5 中将电桥的一个桥路置换为热敏电阻器作为感温元件，三极管 VT 的发射极和基极接在电桥的一条对角线上，电桥的另一条对角线接在 24V 电源上。

调节电位器 RP 使电桥平衡，则 A 点电位与 B 点电位相等，VT 的基极与发射极间的电位差为零，VT 截止，继电器 K 释放，压缩机停止运转。

随着电冰箱内的温度逐渐上升，热敏电阻器 R1 的阻值不断减小，电桥失去平衡，A 点电位逐渐升高，VT 的基极电流 I_B 逐渐增大，集电极电流 I_C 也相应增大。电冰箱内温度越高，R1 的阻值越小，I_B 越大，I_C 也越大。当集电极电流 I_C 大到继电器的吸合电流时，继电器 K 吸合，接通压缩机电动机的电源电路，压缩机开始运转，系统开始进行制冷运行。

随着电冰箱内温度的逐步下降，热敏电阻器 R1 的阻值逐步增大，此时三极管 VT 的基极电流 I_B 变小，集电极电流 I_C 也变小。当 I_C 小于继电器的释放电流时，继电器 K 释放，压缩机电动机断电停止工作。

（2）温控器的常见故障及判断方法 温控器的故障在电冰箱、冷藏箱等小型制冷设备电气控制系统的故障中占有较大的比例。

① 温控器的主要故障。感温元件泄漏，造成其触点机构不能闭合，使压缩机不能启动运行；触点之间严重积炭，使触点间电阻很大，造成压缩机不能正常启动运行；触点之间粘连，造成电冰箱内温度很低，但压缩机仍不能停机。

② 温控器好坏的简易判断方法。将怀疑有故障的温控器从电冰箱中拆出，把温控器调节杆旋转至正常位置，用万用表 R×1 挡测温控器两个主触点间的阻值，正常的阻值应为零或在 1 ～ 2Ω；如果阻值无穷大，则说明感温元件内的感温剂已完全泄漏；如果阻值在 10Ω 以上，则说明触点间已严重积炭。

然后适当调整温度挡，放入电冰箱冷冻室，达到温度后开关应断开，并且在室温下放置一定时间应能自动恢复接通，如图 19-6 所示。

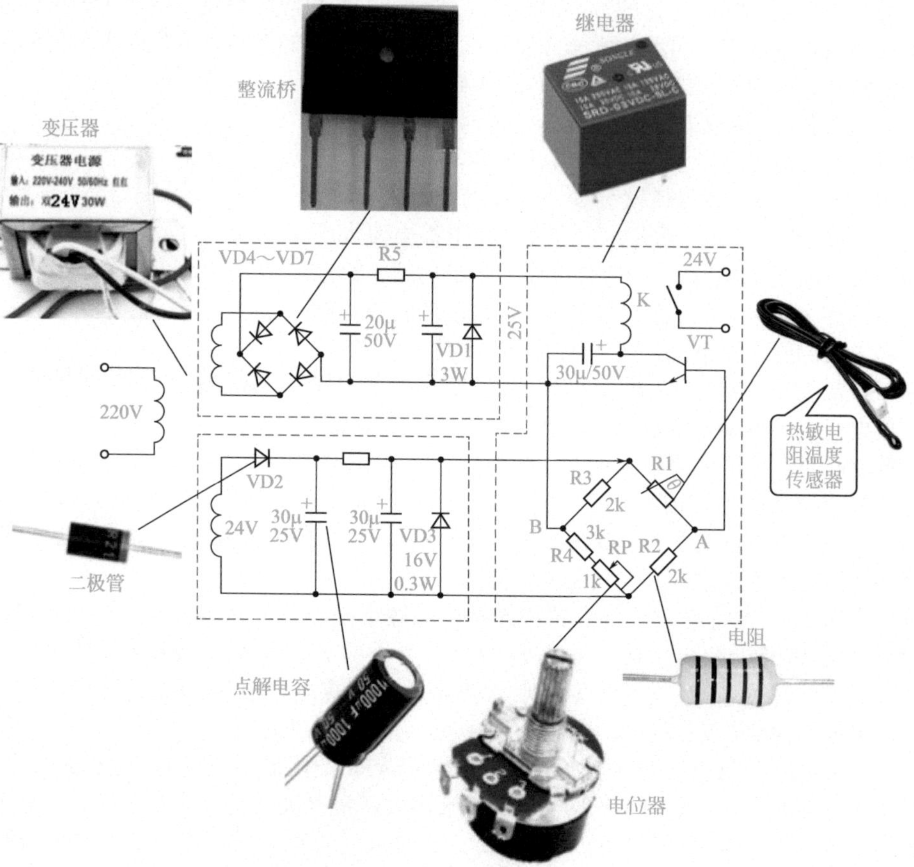

图 19-5 电子式温控器控制电路

图 19-6 温控器好坏的检测

在温控器阻值正常的情况下，可把温控器放入正常运行的电冰箱、冷藏箱等小型制冷设备中的冷冻室内 10min 左右，然后用万用表 R×1 挡迅速测量温控器两个主触点间的阻值，在正常情况下阻值应为无穷大；如果阻值为零，则说明是触点粘连。在

确认温控器主触点没有粘连的情况下，用手握住温控器的感温管，然后测两个主触点之间的阻值，发现当手握感温管时，两触点间会迅速导通，即万用表的指示值迅速由无穷大变为零，这说明温控器各机构工作正常。

③ 温控器故障修理。在实际操作中，一般对感温元件泄漏的温控器的修理方法是采取更换的方式。更换温控器的原则是按原型号更换，以保证电气控制参数不变。如果一时买不到原型号的温控器，可用其他参数、规格相似的温控器进行代换。更换时应注意温控器的类型要与电冰箱的类型相适应，感温管尾部要足够长，温控器的温控范围要与电冰箱的星级标准相适应。由于温控器的生产厂家不同，旋钮的可调角度、强冷点、弱冷点的位置也不相同，更换后出现与原控制标记不相对应的情况时可按新温控器的调节范围重新作标记。更换温控器后，必须检测实际的温控效果，可对温控器上的温度范围高低调节螺钉进行适当调节。对于温控器触点粘连和严重积炭的现象，可采用维修方法予以排除。维修方法是：用小螺丝刀轻轻撬动温控器金属外壳两侧，触点绝缘座板即可取下；然后用小刀将触点撬开，然后用 0 号细砂纸将触点表面打磨光亮即可。

对于间冷式电冰箱、冷藏箱等小型制冷设备中的感温风门温控器，由于工作参数的不同，可采用试验的方法来判断是否有故障。检查此温控器时，可将旋钮按逆时针方向旋转，并准备2℃以下的冷水，摘掉感温管外的塑料套后，将感温管浸入冷水中，此时风门应呈关闭状态。将感温管从冷水中取出，用手握住感温管，观察风门的开启情况。当风门全闭不开启时，则说明感温剂泄漏，应更换感温风门温控器；当风门能打开但开度不够（微开）时，则应检查风门的弹簧是否工作正常，如果弹簧弹力不足就应更换弹簧。

④ 温控器的拆装方法。对于直冷式电冰箱温控器可按下述方法进行拆装：首先将装在蒸发器上的温控器的感温管拆下，将固定温控器盒的螺钉松开取下，然后拔出温控器的刻度旋钮，再将温控器盒内固定温控器的螺钉松开，即可将温控器取出。安装时只需按与拆卸的相反顺序进行操作即可。对于间冷式电冰箱温控器的拆卸，可分以下两步进行。

a. 冷冻室温控器的拆卸方法：首先将温控器的刻度盘向下卸下；然后将制冷盒架向右移动，使其脱离固定夹具，再向外拉出；最后将固定温控器的螺钉松开，拆下电源线，即可取出温控器。

b. 冷藏室风门温控器的拆卸方法：首先将温控器刻度盘向外拔出，用螺丝刀将卡爪拨开，把控制面板下部拉出，同时将内部凸出部分拆下，即可将控制面板取出；然后将感温管向下拉开，与风路板脱开，把风路板向箱门方向拉开并取出；最后拧开风门温控器的固定螺钉，即可取出风门温控器。

冷冻室和冷藏室温控器的安装顺序与拆卸顺序相反。

三、启动继电器的检测

（1）重力式启动器的结构、常见故障及检修方法

重力式启动器由励磁线圈、衔铁、电触点和电绝缘壳体等组成（图 19-7）。

励磁线圈与电动机的运行绕组串联，当电动机启动时，通过运行绕组的电流比正

常运行电流大 4 ～ 6 倍。由于电流通过励磁线圈所产生的磁场强度与电流成正比，因此启动时磁场吸力大于衔铁组件的重力，衔铁带着动触点与静触点闭合；接通启动绕组电源，电动机启动运转，启动后随着转速迅速增大，通过绕组的电流迅速减小。当电动机转速达到额定转速的 75% 以上时，励磁线圈磁场吸力已小于衔铁组件的重力，衔铁和动触点迅速下落，切断启动绕组电源，电动机进入正常运行状态。

(a) 外形

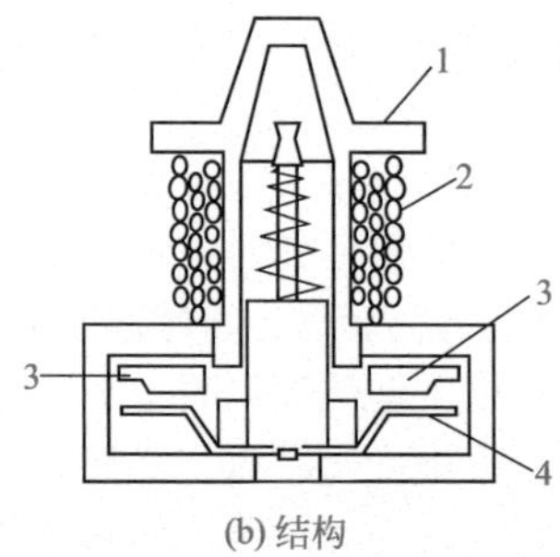

(b) 结构

1—绝缘壳体；2—励磁线圈；3—静触点；4—动触点

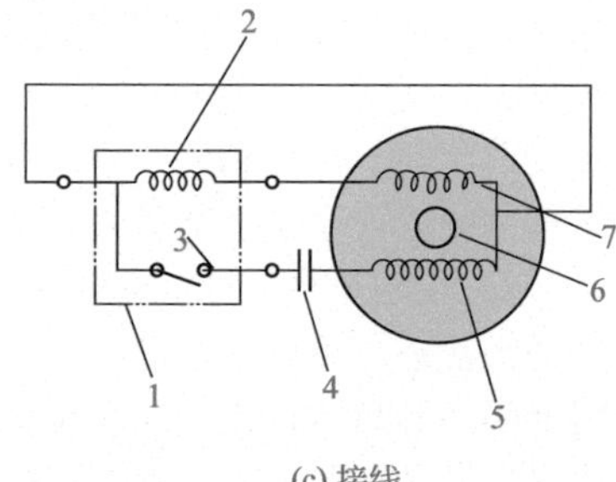

(c) 接线

1—启动继电器；2—线圈；3—触点；4—启动电容器；5—启动绕组；6—转子；7—运转绕组

图 19-7 重力式启动继电器的外形、结构及接线

重力式启动继电器的优点是结构紧凑，体积较小，可靠性好；缺点是可调性差；如果电源电压波动较大，就会出现触点不能释放或接触不良而造成触点烧损。

（2）重力式启动继电器的常见故障和检测方法

① 重力式启动继电器的常见故障有以下几个。

a. 触点之间拉弧打火，使触点间严重积炭，造成接触电阻过大，致使在电压正常波动范围内，压缩机连续启动三次以上仍不能使电动机进入正常运转。重力式启动继电器中的衔铁无法与启动触点正常吸合，能不时地听到继电器中衔铁吸合与下落时发出的“嗒嗒”声。

b. 触点粘连。接通电源的一瞬间，可听到继电器触点的吸合声，电动机启动运行 1 ～ 2min 后过载保护器动作。拆下启动继电器，测量压缩机绕组数据，显示正常。

② 重力式启动继电器的检测方法如下。

a. 将重力式启动继电器正放，用万用表 R×1 挡测量 S 和 M 两接线端间的阻值，应为断路状态，阻值为无穷大；如果两接线端导通，则说明是触点粘连。

b. 将重力式启动继电器倒放，用万用表 R×1 挡测量 S 和 M 两接线端间的阻值，应为导通状态，阻值为零；如果两接线端间阻值为几十欧，则说明触点间严重积炭。

③ 重力式启动继电器的修理方法如下。

a. 对于继电器触点间拉弧现象，可将继电器的触点拆出，用细砂纸将触点打磨光滑，使其呈凸弧形；校正衔铁上活动触点的铜片使其与两个固定触点平行，保持两组触点能同时接触或分开。

b. 对于触点粘连现象，可将继电器的触点拆出，用细砂纸将触点打磨光滑，还要适当调整衔铁上的弹簧，增加弹簧的弹性，以利于 T 形架迅速动作，避免触点粘连现象重复发生。

（3）PTC 启动继电器的常见故障和检测方法

① PTC 启动继电器的工作原理。半导体启动继电器是一种具有正温度系数的热敏电阻器件，又称为 PTC 启动继电器。PTC 启动继电器是在陶瓷原料中掺入微量稀土元素烧结而成的，其外形及结构如图 19-8 所示。在正常室温下电阻率很小，当达到某一温度值时，电阻率急骤增大数千倍，这一温度称为临界温度（又称居里点或临界点）。临界点可根据不同用途，通过调整原料配方来满足不同的温度要求。电冰箱用 PTC 元件的临界温度一般为 50 ～ 60℃。

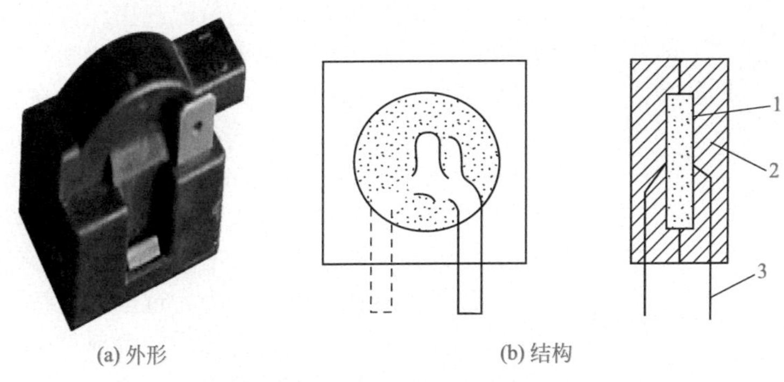

(a) 外形　　(b) 结构

图 19-8 PTC 启动继电器的外形及结构

1—PTC元件；2—绝缘壳；3—接线端子

PTC 启动继电器的工作原理：电冰箱开始启动时，PTC 元件温度较低、电阻较小，而且截面积很大，所以可等效为直通电路。由于启动过程中的电流要比正常运行电流高 4 ～ 6 倍，使 PTC 元件温度升高，至临界温度后电阻值突增大至数万欧，能通过的电流可忽略不计，可视为断路，故又称其为无触点启动继电器。PTC 启动继电器的特点是：无运动零件、无噪声、可靠性好、成本低、寿命长；对电压波动的适应性强，电压波动只影响启动时间产生微小的变化，而不会产生触点不能吸合或释放的问题；与压缩机的匹配范围较广。但由于其通断性能取决于自身温度变化，所以电冰箱停机后不能立刻启动，必须待其温度降到临界点以下时才能重新启动，一般要等 4 ～ 5min。对于电冰箱来说，自动停机后一般均要等 5min 以上才能启动，足以满足使用要求。另外，使用 PTC 启动继电器启动后，启动绕组需要消耗 3W 左右的能量以维持发热量。

② PTC 启动继电器的检测。 PTC 启动继电器作为一种半导体器件，一般是不易产生故障的。如果 PTC 启动继电器出现故障主要有两种可能：一是由于 PTC 启动继

电器内进水受潮，造成 PTC 元件破碎；二是 PTC 启动继电器内的弹簧片弹性变差，使其与 PTC 元件接触不良。PTC 启动继电器的检测方法有以下两种。

一是检查 PTC 元件的阻值。在室温条件下 PTC 元件阻值一般为 22Ω±4Ω 左右。检测时可用万用表测量 PTC 元件的阻值，也可以直接从型号上读取阻值，然后再用万用表复测，以观测 PTC 元件状态是否良好。然后用热源对 PTC 元件加热，阻值应快速变为无穷大。

二是用实验方法检查 PTC 启动继电器工作性能是否正常。将 PTC 启动继电器与 1 只 100W 灯泡串联后接入电源，闭合开关后灯泡在 1min 内熄灭，说明 PTC 启动继电器工作性能正常。

四、热保护器的检测

（1）过热保护器的工作原理 过电流和过热保护器统称为热保护器，是压缩机电动机的安全保护装置。当压缩机负荷过大或发生某些故障，以及电压太低或太高而不能正常启动时，都会引起电动机电流增大。当电流超出允许范围时，过电流保护器断开电源，使电动机不致烧毁。当制冷系统发生制冷剂泄漏时，压缩机不能停车，在这种情况下电动机的电流要比正常运行时低（过电流保护装置不起作用），但由于回气冷却作用减弱，再加上连续运行，电动机温度反而升高。当电动机温度超过允许范围后，过热保护器立即断开电源使电动机不致烧毁。

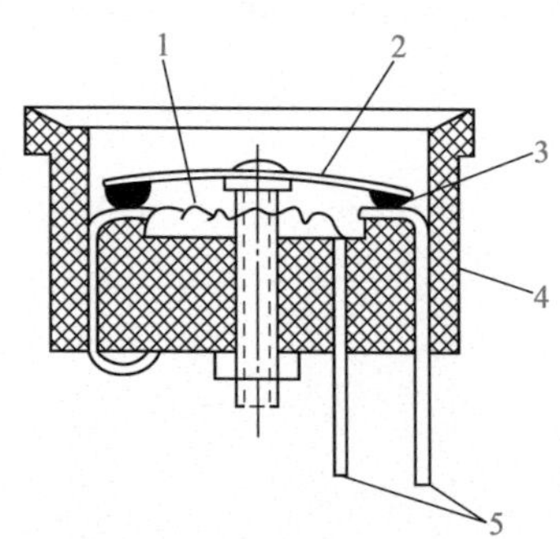

图 19-9 碟形热保护器的结构

1—电热丝；2—碟形双金属片；3—触点；4—绝缘外壳；5—接线端子

热保护器按功能分，分为过电流保护器和过热保护器；按结构形式分，分为用双金属片制成的条形或碟形热保护器和 PTC 热保护器。双金属片制成的各种热保护器都是利用双金属片受热产生挠曲变形的作用切断或接通电源，PTC 热保护器工作原理与 PTC 启动继电器相同，只是临界点温度不同，需要根据保护对象所允许的最高温度确定。碟形热保护器（图 19-9）具有过电流和过热保护的双重功能，一般与启动继电器装在一起，并紧贴于压缩机表面，如图 19-10 所示。当电流过大时电热丝发热，双金属片受热向上挠曲，触点断开切断电源；断电后温度逐渐下降，双金属片又恢复至接通位置。当电流正常但机壳温度过高时，双金属片也会因受热变形而切断电源。

对于热保护器来说，无负载电流时，触点断开温度为 100 ～ 110℃，复位温度为 70 ～ 80℃。

当电动机启动（启动电流一般是额定电流的 4 ～ 6 倍）时，热保护器应在 10s 内跳开；当运行绕组接通，启动绕组未接通（启动触点不能吸合）而不能启动时（电流为额定电流的 3 ～ 4 倍），热保护器应在 30s 内跳开。

（2）热保护器的检测与修理 热保护器作为一个电路保护元件，一般情况下不易发生故障。如果发生故障，一般是由于内部的电热丝烧断或电路出现故障，使其反复动作，造成触点间严重积炭。

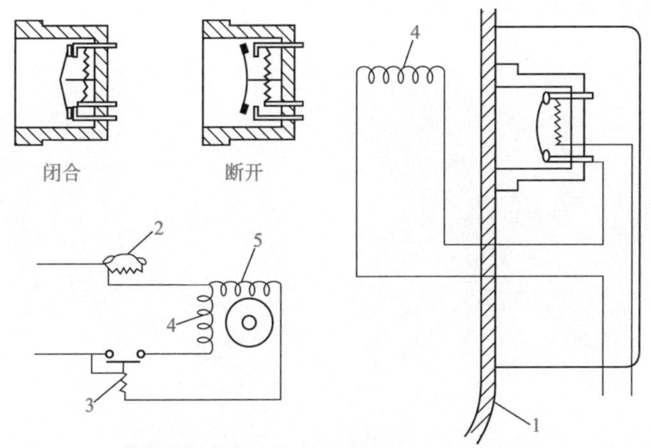

图 19-10　碟形热保护器的工作原理

1—压缩机；2—碟形热保护器；3—启动继电器；4—启动绕组；5—运行绕组

热保护器的检测方法：用万用表 R×1 挡测量两个接线端阻值，在正常情况下阻值为 1Ω 左右；如果阻值为无穷大，则说明电热丝已断；如果有十几欧以上的阻值，则说明触点间严重积炭。

热保护器出现上述故障，一般不予以修理，可以采取更换方法，以确保其工作参数的稳定和缩短修理时间。

第二节　空调器元器件的检测

一、空调器用四通阀的检测

空调器主要由压缩机、四通阀、电气控制系统等构成，其中压缩机及电容检测同前面章节，本节主要讲解四通阀的检测。

四通阀多用于冷热两用空调器，在人为的操作和指令下改变制冷剂的流动方向，从而达到冷热转换的目的。图 19-11 所示为四通阀的外形及接口。

检测四通阀时，应首先用万用表检测电磁线圈的好坏。用万用表的电阻挡测量线圈的阻值，如果指针不摆动，说明线圈开路；如果阻值很小或为零，则说明线圈短路。当确认线圈正常时，可以给线圈通入额定电压，检查阀体是否故障，如果能够听到“嗒嗒”声，并检测通断情况良好，说明四通阀是好的，如图 19-12 所示。

在更换四通阀时，应先放出制冷系统中的制冷剂，然后卸下固定四通阀的固定螺钉，取出电磁线圈。再将四通阀连同配管一起取下，注意将配管的方向、角度做好记号。

先核对新四通阀的型号与规格，再将原四通阀上的配管取下一根，随后在新四通阀上焊上一根，注意保持配管原来的方向和角度，而且应保持四通阀的水平状态。配管焊完后，将四通阀与配管一起焊回原来位置即可。四通阀及配管焊接好后，最后装入电磁线圈及连接线。

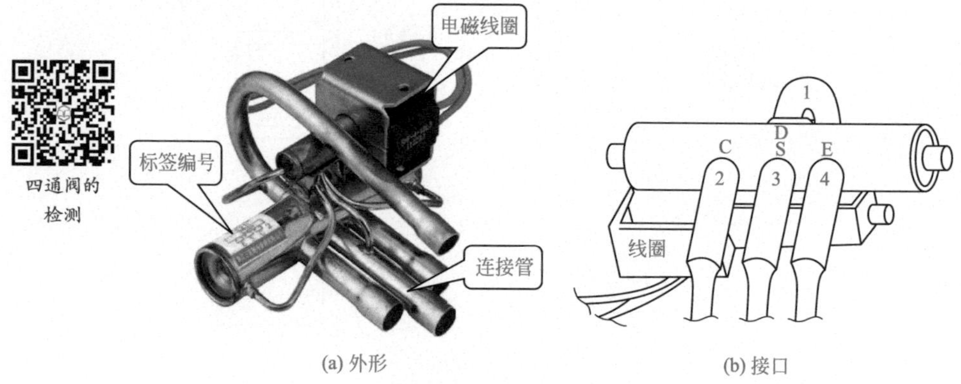

(a) 外形　　(b) 接口

图 19-11 四通阀的外形及接口

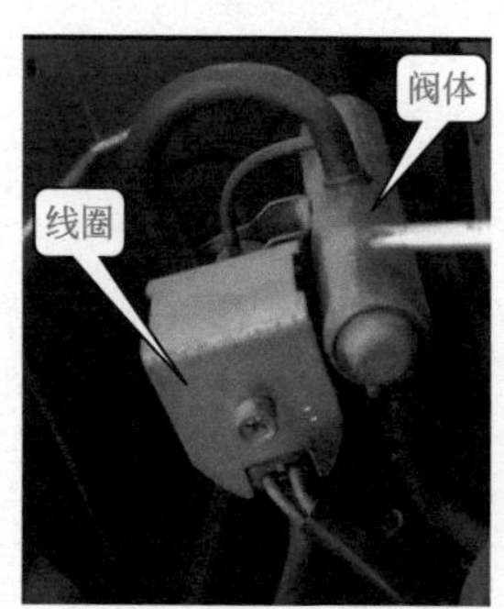

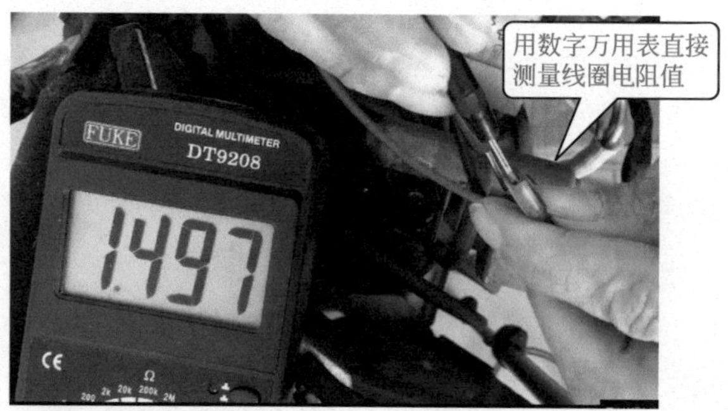

图 19-12 四通阀检测

由于四通阀内部装有塑料封件，在焊接时要防止四通阀过热而烧坏封件。为此，在焊接时一定要用湿毛巾将四通阀包裹好，最好能边浇水边焊接。焊接时最好往系统中充注氮气，其目的是进行无氧焊接，以防止管内产生氧化膜进入四通阀，而影响四通阀内滑动阀块的运动。

注意：更换四通阀时，不管是水阀还是气阀，首先注意额定电压和形状，安装时还要注意密封良好，不应有漏水或漏气现象。其连接线应扎线固定，不应松动。

二、电气线路检测及电气元器件的更换

（1）电气连接线路的检查　电气连接线路主要有：压缩机电动机和风扇电动机的启动运转线路及制冷系统的温度控制线路等。空调器进行电气线路检查前应注意以下几点。

① 如电源由两条支路供电，在检查前应断开两路电源。

② 在电源未切断前切勿使用欧姆表。

③ 在机组的控制开关处于任何操作位置都不能进行正常的控制操作时，应考虑机组插座部分的电压，可用电压表检查。如果伏特计无电压指示，则说明电源熔丝烧断，或熔丝与电源插座之间线路断开，应查明是否有短路。

④ 空调器电源线的容量大小在安装、检修时应予以注意。电源线选用不当，也会引起压缩机电动机不能正常运转。

如果电源线选用过细或过长时，压缩机电动机在通电启动时电压降低过大。因为单相电动机的工作电流是比较大的（空调器），而其启动电流更大，可达数十安。在2.2kW以上的空调器中，其启动电流甚至可达90A。因此，电源线如果过细、过长时电压降低过大，使空调器不能正常工作，而且导线也会发热而破损。空调器的电源线应按规定值进行选用，更不应用旧的导线代用。

电动机引线截面积应根据电动机额定电流为依据来选用，其参考数据如表19-1所示。

表19-1　电动机引线截面积选用值

电动机额定电流 /A	引线截面积 /mm^2	电动机额定电流 /A	引线截面积 /mm^2
6 ~ 10	1.5	46 ~ 65	10.0
11 ~ 20	2.5	81 ~ 90	16.0
21 ~ 30	4.0	91 ~ 120	25.0
31 ~ 45	6.0		

对于熔丝，一般按电动机额定电流的1.5～2.5倍作为熔丝额定电流来选用。

对于负载较重电动机的熔丝，其额定电流应等于或略大于该电动机的额定电流的3～3.5倍。几台电动机合用的总熔丝的额定电流应取大一些。

电气线路检查包括线路连接是否错误（照线路图核对）、压缩机电动机接线与绕组分辨以及电容器、过载保护器、启动继电器、温控器的接法及动作是否正确等。

检查中如发现有接线错误应及时修复。若电气零部件有故障，应予以排除或更换。

各种型号的空调器电路图各不相同，检查时应参照产品说明书或维修手册进行。

（2）电加热器的检测　在电热型空调器中大多选用镍铬电热丝，安装在耐高温云母层压板的支架上，并配有高灵敏度的温度继电器。当电加热器温度超过给定温度后，可在短时间内自动切断电源，以确保空调器安全运转。

电热管也是空调器的加热元件之一，主要用于柜式空调器中，其特点是发热量大，但升温较慢。

电加热器的主要故障是电热丝烧毁、断线或接线错误等。

由于安装疏忽而将电源与电加热器的连线接错时易造成电加热器断路，这时会出现电加热器无电。此时可用试电笔进行检查，如发现接线错误可及时修复。

电热丝使用过久或因短路而烧毁时，造成电加热器故障。此时应用万用表对电热丝进行阻值测量，发现断线应及时更换。

国产GY型电热丝规格如表19-2所示。

表 19-2　国产 GY 型电热丝规格

型号	电压 /V	功率 /kW	外形尺寸 /mm		
			A	B	C
GYQ1-220/0.5	220	0.5	490	330	—
GYQ1-220/0.75	220	0.75	690	530	—
GYQ2-220/1.0	220	1.0	490	330	200
GYQ2-220/1.5	220	1.5	690	530	400
GYQ3-220/2.0	380	2.0	590	430	300
GYQ3-380/2.0	380	2.5	690	530	400
GYQ3-380/3.0	380	3.0	790	630	500
GYXY1(GYJ1)-380/2	380	2	800	550	—
GYXY1(GYJ1)-380/3	380	3	1080	830	—
GYXY1(GYJ1)-380/4	380	4	1380	1130	—
GYXY1(GYJ1)-380/5	380	5	1800	1450	—
GYXY1(GYJ1)-380/6	380	6	2100	1750	—
GYXY1(GYJ1)-380/7	380	7	2500	2150	—
GYXY2(GYJ2)-380/2	380	2	540	430	260
GYXY2(GYJ2)-380/3	380	3	680	570	400
GYXY2(GYJ2)-380/4	380	4	850	650	530
GYXY3(GYJ3)-380/5	380	5	770	570	460
GYXY3(GYJ3)-380/6	380	6	870	670	560
GYXY3(GYJ3)-380/7	380	7	1020	820	685

三、电子电路板的故障检测

美的 LF12WB 单冷型空调器的室外机由主板上的微电脑 UPD75068 主控，具有故障自检功能。由 LED3 ～ LED6 进行工作状态及故障类型指示。

过 / 欠电流保护电路如图 19-13 所示。过 / 欠电流保护电路由 I1 I2 顺 T5 检测压缩机其中一组的电流。二次侧感应出的电压经整流、滤波后加到稳压二极管 ZD3 和微电脑 U14 的 ⑮ 脚。电路正常工作时压缩机工作电流为 7.5A，使 U14 ⑤脚得到 1.5V 的正常电压。当压缩机过电流时，T5 二次侧感应电压增加。当电压增加到 4.8V 时（ZD3 击穿），U14 的②脚输出一个低电平，使压缩机保护停机，同时驱动故障指示电

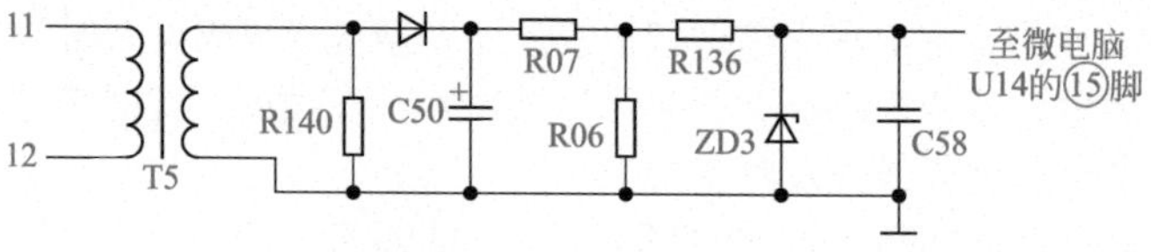

图 19-13　过 / 欠电流保护电路

路指示类型。在检修时实测关键点 U14⑮ 脚的电压，正常工作时电压为 1.5V；低于 1V 时欠电流保护电路动作，高于 4.7V 时过电流保护电路动作。欠电流保护时应检查压缩机是否启动。如压缩机启动，测 T5 二次侧有无电压输出。

过 / 欠电压保护电路如图 19-14 所示，欠电压的检测电路从变压器二次侧输出插座 JP22 的①、②脚。经 VD58 ~ VD61 整流、C61 滤波后，一路输入到过 / 欠电压检测电路，经 R106、R107 分压后的 3.5V 电压，至 U14 的 ⑯ 脚（为检修时实测关键点），当其低于 3V 时欠电压保护电路动作，高于 4.1V 时过电压保护电路动作。过电压保护时测 JP22 插座①、②脚有无 11.2V 左右的交流电压，各分压电阻的阻值是否正常；欠电压保护时测 C61 两端是否有 10V 直流电压，如正常则检查 R103、C72、C75、R107 和 C74 是否短路。

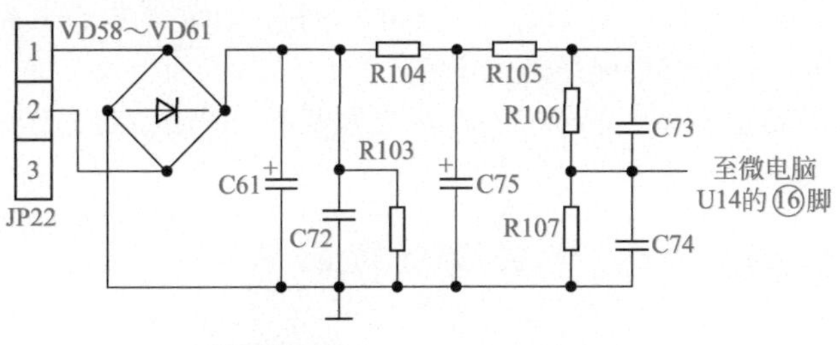

图 19-14 过 / 欠电压保护电路

缺相及管路过 / 欠电压保护电路如图 19-15 所示。A 相电源从主板 JP18 端输入，

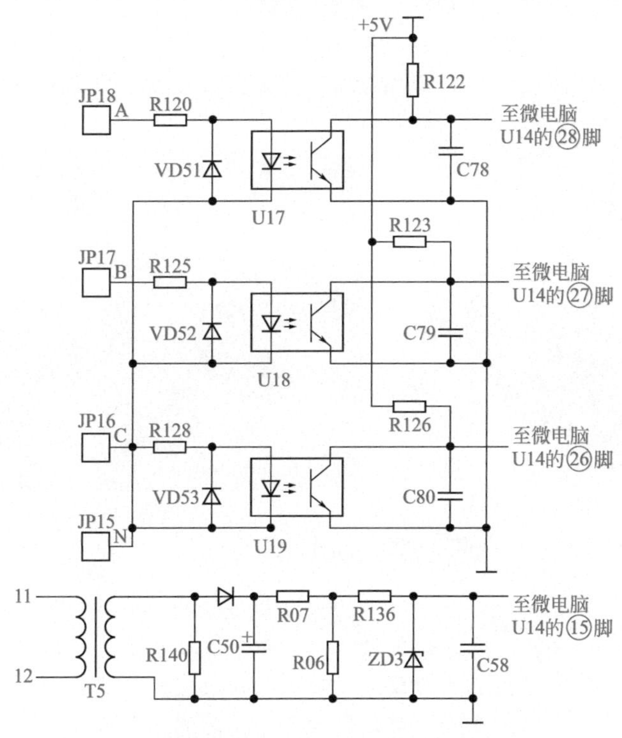

图 19-15 缺相及管路过 / 欠电压保护电路

经R120降压，使光耦U17的①、②脚得到正向电压，从而使U17的⑤脚变为低电平，与之相连的U14㉘脚正常工作时应为3V低电平，由此微电脑检测到A相电源正常。B相串接于制冷管路欠电压检测开关L-PRO的两端后，输入到主板的JP17端，U18的①、②脚得到正向电压后，使U14的㉗脚得到一个3V低电平，检测到管路过电压开关及B相电源正常。C相串接于制冷管路过电压检测开关H-PRO两端后，输入到主板的JP16端，使U19的⑤脚及与之应相连的U14㉖脚得到一个3V低电平，从而使微电脑C相及管路过电压保护开关正常（当系统内压力低于0.05MPa时欠电压检测开关断开。当高压管压力高于3.3MPa时过电压检测开关断开）。检修时测量的关键点为U14的㉘、㉗、㉖脚，相对于A、B、C相。正常工作时3个脚的电压均为3V，高于3.8V时保护电路动作（如有缺相，保护电路也动作）。此时可测JP18、JP17、JP16与零线输入端的JP15之间有无AC 220V电压。如正常可查各光耦①、②脚有无1.5V电压，⑤脚+5V供电电压是否正常。

室外机TEMP-3型温度传感器在对应环境温度下一般阻值为3.5～5kΩ。

第三节　洗衣机与电风扇元器件的检测

一、洗衣机定时器的检测

定时器是控制负载工作时间的器件。有些定时器还有其他功能，如控制电动机正转、停机、反转运行时间和频率。如图19-16所示，定时器的开关是主凸轮，它控制总的洗涤时间，当拧动轴后开关在凸轮的控制下接通或者断开，达到控制电动机运转停止的目的。

(a) 脱水单触点定时器

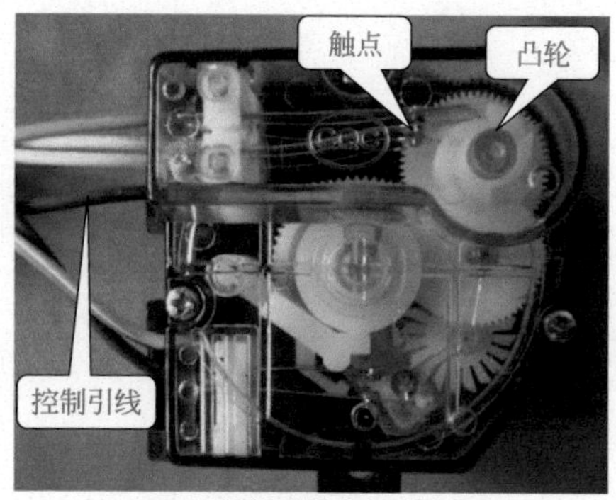

(b) 洗涤多触点定时器

图19-16　定时器的外形

> **提示：**洗衣机的强、弱洗与电风扇的高、中、低挡有本质的不同。电风扇的高、中、低挡的转换是用抽头法或电抗法使电动机获得不同转速；而洗衣机的强、弱洗的转换，实际上是指电动机转动与停止时间的改变，而电动机的速

度并没有发生变化。所以，认为洗衣机电动机强洗速度高于弱洗速度的观点是不正确的。

定时器的故障一般发生在簧片及触点上。由于定时器触点频繁接触，触点瞬间电流很大，触点往往会发生氧化、锈蚀等现象，这样就会造成定时器接触不良。定时器的动作变换是靠簧片的动作来完成的。如果簧片的弹性较差，使用时间长了就会出现簧片不到位的故障。检测定时器时，主要根据凸轮控制开关状态测量开关的通断，如图 19-17 所示（可扫二维码详细学习）。

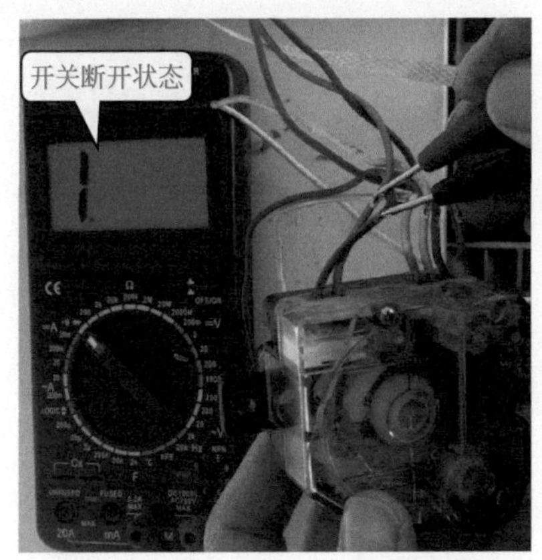

多开关定时器的检测

单开关定时器的检测

图 19-17　检测定时器开关

在修理定时器过程中一定要谨慎，先用细螺丝刀将定时器外壳小心取下，避免弄乱齿轮体系。然后拧动定时器主轴，仔细观察各簧片及触点接触情况。如果是簧片不到位故障，可用尖嘴钳小心调整其初始角度，直到触点能接触良好为止；如果是触点腐蚀故障，可用细砂纸、小锉刀打磨触点，打磨工作要细致，避免磨出尖角、毛刺；也不要磨去太多，因为银触点的量很小，磨好触点后通电观察。如果此触点不再发生打火、接触不良现象，则说明触点已修好；如果不行，仍需要重复以上做法，直到修复好为止。

二、洗衣机洗涤电动机的检测

（1）绕组结构　洗衣机洗涤电动机的主副绕组匝数及线径相同，如图 19-18 所示。电动机正反转控制电路如图 19-19 所示。K 可选各种形式的双投开关。

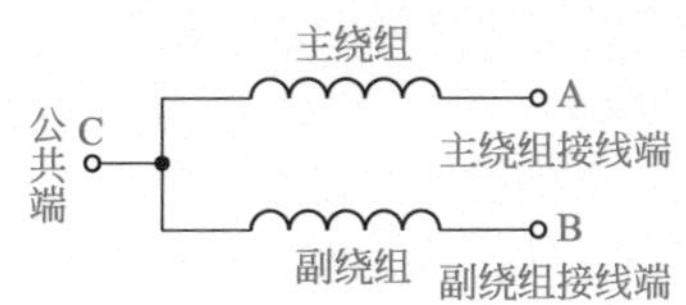

图 19-18　洗衣机洗涤电动机主副绕组

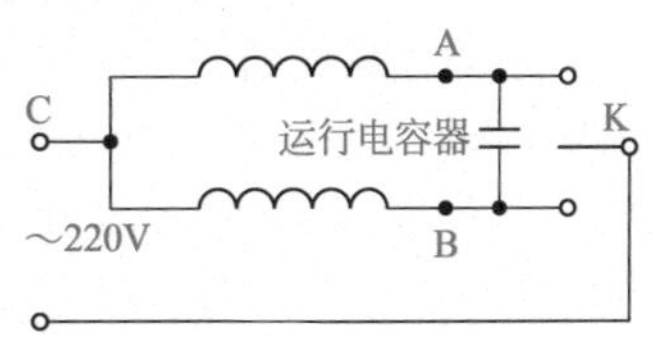

图 19-19　洗衣机洗涤电动机正反转控制电路

（2）主副绕组及接线端子的判别 如图 19-20 所示，用万用表（最好用数字万用表）电阻挡任意测 CA、CB、AB 阻值，测量中阻值最大的一次为 AB 端，另一端为公共端 C。当找到 C 端后，测 C 端与另两端的阻值，若两绕组阻值相同，说明此电动机无主副绕组之分，任一个绕组可为主为副。在实际测量中，不同功率的电动机阻值不同，功率小的阻值大，功率大的阻值小。

（3）与外壳绝缘测量 用万用表（最好用数字万用表）电阻高阻挡测 CBC 与外壳的阻值，应显示溢出（无穷大）说明绝缘良好（可扫二维码看视频学习）。

此两次阻值相等，且相加后与串联值相等

洗涤电动机的检测

1.06

1.06

阻值大的引出线为主绕组和副绕组串联阻值

显示溢出说明绝缘良好

2.12

1.

图 19-20 主副绕组及接线端子判断

三、洗衣机脱水电动机的检测

（1）绕组结构 洗衣机脱水电动机的主绕组匝数少，且线径粗；副绕组匝数多，且线径细（内部接线图与洗涤电动机相同）。对于有主副绕组之分的单相电动机，实现正反转控制，可改变内部副绕组与公共端接线，也可改变定子方向。

（2）主副绕组及接线端子的判别 用万用表（最好用数字万用表）R×1 挡任意测 CA、CB、AB 阻值，测量中阻值最大的一次为 AB 端，另一端为公用端 C。当找到 C 端后，测 C 端与另两端的阻值，阻值小的一组为主绕组，相对应的端子为主绕组端子或接线点；阻值大的一组为副绕组，相对应的端子为副绕组端子或接线点。在测量时如两绕组的阻值不同，说明此电动机有主副绕组之分。

四、电风扇抽头电动机的检测

这种方法是在电动机的定子铁芯槽内适当嵌入调速绕组。调速绕组可以与主绕组同槽，也可与副绕组同槽。无论与主绕组同槽还是与副绕组同槽，调速绕组总是在槽的上层。利用调速绕组调速，实质上是改变定子磁场的强弱以及定子磁场椭圆度，以达到电动机转速改变的目的。采用调速绕组调速可分为以下三种不同的方法。

（1）L–A 型接法　L-A 型接法如图 19-21 所示。

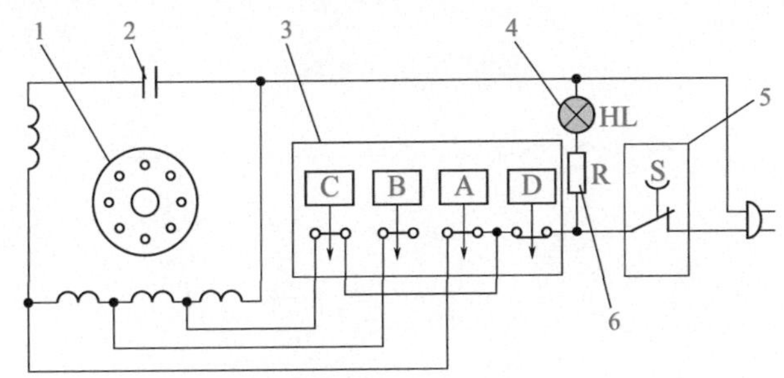

图 19-21　L-A 型接法

1—电动机；2—运行电容器；3—键开关；4—指示灯；5—定时器；6—限压电阻器

采用 L-A 型接法调速时，调速绕组与主绕组同槽，嵌在主绕组的上层。调速绕组与主绕组串接于电源中。

当按下 A 键时，串入的调速绕组最多，这时主绕组和副绕组的合成磁场（即定子磁场）强度最高，电动机转速最高。当按下 B 键时，调速绕组有一部分与主绕组串联，而另外一部分则与副绕组串联。这时主绕组和副绕组的合成磁场强度下降，电动机转速也随之下降。以此类推，当按下 C 键时，电动机转速最低。

（2）L-B 型接法　L-B 型接法调速电路组成与原理同 L-A 型接法调速，只是调速绕组与副绕组同槽，嵌在副绕组上层。调速绕组串于副绕组，如图 19-22 所示电路。

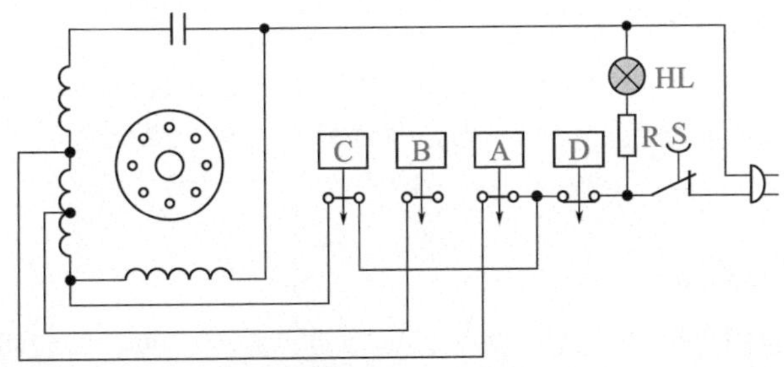

图 19-22　L-B 型接法

（3）T 型接法　T 型接法调速电路如图 19-23 所示。此电路组成与图 19-22 所示电路组成元器件相同，速调原理也类同，只是调速绕组与副绕组同槽，嵌在副绕组的上层，而调速绕组则与主绕组和副绕组串联。

（4）副绕组抽头调速法　在电动机的定子腔内没有嵌放单独用于调速的绕组，而是将副绕组引出两个中间抽头。这样，当改变主绕组和副绕组的匝数比时，定子的合成磁场强度以及定子磁场椭圆度都会改变，从而实现电动机调速，如图 19-24 所示。

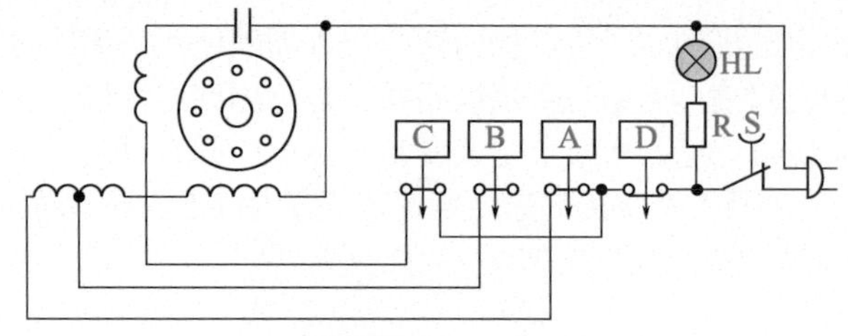

图 19-23 T 型接法

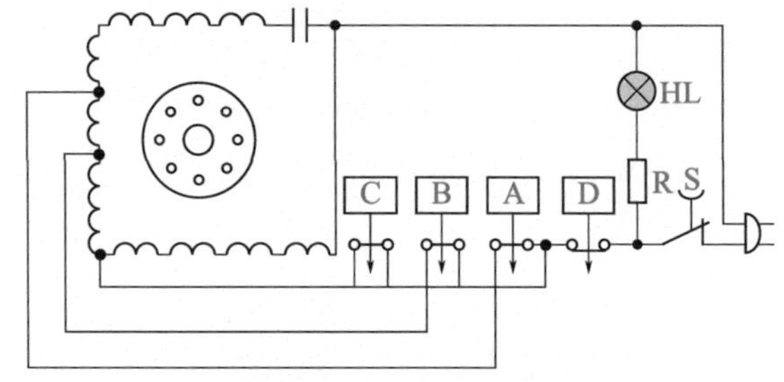

图 19-24 副绕组抽头调速法

当按下 A 键时，接入的副绕组匝数多，主绕组和副绕组在全压下运行，定子磁场强度最强，电动机转速最高。当按下 B 键时，副绕组的匝数为 3000 匝；主绕组的电压下降，而且有 900 匝副绕组线圈通入的电流与主绕组电流相同，这时，主绕组与副绕组的空间位置不再为 90° 电角度，所以定子磁场强度比 A 键按下时下降了，电动机转速下降。当按下 C 键时，电动机定子磁场强度进一步下降，电动机转速也进一步下降。这就是副绕组抽头调速的实质。

提示：检测抽头调速电动机时，应先按照接线图找到对应的接线端子，然后测量各接线端子对公共端的阻值。按照接线头的位置不同，阻值应有变化，即离公共点越远的接线端子阻值越大，越近的接线端子阻值越小。

五、电磁阀的检测

普通单向电磁阀主要由线圈、铁芯、小弹簧、阀座、橡胶阀等组成，如图 19-25 所示。当线圈通电时，电磁力克服弹簧的弹力，将铁芯吸上阀即开启。当线圈断电时，铁芯在弹簧弹力作用下弹出，重新封住出入口，于是电磁阀关闭。当线圈通电吸引铁芯时，磁力要大于铁芯上下端所受的压力差。

检测电磁阀时，用万用表直接检测线圈的通断即可，一般认为通就是好的，不通则为断路。还可以直接通入标称电压实验，能听到“嗒”的吸合或断开声一般都是好的。

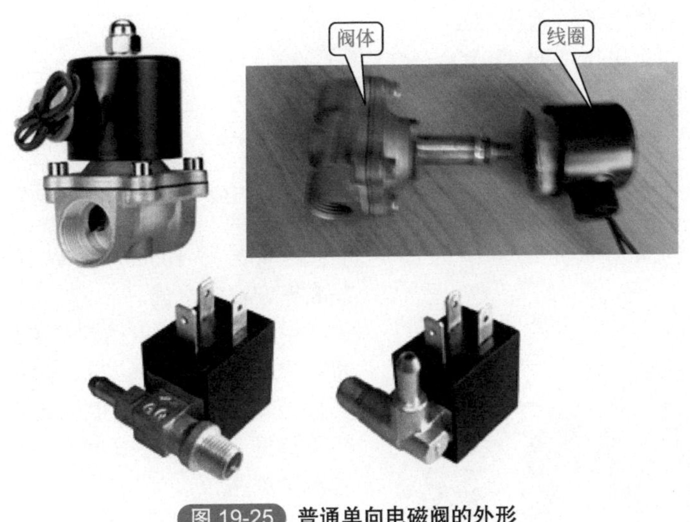

图 19-25 普通单向电磁阀的外形

第四节　厨房用具的检测

一、电炒锅加热盘的检测

高效能调温电炒锅的电热装置采用了独特的管式直流和反射装置，因此加强热辐射，使电炒锅的热效率比传统电热盘提高约 1 倍。高效能调温电炒锅主要由锅盖、炒锅、底座、星形支架、调温器、电热装置和电源线等组成，如图 19-20 所示。

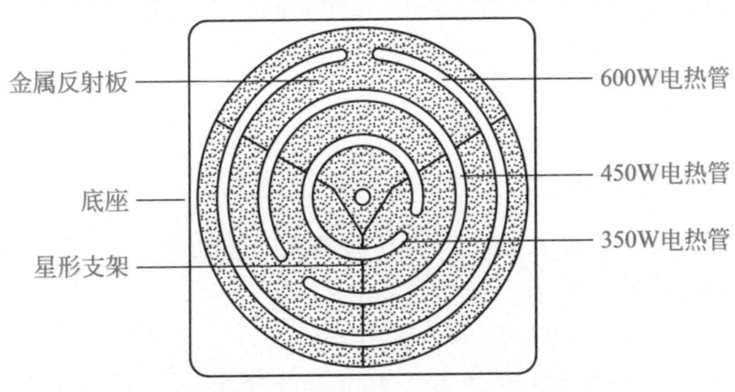

图 19-26 高效能调温电炒锅的结构

（1）电热管（或电热盘）的故障与维修　电热管出现故障原因主要是短路造成不发热。检修时先用万用表测量电热管两端电压，若电压正常，说明电热管前面电路正常，初步判断电热管烧断。关断电源，再用万用表电阻挡测量电热管直流电阻。测量之前，根据电炒锅铭牌上标出的功率粗略计算电热管的阻值。计算公式：

$$R=\frac{U^2}{P}$$

式中　R——电热管的电阻值，Ω；

U——额定电压（取220V），V；

P——额定功率，W。

例如，高效能调温电炒锅外圈电热管功率为600W，其电阻值为

$$R=\frac{U^2}{P}=\frac{220^2}{600}\Omega=80.7\Omega$$

由于电炒锅功率允许范围为额定功率的90%～105%，所以其电阻值应在76.8～89.6Ω之间。

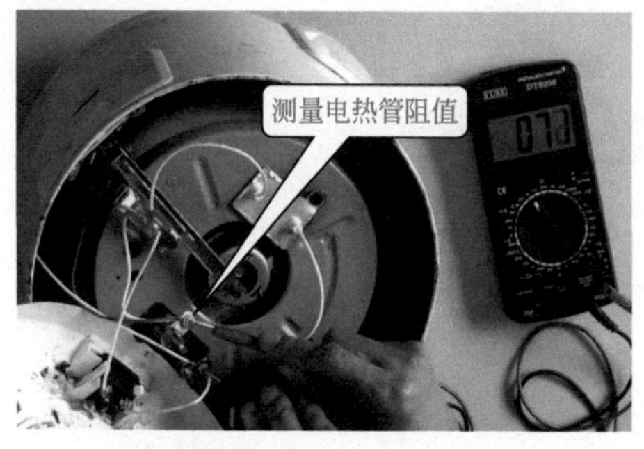

图19-27　测量电热管的电阻值

用万用表R×1挡测量电热管两引棒之间的电阻值（图19-27），阻值应在粗略计算值范围之内；若阻值为无穷大，说明电热管烧断；若阻值很小或为零，说明电热管击穿短路。

上述两种测量结果都说明电热管损坏，需要修理。由于各厂家所生产的电热盘或电热管尺寸规格各异，因而不同厂家的电热盘或电热管不能互用。因此，检修这类故障时，应更换原厂生产的电热盘或电热管。

（2）电炒锅漏电　电炒锅漏电是一种常见多发故障。故障原因之一是使用日久或使用不当，电热管内电热丝击穿管壁形成短路，引起漏电。此时，应更换新的电热管，才能彻底排除漏电故障。故障原因之二是电热管两端封口物老化失效，受潮湿空气侵蚀，而形成漏电。维修时，先将管端上的污物清除干净，然后将封口物深挖3～5mm，将电热管放入温度为250℃的烘箱中，并烘烤2.5～3h。取出冷却至40～50℃时，注入“704”黏合剂，静止固化24h。再用兆欧表（俗称摇表）测量电热管与底座（电热盘铝质部分）的绝缘电阻应大于2MΩ，即可恢复使用。没有兆欧表时，可用万用表R×1k挡进行测量，指针不动为正常。

二、微波炉磁控管的检测

磁控管可分为连续波磁控管和脉冲磁控管两类。前者主要用于家用微波炉、医用微波治疗机、手术刀等微小器械中，后者多用于雷达发射机等军用设备中。本节主要介绍应用于微波炉的连续波强迫风冷型磁控管的功能特点、工作原理及检测方法。

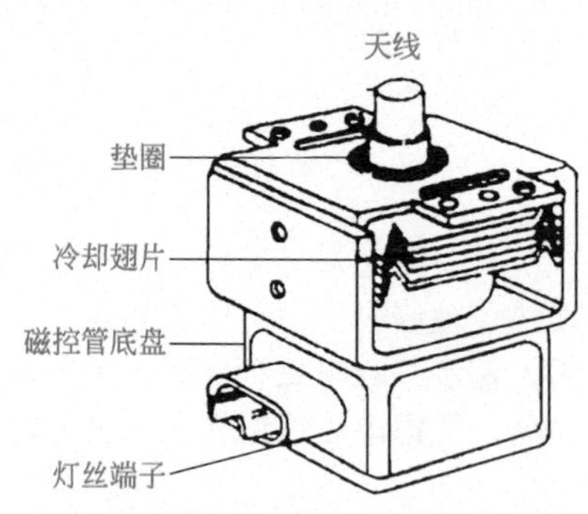

图19-28　连续波磁控管的外形结构

连续波磁控管功能是在控制装置的控制下，把市电转换成微波以加热食品或用于对患者治疗、手术及消毒，其使用寿命均在1000h以上，工作时无需预热（冷启动）。连续波磁控管的外形结构如图19-28所示。

（1）磁控管的检测　拆下磁控管灯丝接线柱

上的高压引线，用万用表低电阻挡测量灯丝冷态电阻，正常值小于 1Ω（通常为几十毫欧姆），如图 19-29 所示。

用高阻挡测灯丝与管壳间电阻，如图 19-30 所示。正常为无穷大。灯丝电阻大是造成磁控管输出功率偏低的常见原因之一。如果测出灯丝电阻较大，不要轻易判断磁控管已坏或已老化。实践表明，这种情况大多是磁控管灯丝引脚或插座氧化形成接触电阻；也有是测量失误所致，通常是万用表表笔与测量点或表笔与插座间的接触电阻所致，而磁控管本身的问题较少见，一般只有使用寿命期已过、长期过载工作或存在质量缺陷的磁控管才可能发生这种故障。所以检测时，应将磁控管管脚砂光或刮光，去除污垢和氧化物后再测量。如果测量电阻还是大，就可以判断磁控管不良。

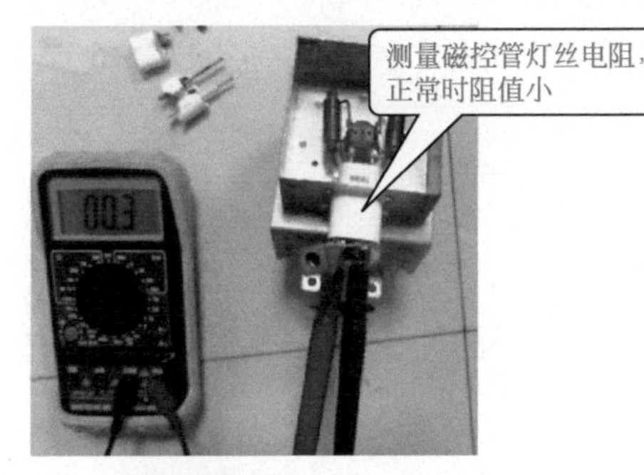

图 19-29　测量灯丝冷态电阻

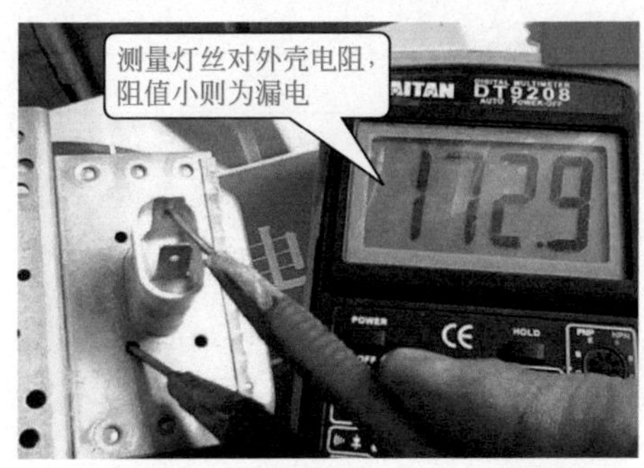

图 19-30　高阻挡测灯丝与管壳间电阻

灯丝开路大多是磁控管本身损坏，需更换新件。少数磁控管灯丝开路是因为引线脱焊，此时可将灯丝底座撬开，用钢丝钳将引线和连接片夹紧，再用电烙铁焊牢即可。

另外使用各类微波设备时应选择合适的位置将其安放在牢固结实的工作台上，以防止摔跌。微波设备安放地点应远离电视机和燃气炉。

（2）连续波磁控管的代换　部分连续波磁控管的主要参数及代换型号如表 19-3 所示。

表 19-3　部分连续波磁控管的主要参数及代换型号

型号	灯丝电压 /V	阳极电压 /V	输出功率 /W	代换型号
CK–623	3.3	4.1	900	A570FOH、AM903、2M107A325、2M137MI、2M204MI、2M210MI、2M214、OM75S31
CK–623A	3.3	4.0	850	AM701、A6700H、2M127、2M204M3、2M214、2M1122JAJ、OM75S11
146B Ⅰ	3.3	4.0	850	AM708、A6701、2M122AH、2M129AM4、2M214、OM75S20
146B Ⅱ	3.3	4.0	850	AM702、A6700、2M127A、2M122AJ、2M214、OM75S10
114	3.5	3.8	550	AM689、AM700、2M209A、2M211B、2M213JB、2M212JA、2M212J、2M236、OM52S10、OM52S11

续表

型号	灯丝电压 /V	阳极电压 /V	输出功率 /W	代换型号
114A	3.5	3.8	550	AM697、AM699、2M213HB、2M212HA、2M2234、OM52S21
CK-626	3.15	4.0	800	
CK-605	3.15	4.0	800	
CK-620	3.15	4.0	800	
2M127A	3.3	4.1	800	
2M129A	3.3	3.6	770	
2M126A	3.3	3.3	690	

注：可能有些早期磁控管已经或将要停产，购买时一定要问清能否代换。

三、电磁炉线圈盘的检测

当电磁炉在正常工作时，由整流电路将 50Hz 的交流电压变成直流电压，再经过控制电路将直流电压转换成频率为 20 ～ 40kHz 的高频电压，电磁炉线圈盘上就会产生交变磁场在锅具底部反复切割变化，使锅具底部产生环状电流（涡流），并利用小电阻大电流的短路热效应产生热量，直接使锅底迅速发热，然后再加热器具内食物。这种振荡生热的加热方式，能减少热量传递的中间环节，大大提高制热效率。

目测法检查：线圈是否有全部或局部烧黑现象，如有则更换。若没有烧煳的迹象，则应用万用表检测线圈电阻。由于线圈多为多股线并联，阻值根据生产厂家不同有所不同，因此最好用数字万用表测试几个相同线圈对比，阻值过大或过小的为坏（图 19-31）。

电磁炉加热线圈与电饭锅加热盘的检测

图 19-31 目测法检查

电动机、变频器及小型蓄电池的检修

第一节 微型电动机的检修

一、直流微电动机的检修

在收录机中，电动机的作用是带动机械传动机构转动，从而使磁带按要求的速度运行。盒式收录机中使用的电动机全部为直流（DC）电动机。

（1）直流电动机的结构 如图 20-1 所示，直流电动机主要包括定子、转子和电刷三部分。定子是固定不动的部分，由永磁铁制成；转子是由在硅钢片上绕上线圈构成的；电刷则是由两个小炭棒用金属片卡住并固定在定子的底座上，与转子轴上的两个电极接触而构成的。另外，电子稳速式电动机还包括电子稳速板。

(a) 外形

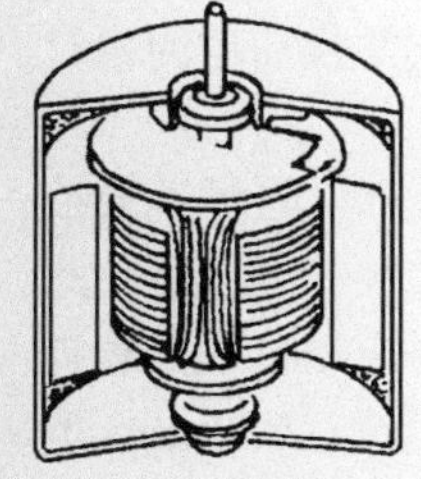

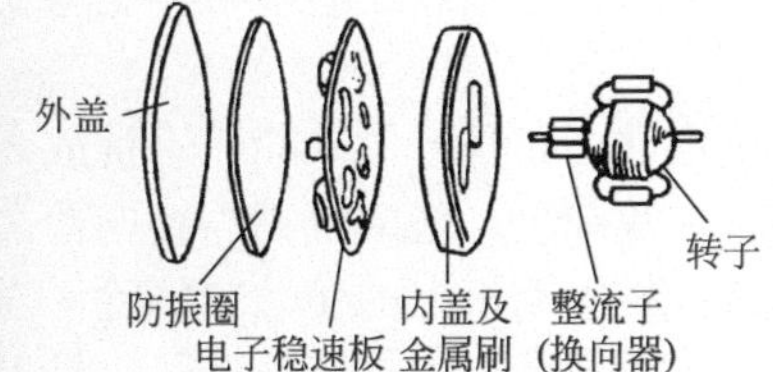

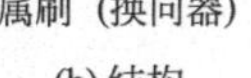

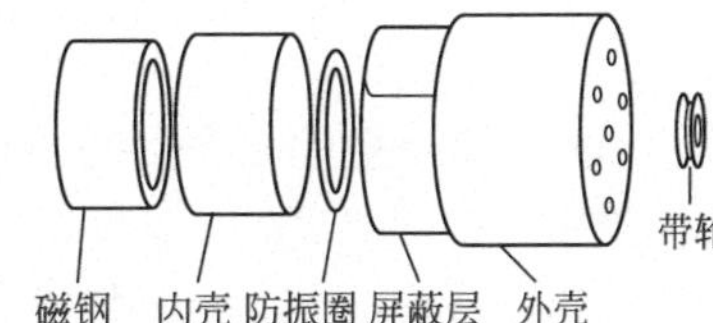

(b) 结构

图 20-1 直流电动机的外形及结构

（2）直流电动机常见故障

① 电动机不转。电动机内转子线圈断路、电动机引线断路、稳速器开路以及电刷严重磨损而接触不良等，都会导致电动机不转；此外，若电动机受到强烈振动或碰撞，使电动机定子的磁体碎裂而卡住转子或者电动机轴与轴之间严重缺油而卡死转

子，也均会造成电动机不转。注意：一旦出现这两种情况，就不应再通电，否则会烧毁转子绕组。

② 转速不稳。电动机转速不稳的原因较多。例如，因电动机长期运转，致使轴承中的油类润滑剂干涸，转动时机械噪声明显增大，用手转动电动机轴时会感到转动不灵活；如果电动机的换向器或电刷磨损严重，两者不光滑，也会造成电动机转速不稳。如果电子式稳速器中可变电阻器的滑动片产生氧化层或松动，与电阻片接触不良，则会造成无规则的转速不稳。另外，若电子稳速电路中起补偿作用的电容器开路，则会使电路产生自激振荡，而使电动机转速出现忽快忽慢有节奏的变化。

③ 电噪声大。电动机在转动过程中产生较大电火花，如果电动机的换向器和电刷磨损较严重，两者接触不良，即转子旋转中时接时断，则会产生电火花。另外，若换向器上粘上炭粉、金属末等杂物，也会造成电刷与换向器的接触不良，从而产生电火花。

④ 转动无力。定子永久磁体受振断裂、电动机转子绕组中有个别绕组开路等，都会使电动机转动无力。

（3）直流电动机的修理

① 电动机轴承浸油。如果确认电动机转速不稳是由于其轴承缺油造成的，则应给轴承浸油。具体做法是：将电动机拆下，打开外罩，撬开电动机后盖，抽出电动机转子，用直径 4mm 的平头钢冲子，冲下电动机壳以及后盖上的轴承。然后用纯净的汽油洗刷轴承，尤其要对轴承内孔仔细清洗。清洗后要将轴承擦干，在纯净的润滑油中浸泡一段时间，浸油同时利用无水酒精清洗转子上的换向器和后盖上的电刷。最后复原。

② 换向器和电刷的修理。如果电动机电火花严重，则应检查换向器和电刷的磨损情况，并予以修理。

a. 修理换向器。打开电动机壳，将电子（转子）抽出，检查换向器的磨损程度，并视情况进行处理。若换向器的表面有轻微磨损，可将 3mm 宽的条状金相砂纸套在换向器上，转动转子打磨其表面，直到磨损痕迹消失为止。若换向器表面磨损较严重（出现凹状），则可用 4mm 宽的条状 400 号砂纸套在换向器上，然后将转子卡在小型手电钻上粗磨一遍，待表面较平滑时再用金相砂纸细磨（可调整电刷与换向器的相对位置，避开磨损部位）。

另外，有些电动机在放音中转速正常，只是产生火花，干扰放大器。这种现象很可能是由于换向器上粘上炭粉、金属末等杂物，造成电刷与换向器之间接触不良。此时可用提高转速法排除。具体方法是：将电动机上的传动带摘除，对电动机加上较高的直流电源（若是电子稳速电动机，可以加上 12 ～ 15V 电压），让其高速转 1min（电动机旋转时间可以根据实际情况而定）。这样做的目的是利用电动机作高速旋转时产生的离心力作用，将换向器上杂物甩掉。

b. 修理电刷。电动机中的电刷有两种，一种是电刷，另一种是弹性片。电刷磨损后，使弧形工作面与换向器的接触不良，两者之间有间隙。这时用小圆锉边修整圆弧面边靠在换向器上试验，直至整个圆弧面都与换向器紧密接触为止。另外，在炭质电刷架的背面都粘有一条橡胶块，其作用是加强电刷的弹性。使用中，若该橡胶块脱落或局部开胶，就会使电刷弹性减小，从而使电刷对换向器的压力减小，两者接触不紧密。遇此情况，用胶水将橡胶块按原位粘牢即可。对于弹性片电刷，常出现的问题主要是刷面不平整，在弯曲的地方用镊子将其拉直矫正，并且使两个电刷互相靠近即可修复。

提示：按上述方法对换向器和电刷修整后，一定要仔细进行清洗，尤其是换向器上的几个互不接触的弧形钢片之间的槽内要剔除粉末杂物，否则电动机将不能正常工作。

c. 电动机开路性故障的修理。经过检测，如果发现电动机有开路性故障，在一般情况下是可以修复的，因为电动机开路通常多是由换向器上的焊点脱焊或离心式稳速开关上的焊点脱焊，以及电子式稳速器中三极管开路（引脚脱焊或损坏）造成的。此时可针对实际情况进行修理。如果是焊点脱焊，可重新焊好焊点；如果是三极管损坏，应将其更换。

d. 电动机短路性故障的修理。对于电动机绕组内部的短路性故障，多采用更换法进行修复。

二、永磁同步电动机的检修

（1）永磁同步电动机的结构　永磁同步电动机的整体结构如图 20-2 所示，它由减速齿轮箱和电动机两部分构成。电动机由前壳、永磁转子、定子、定子绕组、主轴和后壳等组成。前壳和后壳均选用 0.8mm 厚的 08F 结构钢板经拉伸冲压而成。壳体按一定角度和排列冲出 6 个辐射状的极爪，嵌装后上、下极爪互相错开构成一个定子，定子绕组套在极爪外。后壳中央铆有一根直径为 1.6mm 的不锈钢主轴，主要作用是固定转子转动。永磁转子采用铁氧体（YIOT）粉末加入黏合剂经压制烧结而成，表面均匀地充磁，$2P$=12 极，并使 N、S 磁极交错排列在转子圆周上，永磁磁场强度通常在 0.07 ～ 0.08T。组装时，先将定子绕组嵌入后壳内，采用冲铆方式铆牢电动机。

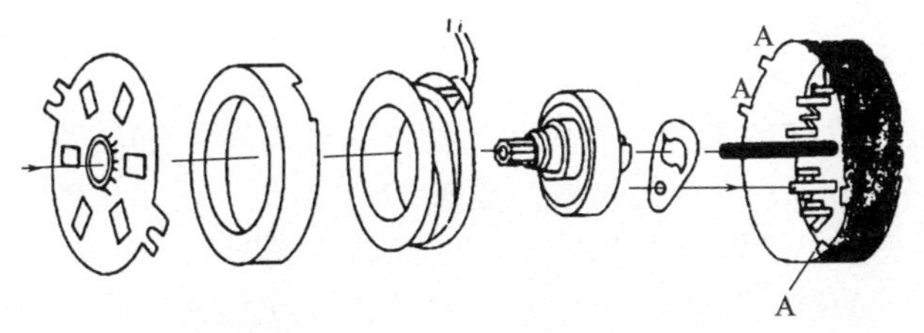

图 20-2　永磁同步电动机的整体结构

（2）永磁同步电动机的检测与修理（以 220V 同步电动机为例）　检修时，首先从同步电动机外部电路检查连接导线是否折断、接线端子是否脱落。若正常，用万用表交流 250V 挡测量接线端子的端电压，若正常，说明触点工作正常，断定同步电动机损坏。

拧下同步电动机螺钉，卸下电动机，用什锦锉锉掉后壳铆装点，用一字螺丝刀插入前壳缝隙中将前壳撬出，并取出绕组，用万用表 R×1k 或 R×10k 挡测量电源引线两端。绕组正常电阻为 10 ～ 10.5kΩ，如果测量出的电阻为无穷大，说明绕组断路。

这种断路故障有可能发生在绕组引线处，先拆下绕组保护罩，用镊子小心地将绕组外层绝缘纸掀起，细心观察引线的焊接处，找出断头后，逆绕线方向退一匝，剪断断头，重新将断头焊牢引线，将绝缘纸包扎好，装好电动机，故障排除。

有时断头未必发生在引线焊接处，很有可能在绕组的表层。此时可将绕组的漆包线退到一个线轴上，直至将断头找到为止。用万用表测量断头与绕组首端是否接通。若接通，将断头焊牢并包扎绝缘好，再将拆下的漆包线按原来绕线方向如数绕回线包内，焊好末端引线，装好电动机，故障消除。

绕组的另一种故障是烧毁。轻度烧毁为局部或层间烧毁，线包外层无烧焦迹象；严重烧毁时线包外层有烧焦迹象。对于烧毁故障，用万用表 R×1k 或 R×10k 挡测量引线两端电阻。如果测得电阻比正常电阻小得很多，说明绕组严重烧毁短路。对于烧毁故障，必须重新绕制绕组。

具体做法：将骨架槽内烧焦物、废线全部清理干净，如果骨架槽底有轻度烧焦或局部变形疙瘩，可用小刀刮掉或用什锦锉锉掉，然后在槽内缠绕 2 ～ 3 匝涤纶薄膜青壳纸作绝缘层。将骨架套进绕线机轴中，两端用螺母拧紧，找直径 0.05mmQA 型聚氨酯漆包线密绕 11000 匝（如果手头只有直径 0.06mm、QZ-1 型漆包线也可使用，绕后只是耗用电流大一些，对使用性能无影响）。由于绕组用线的直径较细，绕线时绕速力求匀称，拉力适中，切忌一松一紧，以免拉断漆包线，同时还要注意漆包线勿打结。为了加强首末两端引线的抗拉机械强度，可将首末漆包线来回折接几次，再用手指捻成一根多股线，并将其缠绕在电源引线裸铜线上（不用刮漆），用松香焊牢即可。

提示：切勿用带酸性焊锡膏进行焊锡，否则日后使用时漆包线容易锈蚀折断。绕组绕好后，用万用表检查是否对准铆装点（四处），用锤子敲打尖冲子尾端，将前、后壳铆牢。通电试转一段时间，若转子转动正常，无噪声，外壳温升正常，即可装机使用。

三、罩极式电动机的检修

（1）罩极式电动机的结构 罩极式电动机的结构如图 20-3 所示，主要由定子、定子绕组、罩极、转子、支架等构成，通入 220V 交流电，定子铁芯产生交变磁场，罩极也产生一个感应电流以阻止该部分磁场的变化，罩极的磁极磁场在时间上总是滞后于嵌放罩极环处的磁极磁场，结果使转子产生感应电流而获得启动转矩，从而驱动蜗轮式风叶转动。

（2）罩极式电动机的检测与修理

① 开路故障。用万用表 R×10 或 R×100 挡测量两引线的电阻，视其电阻大小判断是否损坏。正常电阻值在几十欧到几百欧之间，若测出电阻为无穷大，说明电动机的绕组烧毁，造成开路。先检查电动机引线是否脱落或脱焊，重新接好或焊好引线，故障便可排除。若引线正常，故障部位多半是绕组表层齐根处或引出线焊接处受潮霉断而造成开路，只要将线包外层绝缘物卷起来，细心找出断头，并重新焊牢，故障即可排除。若断折点发生在深层，则按下例有关修理。

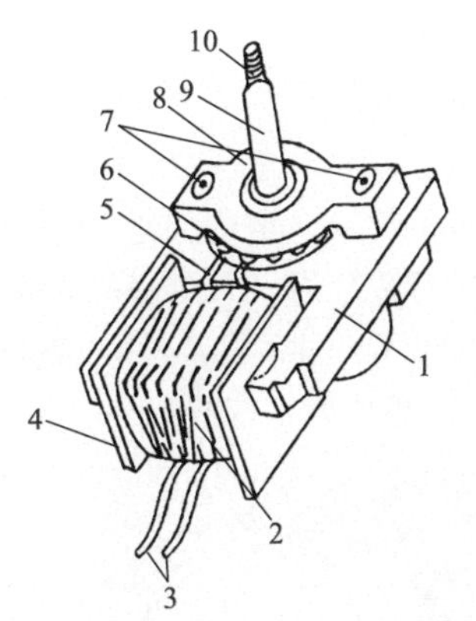

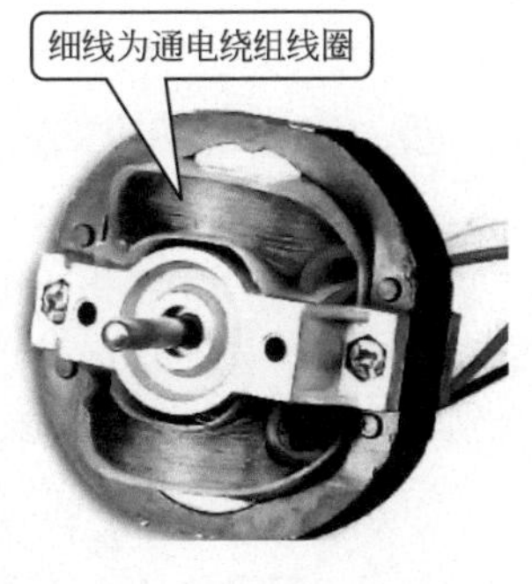

图 20-3　罩极式电动机的结构

1—定子；2—定子绕组；3—引线；4—骨架；5—罩极环（短路环）；
6—转子；7—紧固螺钉；8—支架；9—转轴；10—螺杆

② 电动机冒烟，有焦味。该故障为电动机绕组匝间或局部短路所致，使电流急剧增大，绕组发热最终冒烟烧毁。遇到这种故障应立即关掉电源，避免故障扩大。

用万用表 R×10 或 R×100 挡测量两引棒（线）电阻，若比正常电阻低得多，则可判定电动机绕组局部短路或烧毁。修理步骤如下。

a. 先将电动机的固定螺钉拧出，拆下电动机。

b. 拆下电动机支架螺钉，使支架脱离定子，取出转轴（注意：转子轴直径细而长，卸后要保管好，切忌弄弯）。

c. 找两块质地较硬的木板垫在定子铁芯两旁，再用台虎钳夹紧木版，用尖形铜棒轮换顶住弧形铁芯两端，用铁锤敲打铜棒尾端，直至将弧形铁芯绕组组件冲出来。

d. 用两块硬木板垫在线包骨架一端的铁芯两旁，用上述方法将弧形铁芯冲出来。

e. 将骨架内的废线、浸渍物清理干净，利用原有的骨架进行绕线。如果拆出的骨架已严重损坏无法复用，可自行粘制一个骨架，将骨架套在绕线机轴中，两端用锥顶、锁母夹紧，按原先匝数绕线。线包绕好后，再在外层包扎 2 ～ 3 层牛皮纸作为线包外层绝缘。

f. 把弧形铁芯嵌入绕组骨架内，经驱潮浸漆烘干再放回定子铁芯弧槽内。

g. 用万用表复测绕组的电阻，若正常，说明绕组与铁芯无短路。然后空载通电试转一段时间，手摸铁芯温升正常，说明电动机已修好，可将电动机嵌回原位，用螺钉拧紧即可恢复正常使用。

有时电动机经过拆装（特别是拆装多次），定子弧形槽与弧形铁芯配合间隙会增大，电动机运转时会发出“嗡嗡”声，此时可在其间隙处滴入几滴熔融沥青，沥青凝固后噪声便消除。

电动机启动困难故障原因：多半是罩极环焊接不牢形成开路，导致电动机启动转矩不足。

修理时用万用表 AC250V 挡测量电动机两端引线电压，220V 为正常。然后用电阻挡测量单相绕组电阻，如电阻正常，可用手拨动风叶转动自如，故障原因多半是四个罩极环中有一个端口开路。将电动机拆下来，细心检查罩极环端口即可发现开路处。

四、步进电动机的检修

空调器等家用电器中多使用脉冲步进电动机，如图 20-4 所示。结构原理如下：这是一种三相反应式步进电动机，定子中每相的一对磁极只有 2 个齿，三对磁极有 6 个齿。转子中有 4 个齿分别为 0、1、2、3，当直流电压 +*U*（+12V）通过开关 K1 ～ K3 分别对步进电动机的 A、B、C 相绕组轮流通电时，就会使电动机作步进转动。

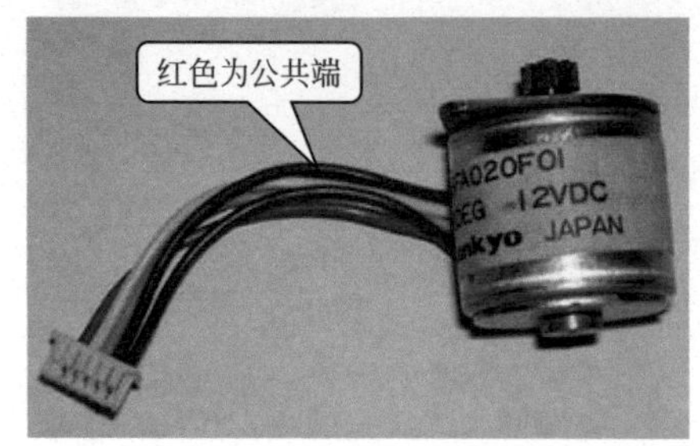

(a) 外形

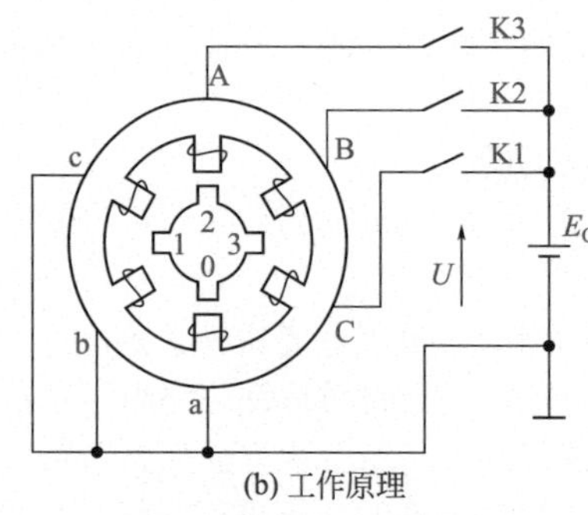

(b) 工作原理

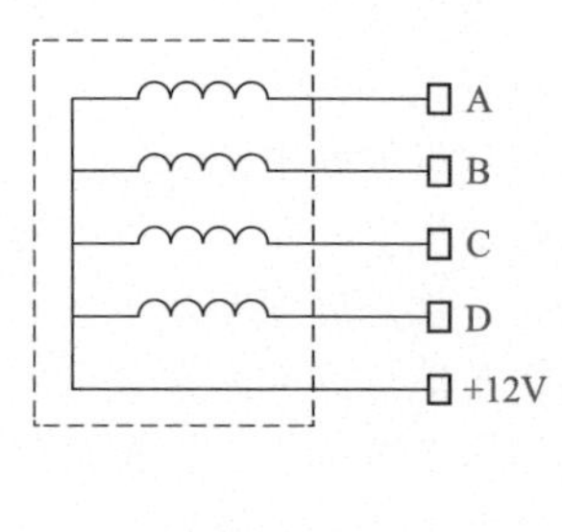

(c) 绕组接线

图 20-4 脉冲步进电动机的外形、工作原理及绕组接线

初始状态时，开关 K 接通 A 相绕组，即 A 相磁极和转子的 0、2 号齿对齐，同时转子的 1、3 号齿和 A、C 相绕组磁极形成错齿状态。K 从 A 相绕组拨向 B 相绕组后，由于 B 相绕线和转子的 1、3 号齿之间磁力线作用，使转子 1、3 号齿和 B 相磁极对齐，即转子 0、2 号齿和 A、C 相绕组磁极形成错齿状态。当开关 K 从 B 相绕组拨向 C 相绕组时，由于 C 相绕组和转子 0、2 号齿之间磁力线作用，使转子的 0、2 号齿和 C 相磁吸对齐，此时转子的 1、3 号齿和 A、B 相绕组磁极产生错齿。当开关 K 从 C 相再拨回 A 相时，由于 A 相磁极和转子的 1、3 号齿之间磁力线作用，使转子的 1、3 号齿和 A 相磁极对齐，这时转子的 0、2 号齿和 B、C 相磁极产生错齿。此时转子齿移动了一个齿距角。

对一相绕组通电的操作称为一拍，对于三相反应式步进电动机 A、B、C 三相轮流通电需要三拍，转动一个齿距角需要三拍操作。由于步进电动机每一拍就执行一次步进，所以步进电动机每一步所转动的角度称为步距角。

电源供电方式除单相三拍 A → B → C → A 外，还有双三拍（其通电顺序为 AB → BC → CA →）和六拍（其通电顺序为 A → AB → B → BC → B → CA → A。

AB 表示 A 与 B 两相绕组同时通电）。

空调器脉冲导风步进电动机一般有 5 根引出线，1 根是绕组公共端，接电源 12V，其他 4 根分别为 A、B、C、D 四相不同的绕组。其绕组结构分上、下两层，每一层利用双线并绕，并将绕组两根线头接到一起引出，作为公共端接直流电源“+”，另两根尾引出作为其他两相的引出线。同理另一层的绕组接法和上述相同，另外步进电动机内部还增加了齿轮机构，所以转速较低，能正反转。

在实际测量中，用低阻值电阻挡测量公共端（多为红色线）与其他接线的阻值（图 20-5），所测出的阻值应相等为好，如果阻值相差较大或者有不通的，为坏。

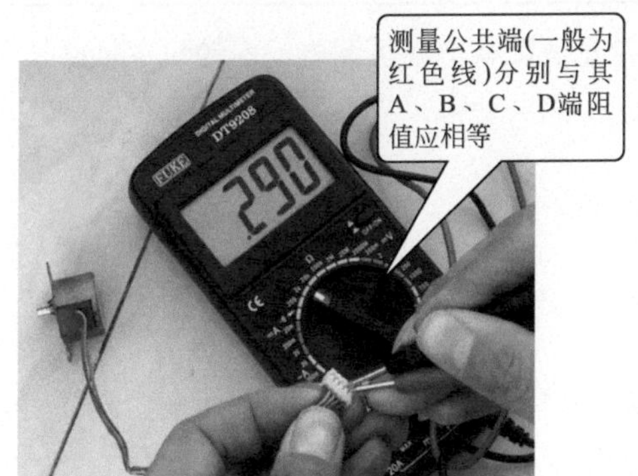
测量公共端(一般为
红色线)分别与其
A、B、C、D端阻
值应相等
DT9208
290

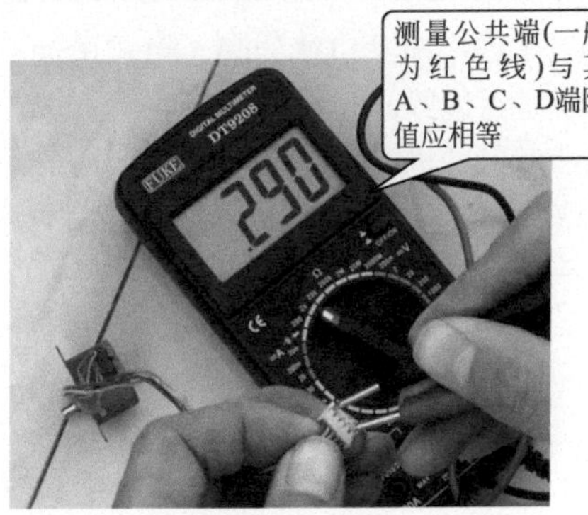
测量公共端(一般
为红色线)与其
A、B、C、D端阻
值应相等
DT9208
290

图 20-5　利用低阻挡检测公共端与其他接线的阻值

步进电动机的检修方法可参照其他形式电动机，在此不再叙述。

第二节　单相与三相异步电动机的检修

单相电动机绕组好坏判别

一、单机电动机的检修

单相电动机由启动绕组和运转绕组组成定子。启动绕组的电阻大，导线细（俗称小包）；运转绕组的电阻小，导线粗（俗称大包）。单相电动机的接线端子有公共端子、运转端子（主绕组端子）、启动绕组端子（副绕组端子）。

在单相异步电动机的故障中，大多数是由电动机绕组烧毁而造成的。因此在修理单相异步电动机时，一般要作电气方面的检查，首先检查电动机的绕组。

单相电动机的启动绕组和运转绕组的分辨方法：用万用表的 R×1 挡测量公共端子、运转端子（主绕组端子）、启动绕组端子（副绕组端子）三个接线端子中的每两个端子之间电阻值。测量时按下式（一般规律，特殊除外）：

总电阻 =（启动绕组 + 运转绕组）的电阻

已知其中两个值即可求出第三个值。

小功率的压缩机用电动机的电阻值如表 20-1 所示。

在第十九章所介绍的电动机均为单相电动机，前文已介绍单相电动机的检测，此处不再叙述。

表 20-1　小功率压缩机用电动机的电阻值

电动机功率 /kW	启动绕组电阻 /Ω	运转绕组电阻 /Ω
0.09	18	4.7
0.12	17	2.7
0.15	14	2.3
0.18	17	1.7

（1）单相电动机的故障　单相电动机常见故障有电动机漏电、电动机主轴磨损和电动机绕组烧毁。

造成电动机漏电的原因有以下几个。

① 电动机导线绝缘层破损，并与机壳相碰。

② 电动机严重受潮。

③ 组装和检修电动机时，因装配不慎使导线绝缘层受到磨损或碰撞，致使导线绝缘率下降。

电动机因电源电压太低，不能正常启动或启动保护失灵，以及制冷剂、冷冻油含水量过多，绝缘材料变质等引起电动机绕组烧毁和断路、短路等故障。

电动机断路时不能运转，如有一个绕组断路时电流值很大，也不会运转。由于振动电动机引线可能烧断，使绕组导线断开。保护器触点跳开后不能自动复位，也是断路。电动机短路时虽能运转，但运转电流大，致使启动继电器不能正常工作。短路原因有匝间短路、通地短路和鼠笼线圈断条等。

（2）绕组重绕　电动机转子用铜或合金铝浇铸在冲孔的硅钢片中，形成笼形转子绕组。当电动机损坏后可进行重绕，电动机绕组重绕方法参见有关电动机维修。当电动机修好后，应按下面介绍内容进行测试。

① 电动机正反转试验和启动性试验。 电动机的正反转是由接线方法来决定的。电动机绕组下好线以后，连好接线，先不绑扎，首先做电动机正反转试验。其方法是：用直径 0.64mm 的漆包线（去掉外皮）制成一个直径为 1cm 大小的闭合小铜环，铜环周围用棉丝缠起来。

然后用一根细棉线将其吊在定子中间，将运转绕组与启动绕组的出头并联，再与公共端接通 110V 交流电源（用调压器调好）。当短暂通电（通电时间不宜超出 1min）时，如果小铜环顺转则说明电动机正转，如果小铜环逆转则说明电动机反转。如果电动机运转方向与原来不符，可将启动绕组中的一个线包里外头对调。

在组装好电动机进行空载试验时，所测电动机的电流值应符合产品说明书的设计技术标准。空载运转时间在连续 4h 以上，并应观察其温升情况。如温升过高，可考虑电动机定子与转子的间隙是否合适或电动机绕组本身有无问题。

② 空载运转时注意电动机的运转方向。从电动机引出线看，转子按逆时针方向旋转。有的电动机最大的一组启动绕组中可见反绕现象，在重绕时要注意按原来反绕匝数绕制。

单相异步电动机的故障与三相异步电动机基本相同，如短路、接地、断路、接线错误以及不能启动、电动机过热，其检修方法与三相异步电动机基本相同。

二、三相异步电动机的检修

(1) 绕组的断路故障　对电动机断路可用兆欧表、万用表（置于低电阻挡）或校验灯等来校验。对于△形接法的电动机，检查时需每相分别测试，如图 20-6（a）所示。对于 Y 形接法的电动机，检查时必须先把三相绕组的接头拆开，再每相分别测试，如图 20-6（b）所示。

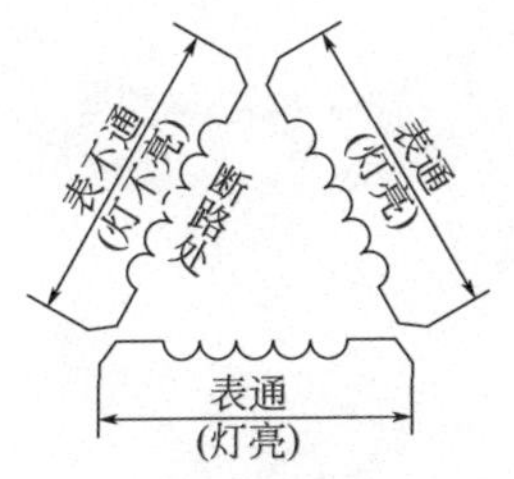

(a) △形接法电动机的校验

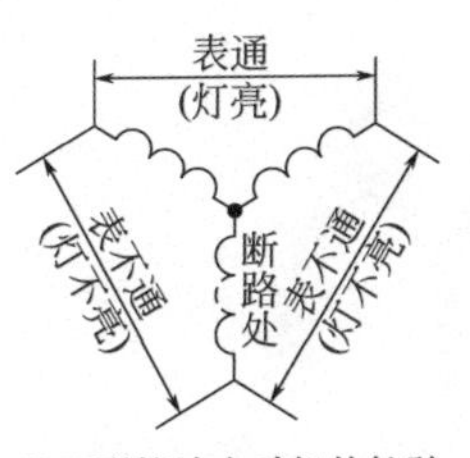

(b) Y形接法电动机的校验

三相电动机绕组好坏判别

图 20-6　用兆欧表或校验灯检查绕组断路

电动机出现断路应拆开电动机检查。如果只有一把线的端部被烧断多根（图 20-7），是由于该处受潮后绝缘强度降低或因碰破导线绝缘层造成短路故障。再检查整个绕组，若整个绕组绝缘良好且没有过热现象，可把这几根断头接起来继续使用；如果因电动机过热造成整个绕组变色，但有一处烧断，就不能连接起来再用，需要更换新绕组。

技巧：线把端部烧断的多根线头接在一起的连接方法如下所示。

首先把端部烧断的所有线头用划线板慢慢地撬起来，再把这把线的两个线头抽出来（图 20-8），烧断处有 6 个线头，再加上这把线的两个线头，共有 8 个线头，这说明这把线经烧断后已经变成匝数不等的 4 组线圈（每组两个头为一个线圈）。然后借助万用表分别找出每组线圈的两个线头，在不改变原线把电流方向的条件下，将这 4 组线圈再串接起来，细心测量出一组线圈后，将这组线圈的两个线头标上数字，每个线圈左边的线头用单数表示，右边的线头用双数表示。例如，线把左边长线头用 1 表示，如图 20-9 所示线把右边的长线头用 8 表示，与线头 1 相通右边的线头用 2 表示，任意将一个线圈左边的头定为 3，其右边的线头定为 4，将一个线圈左边的线头定为 5；其右边的线头定为 6（每个头用数字标好），剩下与 8 相通的最后一组线圈中左边线头定为 7。4 组线圈共有 8 个线头，1 和 2 是一组线圈，3 和 4 是一组线圈，5 和 6 是一组线圈，7 和 8 是一组线圈。实际中可将这 8 个线头分别穿上白布条标上数字（不能写错），在接线前需要再测量一次，认为无误后才能接线，接线时按图 20-10 所示。若线头不够长，在一边的每个线头上接上一段导线，并套上套管，接线方法按 2 和 3、4 和 5、6 和 7 的顺序接线。详细接线方法如下。

第一步：将 2 头和 3 头接好套上套，利用万用表测 1 头和 4 头，指针摆向 0Ω 为接对，指针不动为接错，如图 20-10 所示。

第二步：将 4 头和 5 头相连接，接好后用万用表测量 1 头和 6 头，指针向 0Ω 方向摆动为接对，指针不动为接错，如图 20-10 所示。

第三步：是 6 头和 7 头相连接，接好后用万用表测 1 头和 8 头，指针向 0Ω 方向摆动为接对，如图 20-11（a）、（b）所示。然后将 1 头和 8 头分别接在原位置上，接线完毕，上绝缘漆捆好接头，烤干即可。

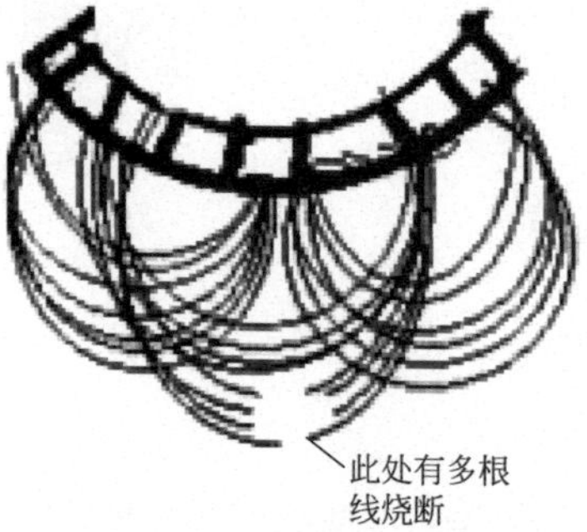

此处有多根
线烧断

图 20-7 端部一把线烧断多根

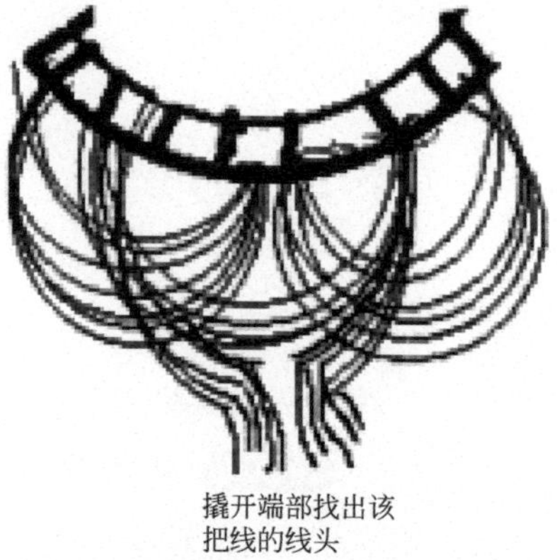

撬开端部找出该
把线的线头

图 20-8 将断头撬起来

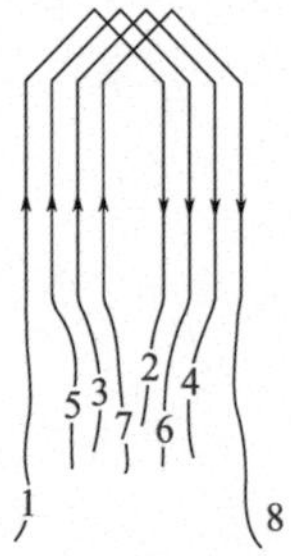

图 20-9 将断头撬起来标上数字

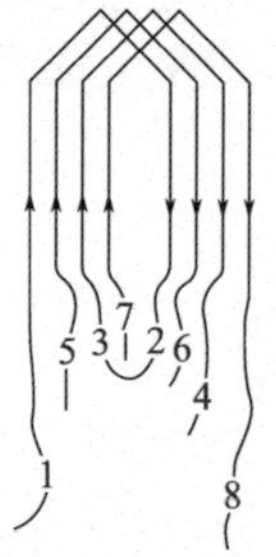

图 20-10 2 头和 3 头相连接

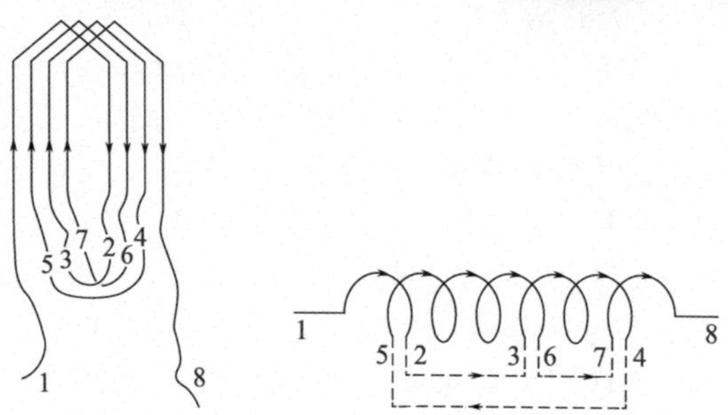

(a)

(b)

图 20-11 4 头和 5 头、6 头和 7 头相连接

提示：接线时注意，左边的线头必须跟右边的线头相连接。如果左边的线头与左边的线头或右边的线头与右边的线头相连接，会造成流进流出该线把的电流方向相反，不能使用；如果一组线圈的头尾连接则接成一个短路线圈，通电试车会烧坏这短路线圈，进而造成整把线因过热烧毁。所以为线头命名和接线时应细心操作，做到一次接好。

（2）绕组的短路故障　短路故障是由于电动机定子绕组局部损坏而造成的，短路故障可分为定子绕组对地短路、定子绕组相间短路及匝间短路三种。

① 对地短路。某相绕组发生对地短路后，该相绕组对机座的绝缘电阻值为零，当电动机机座既没有接触潮湿地面，也没有接地线时，不影响电动机的正常运行；当有人触及电动机外壳或与电动机外壳连接金属部件时，人就会触电，这种故障是危险的。当电动机机座上接有地线时，一旦发生某相定子绕组对地短路，人虽不能触电，但与该相有关的熔丝烧断，电动机不能工作。因此，若电动机绕组发生对地短路，不排除故障不能使用。对地短路检测如图 20-12 所示。

电动机定子绕组的对地短路多发生在定子铁芯槽口处。由于电动机运转中发热、振动或者受潮等原因使绕组的绝缘劣化，当经受不住绕组与机座之间的电压时，绝缘材料被击穿而发生短路；另外，可能由于电动机的转子在转动时与定子铁芯相摩擦（称作扫膛），造成相部位过热，使槽内绝缘炭化而造成短路。一台新组装的电动机在试车发生短路，可能是定子绕组绝缘在安装中被破坏。如果拆开电动机，抽出转子，用仪表测绕组与外壳电阻，出现原来绕组接地，拆开电动机后又不接地了，说明短路是由端盖或转子内风扇与绕组短路造成的，进行局部整形可排除故障。如拆开电动机后短路依然存在，则应把接线板上的铜片拆掉，用万用表分别测每相绕组对地绝缘电阻，测出短路故障所在那相绕组，仔细查找出短路的部位。如果线把已严重损坏、绝缘炭化、线把中导线大面积烧坏，就应更换绕组；如果只有小范围的绝缘线损坏或短路故障，可用绝缘纸把损坏部位垫起来，使绕组与铁芯不再直接接触，最后再灌上绝缘漆烤干即可。

② 相间短路。这种故障多发生在绕组的端部。相间短路发生后，两相绕组之间的绝缘电阻等于零。若在电动机运行中发生相间短路，可能使两相熔丝同时爆断，也可能把短路端导线烧断。相应短路检测如图 20-13 所示。

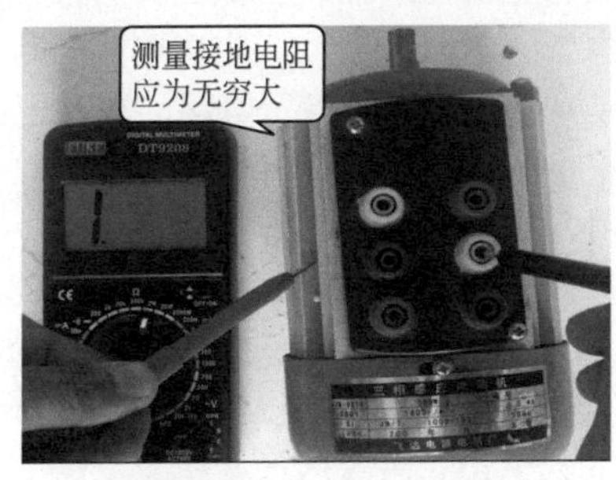

图 20-12　对地短路检测

图 20-13　相间短路检测

相间短路的发生原因，除了对地短路中讲到的原因外，另外原因是定子绕组端部的相间绝缘纸没有垫好，拆开电动机观察相间绝缘（绕组两端部极相组与极相组之间垫有绝缘纸或绝缘布，称为相间绝缘）是否垫好，这层绝缘纸两边的线把的边分别属于不同两相绕组，它们之间的电压比较高，可达到380V。如果相间绝缘没有垫好或所用的绝缘材料不好（有的用牛皮纸），电动机运行一段时间后，因绕组受潮或碰触等原因就容易击穿绝缘，造成相间短路。

经检查整个绕组没有变颜色，绝缘漆没有老化，只一部位发生相间短路，烧断的线头又不多，可按（1）中技巧进行连接，中间垫好相间绝缘纸，多浇绝缘漆并烤干后仍可使用。但如果绕组均已老化，又有多处相间短路，就需要重新更换绕组。

③ 匝间短路。匝间短路是同把线内几根导线绝缘层破坏相连接在一起，形成短路故障。

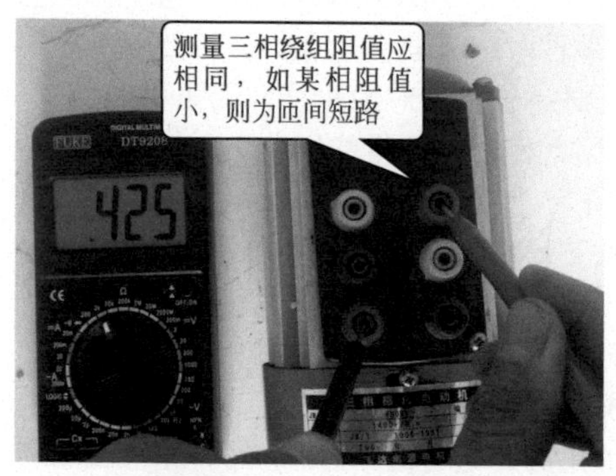

图 20-14 匝间短路检测

匝间短路的故障多发生在下线时碰破两导线绝缘层，使相邻导线失去绝缘作用而短路。在绕组两端部造成匝间短路故障的原因多是在安装电动机时碰坏导线绝缘层，使相邻导线短路；长时间工作在潮湿环境中的电动机因导线绝缘强度降低；电动机工作中过热等。匝间短路检测如图 20-14 所示。

出现匝间短路故障后，会使电动机运转时没劲，发出振动和噪声，匝间短路的一相电流增加，电动机内部冒烟，烧一相熔丝，发现这种故障应断电停机拆开检修。

第三节 变频器与小型蓄电池的检修

一、变频器常见故障的检修

变频器广泛应用于各种电动机控制电路中，可对电动机实现启动、多种方式运行及频率变换调速控制，是目前工控设备应用比较普遍的控制器。变频器种类很多，但主电路结构大同小异，典型的外形及主电路结构如图 20-15 所示 。它由整流电路、充电限流电路（浪涌保护电路）、滤波电路（储能电路）、高压指示电路、制动电路和逆变电路组成。对于变频器，一般小信号电路很少出故障，多为开关电源及主电路出故障。本节主要以主电路检修为主，介绍用万用表检修变频器的方法。

（1）变频器主电路的基本结构 变频器的主电路结构如图 20-16 所示，是由交 - 直 - 交工作方式所决定的，由整流、储能（滤波）、逆变 3 个环节构成。从 R、S、T 电源端子输入的三相 380V 交流电压，经三相桥式整流电路整流成 300Hz 脉动直流，再经大容量储能电容器平波和储能，输入到由 6 只 IGBT 构成的三相逆变电路中。在驱动电路的 6 路 PWM 脉冲激励下，6 只 IGBT 按一定规律导通和截止，将直流电源逆变为频率和电压可变的三相交流电压，并输出到负载电路。

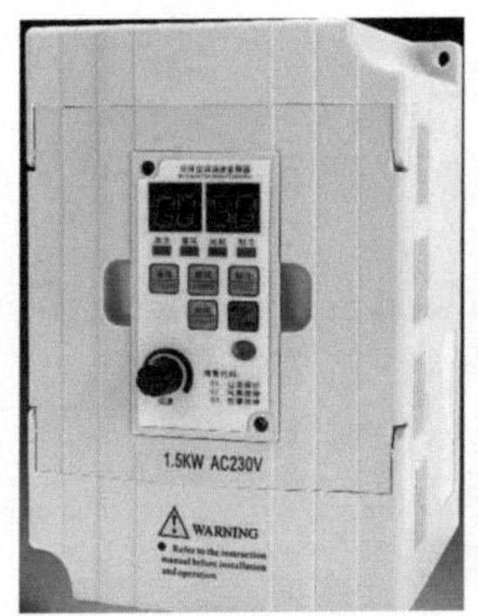

(a) 外形

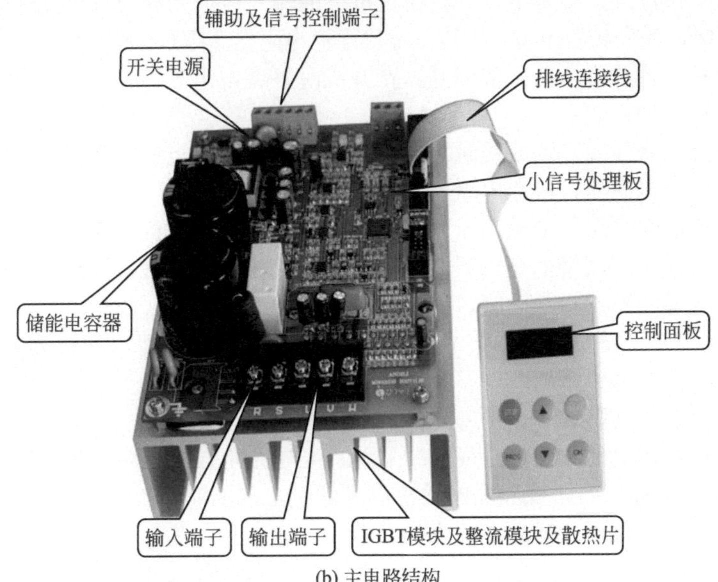

(b) 主电路结构

图 20-15 变频器的外形及主电路结构

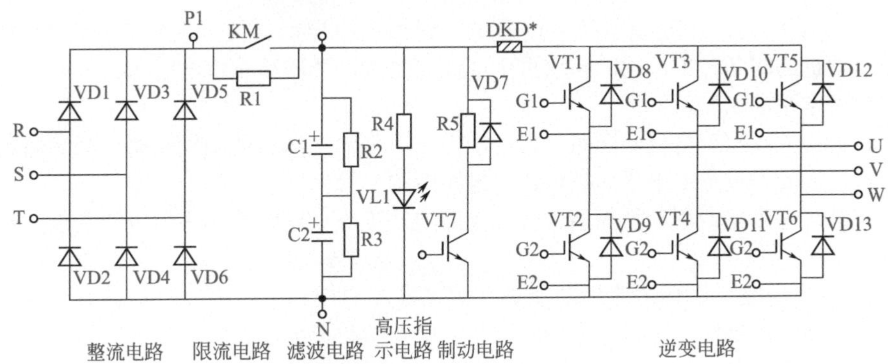

图 20-16 变频器的主电路结构

（2）变频器主电路的常见故障

① 整流电路。

a. 整流电路中的一只或多只整流二极管开路，会导致主电路直流电压（P、N 间的电压）下降或无电压。

b. 整流电路中的一只或多只整流二极管短路，会导致变频器的输入电源短路。如果变频器输入端接有断路器，断路器会跳闸，变频器无法接通输入电源。

② 充电限流电路。变频器在刚接通电源时，充电接触器触点断开，输入电源通过整流电路、限流电阻器对滤波电容器（或称储能电容器）充电。当电容器两端电压达到一定值时，充电接触器触点闭合，短接限流电阻器。

充电限流电路的常见故障如下。

a. 充电接触器触点接触不良，会使主电路的输入电流始终流过限流电阻器，主电路电压会下降，使变频器出现欠电压故障，限流电阻器会因长时间通过电流而易烧坏。

b. 充电接触器触点短路不能断开，在开机时限流电阻器不起作用，整流电路易被过大的开机电流烧坏。

c. 充电接触器线圈开路或接触器控制电路损坏，触点无法闭合，主电路的输入电流始终流过限流电阻器，限流电阻器易烧坏。

d. 限流电阻器开路，主电路无直流电压，高压指示灯不亮，变频器面板无显示。

对于一些采用晶闸管的充电限流电路，晶闸管相当于接触器触点，晶闸管控制电路相当于接触器线圈及控制电路，其故障特点与上述前三点一致。

③ 滤波电路。滤波电路的作用是接受整流电路的充电而得到较高的直流电压，再将该电压作为电源供给逆变电路。

滤波电路常见故障如下。

a. 滤波电容器老化致使容量变小或开路，主电路电压会下降。当滤波电容器容量低于标称容量的 85% 时，变频器的输出电压低于正常值。

b. 滤波电容器漏电或短路，使主电路输入电流过大，易损坏接触器触点、限流电阻器和整流电路。

c. 匀压电阻器损坏，会使两只电容器承受电压不同，承受电压高的电容器先被击穿，然后另一个电容器承受全部电压也被击穿。

④ 制动电路。在变频器减速过程中，制动电路导通，使再生电流回流电动机，增加电动机的制动转矩，同时释放再生电流对滤波电容器过充的电压。

制动电路常见故障如下。

a. 制动管或制动电阻器开路，使制动电路失去对电动机的制动功能，同时滤波电容器两端会充得过高的电压，易损坏主电路中的元器件。

b. 制动电阻器或制动管短路，使主电路电压下降，同时增加整流电路负担，易损坏整流电路。

⑤ 逆变电路。逆变电路的功能是在驱动脉冲的控制下，将主电路直流电压变换成三相交流电压供给电动机。逆变电路是主电路中故障率最高的电路。

逆变电路常见故障如下。

a. 6 只开关器件中的一只或一只以上损坏，会造成输出电压抖动、断相或无输出

电压。

b. 同一桥臂的两个开关器件同时短路，会使主电路的 P、N 之间直接短路，充电接触器触点、整流电路有过大的电流通过而被烧坏。

（3）万用表检测一体化 IGBT 模块　对用户送修的变频器，一定要先掌握变频器使用和损坏的大致情况。变频器接手后（不要忙于通电检查），可先用万用表的电阻挡（数字万用表的二极管挡、指针万用表的 R×100 或 R×1k 挡），分别测量 R、S、T 3 个电源端子对正、负端子之间的电阻值，如图 20-17 所示。

其他变频器直流回路正、负端标注为 P、N，打开机器外壳后在主电路或电路板上可找到测量点。另外，直流回路的储能电容器是一个比较显眼的元件，由 R、S、T 端子直接搭接储能电容器的正、负极进行电阻测量（这比较方便）。除此之外，还应检测输入电阻与输出电阻，如图 20-18 所示。

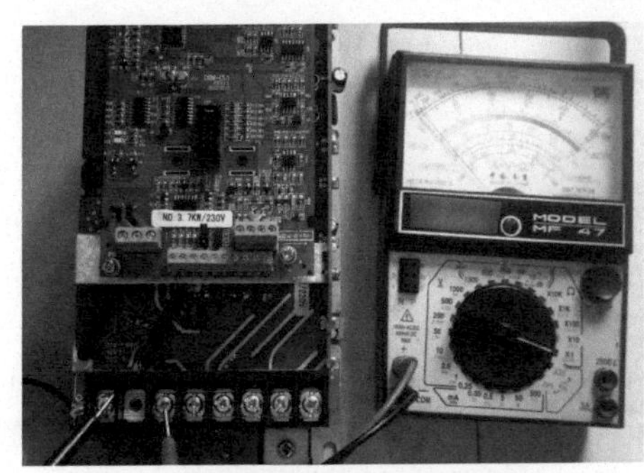

图 20-17　检测输入电路

图 20-18　检测输入、输出端子之间的电阻

R、S、T 3 个电源端子对正、负端子之间的电阻值，反映了三相整流电路的好坏。如图 20-19 所示，而 U、V、W 3 个输出端子对正、负端子之间的电阻值，则能基本上反映 IGBT 模块的好坏。将整流和逆变输出电路简化，输入、输出端子与直流回路之间的测量结果便会一目了然，如图 20-20 所示。

图 20-19　检测输出端电阻

VD1 ～ VD6 为输入三相整流电路，R 为充电电阻器，KM 为充电接触器。C1、C2 为串联储能电容器。VD8 ～ VD13 为三相逆变电路中 6 只 IGBT 两端反向并联的

二极管。IGBT 除非在漏电和短路状态能测出电阻的变化，对逆变输出电路只能实际测出 6 只二极管的正、反向电阻值。这样一来，整个变频器主电路的输入整流电路和输出逆变电路，相当于两个三相桥式整流电路。

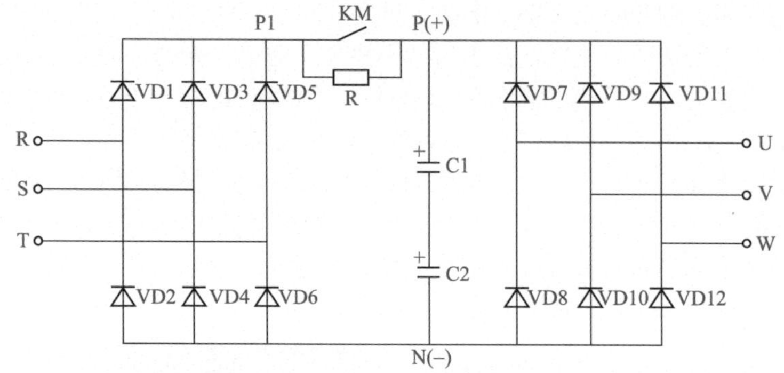

图 20-20 变频器主电路端子正、反向电阻等效电路

用数字万用表测量二极管，将 R、S、T 搭接红表笔，P（+）端搭接黑表笔，测得的是整流二极管 VD1、VD3、VD5 的正向压降，为 0.5V 左右，数值显示为 .538；如将表笔反接，则所测压降为无穷大。如用指针万用表黑表笔搭接 R、S、T 端，红表笔搭接 P（+）端，则显示 7kΩ 正向电阻；如将表笔反接，则显示数百千欧，因充电电阻器的阻值一般很小（图 20-21），小功率机型为几十欧，测量中可将其忽略不计，但测其 R、P（+）正向电阻正常，而 R、P（+）之间正向电阻无穷大（或直接测量 KM 常开触点之间电阻为无穷大），则说明充电电阻器已经开路。

图 20-21 整流桥输入端

整流电路中 VD2、VD4、VD6 及 U、V、W 端子对 P(+)、N(−) 端子之间的测量，也只能通过测量内部二极管的正、反向电阻的情况来大致判定 IGBT 的好坏。

需说明的是，桥式整流电路用的是低频整流二极管模块，正向压降和正向电阻较大，同于一般硅整流二极管。而 IGBT 上反射并联的 6 只二极管是高速二极管，其正向压降和正向电阻较小，正向压降为0.35V左右，指针万用表测量正向电阻为4kΩ左右。

以上对端子电阻的测量只是大致判定IGBT的好坏，尚不能最后认定IGBT就是好的，IGBT的好坏还需进一步测量验证。如何检测IGBT的好坏，应首先从IGBT的结构原理入手，找到相应有效的测量方法，图20-22所示为IGBT等效电路和单/双管模块引脚。

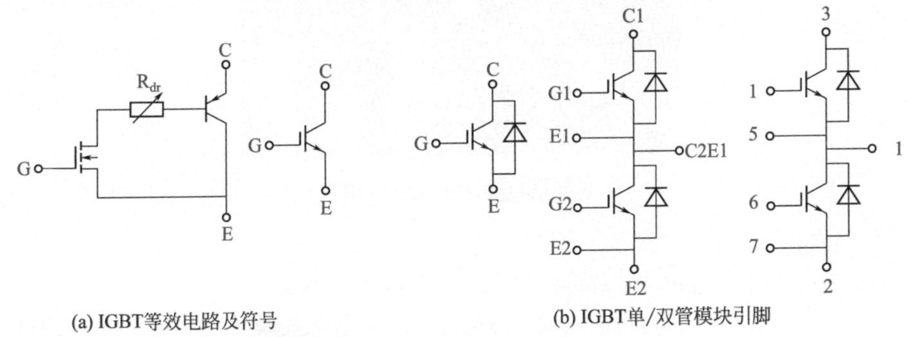

(a) IGBT等效电路及符号　　(b) IGBT单/双管模块引脚

图20-22 IGBT等效电路和单/双管模块引脚

单/双管模块常在中功率机型中得到应用。大功率机型将其并联使用，以达到扩流的目的。图20-23所示模块将整流集成于一体。另外，有的一体化（集成式）模块，将制动单元和温度检测电路也集成在内。

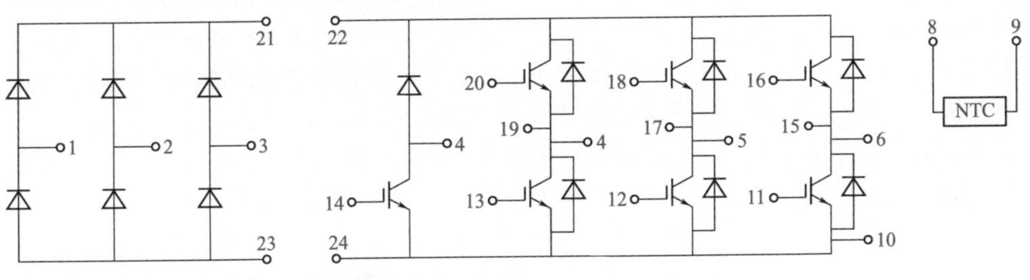

图20-23 FP25R12KE3单机模块原理

① 在线检测。

a. 上述测量是仅从输入、输出端子对直流回路之间来进行的，是在线测量方法的一种，对整流电路的开路与短路故障则较明显，但对逆变电路还需进一步在线测量以判断好坏。

b. 打开机器外壳，将CPU主板和电源/驱动板两块电路板取出，记住排线、插座的位置（插头上无标记的，应用油性记号笔等打上标记）。取下两块电路板后，剩下的就是主电路。直接测量逆变模块的G1、E1和G2、E2之间的触发端子电阻，都应为无穷大。如果驱动板未取下，模块是与驱动电路相连接的，则G1、E1触发端子之间往往并接有10kΩ的电阻器。有了正、反电阻值的偏差，在排除驱动电路的原因后，则说明逆变模块已经损坏。在线检测IGBT如图20-24所示。

c. 触发端子的电阻测量也正常，一般情况下认为逆变模块基本上是好的，但此时判定该模块无问题仍为时过早。

图 20-24 在线检测 IGBT

② 脱机检测。

a. 此法常用于大功率单 / 双管模块和一体化模块的测量。

将单 / 双管模块（或为新购模块）脱开电路后，可采用测量场效应管（MOSFET）的方法来测试该模块。MOSFET 的栅 - 阴极间有一个结电容存在，故由此决定极高的输入阻抗和电荷保持功能。对于 IGBT 存在一个 G、E 极间的结电容，利用其 G、E 极之间的结电容的充电、电荷保持、放电特性，可有效检测 IGBT 的好坏。

方法是：将指针万用表拨到 R×10k 挡，黑表笔接 C 极，红表笔接 E 极，此时所测量电阻值近乎无穷大；搭好表笔不动，用手指将 C 极与 G 极碰一下并移开，指示阻值由无穷大降为 200kΩ 左右；过 10 ～ 20s 后，再测一下 C、E 极间电阻（仍是黑表笔接 C 极，红表笔接 E 极），仍能维持 200kΩ 左右的电阻不变；搭好表笔不动，用手指短接一下 G、E 极，C、E 极之间的电阻重新接近无穷大。

实际上，用手指碰一下 C、G 极，是经人体电阻给栅阴极结电容充电，手指移开后，电容无放电回路，故电容上的电荷能保持一段时间。此电容上的充电电压为正向激励电压，使 IGBT 出现微导通，C、E 极之间的电阻减小，第二次用手指短接 G、E 极时，提供了电容的放电通路。随着电荷的泄放，IGBT 的激励电压消失，IGBT 截止，C、E 极之间的电阻又趋于无穷大。

手指相当于一只阻值为数千欧级的电阻器，提供栅阴极结电容充、放电的通路；因为 IGBT 的导通需较高的正向激励电压（10V 以上），所以使用指针万用表的 R×10k 挡（此挡位内部电池供电电压为 9V 或 12V），以满足 IGBT 激励电压的幅度。使用指针万用表的电阻挡时，黑表笔接内部电池的正极，红表笔接内部电池的负极，因而黑表笔为正，红表笔为负。这种测量方法只能采用指针万用表。

对触发端子的测量，还可以配合电容表测其容量，以增加判断的准确度。往往功率容量大的模块，两端子间的电容值也稍大。

b. 下面为双管模块 CM100DU-24H 和 SKM75GB128DE 及集成式模块 FP25R12KE3，用 MF47C 型指针万用表的 R×10k 挡测量出的数据。

CM100DU-24H 模块：主端子 C1、C2、E1、E2；触发端子 G1、E1、G2、E2；触发后 C、E 极间电阻为 250kΩ；用电容表 200nF 挡测量触发端子电容为 36.7nF，反测（黑表笔搭 G 极，红表笔搭 E 极）时为 50nF。

SKM75GB128DE 模块：主端子同上，触发后 C、E 极间电阻为 250kΩ。

触发端子电容：正测为 4.1nF，反测为 12.3nF。

FP25R12KE3 集成模块：也可采用上述方法，触发后为 C、E 极间电阻为 200kΩ 左右；触发端子电容正测为 6.9nF，反测为 10.1nF。

脱机测量得出的结果数值仅是一大概数值，不同批次的模块会有差异，只能基本上判定 IGBT 的好坏，但仍不是绝对的，因为半导体元件存在特性不良现象。

在线测量或脱机测量之后的通电测量，才能最后确定模块的好坏。通电后先空载测量三相输出电压，其中不含直流成分。三相电压平衡后带上一定负载，一般达到 5A 以上负载电路，逆变模块导通、内阻变大的故障便能暴露出来。

（4）主电路中其他主要元器件的万用表检测　变频器主电路中的主要元器件有三相整流电桥（模块）、限流（充电）电阻器、充电接触器（或继电器）、储能（滤波）电容器和逆变功率电路（由分立 IGBT、IGBT 功率模块等构成）五部分。其中三相整流电桥有三相整流电桥和单相整流桥。三相整流电桥为五端器件，从三个端子输入三相 380V 交流电，从两个输出端子输出 300Hz 的脉冲直流（其测量方法参见第二章及视频）。

常见整流模块的外形及结构如图 20-25 所示。

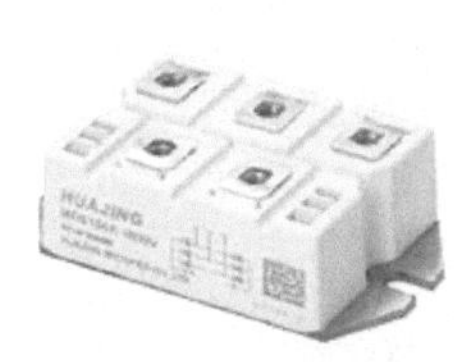

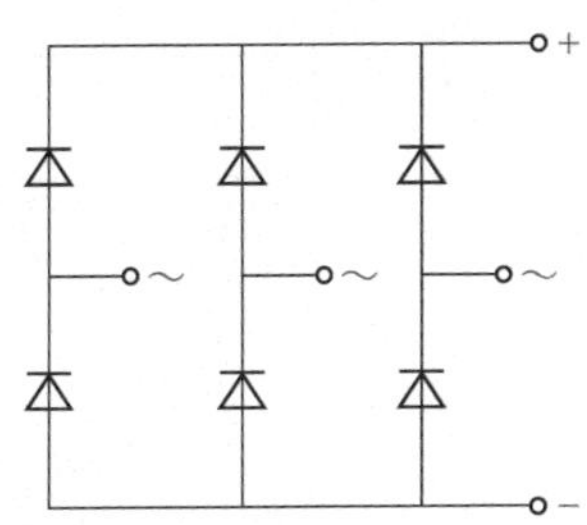

图 20-25　常见整流模块的外形及结构

储能电容器多使用高耐压大容量的电解电容器，其在线检测如图 20-26 所示。储能电容器的详细检测方法及操作视频详见第五章。

图 20-26　在线检测储能电容器

二、各种电池与小型蓄电池的检修

（1）普通电池的检测 目前，只有少数数字万用表具有测试电池放电电流的功能。如 DT9205B 型数字万用表，用其电池测试挡可测量 1.5V 干电池和 9V 叠层电池在额定负载下的放电电流，从而迅速判定电池质量的好坏。因为此时测出的是电池额定工作电流，这比测量电池空载电压更具有实际意义（由于空载电压不能反映电池的带负载能力，所以仅凭测量空载电压，有时不仅不能鉴别电池质量的优劣，还容易出现误判）。

对于没有设置电池测试挡的数字万用表，可采用下面方法检测电池的负载电流。检测电路如图 20-27 所示。将数字万用表置于直流 200mA 挡，此时数字万用表的输入电阻 R_{IN}=1Ω（即直流 200mA 挡的分流电阻为 1Ω），检测 1.5V 电池负载电流时，按图 20-27（a）所示电路连接。在数字万用表的红表笔上串入一只限流电阻器 R（阻值为 36Ω），然后接被测电池两端。此时负载电阻 $R_L=R+R_{IN}=(36+1)\Omega=37\Omega$，忽略电池的内阻 R_o，则负载电流为

$$I_L=E/(R_1+R_{IN})=1.5\text{V}/(36+1)\Omega=0.0405\text{A}=41\text{mA}$$

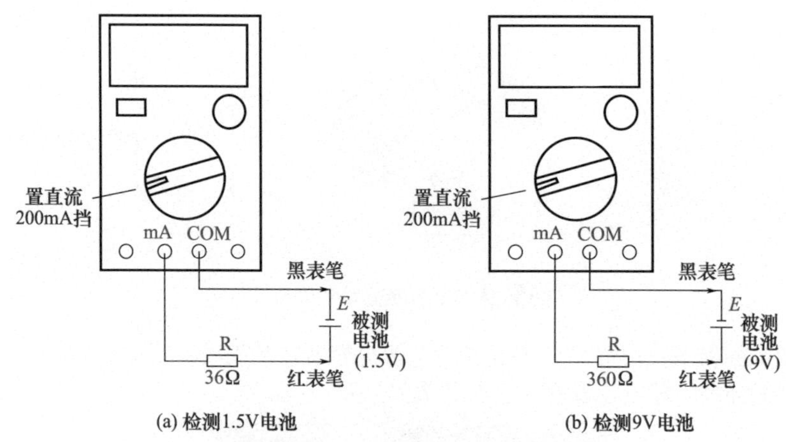

(a) 检测1.5V电池　　(b) 检测9V电池

图 20-27 检测电池的电路连接方法

检测 9V 叠层电池负载电流时，按图 20-27（b）所示连接电路。在数字万用表红表笔上串入一只 360Ω 限流电阻器，然后接被测电池两端。忽略被测电池的内阻 R_o，此时负载电流为

$$I_L=E/(R_1+R_{IN})=9\text{V}/(360+1)\Omega=0.0249\text{A}=25\text{mA}$$

对新电池而言，通常其内阻 R_o 很小，可以忽略不计。但是，当电池使用或存放过久，电池电量不足时，会导致 E 下降，内阻 R_o 增加，使得负载电流 I_L 下降，据此可以迅速判定被测电池是否失效。另外，上述方法也可用来检查评估某些其他规格型号的电池。注意：一般情况下不要检测电池的负载电流，否则会缩短电池使用寿命。

表 20-2 列出了几种常见电池在额定负载下的标准电流值，供读者测试时参考。

在正常情况下，被测电池的负载电流应接近或符合表 20-2 中数值。若数字万用表显示的电流值明显低于正常值，则说明被测电池电量不足或失效。

表 20-2　常见电池在额定负载下的标准电流值

电池测试功能		被测电池	测试电流 /mA
1.5V 电池测试电路	负载电阻 37Ω	1.5V 电池	41
		3V 大纽扣电池（估测）	81
9V 叠层电池测试电路	负载电阻 361Ω	6V 叠层电池（估测）	17
		9V 叠层电池	25
		15V 叠层电池（估测）	42

（2）小型蓄电池的检测

① 小型密封蓄电池的结构性能特点及参数。小型密封铅蓄电池外形一般为长方体［图 20-28（a）］，其内部结构如图 20-28（b）所示，由正负极板群、非游离状态的硫酸电解液、隔板、电池槽、槽盖等部分组成。

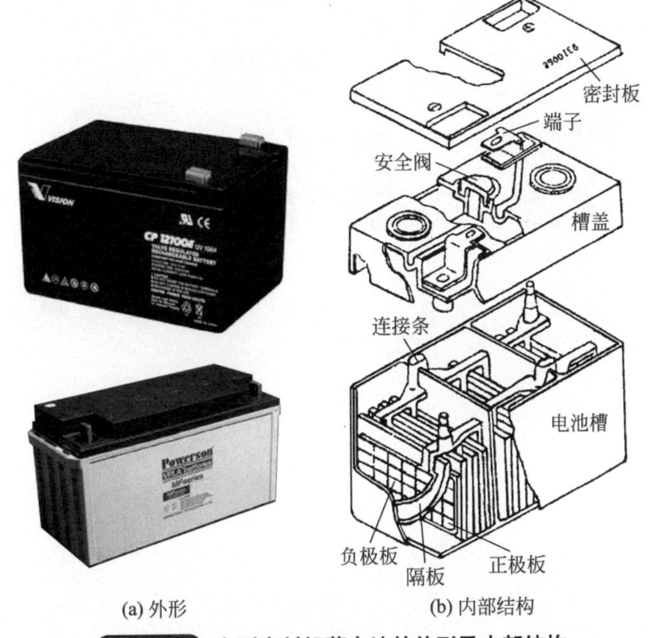

(a) 外形　(b) 内部结构

图 20-28　小型密封铅蓄电池的外形及内部结构

蓄电池的额定容量与额定电压都标明在电池槽上，新蓄电池每单格的开路电压为 2.15V 左右，但储存期超过半年后容量会下降。蓄电池经 3 ～ 5 年使用后，容量也会下降 10% ～ 20%。为了保持蓄电池的容量，新电池储存时间过长、初次使用之前以及在电池放电之后都必须及时充电，补充容量。

② 小型密封铅蓄电池的维护与常见故障修理。

a. 小型密封铅蓄电池维护主要是补充电能，小型密封铅蓄电池宜以恒压充电。充电的初期，电流较大，随充电时间增加，蓄电池电压上升，充电电流下降。 补充电的方式有以下两种。

· 作为 UPS 等设备的备用电源的浮充电或涓流充电。这种充电方式的特点是：蓄电池应急放电后，当外电路恢复供电时，立即自动转入充电，并以小电流持续充电直至下一次放电。充电电压取 2.25 ～ 2.30V/ 单格，或由制造厂规定，充电初期电流一般在 0.3*C* 安培以下（C 为额定容量的数值）。

· 作为充放电循环使用的补充电。这是指用于手提照明灯、音像设备等便携型电器上的密封铅蓄电池，应在最多放出额定容量的 60% 时停止放电，并立即进行补充电。充电电压取 2.40 ～ 2.50V，或由制造厂规定。充电初期电流一般在 0.3*C* 安培以下。为了防止过充电，应尽可能安装定时或自动转入涓流充电方式。当充电电流稳定 3h 不变时，可认为蓄电池已充足电。所需补充电的电量为放出电量的 1.2 ～ 1.3 倍。

b. 小型密封铅蓄蓄电池常见故障是内部电极开路或击穿，以及极桩端子损坏。

· 内部电极开路或击穿：开路时无充电电流或充电电流很小；击穿时充电电流大，会烧断充电器的熔丝，此时需要更换新电池。

· 极桩端子损坏：因为长时间工作有漏液现象时，会损坏极桩端子。检修时可用大功率电烙铁加锡焊接。

此外，在低压配电线路等电工日常检修中，经常需要准确判断零线和火线、电缆是否断线、设备是否漏电绝缘等，可扫二维码详细学习。

火线与零线的判断

电缆断线的检测

设备是否漏电的检测

附录

附录一　常用电工电气部件的检修、附录二　照明电路的检修、附录三　低压配电线路与电气设备的检修、附录四　电子电路图的识读技巧可扫二维码学习。

附录一

附录二

附录三

附录四